土工合成材料测试技术

者东梅　朱天戈　刘玉春　等 编著

化学工业出版社

·北京·

内容简介

本书主要针对土工合成材料的分析测试方法原理、试验条件、操作步骤、影响因素等检测技术进行详细的论述。鉴于土工合成材料品种众多，本书主要对应用较为广泛、用量较大的品种进行阐述，包括土工膜、土工织物、土工格栅、土工格室、膨润土防水毯和土工导排网等。

本书可供从事土工合成材料研究、生产及应用的各类技术人员参考。

图书在版编目（CIP）数据

土工合成材料测试技术 / 者东梅等编著. — 北京：化学工业出版社，2024. 3

ISBN 978-7-122-45156-9

Ⅰ. ①土… Ⅱ. ①者… Ⅲ. ①土木工程-合成材料-检测 Ⅳ. ①TU53

中国国家版本馆 CIP 数据核字（2024）第 047680 号

责任编辑：赵卫娟　　文字编辑：王　迪　刘　璐
责任校对：李露洁　　装帧设计：王　卫　王晓宇

出版发行：化学工业出版社
（北京市东城区青年湖南街 13 号　邮政编码 100011）
印　　装：中煤（北京）印务有限公司
710mm×1000mm　1/16　印张 25¼　字数 464 千字
2024 年 5 月北京第 1 版第 1 次印刷

购书咨询：010-64518888　　售后服务：010-64518899
网　　址：http://www.cip.com.cn
凡购买本书，如有缺损质量问题，本社销售中心负责调换。

定　　价：198.00 元

前言 PREFACE

土工合成材料是随着化学合成工业的发展而迅速发展起来的一种新型材料，主要由聚乙烯、聚丙烯、聚酯等合成树脂和合成纤维加工而成，其不仅可实现传统土工材料的过滤、排水、隔离、加筋、防护等功能，还具有塑料产品普遍具备的柔性好、机械强度高、延展性大、耐化学腐蚀性和抗老化性优异等特点。土工合成材料经过多年的发展，品种逐渐趋于多样化，主要有土工膜、土工织物、土工格栅、土工格室、土工网、膨润土防水毯以及各类复合土工合成材料。由于其具有广泛的适用性，日益受到工程界的青睐和重视，广泛应用于水利、交通、堆场、建筑、化工、矿山、电力、军工、环保等国民经济建设领域，取得了良好的工程效果和经济效益。

随着土工合成材料的发展，对其性能进行测试和评价的需求也越来越大。由于相对其他高分子材料，土工合成材料出现的较晚，在中国的广泛应用则是2000年以后，因此土工合成材料的测试评价技术尚不成熟，部分生产企业甚至是检测机构对土工合成材料的测试与评价还存在误区，为此需要对主要土工合成材料品种的分析测试方法进行全面的介绍，这也是本书编写的初衷。

本书共分为7章，第1章为概述，由朱天戈撰写；第2章为土工膜，由者东梅撰写，其中2.18水蒸气透过性能由罗莎撰写，2.10拉伸负荷应力开裂由者东梅和任雨峰共同撰写；第3章为土工织物，由者东梅和刘玉春共同撰写，其中3.13有效孔径（干筛法）和3.14有效孔径（湿筛法）由者东梅和庄亚芳共同撰写，3.15垂直渗透性由杨化浩撰写；第4章为土工格栅，由武鹏撰写；第5章为土工格室，由朱天戈撰写；第6章为膨润土防水毯（GCL），由朱天戈撰写；第7章为土工导排网，由朱天戈撰写。全书由者东梅负责技术审定。

本书在编写过程中，得到承德市金建检测仪器有限公司任雨峰、标格达精密仪器（广州）王崇武和中国石化（北京）化工研究院有限公司赵彦霞、邢进、俞峰、游欢、宋超、张壮飞等提供的帮助，并感谢王卫为封面设计提供的帮助，在此谨致由衷的谢意。

限于水平，书中不妥之处及标准文献方面的遗漏在所难免，敬请读者批评指正。希望本书的出版对于土工合成材料质量及其控制水平的提高有所助力，对于土工合成材料行业的健康发展起到积极的作用。

编者

2024 年 1 月

目录 CONTENTS

第1章 概述

土工合成材料是由英文“geosynthetics”翻译而来的，ISO 10318-1（土工合成材料　第1部分：术语和定义）给出的定义是指在岩土工程和土木工程中与土壤和（或）其他材料相接触使用的一类产品的总称，其至少含有一种合成或天然的聚合物，可以是片状的、条带状的或三维结构的。随着土工合成材料应用领域的不断拓宽，土工合成材料已经不仅仅应用于岩土工程和土木工程中了。从采用的原料和加工手段角度来讲，土工合成材料是一类以合成树脂、合成纤维、合成橡胶等高分子材料为基础原料并添加必要的助剂，通过挤出、吹塑、针刺、纺黏、编织等不同的加工方法，制成的具有各种结构和相应功能的新型高分子材料及其复合产品。

较为早期的土工合成材料以土工织物（geotextile）和土工膜（geomembrane）为主，其概念最早是由 J. P. Giround 等人提出的，他们将具有透水功能的土工合成材料称为“土工织物”，不透水或具有防水防渗功能的土工合成材料称为“土工膜”。之后大量以聚合物为原料的其他种类的土工合成材料不断问世，远远超出了“织物”和“膜”的概念，为此 J. E. Fluet 于 1983 年建议使用“土工合成材料（geosynthetics）”一词。土工合成材料的概念中虽然包含“土工”二字，但从材料科学角度来讲，土工合成材料属于高分子材料范畴。

土工合成材料在工程中的最早应用已无法准确考证，据推测可能是在 20 世纪 30 年代末或 40 年代初，聚氯乙烯（PVC）薄膜首先应用于游泳池的防渗；也有人认为最早的应用是 K. Terzaghi 将滤层布即土工织物作为柔性结构物结合水泥灌浆，封闭岩石坝肩与钢板桩的间隙。

目前，土工合成材料已经广泛应用在水利、交通、电力、矿山、石油化工、医疗、畜牧养殖等领域中，主要起排水、过滤（反滤）、防渗、加固（加筋）、隔离、防护、保护等作用。

1.1 土工合成材料的种类

关于土工合成材料的分类，目前尚无统一的标准，早期曾将其简单地分成土工织物和土工膜两类，分别代表透水和不透水的土工合成材料。JTG E50—2006《公路土工合成材料试验规程》将土工合成材料分成四个大类，如图 1-1 所示，其中每一大类产品又包括若干小类产品。

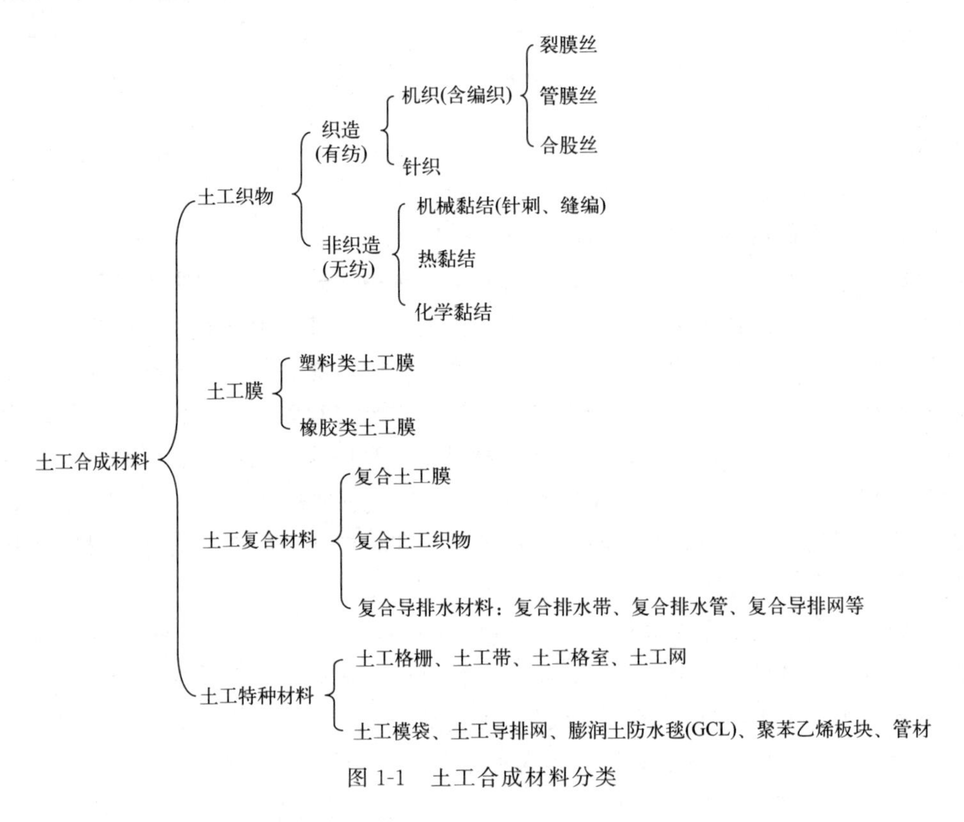

图 1-1　土工合成材料分类

随着土工合成材料种类的不断增多，特别是土工格栅、土工网、GCL 这些产品的迅速发展，每一种飞速发展的产品都成为了独立的一类产品，土工合成材料趋向于按如下分类，土工织物、土工膜、土工格栅、土工格室、土工网、GCL、土工复合材料及其他材料，每一类产品下分的小类里又存在更为细分的类别。在新产品不断涌现的同时，一些成熟的高分子制品也被不断地应用到土工合成材料领域，并在该领域被赋予了“土工”产品的头衔，如给排水领域应用的聚乙烯管材在土工合成材料领域被称为“土工管”，在建筑隔热保温领域应用的聚苯乙烯泡沫（EPS 和 XPS）被称为“土工泡沫”。

1.2 国内外土工合成材料行业组织团体

目前，国内外土工合成材料影响力较大的行业团体如下。

（1）国际土工合成材料学会（IGS）

国际土工合成材料学会的英文全称是 International Geosynthetics Society，简称 IGS，是一个专门从事土工合成材料领域科学和工程研究的学术组织，涉及的研究领域主要是土工织物、土工膜相关产品以及相关技术。1983 年 IGS 在巴黎正式成立，当时名为国际土工织物学会，1994 年改为现名称，其核心目标是促进人们对土工合成材料及技术的正确理解和恰当应用。IGS 的工作内容包括收集发布行业信息、促进推广土工合成材料的应用、加强成员间的交流等。IGS 设有区域委员会、技术委员会和业务委员会。其中区域委员会包括非洲-中东区域活动委员会（Africa-Middle East Regional Activities Committee）、亚洲区域活动委员会（Asian Regional Activities Committee）、欧洲区域活动委员会（European Regional Activities Committee）和泛美区域活动委员会（Pan-American Regional Activities Committee）四个；技术委员会则以四个核心专业划分，分别是：屏障系统（Barrier Systems）、水利应用（Hydraulics Applications）、土壤加筋（Soil Reinforcement）和稳定性（Stabilization）。IGS 主办有两本国际期刊，分别为创立于 1984 年的《土工织物与土工膜》（*Geotextiles and Geomembranes*，简称 G&G）和创立于 1994 年的《国际土工合成材料》（*Geosynthetics International*，简称 G&I）。IGS 在全球多个国家设有分会，目前分会数量为 45 个，会员超过 4000 个，包括企业会员、个人会员和学生会员。

（2）土工合成材料学院（GSI）

GSI 英文全称 Geosynthetic Institute，位于美国宾夕法尼亚州 Folsom，成立于 1991 年，是由从事土工合成材料行业的各单位联合成立的协作组织，下辖土工合成材料研究所（GRI，Geosynthetic Research Institute）、土工合成材料信息所（GII，Geosynthetic Information Institute）、土工合成材料教育所（GEI，Geosynthetic Education Institute）、土工合成材料认可所（GAI，Geosynthetic Accreditation Institute）和土工合成材料认证所（GCI，Geosynthetic Certification Institute）。GSI 致力于发展传播土工合成材料的相关知识、评价方法和标准，并为成员提供服务。涉及产品有土工织物、土工膜、土工格栅、土工网格、GCL、土工管、土工格室、土工发泡材料等。协会成员包括联邦和州政府代理机构，工程的业主、设计单位、顾问、质量控制和质量保证组织，测试机构，树脂及助剂供应商，生产厂家代表和施工单位。该协会目前拥有正式成员和准会员 70 个，其中约一半是国际成员。GSI 中的 GRI 对土工合成材料产品的试验研究较深入，制定了一系列的产品规范、指南和实施细则，这些文件也是我国土工合成材料标准的重要参考。

（3）中国土工合成材料工程协会（CTAG）

中国土工合成材料工程协会属国家一级协会，其前身为“土工织物科技情报协作网”，于1984年由业内学者、工程技术人员等自发组成，1994年在民政部注册登记，正式成立协会。CTAG设有五个工作机构和六个分支机构，工作机构包括技术咨询工作委员会、教育培训工作委员会、市场建设工作委员会、标准化工作委员会和青年工作委员会，分支机构包括防渗排水专业委员会、加筋加固专业委员会、环境保护专业委员会、试验检测专业委员会、工艺装备专业委员会和智能制造专业委员会。CTAG主要从事土工合成材料的产品开发、理论研究、技术创新、工程应用、质量检验、标准编制、技术咨询等各项业务，是多学科、跨行业、跨部门的非营利性的全国性社会团体。目前协会会员超600个，主要包括产品原料企业、产品制造企业、仪器设备制造企业、试验检测企业、高等院校及科研机构、各行业设计及施工企业、工程技术服务机构等单位和个人会员等。

（4）先进纺织品协会（ATA）

ATA英文全称Advanced Textiles Association，即更名前的IFAI（Industrial Fabrics Association International），成立于1912年，总部位于美国明尼苏达州罗斯维尔，是一个非营利性贸易协会，会员主要由全球特种纺织品市场各产业链上的骨干企业组成。会员的产品涵盖先进纺织品，包括纤维、织物、终端产品、设备和硬件等。ATA是服务于该行业的最大、最全面的行业协会，主要目的是为其成员提供信息和技术交流的平台，通过组织各类活动，为行业提供行业信息、出版物、教育、网络、商业资源等服务，在企业整个生产和销售周期中提供采购解决方案，促进企业发展和产品销售。

（5）土工合成材料联合会（GMA）

GMA英文全称Geosynthetics Materials Association，是ATA的一个分支机构，拥有近百个成员企业。GMA以美国各州为目标，为会员提供工程支持、商业发展机会、教育规划、政府关系专业知识和行业认可。GMA致力于以下领域的工作，包括工程保障、商业开发、教育培训、政府公关、产业升级和技术咨询。土工合成材料联合会（GMA）执行委员会包括5个部，分别是土工织物部（GMA Geotextile Focus Group）、土工格栅部（GMA Geogrid Focus Group）、侵蚀控制部（GMA Erosion Control Focus Group）、环境部（GMA Environmental Focus Group）和经销商部（GMA Distributor Focus Group）。此外，GMA主办了一个正式出版的国际期刊——《土工合成材料》（*Geosynthetics*）。

1.3 土工合成材料标准化

土工合成材料产品种类众多，应用领域广泛，针对各种产品各个领域都有不同的产品标准和技术要求。目前国内外使用的土工合成材料产品质量控制及测试方法标准主要有以下几个体系。

① 国家标准体系，例如 GB/T 17643、GB/T 17689、GB/T 17639 等。国家标准的应用领域较广，但针对性不强，相对于其他标准其技术参数相对少、技术指标相对低。与此同时，由于国内没有专门针对土工合成材料的标准化技术委员会，标准归口分散在轻工、纺织、建材等多个行业，因此存在土工合成材料标准体系不完善的问题。

② 行业标准体系，包括水利、城建、建工、石化等各行业标准，如 CJ/T 234、JG/T 193、SL 235 等。这些标准规定了适用于本行业的材料的技术要求和测试方法等，针对性较强，但仅推荐在该领域内使用，且部分标准的编写水平不高，存在测试方法缺失、可操作性不强、技术指标不合理的现象。

③ ASTM（American Society for Testing and Materials）标准体系，是美国材料与试验协会颁布的一系列标准，其中 D35 分会是土工合成材料分技术委员会，该分会目前共有约 160 个标准，例如 ASTM D5397、ASTM D4833/D4833M、ASTM D5321 等，绝大多数是材料测试的方法标准，产品标准和规范相对较少。在实际应用中，很多采用 ASTM 测试方法的场合多由供需双方商定技术要求。

④ GRI（Geosynthetic Institute）标准体系，是由（美国）土工合成材料研究所颁布的一系列土工合成材料质量控制技术规范和测试方法等，具有很高的权威性，是很多土工合成材料标准制定的重要参考文件。GRI 产品标准和规范多数针对填埋场等环保工程而制定，例如 GRI GM13、GRI GT12a、GRI GCL3 等，较少涉及水利、公路工程等。

⑤ ISO（International Organization for Standardization）标准体系。ISO 即国际标准化组织，其中 ISO/TC 221 负责土工合成材料标准的制修订工作，目前在该领域已经发布了近 50 个标准化文件，主要以术语定义、测试方法为主。与前述四类标准相比，ISO 标准目前在我国的土工合成材料产品检验中使用的范围和频率较小。

⑥ 其他国家或区域标准体系，如欧洲（EN）标准、澳大利亚（AS）标准等。当产品出口相关国家或地区时，有时需要按照用户要求依照当地的标准体系进行检验。

需要说明的是，土工合成材料相关标准和相关文献数量很多，不可能也没必要将全部方法一一列出详述，本书主要针对较为通用的方法进行论述。需要提醒读者注意的是，同一种土工合成材料在不同的使用领域或不同标准体系里，产品质量控制要求及测试方法存在差异。因此即使是同一产品，在不同的标准中，其技术要求、测试项目、测试方法及测试结果也可能会有所不同。

土工合成材料的质量控制涉及很多技术，如产品结构设计、生产工艺控制、原材料筛选、性能测试与评价等，本节主要对土工合成材料的性能测试和评价的方法原理、试验条件、操作步骤、影响因素等进行详细的论述。鉴于土工合成材料品种众多，本书主要对应用较为广泛、用量较大的品种进行阐述，包括土工膜、土工织物、土工格栅、膨润土防水毯（GCL）、土工格室、土工导排网等产品。

参考文献

[1] GB/T 13759—2009. 土工合成材料　术语和定义.
[2] ISO 10318-1：2015. Geosynthetics-Part 1：Terms and definitions.
[3] 刘宗耀. 土工合成材料工程应用手册［M］. 北京：中国建筑工业出版社，2000.
[4] JTG E50—2006. 公路土工合成材料试验规程.

第2章 土工膜

土工膜是在各类工程中起防水、防渗作用的一类高分子薄膜或薄片材料。其水蒸气渗透系数很低，通常在10^{-13}g·cm/(cm^2·s·Pa) 以下，在实际应用中，土工膜被当作不透水材料来使用，是理想的防渗材料。与传统的防水材料相比，土工膜除具有优异的抗渗透性能外，还具有韧性好、形变能力强、强度高、易整体连接施工等优点。

土工膜的应用始于20世纪30年代，聚氯乙烯（PVC）土工膜被应用于游泳池的防渗处理，随后扩展到海岸防护和渠道防渗的领域；欧洲土工膜的应用始于20世纪50年代，苏联、意大利等国家将土工膜应用到水库大坝防渗工程中；中国20世纪60年代才开始将土工膜用于混凝土防渗工程，但当时土工膜的应用领域较窄、产品种类少，发展也比较缓慢，直至20世纪90年代以后才得到大规模的推广应用。

较为早期的水利工程多采用沥青加强型土工膜，加强层为玻璃纤维编织布，后改成合成纤维制造的无纺布，如法国奥斯派台尔堆石坝防渗层。随着新材料的出现，含沥青的合成橡胶、氯基橡胶、丁基橡胶、PVC也逐渐用来制造土工膜产品。聚乙烯类土工膜于1960年在德国首先开始被使用，继而在整个欧洲得到应用，之后在世界各地得到大规模的推广。

目前土工膜已经被广泛地应用于水利、交通、垃圾及固体废物填埋、矿山、石油化工、医疗、园林、畜牧养殖等众多领域。

土工膜可按下列不同的方法进行分类。

① 土工膜按照其材质可分为塑料土工膜和橡胶土工膜两大类，每一类土工膜又细分为多个小类（如图2-1所示）。目前塑料树脂类土工膜应用较多，而橡胶类土工膜由于户外使用易发生臭氧老化出现龟裂，从而防渗性能大幅度下降甚至丧失，因此应用逐渐减少，正逐渐淡出市场。随着高分子材料工业的发展和环保要

求的提高，塑料类土工膜中的PVC类土工膜由于含有大量增塑剂，应用也逐渐减少，但近年来由于厚度大于2.5mm的聚乙烯（PE）类土工膜生产困难，因此近年来厚度较大的聚氯乙烯（PVC）土工膜在国外水利领域应用又逐渐增多。相比其他类的塑料类土工膜，聚乙烯类土工膜以其耐腐蚀、韧性好、焊接可靠、易铺设等优点越来越广泛地应用于各类防渗工程。

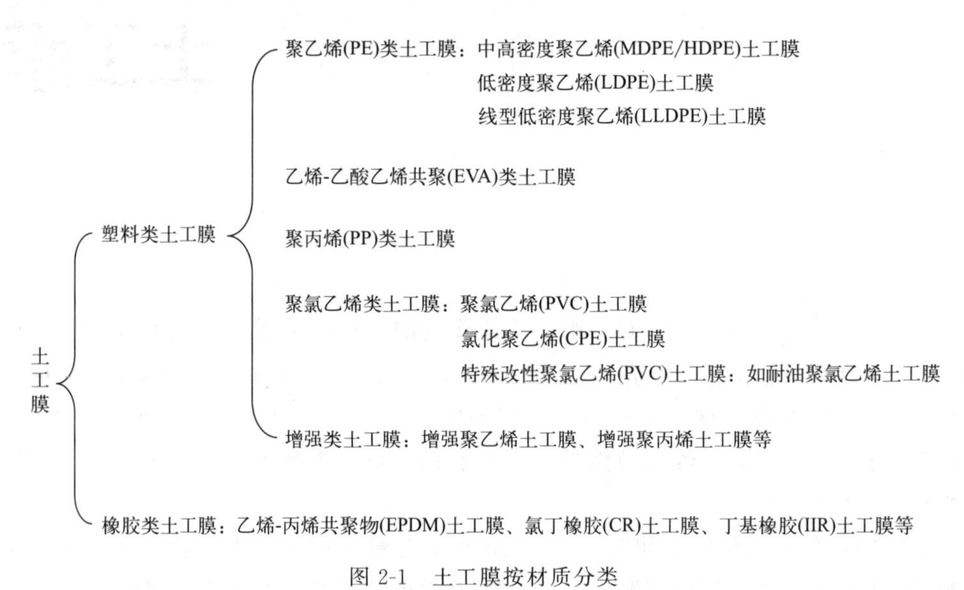

图2-1　土工膜按材质分类

塑料类土工膜按照加工工艺可分为吹塑膜和流延膜（行业内也称为平挤膜）。这两种工艺虽然存在一定的差异，各自具有一定的优势和劣势，但都可以生产出符合要求的土工膜。任何出于商业炒作目的而片面强调某一种生产工艺优势的说法都是错误的。

② 土工膜按照表面形貌可分为光面土工膜和糙面土工膜。糙面土工膜是指表面存在规则或不规则凸凹的土工膜，其主要作用是提高土工膜与其他材料界面接触的摩擦力，主要应用于边坡等容易产生土工膜滑移的斜面。糙面土工膜又可分为单糙面土工膜和双糙面土工膜。糙面土工膜是在光面土工膜的基础上生产的，常见的生产工艺分为一步法和两步法，一步法包括氮气吹扫法、压花法、表面层化学发泡法等，两步法包括喷砂法、喷条法、二次滴加法等。糙面土工膜通常以损失力学性能和提高成本为代价获取较高的摩擦力，因此用户应根据实际情况选择是否需要使用糙面土工膜。

③ 土工膜按照是否与其他材料复合可分为均质土工膜和复合土工膜，复合土工膜主要包括一布一膜和两布一膜。复合土工膜目前在国内防渗要求较低领域的应用较多，如部分水利工程，但在国内各类填埋场和国外应用较少。复合土工膜的优势在于施工便利，即土工膜、土工布可以同时铺设，但复合膜在复合加工过

程中不可避免地会对土工膜造成一定的损伤，导致土工膜的防渗性能、机械强度和形变能力下降，这也是高等级防渗工程较少应用复合土工膜的主要原因。

④ 土工膜可分为 0.3mm、0.5mm、0.75mm、1.0mm、1.5mm、2.0mm、2.5mm 和客户定制等不同厚度的土工膜；水利工程通常选用 1.0mm 以下的产品；对于防渗性能要求较高的场合，如垃圾填埋场、矿山、石油化工、医院建设等工程，为实现底部防渗多选用 1.5mm 和 2.0mm 的产品，临时覆盖等则多选用 1.0mm 产品。

⑤ 土工膜可分为 2.0m、2.7m、3.0m、4.0m、5.0m、6.0m、7.0m 和客户定制等不同幅宽的土工膜。由于土工膜产品多采用焊接的方法进行连接，而漏点多发生在焊接部位，因此采用宽幅土工膜可以降低焊缝面积，减少漏点，降低泄漏风险。但宽幅土工膜也存在制造和运输成本高、技术难度大、山区铺设安全风险大等问题。

⑥ 土工膜按照颜色的不同可分为本色、黑色、白色、黑/绿色（一面为黑色，一面为绿色）、纯绿色、黑/黄/黑色（中间层为黄色，两侧表面为黑色）等种类，其中黑色土工膜因其耐老化性能优异应用量最大。黑/绿和纯绿色土工膜主要用于临时覆盖、美化环境，但绿色膜若想达到与黑色膜同等的抗老化性能，需添加大量的紫外线（UV）稳定剂，制造成本较高，因此从技术和成本角度并不推荐使用。黑/黄/黑色土工膜中间的黄色可以起到警示作用，但目前由于存在一定争议，应用较少。

国内外土工膜的产品标准比较多，主要产品标准和规范列于表 2-1。表中的国家标准、行业标准和 GRI 的标准规范在国内应用较多，ASTM 标准和规范应用较少。这里需要特别指出的是：

① 由于标准是动态发展的，各章节列举的各种标准均可能因为修订而在技术、编辑和版本年号等方面发生变化，也可能随着技术的发展被废止，因此读者应力求获得标准的最新版本，以免对产品的购买、应用、测试带来不利的影响；

② ASTM 产品标准虽不涉及聚乙烯类土工膜，但这并不表示美国聚乙烯类土工膜没有应用，相反聚乙烯类土工膜在美国应用广泛，ASTM 中没有涉及聚乙烯类土工膜产品规范的原因是美国土工合成材料研究所（GRI）制定了行业内普遍接受的聚乙烯类土工膜产品标准。

各类产品标准、规范及文献资料涉及的土工膜性能测试参数有很多，包括：

① 规格尺寸：宽度、厚度、长度及各尺寸偏差等；

② 拉伸性能：拉伸屈服强度/应力及伸长率、拉伸断裂强度/应力及伸长率、拉伸弹性模量、100%定伸强度、2%正割模量；

③ 握持强度及伸长率（仅适用于增强型土工膜）；

④ 多轴拉伸性能；

表 2-1 土工膜主要产品标准与规范

序号	类别	标准号	标准名称	备注
1	PE类	GB/T 17643—2011	土工合成材料　聚乙烯土工膜	
2		GB/T 17642—2008	土工合成材料　非织造布复合土工膜	
3		CJ/T 234—2006	垃圾填埋场用高密度聚乙烯土工膜	
4		CJ/T 276—2008	垃圾填埋场用线性低密度聚乙烯土工膜	
5		CJJ 113—2007	生活垃圾卫生填埋场防渗系统工程技术规范	
6		铁道部科技基〔2009〕88号	客运专线铁路CRTS Ⅱ型板式无砟轨道滑动层暂行技术条件	
7		GRI GM13—2021	Test methods, test properties and testing frequency for high density polyethylene (HDPE) smooth and textured geomembranes 高密度聚乙烯(HDPE)光面和糙面土工膜试验方法、性能和频次	
8		GRI GM22—2016	Testmethods, required properties and testing frequencies for scrim reinforced polyethylene geomembranes used in exposed temporary applications 临时覆盖用织物增强高密度聚乙烯土工膜试验方法、性能和频次	
9		GRI GM17—2021	Testmethods, test properties and testing frequency for linear low density polyethylene (LLDPE) smooth and textured geomembranes 线性低密度聚乙烯(LLDPE)土工膜试验方法、性能和频次	
10		GRI GM25—2021	Testmethods, test properties and testing frequency for reinforced linear low density polyethylene (LLDPE-R) geomembranes 增强线性低密度聚乙烯(LLDPE-R)土工膜试验方法、性能和频次	
11	沥青类	ASTM D2643/D2643M-21	Standard specification for prefabricated bituminous geomembrane used as canal and ditch liner (exposed type) 运河及沟渠用预制沥青土工膜规范(露出型)	
12	PVC类	GB/T 17688—1999	土工合成材料　聚氯乙烯土工膜	已废止,无替代标准
13		ASTM D7408-12(2020)	Standard specification for non-reinforced PVC (polyvinyl chloride) geomembrane seams 软质PVC土工膜焊缝规范	
14		ASTM D7176-22	Standard specification for non-reinforced polyvinyl chloride (PVC) geomembranes used in buried applications 填埋用软质PVC土工膜规范	

续表

序号	类别	标准号	标准名称	备注
15	PP 类	GRI GM18—2015	Test methods, test properties and testing frequencies for flexible polypropylene (fPP and fPP-R) nonreinforced and reinforced geomembranes 增强或非增强柔韧聚丙烯土工膜试验方法、性能和频次	
16		ASTM D7613-17 (2023)	Standard specification for flexible polypropylene reinforced (fPP-R) and nonreinforced (fPP) geomembranes 增强型柔性聚丙烯(fPP-R)和非增强型柔性聚丙烯(fPP)土工膜规范	
17	EPDM 类	GRI GM21—2016	Test methods, properties, and frequencies for ethylene propylene diene terpolymer (EPDM) nonreinforced and scrim reinforced geomembranes 增强或非增强 EPDM 土工膜试验方法、性能和频次	
18		ASTM D7465/D7465M-15(2023)	Standard specification for ethylene propylene diene terpolymer (EPDM) sheet used in geomembrane applications EPDM 片材土工膜规范	
19	其他类	EN 13493:2018	Geosynthetic barriers-Characteristics required for use in the construction of solid waste storage and disposal sites 固体废弃物填埋场建设用土工阻隔层的性能要求	
20		GB/T 18173.1—2012	高分子防水材料　第一部分:片材	
21		JT/T 518—2004	公路工程土工合成材料　土工膜	

注：本书中所列标准号中包含的标准年号均为撰写时标准的现行有效号，读者应根据标准的发展寻求标准的最新版本，并注意新、旧版本的差异。本书其他章节所列的标准亦如此，此后不再赘述。

⑤ 直角撕裂性能；

⑥ 剥离性能（仅适用于复合型土工膜）；

⑦ 抗穿刺性能；

⑧ 耐植物根系穿刺性能（仅适用于特殊应用领域）；

⑨ 加州承载比（CBR）顶破强度（仅适用于增强型土工膜）；

⑩ 压缩永久形变性能（仅适用于橡胶类土工膜）；

⑪ 耐环境应力开裂性能（ESCR 法）；

⑫ 拉伸负荷应力开裂性能［切口恒载拉伸法（NCTL 法）］；

⑬ 密度；

⑭ 熔体质量流动速率；

⑮ 炭黑含量；

⑯ 炭黑分散度；

⑰ 尺寸稳定性；

⑱ 氧化诱导时间；

⑲ 水蒸气透过性能：水蒸气透过量、水蒸气透过率；

⑳ 透气性能（仅适用于特殊应用领域）；

㉑ 透水性能（仅适用于特殊应用领域）；

㉒ 冲击脆化性能；

㉓ 低温弯折性能；

㉔ 热氧老化性能；

㉕ 氙弧灯老化性能；

㉖ 荧光紫外灯老化性能；

㉗ 耐臭氧性能（仅适用于橡胶类土工膜）；

㉘ 微生物降解性能（仅适用于特殊应用领域）；

㉙ 耐化学品性能（包括溶解性能，仅适用于特殊应用领域）；

㉚ 焊接/粘接性能；

㉛ 耐静水压力（耐静水压力仅出现于聚氯乙烯类土工膜产品标准或规范中，但该性能不适用于塑料类其他土工膜和橡胶类土工膜）；

㉜ 直剪摩擦系数；

㉝ 爆破强度（仅适用于特殊应用领域）。

本章主要针对土工膜的常用性能测试方法进行介绍，包括试样制备、状态调节与试验环境、厚度、拉伸性能、撕裂性能、抗穿刺性能、耐环境应力开裂性能（ESCR 法）、拉伸负荷应力开裂性能［切口恒载拉伸法（NCTL 法）］、密度（浸渍法、密度梯度柱法）、炭黑含量、炭黑分散度、氧化诱导时间、冲击脆化温度、水蒸气透过性能、尺寸稳定性及老化性能等。

2.1 试样制备

试样制备是高分子材料测试的重要环节，试样制备的质量直接影响到测试结果的准确度和可重复性。高分子材料的试样制备方法众多，包括注塑、压塑、吹膜、流延、冲裁、剪裁、机加工等，而土工膜产品主要采用冲裁、剪裁等简单方法制备试样，但为了便于土工膜生产企业进行原材料的入厂检验，也简单介绍原材料的试样制备方法。

2.1.1 取样和试样制备部位的选择

一般情况下，应沿土工膜幅宽方向裁取长度不低于 0.5m 的整幅宽土工膜作为待测样品。当土工膜缺少卷外保护或在施工现场取样时，应避免裁取卷最外层产品作为样品。

进行试样制备时，不应选取距离边缘10mm以内的区域（测定规格尺寸的样品除外）。一般情况下，不应沿土工膜生产方向顺序制备同一性能所需试样［图2-2(a)］，可采用沿幅宽方向［图2-2(b)］或沿对角线方向［图2-2(c)］的土工膜进行同一性能试样的制备，优先采用沿对角线方向的制备方式。无特殊规定情况下，试样制备时应尽可能使试样间距离相等。

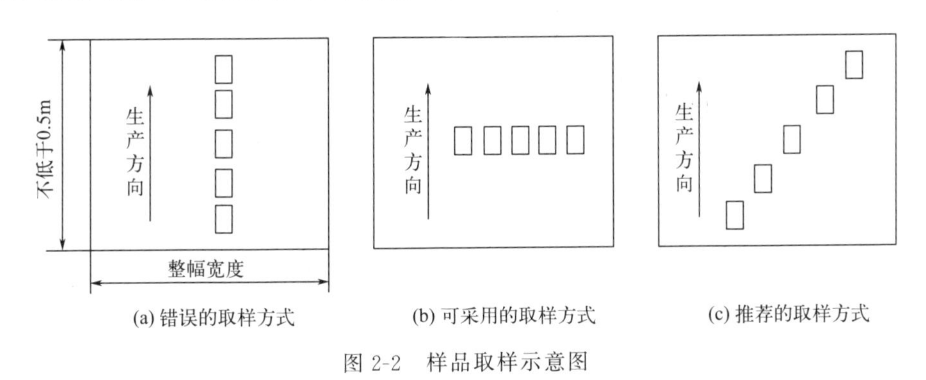

图2-2　样品取样示意图

通常应避免选取有划痕、皱褶、僵块和其他缺陷的样品部位进行试样制备（外观检验样品除外）。若需要考核缺陷部位性能，应由有关方进行协商。

2.1.2　土工膜试样制备方法

土工膜通常采用冲裁或剪裁两种方法进行试样的制备。当需要制备尺寸精度要求比较高的试样时，应采用冲裁。不同测试项目应采取的制样方法见表2-2。

表2-2　制样方式的选择

序号	测试项目	制样方式		备注
		冲裁	剪裁	
1	厚度	√	√	不同标准要求的制备方法不同
2	拉伸性能	√	×	产品各向异性，应进行横纵两向试样制备
3	撕裂性能	√	×	产品各向异性，应进行横纵两向试样制备
4	抗穿刺性能	√	○	
5	耐环境应力开裂性能	√	×	产品各向异性，应进行横纵两向试样制备
6	拉伸负荷应力开裂性能（切口恒载拉伸法）	√	×	产品各向异性，应进行横纵两向试样制备
7	密度	—	√	可采用小竖刀切取
8	熔体流动速率	—	○	建议采用专用切粒仪器
9	炭黑含量	—	○	建议采用专用切粒仪器

续表

序号	测试项目	制样方式		备注
		冲裁	剪裁	
10	炭黑分散度	—	○	可采用小竖刀切取
11	氧化诱导时间	—	○	可采用小竖刀切取
12	低温冲击脆化性能	√	×	
13	水蒸气渗透系数	√	○	
14	尺寸稳定性	√	√	
15	老化性能	√	√	应根据老化后所需要测试的项目确定

注：表中√表示推荐使用，×表示不允许使用，○表示可以使用，—表示不适用。

试样制备人员应对制备的试样进行检查，废弃边缘有毛刺、飞边等缺陷以及规格尺寸不符合标准要求的试样。

2.1.3 试样制备仪器及工具

（1）冲裁

冲裁必备的工具包括冲裁机和裁刀（也称冲模）。

目前常用的冲裁机分为两种，一种是手动式的，另一种是气动式的。建议有条件的实验室采用气动式冲裁机。采用手动式冲裁机时，应快速、一次性完成试样的冲裁，不允许缓慢、多次冲裁，以免给测试结果带来不良影响。当一次冲裁未能将试样冲切完整时，应废弃该试样，重新进行冲裁。

针对这两种冲裁机，常见的裁刀也分为两种：一种是用于气动冲裁机的裁刀，其与冲裁机固定在一起，即冲裁时裁刀与冲裁机同时上下运动；另一种是手动冲裁机配套使用的独立裁刀，裁刀置于样品上表面，冲裁时裁刀在垂直方向不发生大幅度位移。无论选用哪种类型的裁刀在使用过程中应注意：

① 在启用前都应对裁刀的几何尺寸进行确认，以避免制备的试样尺寸与相关标准要求的尺寸不一致。

② 定期对裁刀的刀刃进行检查，及时抛弃刀刃变形、崩刃或不锋利的裁刀，对于使用频繁的裁刀，检查周期应适当缩短。

③ 在裁刀存放期间，应确保裁刀的刀刃向上放置或刀刃向下放在柔软不伤刀刃的平面上，不应将刀刃向下放置在较硬的平面上，如水泥台面、钢板等，以避免刀刃受损。

④ 裁刀应尽可能存放在干燥的环境中，在较为潮湿的地区或季节，建议将裁刀放置在干燥器中，避免由于生锈造成的尺寸偏差。可采用刀刃涂抹油脂类物质的方式对裁刀进行保养，但应避免油脂污染样品。

⑤ 进行冲裁制样时，建议样品下方放置垫板。垫板一般选用硬度适中的塑料

板，如丙烯腈/丁二烯/苯乙烯共聚物（ABS）板、硬质 PVC 板、聚碳酸酯（PC）板等。垫板不可以采用金属板，以免对裁刀刀刃造成损害。垫板也不宜采用硬度过低的材料，如软橡胶、软质泡沫等，否则易导致样品在冲裁过程中发生较大形变而导致试样尺寸偏差过大或无法一次性完成冲裁，最终造成试验结果不准确。

（2）剪裁

剪裁主要适用于对尺寸精度要求不高的测试。

此外，土工膜的试样制备也可采用小竖刀、手术刀和各种刀片，当制备颗粒试样的时候，有条件的实验室，可采用实验室小型专用切粒机。

2.1.4 试样制备的方向性

由于土工膜属于各向异性产品，因此很多性能测试应区分方向，详见表 2-2。土工膜横纵两向的性能差异程度随产品生产工艺的不同而不同。

一般情况下，横向是指与土工膜生产方向相垂直的方向，而纵向是指与生产方向相平行的方向。读者应特别注意的是，不同性能所对应的纵向试样的区分依据不同，这将在以后的章节中进一步阐述。在试样制备的同时，建议在每个试样表面标明方向，避免混淆。

2.1.5 土工膜原材料的试样制备

针对原材料的试样制备仅做简单介绍，需要更多原材料测试信息的读者，请参阅相关文献或标准。土工膜原材料的检验所使用的试样主要采用两种制备方法：压塑、吹膜/流延膜。

（1）压塑

压塑是合成树脂最基本的试样制备方法之一，特别是土工膜行业常见的聚乙烯和聚氯乙烯树脂。

PVC 原料树脂在压塑制样前一般还需要用高温双辊混炼机进行预塑化，常见的混炼条件如表 2-3 所示，操作者可根据 PVC 原材料特性及配方的不同对这些条件进行调整。

表 2-3 PVC 常用混炼条件

项目	混炼辊表面温度[维卡软化温度(B_{50})①]/℃	混炼时间/min	混炼辊表面速度/(m/min)	速度比	辊间隙/mm	辊直径/mm	辊宽度/mm
混炼条件	90±10	5±1	10	1∶1.2	1	150	300

① 使用 50N 的力，加热速度为 50℃/h。

压塑制样必备的仪器设备包括模压机和模具。

模压机的合模力至少应为 10MPa，在压塑过程中，压力波动不超过 10%。对较为常用的聚乙烯土工膜原材料的压塑，模压机的模板至少可以加热到180℃，并能够保证表2-4所示的试验条件。

压塑模具主要有两种：溢料式模具（也称画框式模具）和不溢式模具。由于不溢式模具主要用于试样厚度大于等于4mm的情况，因此土工膜原材料的检验中配备溢料式模具进行试样制备即可。有条件的生产企业和实验室，也可同时配备不溢式模具，这样有利于和部分生产企业原材料的出厂性能数据进行比较。溢料式模具内框一般为正方形，其边长一般在150～200mm。

压塑制样所采用的方法标准主要有3个，GB/T 9352、ISO 293和ASTM D4703，其中GB/T 9352—2008和ISO 293：2004是等同标准，与ASTM D4703在技术上是一致的。

聚乙烯类的土工膜原材料可根据表2-4的条件进行压塑。这里需要特别指出的是：①压塑试样最好在同一台模压机上进行，即预热、热压和冷压过程都在同一台机器上完成。有些生产企业现有的模压机是两台配套使用的，即热压过程和冷压过程分别在两台机器上完成，也就是说在热压和冷压过程之间试样存在短时间无压状态，同时冷压机不具备控制降温速度的装置，使材料急冷，这样与多数石化生产企业采用的方法获得的实验数据存在较大差距，因此在进行产品质量控制和数据比对时应予以注意；②压塑方法制备的试样没有显著的各向异性，因此无需区分横纵两向。

表2-4 聚乙烯常用压塑条件

热压					冷压		
压塑温度/℃	预热		全压		平均冷却速率/(℃/min)	全压压力/MPa	脱模温度/℃
	压力/MPa	时间/min	压力/MPa	时间/min			
180	接触	5/15	5/10	5±1	15	5/10	≤40

注：1. 对溢料式模具全压压力为5MPa，对不溢式模具全压压力为10MPa。
2. 对于溢料式模具预热时间一般为5min，对于不溢式模具预热时间一般为15min。

PVC的压塑条件随其配方体系不同有所不同，表2-5的压塑条件仅供参考。

表2-5 PVC参考压塑条件

压塑温度[维卡软化温度(B_{50})]/℃	预热压力/MPa	预热时间/min	全压压力/MPa	全压时间/min	平均冷却速率/(℃/min)	脱模温度/℃
100±10	约0.5	约5	7.5±2.5	3.5±1.5	15±3	≤40

（2）吹膜/流延膜制样

对于不具备压塑制样条件的土工膜生产企业，可直接从生产线上获取每一固定厚度的样品，再通过冲裁等方法进行试样制备。样品厚度可根据生产企业的生产情况而定。其优势是无需投入压塑机等固定资产，但缺点是无法在生产之前确认原料树脂的质量，一旦发现原料树脂有问题，会产生大量的废品。

（3）针对不同性能制样方法的选择

针对土工膜原材料测定性能参数的不同，应采取不同的制样方法，详见表 2-6。

表 2-6　原材料制样方式的选择

序号	测试项目	制样方式				备注
		压塑/吹膜/流延膜	冲裁	剪裁	颗粒料	
1	拉伸性能	√	√	×	×	如采用压塑则无方向性
2	撕裂性能	√	√	×	×	如采用压塑则无方向性
3	抗穿刺性能	√	√	○	×	
4	耐环境应力开裂性能	√	√	×	×	
5	拉伸负荷应力开裂性能（切口恒载拉伸法）	√	√	×	×	如采用压塑则无方向性
6	密度	√	—	√	×	石化企业通常采用熔体流动速率测定时的挤出熔条作为测试样进行密度测定
7	熔体流动速率	—	—	—	√	
8	炭黑含量	—	—	—	√	
9	炭黑分散度	—	—	—	√	
10	氧化诱导时间	√	—	—	○	也可采用熔体流动速率测定时的挤出熔条作为测试样进行氧化诱导时间测定
11	低温冲击脆化性能	√	√	×	×	
12	水蒸气渗透系数	√	√	○	×	
13	老化性能	√	√	√	×	应根据老化后所需要测试的项目确定

注：表中√表示推荐使用，×表示不允许使用，○表示可以使用，—表示不适用。

2.2　状态调节与试验环境

2.2.1　定义

（1）状态调节（conditioning）

状态调节是指使样品或试样达到标准状态的温度和相对湿度所规定的全套操作。

（2）试验环境（test environment）

试验环境是指试验中样品或试样在测试过程中所处的恒定环境，包括温度、相对湿度、震动、电磁干扰、灰尘等。

（3）标准环境（standard environment）

标准环境为优选、规定了温度和相对湿度且限制了大气压强和空气循环速率范围、未受明显的外加辐射、空气中不含明显外加成分的恒定环境。一般情况下，合理控制温度和相对湿度的实验室都可以满足标准环境的要求。

对土工膜来说，通常测试采用标准环境作为试验环境，且与状态调节所采用的标准环境条件相一致。

2.2.2 意义

高分子材料的测试结果受到状态调节及试验环境等条件的影响，这些因素不仅影响高分子的分子构型、结晶状态、链段运动，同时也会影响试样中应力的消存。作为高分子材料之一的土工膜，其测试结果当然也受到这些因素的影响。这些因素包括：状态调节的环境温度和相对湿度、状态调节的时间、试验环境的温度和相对湿度等。

通常经过一定时间间隔的状态调节，可以使待测土工膜样内外温度和含湿量达到平衡，微观形貌达到某一稳定状态，测试结果的重复性得以提高，同时还可以消除或减缓样品在制备等过程中形成的应力集中，获得相对真实的测量结果，使测试精度进一步提高。

土工膜样品或试样状态调节后，一般在与状态调节环境一致的试验环境中进行测试，也可以选择不同的试验环境。环境条件的变化对土工膜产品的性能测定有一定影响，这些将在以后的章节进行阐述。

2.2.3 相关标准

目前国内土工膜产品测试涉及的状态调节的方法标准主要有 GB/T 2918—2018、ISO 291：2008 和 ASTM D618-21。此外，多数土工膜的产品标准也会对状态调节细节进行规定。所有涉及土工膜状态调节的标准在技术上是一致的，但存在一定的差异，其具体环境条件与调节时间见表 2-7。

表 2-7　不同标准状态调节与试验环境要求

序号	标准号	状态调节			备注
		温度/℃	相对湿度/%	时间/h	
1	GB/T 2918—2018	23±1(等级 1) 23±2(等级 2)	50±5(等级 1) 50±10(等级 2)	≥88	推荐使用
		27±1(等级 1) 27±2(等级 2)	65±5(等级 1) 65±10(等级 2)	≥88	对于热带地区如各方商定好，可以使用

续表

序号	标准号	状态调节			备注
		温度/℃	相对湿度/%	时间/h	
2	ISO 291:2008	23±1(等级 1) 23±2(等级 2)	50±5(等级 1) 50±10(等级 2)	≥88	非热带国家
		27±1(等级 1) 27±2(等级 2)	65±5(等级 1) 65±10(等级 2)	≥88	热带国家
3	ASTM D618-21	23±2(一般) 23±1(特殊)	50±10(一般) 50±5(特殊)	≥40	该标准中的状态调节程序共 7 种,其中只有 A 和 G 与土工膜相关
		27±2(一般) 27±1(特殊)	65±10(一般) 65±5(特殊)	≥40	
4	GB/T 17643—2011	23±2	未规定	≥4	
5	GB/T 18173.1—2012	未作详细规定,状态调节可参照 GB/T 2918 或其他产品标准进行			
6	CJ/T 234—2006	23±2	50±5①	≥88	
7	CJ/T 276—2008	23±2	50±5①	24~96	
8	铁道部科技基〔2009〕88 号	23±2	50±5①	≥4	
9	GB/T 17688—1999	23±2	未规定	≥4 ≥96(仲裁)	
10	JTJ/T 060—1998	20±2	65±2	24	"状态调节"在该标准中称为"试样的调湿和饱和";该标准相对湿度偏差要求在实际操作中是不可实现的
11	JTG E50—2006	23±2	未规定	≥4	
12	SL 235—2012	20±2	60±10	24	
13	JT/T 518—2004	未作详细规定,状态调节可参照相关方法标准或其他产品标准进行			
14	GRI GM13—2021				
15	GRI GM17—2021				
16	GRI GM18—2015				
17	GRI GM21—2016				
18	GRI GM22—2016				
19	GRI GM25—2021				
20	ASTM D7176-22	21±2	50~70	≥40	
21	ASTM D7613-17 (2023)	未作详细规定,状态调节可参照相关方法标准或其他产品标准进行			

注:GB/T 17688—1999、JTJ/T 060—1998 已作废,但有少数标准仍引用该标准。

① 温度偏差±2℃、相对湿度偏差±10%和温度偏差±1℃、相对湿度偏差±5%应配套应用,此标准的相对湿度偏差要求违反了这个原则,本书以后章节也存在类似问题,不再赘述。

值得读者注意的是，虽然多数标准推荐的标准温度为（23±2)℃，但还是有少数标准采用了（20±2)℃，这就意味着当同一样品采用不同标准进行状态调节和测试时，获得的结果可能存在一定的差异。

2.3 厚度（光面土工膜）

规格尺寸是土工膜产品最基本的性能之一，是生产企业在线质量控制和出厂质量检验的重要参数之一，也是其他性能测试（如拉伸性能、水蒸气渗透性能等）中结果计算的重要参数。

土工膜主要的规格尺寸包括长度及其偏差、宽度及其偏差和厚度及其偏差。土工膜的长度、宽度测量较为简单，一般采用钢卷尺进行，要求的精度也相对较低，此处不做赘述。下面主要介绍土工膜厚度及其偏差的测定方法。

土工膜厚度是土工膜质量控制的重要参数之一，也是工程设计选材的重要依据。厚度均匀是土工膜产品性能均匀的重要前提，同时厚度不出现负偏差也是保证土工膜防渗性能的重要因素。

土工膜厚度的测定主要有机械测量法和光学测量法，其中机械测量法更为常见和便捷，也是介绍的重点。由于土工膜产品按照表面形貌可分为光面土工膜和糙面土工膜，这两种土工膜的表面特性不同，因此厚度测定方法也不尽相同，本节重点介绍光面土工膜厚度的测定方法，随后两节分别介绍糙面土工膜厚度和毛糙高度的测定方法。

厚度及其偏差的测定看似简单，但部分标准对于其定义还存在一定程度的混淆，不同标准所列的测试条件和计算公式也不尽相同，为此本节对这些标准进行了阐述，希望给予读者一个清晰的认知。

2.3.1 原理

沿垂直于土工膜生产方向（即幅宽方向），以等间距或随机的方式制备试样，并在规定负荷下测定该试样上下压头之间的垂直距离，即为该试样的厚度，计算试样的平均厚度及其偏差。

2.3.2 定义

（1）公称厚度（nominal thickness）

标识土工膜厚度的数字，一般保留至小数点后两位且末位为 0 或 5，以毫米（mm）为单位。

（2）平均厚度（mean thickness）

厚度测定值的算术平均值，以毫米（mm）为单位。

（3）厚度极限偏差（maximum deviation of thickness）

厚度实测最大值或最小值与公称厚度的差值，以毫米（mm）为单位。

（4）厚度极限偏差百分比（relative maximum deviation of thickness）

厚度极限偏差与公称厚度的比值，以百分比（%）为单位。

注：部分标准厚度极限偏差与厚度极限偏差百分比的定义相同。

（5）厚度平均偏差（mean deviation of thickness）

厚度平均值与公称厚度的差值，以毫米（mm）为单位。有些标准也将其称为厚度偏差。

（6）厚度平均偏差百分比（relative maximum deviation of mean thickness）

厚度平均偏差与公称厚度的比值，以百分比（%）为单位。

注：部分标准厚度平均偏差与厚度平均偏差百分比的定义相同。

2.3.3 常用测试标准

目前国内土工膜行业较为常用的光面产品厚度测试标准如表2-8所示。

表2-8 光面土工膜厚度常用测试的标准

序号	标准号	标准名称	备注
1	GB/T 6672—2001	塑料薄膜和薄片 厚度测定 机械测量法	IDT ISO 4593:1993
2	GB/T 17598—1998	土工布 多层产品中单层厚度的测定	仅适用于土工膜与其他土工合成材料复合的多层产品
3	SL 235—2012	土工合成材料测试规程	
4	ISO 4593:1993	Plastics-film and sheeting-determination of thickness by mechanical scanning	
5	ISO 9863-1: 2016/Amd 1:2019	Geosynthetics-Determination of thickness at specified pressures-Part 1:Single layers Amendment 1	适用于各种单层土工合成材料
6	ISO 9863-2:1996	Geotextiles and geotextile-related products-Determination of thickness at specified pressures-Part 2: Procedure for determination of thickness of single layers of multilayer products	仅适用于土工膜与其他土工合成材料复合的多层产品
7	EN 1849-1:1999	Flexible sheets for waterproofing-Determination of thickness and mass per unit area-Part 1:Bitumen sheets for roof waterproofing	
8	EN 1849-2:2019	Flexible sheets for waterproofing-Determination of thickness and mass per unit area-Part 2:Plastic and rubber sheets for roof waterproofing	

续表

序号	标准号	标准名称	备注
9	ASTM D5199-12(2019)	Standard test method for measuring the nominal thickness of geosynthetics	
10	ASTM D751-19	Standard test methods for coated fabrics	产品标准中自带厚度测定方法
11	GB/T 18173.1—2012	高分子防水材料　第1部分:片材	产品标准中自带厚度测定方法

注：ISO 9863-2：1996已作废，但有少数标准仍引用该标准。

此外，GB/T 13761.1、ISO 9863-1和JTGE50等标准中涉及了对土工膜厚度的测定，但这些标准规定过于粗糙，在土工膜行业中很少应用。

2.3.4 测试仪器

对于厚度的测定，多数标准推荐采用测厚仪，也称厚度测量仪。少数标准采用相机、光学显微镜、游标卡尺或计算机断层摄影装置进行测定，下面重点介绍测厚仪。

不同标准对测厚仪的要求有所不同，如表2-9所示。采用的测厚仪不同，测定结果可能存在较小的差异。理论上测厚仪的负荷既可以加在上测量面，也可以加在下测量面，换句话说也就是既可以上测量面是可移动的，也可以下测量面是可移动的，但实际上商品化的测厚仪多数是上测量面可移动且加有标准规定的负荷，因此上测量面又称为压头，而对应的下测量面直径一般比压头直径要大。

表2-9　测厚仪要求

序号	标准号	测量精度/mm	测量面/mm			负荷	备注
			上测量面(压头)规格尺寸	上下测量面不平行度	下测量面(基准板)要求		
1	GB/T 6672—2001 ISO 4593:1993	0.003	直径:2.5～10	小于0.005	可调节以满足平行度要求	0.5～1.0N	上下测量面均为平面的测厚仪,标准既允许上测量面为平面,也允许上测量面为凸面,土工膜行业多采用平面/平面
		0.003	曲率半径:15～50	无要求	下测量面直径不小于5mm	0.1～0.5N	上测量面为凸面、下测量面为平面的测厚仪

续表

序号	标准号	测量精度/mm	测量面/mm			负荷	备注
			上测量面（压头）规格尺寸	上下测量面不平行度	下测量面（基准板）要求		
2	ISO 9863-1：2016/Amd 1：2019	0.01	直径：10±0.5	无要求	大于1.75倍的上测量面直径	(2±0.01)kPa，(20±0.1)kPa，(200±1)kPa	标准只规定了可移动压头直径为(10±0.5)mm，未指明是上测量面还是下测量面，但商品化的测厚仪多为上测量面可移动
3	SL 235—2012	0.001	直径：2.5～10	小于0.005	可调节以满足平行度要求	0.5～1.0N	上下测量面均为平面的测厚仪，标准既允许上测量面为平面，也允许上测量面为凸面，土工膜行业多采用平面/平面
		0.001	曲率半径：15～50	无要求	直径不小于5mm	0.1～0.5N	上测量面为凸面、下测量面为平面的测厚仪
4	EN 1849-1：1999	0.01	直径：10	无要求	无要求	20kPa	
5	EN 1849-2：2019	0.01	直径：10±0.05	无要求	无要求	(20±10)kPa	
6	ASTM D5199-12(2019)	0.02	直径：6.35	小于0.01	直径至少6.35mm	(20±0.2)kPa	
7	ASTM D751-19	0.025	直径：9.52±0.03	不超过0.0025	无要求	(1.7±0.03)N/(23.5±0.5)kPa	
8	CJ/T 234—2006	0.003	直径：2.5～10		小于0.005	20kPa	
	CJ/T 276—2008	0.003	曲率半径：15～50		无要求		
9	GB/T 18173.1—2012	0.01	直径：6	无要求	无要求	(22±5)kPa	

2.3.5 试样

（1）试样的规格尺寸

多数土工膜产品标准都采用方法标准给定的试样规格，详见表2-10。

表 2-10 厚度测定的试样规格尺寸

序号	标准号	试样规格尺寸	备注
1	GB/T 6672—2001	一般为 100mm 宽，长度以适合测厚仪测试为宜	
2	ISO 4593:1993		
3	ISO 9863-1:2016/Amd 1:2019	尺寸(直径或边长等)大于 1.75 倍的压头直径	
4	EN 1849-1:1999	长度至少为 100mm	
5	EN 1849-2:2019	试样数量至少为 2 个，2 个相邻试样间距不大于 1000mm，宽度方向边缘取样位置为距样品边缘(100±10)mm	
6	SL 235—2012	直径大于测量压头直径的 5 倍	
7	ASTM D5199-12(2019)	边缘与上测量面边缘距离至少大于 10mm 或大于直径为 75mm 圆的任意形状的试样	
8	ASTM D751-19	无规定	
9	GB/T 18173.1—2012	无规定	

(2) 试样数量及取样位置

土工膜厚度测定的试样数量和取样位置应首先根据产品所采用的产品标准或规范进行选择，当产品标准或规范没有规定时，按照方法标准的规定进行。这条原则不仅适用于厚度测定的试样数量和取样位置的选择，同时也适用于厚度测定的各种试验条件的选取以及土工膜其他性能测定时试验条件的选择。

表 2-11 和表 2-12 分别是主要土工膜产品标准或规范和厚度测定方法标准规定的试样数量和取样位置。

表 2-11 土工膜产品标准或规范规定的厚度测定的试样数量及取样位置

序号	标准号	采用的方法标准	试样数量及取样位置	备注
1	GB/T 17643—2011	GB/T 6672—2001	沿产品宽度方向 200mm 等间距取样，始末两个测量点距离产品边缘不小于 50mm	
2	GB/T 17688—1999	GB/T 6672—1986	沿产品宽度方向 250mm 等间距取样，始末两个测量点距离产品边缘大于 25mm	与多数标准采用的方法标准版本不同
3	GB/T 18173.1—2012	—	自端部起裁去 300mm，再从其裁断处的 20mm 内侧，且自宽度方向距两边各 10%宽度范围内取 2 个点(a、b)，再将 ab 间距四等分，取其等分点(c、d、e)共 5 个点进行厚度测量	
4	CJ/T 234—2006	GB/T 6672—2001	沿样品宽度方向等间距 200mm 测量，至少 30 个点	
5	CJ/T 276—2008	GB/T 6672—2001	沿样品宽度方向等间距 200mm 测量，至少 30 个点	

续表

序号	标准号	采用的方法标准	试样数量及取样位置	备注
6	CJJ 113—2007	无要求	无要求	
7	铁道部科技基〔2009〕88号	GB/T 6672—2001	沿产品宽度方向200mm等间距取样，始末两个测量点距离产品边缘大于50mm	
8	JT/T 518—2004	厚度测量试验方法缺失	无要求	操作者可参考其他标准
9	GRI GM13—2021	ASTM D5199-12(2019)	可靠估计按照标准公式进行计算，不可靠估计采用10个试样，试样沿产品整幅宽度方向随机选取，除非特别约定，不得在距边缘100mm以内的位置选取试样，但至少1个试样在距边缘100～152mm位置选取(待焊接部位)	
10	GRI GM22—2016	ASTM D751-19	沿幅宽方向均匀选取至少5个点	
11	GRI GM17—2021	ASTM D5199-12(2019)	可靠估计按照标准公式进行计算，不可靠估计采用10个试样，试样沿产品整幅宽度方向随机选取，除非特别约定，不得在距边缘100mm以内的位置选取试样，但至少1个试样在距边缘100～152mm位置选取(待焊接部位)	
12	GRI GM25—2021	ASTM D5199-12(2019)	可靠估计按照标准公式进行计算，不可靠估计采用10个试样，试样沿产品整幅宽度方向随机选取，除非特别约定，不得在距边缘100mm以内的位置选取试样，但至少1个试样在距边缘100～152mm位置选取(待焊接部位)	
13	EN 13493:2018	EN 1849-2:2009	试样数量至少为2个，2个相邻试样间距不大于1000mm，宽度方向边缘取样位置为距样品边缘(100±10)mm	GBR-P类
14	ASTM D7408-12(2020)	无要求	无要求	
15	ASTM D7176-22	ASTM D5199-12(2019)	5个点	
16	GRI GM21—2016	ASTM D5199-12(2019)	可靠估计按照标准公式进行计算，不可靠估计采用10个试样，试样沿产品整幅宽度方向随机选取，除非特别约定，不得在距边缘100mm以内的位置选取试样，但至少1个试样在距边缘100～152mm位置选取(待焊接部位)	
17	ASTM D7465/D7465M-15(2023)	ASTM D751-19	取3个边长300mm的样品，分别取四角部位进行厚度测定	

续表

序号	标准号	采用的方法标准	试样数量及取样位置	备注
18	GRI GM18—2015	ASTM D5199-12 (2019)	可靠估计按照标准公式进行计算，不可靠估计采用 10 个试样，试样沿产品整幅宽度方向随机选取，除非特别约定，不得在距边缘 100mm 以内的位置选取试样，但至少 1 个试样在距边缘 100～152mm 位置选取(待焊接部位)	
19	ASTM D7613-17 (2023)	ASTM D5199-12 (2019)	可靠估计按照标准公式进行计算，不可靠估计采用 10 个试样，试样沿产品整幅宽度方向随机选取，除非特别约定，不得在距边缘 100mm 以内的位置选取试样，但至少 1 个试样在距边缘 100～152mm 位置选取(待焊接部位)	增强型土工膜采用光学法测量，试样数量为 3 个

注：GB/T 17688—1999 已作废，但有少数标准仍引用该标准。

表 2-12 土工膜厚度测定的方法标准规定的试样数量及取样位置

序号	标准号	试样数量及取样位置	备注
1	GB/T 6672—2001	按等分试样长度的方法确定测量厚度的位置点： 幅宽≤300mm，测 10 个点 幅宽在 300～1500mm，测 20 个点 幅宽≥1500mm，至少测 30 个点 对于未裁边的样品，应在距边缘 50mm 开始测量	对于绝大多数土工膜产品来说，其幅宽大于 1500mm，因此测定点至少为 30 个
2	ISO 4593:1993		
3	ISO 9863-1:2016/Amd 1:2019	试样数量不少于 10 个，取样位置无要求	
4	SL 235—2012	试样数量不少于 10 个，取样位置无要求	
5	EN 1849-1:1999	沿幅宽方向均匀选取 10 个点进行测量，其中两侧的测量点位于距边缘 100mm 处	
6	EN 1849-2:2009	沿幅宽方向均匀选取 n 个点进行测量，$n\geqslant 2$，两侧测量点位于距边缘 100mm 处；测量点间距最大为 1000mm	
7	ASTM D5199-12 (2019)	可靠估计按照标准公式进行计算，不可靠估计采用 10 个试样，试样沿产品整幅宽度方向随机选取，除非特别约定，不得在距边缘 100mm 以内的位置选取试样，但至少 1 个试样在距边缘 100～152mm 位置选取(待焊接部位)	
8	ASTM D751-19	沿幅宽方向均匀选取至少 5 个点	

读者可以发现与其他性能测定不同，虽然很多产品标准或规范采用了相同的厚度测定方法，其厚度测定的试样数量（或测试点数量）、取样位置的规定与采用的方法标准不尽相同，且采用相同方法标准的产品标准彼此之间也存在较大的差异。对于这一点，实验操作人员应特别注意。除此之外，依据土工膜产品幅宽的

不同，其厚度测定所需的试样数量（或测试点数量）、取样位置也不同。

此外值得读者注意的是，部分国外标准特别关注用于焊接部位的土工膜的厚度，规定“至少 1 个试样在距边缘 100～152mm 位置选取（待焊接部位）”，而我国绝大多数产品标准都没有关注到这一点。

（3）试样制备

多数标准未对用于厚度测定的试样制备方法进行规定，实验操作人员可以采用剪裁的方法进行试样制备，有条件的实验室可采用冲裁的方法，这样可以避免由于土工膜形变所带来的误差，特别是对于较厚的土工膜。

2.3.6 状态调节和试验环境

土工膜性能测定的状态调节和试验环境要求首先应从产品标准或规范中寻找，当产品标准和规范中没有明确规定时，再从相应的方法标准中查找。这个原则适用于所有性能测定，以后章节中不再赘述。不同的厚度测定标准所规定的状态调节和试验环境条件有所不同，如表 2-13 所示。

表 2-13　不同的厚度测定方法标准对状态调节与试验环境的要求

序号	标准号	状态调节			试验环境	备注
		温度/℃	相对湿度/%	时间/h		
1	GB/T 6672—2001 ISO 4593:1993	23±2	按产品标准、规范或供需双方商定	≥1	同状态调节环境条件	
2	ISO 9863-1:2016/Amd 1:2019	该标准未规定状态调节具体细节，可参考 ISO 554:1996 规定的三种条件		24	未规定	
3	EN 1849-1:1999	非仲裁:室温 仲裁:23±2	未规定	≥20	同状态调节环境条件	
	EN 1849-2:2009	23±2	50±5	≥2		
4	ASTM D5199-12(2019)	21±2	60±10	以不少于 2h 为测定间隔，质量变化不超过 0.1%即为状态调节时间满足要求	同状态调节环境条件	
5	ASTM D751-19	23±2(温带) 27±2(热带)	50±5(温带) 65±5(热带)	≥24	同状态调节环境条件	

2.3.7 试验条件的选择

试验条件应首先从产品标准、规范或相关规程中选择。当缺少这些资料时，可从方法标准中选择适宜的条件进行试验。这一要求对于各种性能测试都是一致的，在以后的章节中将不再赘述。

（1）负荷

厚度测定的负荷选择在前面测厚仪要求中提过了，读者可根据表 2-9 进行选择。需要特别注意的是，目前市售的测厚仪多数不能进行负荷调整，因此当实验室需要按照不同标准进行测定时，应配备不同负荷的测厚仪以满足标准要求。

（2）读数时间

多数标准未对读数时间进行规定，少数标准，特别是橡胶类土工膜标准对读数时间有严格规定，如 ASTM D751 规定时间为 10s，这主要是由于橡胶类产品硬度低、弹性大，在负荷作用下厚度会随时间的延长而变化。对于多数塑料类土工膜来说，读数时间对厚度测定的影响不明显，但出于严谨，部分标准如 ASTM D5199 和 ISO 9863-1 等还是将读数时间规定为 5s，读者可参考采用。

2.3.8 操作步骤简述

① 调节测厚仪零点，以消除零点误差。

② 抬起测头，放置试样并缓慢地放下测头，使上、下测量面与试样表面完全贴合且上测量面位于试样中心部位。

③ 按照标准要求的读数时间读取厚度数据。

2.3.9 结果计算与表示

（1）平均厚度

取试样厚度的算术平均值作为平均厚度。

（2）厚度极限偏差

厚度极限偏差按照式(2-1) 计算：

$$\Delta t = t_{min/max} - t_0 \tag{2-1}$$

式中 Δt——厚度极限偏差，mm；

t_{min}——厚度测定最小值，mm；

t_{max}——厚度测定最大值，mm；

t_0——公称厚度，mm。

（3）厚度极限偏差百分比

厚度极限偏差百分比按照式(2-2) 计算：

$$\Delta\% = [(t_{min/max} - t_0)/t_0] \times 100 \tag{2-2}$$

式中 $\Delta\%$——厚度极限偏差百分比，%；

t_{min}——厚度测定最小值，mm；

t_{max}——厚度测定最大值，mm；

t_0——公称厚度，mm。

（4）厚度平均偏差

厚度平均偏差按照式(2-3）计算：

$$\Delta\bar{t}=\bar{t}-t_0 \tag{2-3}$$

式中 $\Delta\bar{t}$——厚度平均偏差，mm；

$\bar{t}$——厚度平均值，mm；

t_0——公称厚度，mm。

（5）厚度平均偏差百分比

厚度平均偏差百分比按照式(2-4）计算：

$$\Delta\bar{t}\%=[(\bar{t}-t_0)/t_0]\times 100 \tag{2-4}$$

式中 $\Delta\bar{t}\%$——厚度平均偏差百分比,%；

$\bar{t}$——厚度平均值，mm；

t_0——公称厚度，mm。

（6）结果表示

平均厚度和厚度平均偏差一般保留至小数点后 2 位，其他计算结果一般保留 2 位有效数字。

2.3.10 影响因素及注意事项

（1）负荷

适宜的负荷可消除由于试样不够平整所带来的测定误差，有利于测试精度的提高。与此同时，随着测量压头负荷的提高，土工膜受到一定程度的压缩，厚度的测定结果下降。当试样表面较为平整时，测量负荷对硬度相对较高试样（如 HDPE 土工膜）厚度测定的影响并不显著，但当试样表面不平整时，可能会导致测试结果偏高，此时提高负荷有利于降低测量误差，视实际情况可提高负荷至 50～200kPa。但对硬度较低试样（如 PVC、橡胶类土工膜），则会由于较大负荷对土工膜有明显压陷作用而导致测定值偏低。

（2）试样/测量点数量

由前面章节可知，不同标准规定的试样/测量点数量以及取样位置有较大差异，这对厚度均匀的产品影响并不明显，但对厚度均匀性差的产品，采用不同方法得到的试验结果可能存在较大的差异。对于土工膜生产企业，在产品试制或生产初期应尽量选取较多的试样监控产品厚度，避免由于试样/测量点数量过少而隐藏了产品厚度不均匀问题，同时也可降低产品厚度达标与否的误判风险。

（3）读数时间

一般说来，试样的厚度会随着读数时间的延长而有所降低，试样的硬度越低这种影响越显著。但随着时间的进一步延长，试样厚度随读数时间的变化逐渐变得不显著。

（4）试验注意事项

进行厚度测试应注意以下事项：

① 对于大小适宜的试样，其长度不会影响测定结果，但如果试样过长，如部分实验室为了提高工作效率，将一整幅土工膜放在测厚仪中进行厚度测定，在这种情况下，会由于过长部分土工膜的重力作用，导致测量结果偏高、不准确；

② 尽管多数标准未对读数时间进行规定，但仍建议实验室采取统一的读数时间，以降低测量结果的误差；

③ 建议尽量选择较为平整的土工膜试样进行厚度测定，以避免试样不平整带来的测定误差。当测定刚性较大的土工膜产品时，标准要求的试验负荷可能不足以将试样压平，测定厚度时可采用一方框帮助负荷将试样压平，但应注意避免损伤测厚仪。

2.4 厚度（糙面土工膜）

糙面土工膜的厚度测定主要有机械测量法和光学测量法，其中机械测量法更为常用，也是介绍的重点。

2.4.1 原理

沿垂直于土工膜生产方向（即幅宽方向），以等间距或随机的方式制备试样，并在特定负荷下测量试样上下表面“凹点”（也称“低点”“低谷”或“谷点”）间的垂直距离（对于单糙面土工膜则为粗糙面“凹点”与另一表面间的垂直距离），此距离即为该试样的厚度，计算试样的平均厚度及其偏差。

2.4.2 定义

糙面土工膜厚度定义与光面土工膜厚度定义存在一定差异，读者应予以注意。

（1）厚度（thickness）

糙面土工膜上下两表面“凹点”间的垂直距离，以毫米（mm）表示。对于单糙面土工膜则为粗糙面“凹点”与另一表面间的垂直距离。糙面土工膜厚度在有些标准或文献中也称为核心厚度或芯层厚度，对应的英文为 core thickness。不规则糙面土工膜厚度测量如图 2-3 所示，规则糙面土工膜厚度测量如图 2-4 所示。

（2）其他定义

厚度极限偏差、厚度极限偏差百分比、厚度平均偏差、厚度平均偏差百分比等定义采用与光面土工膜相同的定义。

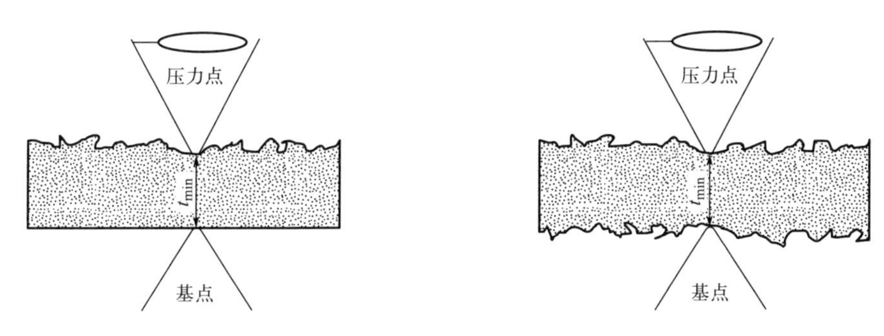

图 2-3　不规则糙面土工膜厚度测量示意图

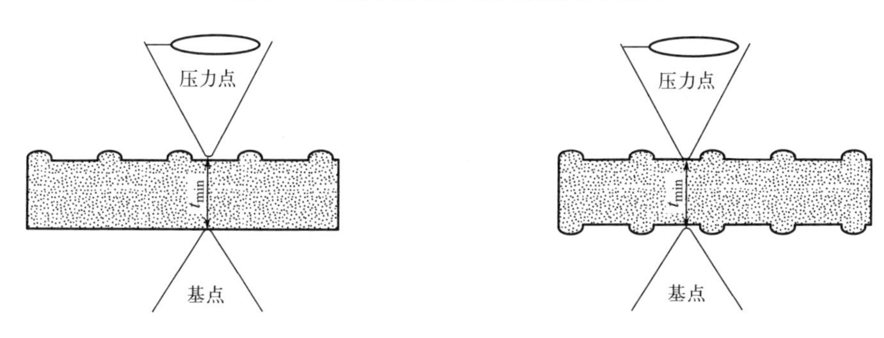

图 2-4　规则糙面土工膜厚度测量示意图

2.4.3　常用测试标准

目前国内土工膜行业较为常用的糙面土工膜产品厚度测试的标准主要是依据ASTM 标准，部分标准如国家标准、住房和城乡建设部行业标准参考该标准制定了标准规范性附录或资料性附录。常用标准如表 2-14 所示。

表 2-14　糙面土工膜厚度常用测试的标准

序号	标准号	标准名称	备注
1	ASTM D5994/D5994M-10(2021)	Standard test method for measuring core thickness of textured geomembranes	
2	GB/T 17643—2011(附录A)	糙面土工膜厚度的测定	参考 ASTM D5994
3	CJ/T 234—2006(附录 A)	糙面土工膜核心厚度的测定	参考 ASTM D5994
4	ISO 9863-1：2016/Amd 1:2019	Geosynthetics-Determination of thickness at specified pressures-Part 1：Single layers Amendment 1	

2.4.4　测试仪器

与光面土工膜类似，糙面土工膜厚度的测定可通过机械测量、照相、光学显微镜观察等方式进行，但常用的方法是机械测量。为了与光面土工膜的测厚仪区分，糙面土工膜厚度测量装置一般称为厚度测量器。由于目前国内各类标准均参考 ASTM D5994，技术上是一致的，因此不同标准要求的厚度测量器基本相同。

厚度测量器的示意图如图 2-5 所示，其中不同标准要求的压头曲率半径不同，但测量精度应保证在±0.01mm。

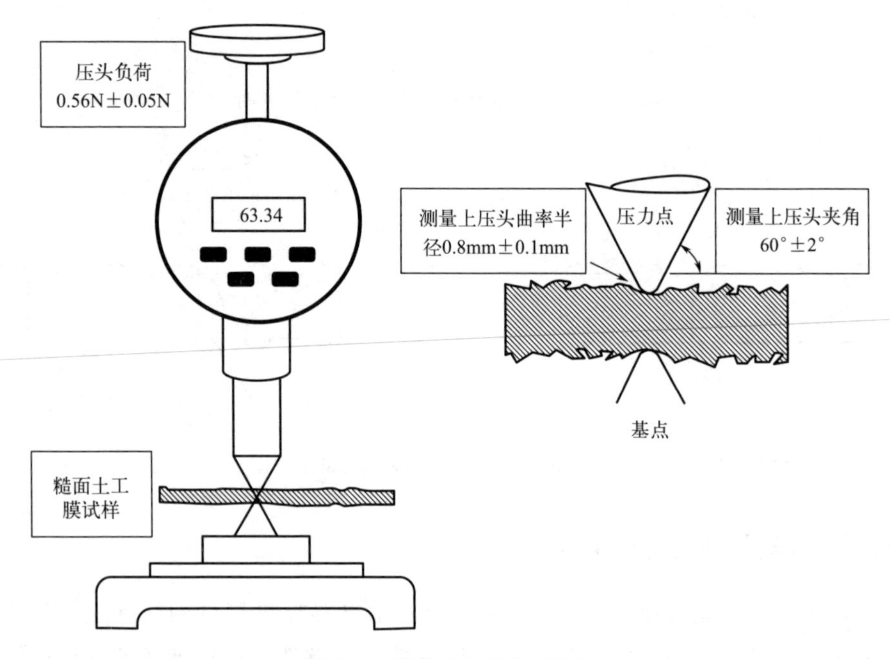

图 2-5　厚度测量器的示意图

2.4.5　试样

（1）试样的规格尺寸

不同标准要求的试样规格尺寸如表 2-15 所示。

表 2-15　糙面土工膜厚度测定试样规格尺寸

序号	标准号	试样规格尺寸	备注
1	ASTM D5994/D5994M-10(2021)	试样的规格尺寸应保证测头与试样各方向边缘距离大于 10mm，推荐使用直径约 75mm 的圆形试样	可采用方形试样
2	GB/T 17643—2011（附录 A）	试样边缘与上测头距离不少于 10mm	
3	CJ/T 234—2006（附录 A）	试样边缘在各个方向上都是在测量点边缘以外 10mm，推荐使用直径约 75mm 的圆形试样	该标准说法容易引起歧义，可参考 ASTM D5994

续表

序号	标准号	试样规格尺寸	备注
4	ISO 9863-1：2016/Amd 1:2019	试样尺寸（直径或边长等）大于1.75倍的压头直径	

（2）试样数量及取样位置

不同标准厚度测定所需的试样数量（或测试点数量）、取样位置如表2-16所示。

表2-16 糙面土工膜厚度测定的试样数量及取样位置

序号	标准号	试样数量及取样位置	备注
1	ASTM D5994/D5994M-10(2021)	可靠估计按照标准公式进行计算，不可靠估计采用10个试样，试样沿产品整幅宽度方向随机选取，应有2个试样在距两侧边缘150mm以内的位置选取	
2	GB/T 17643—2011(附录A)	沿土工膜幅宽方向，每200mm裁取一个试样	
3	CJ/T 234—2006(附录A)	可靠估计按照标准公式进行计算，不可靠估计采用10个试样，沿着宽度在样品上以随机方式取样，且必须是土工膜卷材两边15cm以内的部分	标准取样位置不符合常理，可能是翻译有误，建议采用与ASTM D5994/D5994M-10(2021)一样的方法取样
4	ISO 9863-1:2016/Amd 1:2019	试样数量不少于10个，取样位置无要求	

（3）试样制备

与光面土工膜相同。

2.4.6 状态调节和试验环境

不同的糙面土工膜厚度测定标准对状态调节和试验环境条件的要求有所不同，如表2-17所示。其中部分标准要求的温湿度条件与光面土工膜的不同，当需要常年在同一实验室进行不同产品测定时，应注意不同条件的协调。

表2-17 不同的厚度测定方法标准对状态调节与试验环境的要求

序号	标准号	状态调节			试验环境	备注
		温度/℃	相对湿度/%	时间/h		
1	ASTM D5994/D5994M-10(2021)	21±2	60±10	未规定	同状态调节环境条件	
2	GB/T 17643—2011(附录A)	23±2	未规定	≥4	同状态调节环境条件	
3	CJ/T 234—2006(附录A)	23±2	55±10	达到平衡	同状态调节环境条件	

2.4.7 试验条件的选择

（1）负荷

糙面土工膜厚度测定的负荷多数为（0.56±0.05）N，也有部分标准选用（0.60±0.10）N。

（2）读数时间

糙面土工膜厚度测定的读数时间一般为5s。

2.4.8 操作步骤简述

① 调节厚度测量仪零点，以消除零点误差。

② 抬起测头，放置试样并缓慢地放下测头。当将测头与试样接触时，小心调整试样的位置以便测量器测头位于糙面凹陷处的“凹点”，保持5s，读取厚度值。

③ 重复上述步骤，每个试样选择3个点进行测量，记录3个数值，取读数中最小值作为该试样的测量结果。

④ 重复上述步骤，对全部试样的厚度进行测量。

2.4.9 结果计算与表示

（1）结果计算

糙面土工膜的厚度计算与光面土工膜的相同。

（2）结果表示

糙面土工膜厚度测定结果保留至小数点后两位。ASTM D5994/D5994 要求精确至0.025mm或0.001in（1in=25.4mm）。

2.4.10 影响因素及注意事项

糙面土工膜厚度测量的影响因素和注意事项与光面土工膜的基本相同，需要特别注意的是：

① 在选择测量点时，应选择上下两表面均为“凹点”处进行测量，如一表面为“凹点”，另一表面为“凸点”，会使测量结果偏大；由于糙面土工膜的生产工艺不同，产生的粗糙模式不同，因此有时候完全找到上下表面均为“凹点”的会比较困难。

② 按照ASTM标准进行测量但采用公制测量仪器时，可以精确读数至0.01mm。如需严格遵循标准方法，则应特别注意小数的读取。

2.5 毛糙高度（糙面土工膜）

本节介绍糙面土工膜毛糙高度的测定。

2.5.1 原理

沿垂直于土工膜生产方向（即幅宽方向），以等间距或随机的方式制备试样，并在规定负荷下测定产品同一表面的“凹点”（也称“低点”“低谷”或“谷点”）与“凸点”（也称“高点”“峰”）之间的垂直距离，该距离即为该试样的毛糙高度，计算平均值。

2.5.2 定义

毛糙高度（asperity height）：糙面土工膜同一表面“凹点”与“凸点”间的垂直高度差（如图 2-6 所示），以毫米（mm）为单位。

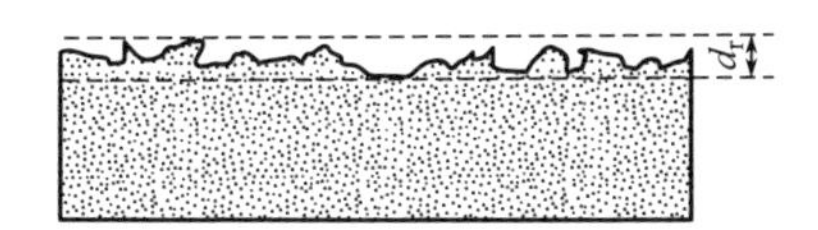

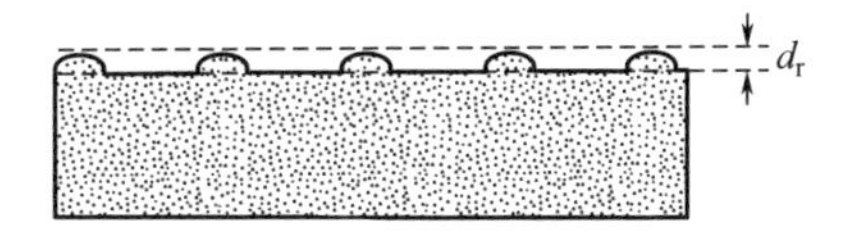

图 2-6　毛糙高度示意图

2.5.3 常用测试标准

与糙面土工膜厚度的测量类似，国内毛糙高度的测试标准也是参考了 ASTM 相关标准制定的，如表 2-18 所示。

表 2-18　糙面土工膜毛糙高度常用测试标准

序号	标准号	标准名称	备注
1	ASTM D7466/D7466M-10(2015)e1	Standard test method for measuring asperity height of textured geomembranes	
2	GB/T 17643—2011(附录B)	附录 B(规范性附录)糙面土工膜毛糙高度的测定	参考 ASTM D7466
3	CJ/T 234—2006(附录 F)	附录 F(资料性附录)用深度计测量毛面土工膜粗糙度的标准试验方法	参考 ASTM D7466

2.5.4 测试仪器

糙面土工膜采用深度计进行毛糙高度的测量。深度计示意图如图 2-7 所示，其测量精度至少为±0.01mm。

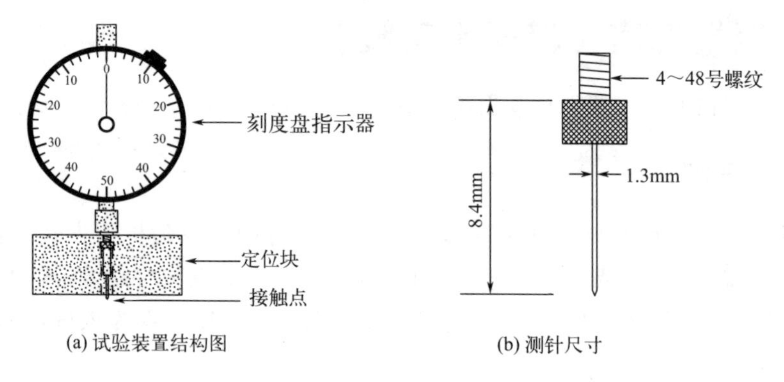

(a) 试验装置结构图　(b) 测针尺寸

图 2-7　深度计示意图

2.5.5 试样

(1) 试样的规格尺寸

不同标准要求的试样规格尺寸如表 2-19 所示。

表 2-19　糙面土工膜毛糙高度测定试样规格尺寸

序号	标准号	试样规格尺寸	备注
1	ASTM D7466/D7466M-10(2015)e1	直径至少 75mm 的圆形试样	
2	GB/T 17643—2011(附录 B)	未规定	
3	CJ/T 234—2006(附录 F)	未规定	

(2) 试样数量及取样位置

不同标准毛糙高度测定所需的试样数量（或测试点数量）、取样位置如表 2-20 所示。

表 2-20　糙面土工膜毛糙高度测定的方法标准规定的试样数量及取样位置

序号	标准号	试样数量及取样位置	备注
1	ASTM D7466/D7466M-10(2015)e1	沿产品整幅宽度方向均匀选取 10 个试样	
2	GB/T 17643—2011(附录 B)	沿样品宽度方向按等间隔确定测量的位置点，至少测 30 个点，始末两个测量点距样品边缘应不小于 50mm	
3	CJ/T 234—2006(附录 F)	按等分试样宽度的方法： 宽度小于等于 300mm 时，测 10 个点 宽度 300～1500mm 时，测 20 个点 宽度大于等于 3000mm 时，至少测 30 个点 对未裁边的样品，应在距边缘 50mm 处开始测量	

2.5.6 状态调节和试验环境

不同的毛糙高度测定标准对状态调节和试验环境条件的要求不同，如表 2-21 所示。

表 2-21 不同的毛糙高度测定方法标准对状态调节与试验环境的要求

序号	标准号	状态调节			试验环境	备注
		温度/℃	相对湿度/%	时间/h		
1	ASTM D7466/D7466M-10(2015)e1	21±2	60±10	未规定	同状态调节环境条件	
2	GB/T 17643—2011(附录 B)	23±2	未规定	≥4	同状态调节环境条件	
3	CJ/T 234—2006(附录 F)	23±2	50±10	未规定	未规定	

2.5.7 试验条件的选择

（1）负荷

标准均未规定测量负荷值，仅在 ASTM D7466/D7466M-10（2015）e1 中指出深度计的整体质量不超过 300g。

（2）读数时间

标准均未规定读数时间，建议生产企业根据自身产品特点确定固定的读数时间。

2.5.8 操作步骤简述

① 调节深度计零点，以消除零点误差。

② 将土工膜放置在水平刚性支撑平面上并确保试样平整放置。

③ 将深度计放置于试样上，使定位块的长轴方向垂直于土工膜纵向（生产方向）；小心调整深度计的接触点到达“凹点”，抬起测头，放置试样并缓慢地放下测头。当将测头与试样接触时，小心调整试样的位置以便测量器测头位于糙面凹陷处的“凹点”并确保测量数据达到最大值，读取毛糙高度值。

④ 重复上述步骤，每个试样选择 3 个点进行测量，记录 3 个数值，取读数中的最大值作为该试样的测量结果。

⑤ 重复上述步骤，对全部试样的毛糙高度进行测量。

⑥ 对于双糙面土工膜，应将试样的一面标注为 A 面，另一面为 B 面，测完 A 面后，重复上述操作对 B 面进行测定。

2.5.9 结果计算与表示

（1）结果计算

计算糙面土工膜的毛糙高度的算术平均值，可以根据不同产品标准要求计算或报出最大或最小值。

（2）结果表示

GB/T 17643—2011要求精确到0.01mm，ASTM D7466/D7466M-10（2015）e1要求精确到0.025mm。

2.5.10 影响因素及注意事项

糙面土工膜毛糙高度测量的影响因素及注意事项与厚度测量的基本一致。需要特别注意的是：

① 在选择测量点时，应找准“凹点”位置，否则会使测量结果出现显著偏差；

② 负荷的增大、读数时间的延长，会造成毛糙高度测量结果的减小，但不同工艺制造的糙面土工膜毛糙高度对负荷和读数时间变化的敏感性不同，通常情况下具有较为尖锐的凸起结构的土工膜，其对负荷和读数时间的依赖性更强；

③ 对于双糙面土工膜应分别报出A面和B面的测量结果。

2.6 拉伸性能

拉伸性能是高分子材料及其相关产品力学性能中最重要、最基本的性能之一，也是土工膜进行产品质量控制、调整生产工艺的重要参数。几乎所有土工膜产品都要考核拉伸性能。土工膜的拉伸屈服强度和断裂强度是很多工程计算的基础参数，应变和伸长率则表征了产品的韧性，特别是当环境发生较大变化（如地基沉降、地震等）而导致土工膜发生较大形变时，具有良好伸长率的土工膜产品在一定时间内依然具有防渗等功能，给工程补救争取时间。

2.6.1 原理

沿试样纵向主轴方向以恒速拉伸直到试样断裂或直到应力（负荷）/应变（伸长）达到某一预定值，测量在这一过程中试样所受的负荷和伸长。

高分子材料典型的拉伸应力-应变曲线见图2-8。绝大多数土工膜产品具有比较良好的韧性，在拉伸试验过程中形变比较大，其拉伸曲线一般为曲线b、曲线c或曲线d。高密度聚乙烯（HDPE）类土工膜的典型拉伸曲线为曲线b；橡胶类土工膜的典型拉伸曲线为曲线d；PP类土工膜的典型拉伸曲线为曲线c；PVC类土工膜随配方的不同拉伸曲线可能是曲线b或曲线c；增强型的土工膜产品因增强材料品种和含量的不同，在拉伸过程中会呈现不同的曲线类型，但非增强型土工膜的拉伸曲线不会呈现为曲线a。

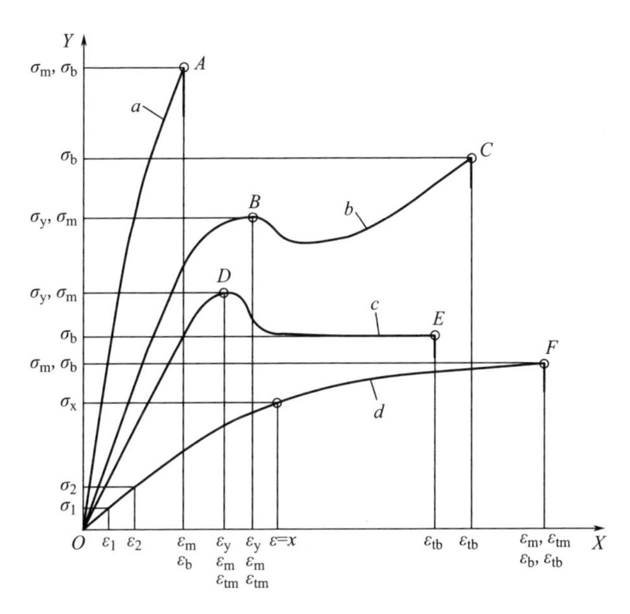

图 2-8　拉伸应力-应变曲线

曲线 a—脆性材料；曲线 b 和 c—具有屈服点的韧性材料；曲线 d—无屈服点的韧性材料

2.6.2　定义

（1）拉伸应力（tensile stress）

在任何给定时刻，试样在标距长度内，每单位截面积所受的法向力，以兆帕（MPa）为单位，通常以 σ 表示。拉伸应力通常也称为工程应力。

（2）拉伸强度（tensile strength）

拉伸试验过程中，试样所承受的最大拉伸应力，以兆帕（MPa）为单位，通常以 σ_M 表示，图 2-8 中的 A 点、C 点、D 点和 F 点所对应的应力即为拉伸强度。在土工膜行业内，有些标准的拉伸强度以每单位宽度所受的拉伸负荷表示，以牛顿每毫米（N/mm）为单位。值得注意的是，GB/T 1040.1—2018 拉伸强度的定义与众多塑料制品中拉伸强度的定义不同，为拉伸过程中首个峰值，因此对于曲线 b（聚乙烯类土工膜），拉伸强度为 B 点对应的应力。由于该标准 2019 年 11 月才开始实施，因此绝大多数塑料制品中的拉伸强度依然是最大拉伸应力。

（3）拉伸屈服应力（tensile stress at yield）

试样出现应力不增加而应变增加时的最初应力，以兆帕（MPa）为单位，通常以 σ_y 表示，图 2-8 中的 B 点和 D 点即为屈服点，其对应的应力即为拉伸屈服应力。

在现行的部分土工膜的产品标准中，该性能常常以拉伸屈服强度（tensile strength at yield）表示，且定义为出现应力不增加而应变增加时的单位宽度的法向力，以牛顿每毫米（N/mm）为单位。

（4）拉伸断裂应力（tensile stress at break）

试样断裂时的拉伸应力，以兆帕（MPa）为单位，通常以 σ_b 表示，图 2-8 中的 A 点、C 点、E 点和 F 点对应的应力即为拉伸断裂应力。

与拉伸屈服性能类似，现行的部分土工膜的产品标准中，该性能常常以拉伸断裂强度（tensile strength at break）表示，且其定义为试样断裂时单位宽度所承受的拉伸负荷，以牛顿每毫米（N/mm）为单位。

需要注意的是，拉伸屈服强度和拉伸断裂强度的定义只适用于土工膜产品，在多数情况下这两个参数的定义和单位是与拉伸屈服应力和拉伸断裂应力相一致的。对于土工膜原材料的检验，多数情况下，石化企业提供的是以 MPa 为单位的强度或应力值，因此相关人员在进行数据对比的时候，应注意单位的一致性。

（5）标距（gauge length）

试样中间平行部分两标线之间的距离，通常以 L_0 表示。设定初始标距和测定标距变化的目的主要是计算各类应变和伸长率。

现行的各土工膜产品标准和测试方法标准中，对于标距的规定各有不同，详见图 2-9 和表 2-23。

（6）拉伸应变（tensile strain）

初始标距单位长度的增量，以无量纲比值或百分数（%）表示，并用 ε 表示。

拉伸应变仅适用于屈服点以前的应变，超过屈服点的应变应以拉伸标称应变表示。但出于土工膜行业多年来形成的惯例，尽管绝大多数土工膜产品在拉伸过程中存在屈服现象，但现行的产品标准都未采用拉伸标称应变，而依然采用断裂伸长率。

（7）拉伸屈服应变（tensile strain at yield）

试样在出现拉伸屈服应力时的拉伸应变，通常以 ε_y 表示，图 2-8 中的 B 点和 D 点对应的拉伸应变即为拉伸屈服应变。

在现行的很多土工膜的产品标准中，该性能多数以拉伸屈服伸长率（tensile elongation at yield）表示，其定义和单位与拉伸屈服应变一致。

（8）拉伸断裂应变（tensile strain at break）

试样未发生屈服而断裂时，与断裂应力相对应的拉伸应变，通常以 ε_b 表示，图 2-8 中的 A 点和 F 点对应的拉伸应变即为拉伸断裂应变。

在现行的很多土工膜的产品标准中，该性能多数以拉伸断裂伸长率（tensile elongation at break）表示，其定义和单位与拉伸断裂应变一致。

（9）拉伸标称应变（nominal tensile strain）

两夹具之间单位距离（夹具间距）的原始长度的增量，用无量纲比值或百分数（%）表示，并用 ε_t 表示。有些标准将其定义为横梁位移除以夹持距离。此方法用于有屈服点试样应变的测定，它表示试样自由长度上的总相对伸长率，但在土工膜行业内较少采用。

（10）拉伸断裂标称应变（nominal tensile strain at break）

试样在屈服后断裂时，与拉伸断裂应力对应的拉伸标称应变，用 ε_{tb} 表示。图 2-8 曲线 b 的 C 点和曲线 c 的 E 点对应的应变应该以断裂标称应变表示，但在土工膜行业内较少采用。

（11）拉伸弹性模量（modules of elasticity in tension）

应力 σ_2 和 σ_1 的差值与对应的应变 ε_2 和 ε_1 的差值的比值，以 MPa 为单位。

拉伸弹性模量通常可分为三种，正切模量、正割模量和玄模量。塑料行业多采用玄模量，如 GB 和 ISO 塑料拉伸相关标准，但 ASTM 相关标准采用正切模量。

（12）2%正割模量（2% secant modulus in tension）

在 2%低应变的条件下，应力目标值 σ_2 和应力初始值 σ_1 的差值与对应的应变目标值 ε_2 和应变初始值 ε_1 的差值的比值，以 MPa 为单位。

（13）容易混淆的几个定义

标准是动态的，会被修订，部分标准还会被废止。标准修订的内容分两种，一种是编辑性的修改，一种是技术性的修改。编辑性的修改对于标准的实施影响甚小，但技术性的修改，特别是较大程度的技术性修改，对标准的实施有显著影响。2006 版 GB/T 1040 系列标准的技术性改动较大，这对国内土工膜产品拉伸性能的测定有一定的影响。该系列标准现行的标准包括 GB/T 1040.1—2018，GB/T 1040.2—2022，GB/T 1040.3—2006，GB/T 1040.4—2006，GB/T 1040.5—2008。该系列标准是 2006 年 8 月 24 日发布，2007 年 1 月 1 日实施的，其中 GB/T 1040.1 和 GB/T 1040.2 又进行了修订，目前有效版本为 GB/T 1040.1—2018 和 GB/T 1040.2—2022。与上一版标准（GB/T 1040—1992）相比，标准在术语和定义方面发生了较大变化。尽管新标准已颁布实施了若干年，但由于 92 版标准所涉及的定义，如伸长率等已在国内应用了几十年，因此很多定义依然被广泛使用，特别是在土工合成材料行业。因此标准使用者应注意方法标准和产品标准规定的差异，以避免误用、错用的发生。

2.6.3 常用测试标准

目前国内土工膜行业较为常用的拉伸性能测试方法标准如表 2-22 所示。此外，很多产品标准中也对拉伸性能做出了一些规定，这些标准在上一节已经做了介绍。

表 2-22 所列的各国塑料的拉伸性能测定的方法标准在技术上不完全一致，即使在技术上一致的方法标准，在测试细节上也存在一定的差异。使用者应仔细研读标准，避免误用和混淆。这种标准不同引起的测试结果的差异，不仅体现在拉伸性能测试中，在其他性能测试中都有，在以后的章节中不再赘述。

表 2-22 土工膜拉伸性能常用的测试方法标准

序号	标准号	标准名称	备注
1	GB/T 1040.1—2018	塑料 拉伸性能的测定 第1部分:总则	IDT ISO 527-1:2012
2	GB/T 1040.2—2022	塑料 拉伸性能的测定 第2部分:模塑和挤塑塑料的试验条件	MOD ISO 527-2:2012
3	GB/T 1040.3—2006	塑料 拉伸性能的测定 第3部分:薄膜和薄片的试验条件	IDT ISO 527-3:1995
4	ISO 527-1:2019	Plastics-Determination of tensile properties-Part 1:General principles	
5	ISO 527-2:2012	Plastics-Determination of tensile properties-Part 2:Test conditions for moulding and extrusion plastics	
6	ISO 527-3:2018	Plastics-Determination of tensile properties-Part 3:Test conditions for films and sheets	
7	EN ISO 527-1:2019	Plastics-Determination of tensile properties-Part 1: General principles (ISO 527-1:2019)	IDT ISO 527-1:2019
8	EN ISO 527-2:2012	Plastics-Determination of tensile properties-Part 2:Test conditions for moulding and extrusion plastics (ISO 527-2:2012)	IDT ISO 527-2:2012
9	EN ISO 527-3:2018	Plastics-Determination of tensile properties-Part 3:Test conditions for films and sheets (ISO 527-3:2018)	IDT ISO 527-3:2018
10	ASTM D638-22	Standard test method for tensile properties of plastics	
11	ASTM D6693/D6693M-20	Standard test method for determining tensile properties of nonreinforced polyethylene and nonreinforced flexible polypropylene geomembranes	

2.6.4 测试仪器

土工膜拉伸性能测试采用能够以恒定速率在垂直/水平方向运动的材料试验机，同时配以适当的负荷传感器、形变测量装置（如引伸计）及试样夹具。需要进行伸长率/应变测试时，应配备测量大形变的引伸计，而拉伸弹性模量的测试则应配备测量微小形变的引伸计。目前，土工合成材料行业较为常用的拉伸性能测试仪器主要是电子万能材料试验机，俗称电子拉力机。机械式拉伸测试仪器已经很少应用了。电子拉力机多数是在垂直方向上运动的，部分工程现场检验的拉力机是在水平方向运动的。国产电子拉力机经过多年的发展，行业已日趋成熟，承德市金建检测仪器有限公司等一批国内制造单位已经在土工合成材料领域占有了较高的市场份额，完全满足了行业力学性能测试需要。

2.6.5 试样

（1）试样的规格尺寸

实验室操作人员应根据方法标准和产品特性选择试样的几何形状和尺寸，土工膜主要采用哑铃形试样进行拉伸性能测试，但在不同标准中，拉伸试样尺寸存在一定差异。目前国内土工膜行业最为常用的 GB、ISO 和 ASTM 标准主要涉及 5 种试样，其尺寸如图 2-9、表 2-23 所示，试样类型与标准的对照如表 2-24 所示。此外，也有采用非哑铃形宽条试样的，有效长度为 200mm，夹具夹持距离不小于 210mm。

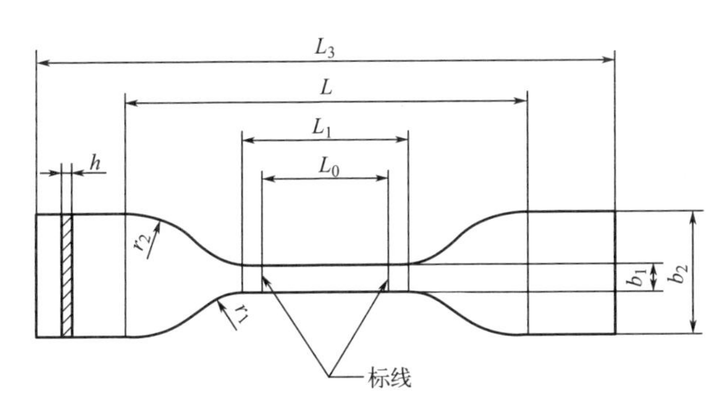

图 2-9　试样形状

表 2-23　试样尺寸列表　　单位：mm

项目	试样 1	试样 2	试样 3	试样 4	试样 5
窄平行部分宽度 b_1	6±0.4	6	6	6	10±0.5
窄平行部分长度 L_1	33±2	33	33	33	—
夹具间初始距离 L	80±5	80	65	65	86±5
初始标距 L_0	25±0.25	—	25	25	40±0.5
初始标距长度(屈服)L_{0y}	—	33	33	—	—
初始标距长度(断裂)L_{0b}	—	25	50	—	—
端部宽度 b_2	25±1	25	19	19	25±0.5
总长 L_3	≥115	115	115	115	120
小半径 r_1	14±1	14±1	14±1	14±1	14±1
大半径 r_2	25±2	25±2	25±2	25±2	25±2

表 2-24　试样类型和标准对照表

表 2-23 中试样类型	对应的标准
1	GB/T 17643—2011，GB/T 1040.3—2006，CJ/T 234—2006，CJ/T 276—2008，GB/T 18173.1—2012，SL 235—2012
2	铁道部科技基〔2009〕88 号
3	ASTM D6693/D6693M-20，GRI GM13-2021，GRI GM17-2021

续表

表 2-23 中试样类型	对应的标准
4	ASTM D638-22
5	GB/T 13022—1991①
宽条试样	JT/T 518—2004,JTG E50—2006

① GB/T 13022—1991 已废止，但部分产品标准制修订时 GB/T 13022—1991 还是有效版本，因此部分产品标准的制修订时采用了该方法标准。

需要注意的是，各标准除了在试样几何形状上存在一定差别外，标距也存在差别，同一标准不同测定参数对应的标距也有可能不同。例如 CJ/T 234—2006 等标准用于测定屈服伸长率和断裂伸长率的初始标距均为 25mm，但 ASTM D6693-20 用于测定屈服伸长率和断裂伸长率的初始标距分别为 33mm 和 50mm。测试人员应注意这些试验细节，避免由于标距选择错误给试验结果带来差异。

（2）试样数量

试样数量一般取 10 个，其中横向 5 个、纵向 5 个。对于原材料性能检验，无需区分横纵方向。如测试结果出现较大偏差时，可适当增加试样数量。

（3）试样制备

土工膜拉伸性能测定必须采用冲裁的方式进行试样制备，不允许采用剪刀、竖刀等其他工具进行制备。对于土工膜拉伸性能的测定，试样窄平行部分和弧度部分最为重要，当一次冲裁在这些部位但未完全分离的情况，不允许用揪、扯或是剪的方法使试样分离，也不允许二次冲裁，应重新选择冲裁位置进行试样制备；对于其他部位，如试样两端，原则上应重新制样，如样品量较少时可采用剪刀剪取试样，但操作人员应分析原因，在今后工作中，尽量避免类似情况再次发生。

2.6.6 状态调节和试验环境

不同土工膜拉伸性能测定的方法标准对状态调节和试验环境条件的要求有所不同，如表 2-25 所示。

表 2-25 不同的方法标准对状态调节与试验环境的要求

序号	标准号	状态调节			试验环境	备注
		温度/℃	相对湿度/%	时间/h		
1	GB/T 1040.1—2018 GB/T 1040.2—2022 GB/T 1040.3—2006 ISO 527-1:2019 ISO 527-2:2012 ISO 527-3:2018 EN ISO 527-1:2019 EN ISO 527-2:2012 EN ISO 527-3:2018	标准规定应按照材料标准进行，缺少这方面的资料时，优选温度(23±2)℃、相对湿度(50±5)%，时间至少 16h			同状态调节环境条件	

续表

序号	标准号	状态调节			试验环境	备注
		温度/℃	相对湿度/%	时间/h		
2	ASTM D638-22	23±2(一般) 23±1(仲裁)	50±5(一般) 50±2(仲裁)	≥40	同状态调节环境条件	
3	ASTM D6693/D6693M-20	21±2	无湿度要求	试样达到温度立即试验	同状态调节环境条件	不同试样达到试验温度的时间不同

2.6.7 试验条件的选择

(1) 拉伸速度

不同标准对于拉伸速度的规定有所不同。同一标准对不同材质土工膜的拉伸速度规定也有所不同。聚乙烯土工膜比较常用的测试速度为50mm/min，2%正割模量测试速度是50mm/min，拉伸模量测试多数标准规定的速度为1mm/min，但也有个别标准规定不同，如SL 235—2012规定的试验速度为100mm/min。

(2) 初始标距

如表2-23所示，不同标准和不同测试项目对应的试样初始标距各不相同，多数标准采用25mm为初始标距，但也有采用33mm和50mm作为初始标距的。相同试样采用不同初始标距所得到的伸长率是不可比的。

2.6.8 操作步骤简述

① 测量每一试样的厚度，测量位置应在试样窄平行部分，且距离标距每端5mm以内。不同标准对于试样厚度的测量点要求不同，读者可根据不同标准的要求进行测量。通常，对于厚度较为均匀的试样，可在标距中心位置测量一点，对于厚度不均匀的试样，可选择多点测量后取平均值。由于土工膜采用冲裁的方法进行试样制备，因此在正常冲裁情况下可以将裁刀的刀刃间距离作为试样的宽度，从而避免由于试样宽度测量不准确所带来的误差，但建议读者对刀刃间距离做周期性的验证。

② 将试样夹持于试验机上下夹具之间，应保证试样的纵轴和上下夹具中心线重合，避免试样扭曲、弯曲或过分受力。对于水平拉伸也应注意这一点。

③ 按照相关标准规范的要求或参考图2-9和表2-23规定的初始标距安装引伸计。请读者注意，部分标准如ASTM D6693不采用引伸计进行试样形变的测量，而是测量横梁位移或夹具间距离的变化。

④ 按照要求设置拉伸速度，开始拉伸试验。对于不能自动记录过程中负荷、形变等信息的仪器设备，操作人员应及时记录这些信息。

2.6.9 结果计算与表示

不同土工膜标准要求的结果表示方式存在差异，操作人员应根据不同标准的要求进行计算，避免张冠李戴。

（1）拉伸强度/应力

① 以 MPa 表示的拉伸强度/应力

$$\sigma=\frac{F}{bd} \tag{2-5}$$

式中 σ——拉伸强度/应力或拉伸断裂强度/应力、拉伸屈服强度/应力，MPa；

F——拉伸最大负荷或拉伸断裂负荷、拉伸屈服负荷，N；

b——试样宽度，mm；

d——试样厚度，mm。

② 以 N/mm 表示的拉伸强度/应力：

$$\sigma=\frac{F}{b} \tag{2-6}$$

式中 σ——拉伸强度/应力或拉伸断裂强度/应力、拉伸屈服强度/应力，N/mm；

F——拉伸最大负荷或拉伸断裂负荷、拉伸屈服负荷，N；

b——试样宽度，mm。

（2）伸长率

① 采用引伸计进行形变测定时：

$$\varepsilon=\frac{l-l_0}{l_0}\times 100 \tag{2-7}$$

式中 ε——伸长率或拉伸断裂伸长率、拉伸屈服伸长率，%；

l_0——试样初始标距，mm；

l——试样断裂、屈服时标线间距离，mm。

② 采用横梁位移或夹具间距离进行形变测定时：

$$\varepsilon=\frac{L-L_0}{C}=\frac{\Delta L}{C}\times 100 \tag{2-8}$$

式中 L_0——夹具间初始距离，mm；

L——试样断裂、屈服时夹具间距离，mm；

C——标准规定的标距计算值，如 33mm 或 50mm；

ΔL——横梁位移，mm。

（3）断裂标称应变

$$\varepsilon_{tb}=\frac{\Delta L}{L_0}\times 100 \tag{2-9}$$

式中　ε_{tb}——断裂标称应变，%；

ΔL——夹具间距离的增量，mm；

L_0——夹具间初始距离，mm。

（4）2%正割模量

$$E=\frac{\sigma_2-\sigma_1}{\varepsilon_2-\varepsilon_1} \tag{2-10}$$

式中　E——拉伸弹性模量，MPa；

σ——拉伸应力，σ_1 和 σ_2 分别对应拉伸应变为 ε_1 和 ε_2 时的拉伸应力，MPa；

ε——拉伸应变，$\varepsilon_1=0\%$，$\varepsilon_2=2\%$。

（5）标准偏差：

$$S=\sqrt{\frac{\sum(x_i-\overline{x})^2}{n-1}} \tag{2-11}$$

式中　S——标准偏差；

x_i——单个测定值；

$\overline{x}$——一组测定值的算术平均值；

n——测定个数。

（6）结果表示

一般情况下测试结果以算术平均值表示，也有些标准采用中值作为结果。拉伸强度、应力及模量测试结果取 3 位有效数字，断裂伸长率、标称应变测试结果取 2 位有效数字，标准偏差取 2 位有效数字。

由于土工膜的断裂伸长率通常大于500%，因此只有采用科学计数法表示才能满足多数标准对于结果有效位数的要求，如 $5.4\times10^2\%$、$7.6\times10^2\%$。但在土工膜行业，为了方便使用，断裂伸长率经常采用其他两种方式表示：以 3 位有效数字表示，但取舍在十位数，如 530%、760%等；或是保留至个位数，如 529%、762%。这虽然与标准规定的有效位数有所不同，但被行业广泛接受。

2.6.10　影响因素及注意事项

（1）温度和相对湿度

温度对土工膜的拉伸性能有明显影响。一般情况下，温度升高，伸长率增加，拉伸屈服强度及模量降低；反之，温度降低，伸长率降低，拉伸屈服强度及模量升高。为此应对实验室温度予以严格控制。即使实验室按照要求将环境温度控制在（23±2）℃，在 21℃和 25℃条件下的拉伸性能依然存在一定差异，因此进行拉伸性能测试时，应如实记录当时的温度，并妥善保存记录。如需要研究温度对土工膜拉伸性能的影响，可采用带有温度试验箱的材料试验机。

需要注意的是，对于拉伸曲线为 b 和 d 的土工膜，其屈服强度和断裂强度受温度影响的变化趋势与其他材料的变化趋势可能不一致，即可能存在屈服强度和断裂强度变化趋势相反的情况。

相对湿度对多数土工膜产品，特别是聚乙烯、聚丙烯等聚烯烃类土工膜的拉伸性能没有显著的影响，但对增强型土工膜有一定影响，影响程度随着增强材料品种和含量的不同而不同。

（2）拉伸速度

拉伸速度是影响高分子材料拉伸性能的主要因素之一。一般情况下，拉伸速度低，高分子各运动单元来得及位移、重排，趋于韧性破坏，即拉伸强度低而伸长率较高；拉伸速度高，则各运动单元来不及位移、重排，呈脆性破坏趋势，即拉伸强度高而伸长率低。通常脆性材料对拉伸速度较敏感，可采用低速拉伸，韧性材料对拉伸速度敏感性差，可采用较高速度拉伸。出于测试时间和工作效率的考虑，尽量选择使材料能在 0.5～5min 时间范围内破坏的拉伸速度。土工膜类产品为韧性材料，理应选择较高的速度进行拉伸，但出于土工膜行业多年的习惯，多数土工膜标准采用 50mm/min，但也有标准采用 100mm/min、200mm/min 或更高速度进行测试。不同拉伸速度下的测试结果不具有可比性。部分标准在修订后，也调整了试验速度，如 GB/T 17643—2011 将原来 GB/T 17643—1998 中的 100mm/min 调整为 50mm/min，因此读者在进行数据比对时，应予以关注。

同样需要注意的是，对于拉伸曲线为 b 和 d 的土工膜，其屈服强度和断裂强度受拉伸速度影响的变化趋势与其他材料的变化趋势可能不一致，即可能存在屈服强度和断裂强度变化趋势相反的情况。

（3）试样规格尺寸

不同标准使用的试样形状及尺寸不同，从大量的测试数据来看，不同标准规定的试样的拉伸性能没有显著的差别，但依旧存在 5%左右的差异。因此不同试样的测试结果之间不具备可比性。

前面提到，即使试样的尺寸和形状相同，不同的初始标距也会给土工膜的伸长率带来一定的影响。对于多数标准来说，试样只设定一个初始标距，但部分标准设有多个初始标距，如初始标距、初始标距（屈服）、初始标距（断裂）。一般情况下，随着初始标距长度的增加，试样的伸长率略有下降。

需要特别提醒读者的是，ASTM D6693 之所以采用 33mm 和 50mm 作为拉伸屈服伸长率和拉伸断裂伸长率的初始标距，主要的原因是该标准制定之初，美国绝大多数的土工膜生产企业所采用的拉力机未配备大形变引伸计，因此无法准确测定 25mm 标距的变化，他们做了比对试验，发现用夹具间距离的变化除以 33mm 和 50mm 正好与 25mm 标距间变化除以标距 25mm 所得的结果一致。尽管目前很多企业已经配备了引伸计，但标准依然沿用这种方法。该方法是在没有引伸计情况下采取的“凑数”的权宜之计，不能准确测量拉伸屈服伸长率和拉伸断裂伸长率，且随着新的土工膜专用料的不断开发和应用，这种测定方法已经出现了较大偏差。

(4) 测试仪器

夹具的垂直度、拉伸速度的稳定程度及传感器精度等设备状况都对测试结果有不同程度的影响。

由于试验过程中很多因素对结果有不同的影响，因此各种影响因素都应在测试报告中予以详细记录，特别是温度、相对湿度、试样尺寸、拉伸速度等。

(5) 土工膜加工工艺

土工膜的拉伸强度主要取决于基体树脂，但与土工膜的加工工艺也有一定的关系。因此拉伸性能也是判别土工膜生产工艺优劣的参考之一。优良的生产工艺可以确保土工膜具有优异的强度和伸长率。同时，土工膜产品的各向异性也在一定程度上反映生产工艺的优劣。一般说来，土工膜横纵两向断裂伸长率和断裂强度存在一定差异，这是因为聚合物分子沿纵向（土工膜生产方向）的取向程度大于沿横向（垂直于生产方向）的取向程度。但这种差异应控制在一定范围内，当差异明显增加时，表明土工膜产品可能存在过度取向等问题，这会使产品质量受损，应尽量避免。

土工膜的加工工艺对土工膜的其他力学性能也存在一定影响，建议土工膜生产企业逐步积累工艺参数与自身产品性能的对应数据。对这些影响不做进一步的阐述。

(6) 试验注意事项

进行拉伸性能测试应注意以下事项：

a. 冲裁尽量选择气动冲裁机，无气动仪器可采用手动冲裁机，但冲裁时应注意冲裁的速度和手法，避免对样品造成伤害；

b. 冲裁刀具在使用前，应进行仔细的检查，应及时更换有崩刃等缺陷的冲裁刀，当无法一次完成冲裁时，应检查冲裁刀的锋利情况；

c. 应特别关注不同标准试样尺寸的差异，以便正确选择不同的冲裁刀进行冲裁，不允许采用一种冲裁刀进行不同标准要求的制样；

d. 应注意区分试样横纵两方向，拉伸性能应分别进行两个方向的测试；

e. 试验温度对土工膜拉伸强度有一定的影响，应特别注意控制温度；

f. 测试前应关注不同标准关于状态调节、试验环境、初始标距、试验速度等条件的差异，并逐渐积累本厂产品在不同条件下测试结果的差距；

g. 应尽量采用引伸计测量试样初始标距间长度的增量，特别是对屈服形变等小形变的测试；

h. 应注意调整夹持试样的夹具间距离；

i. 试样的夹持不应发生滑移，当发生滑移时，应重新进行试验，当试样滑移甚至滑脱现象反复发生时，应考虑夹具的适用性，应根据产品特性配置不同种类的夹具，如塑料土工膜一般配置楔形夹具，而橡胶类土工膜则需要配置自夹紧式夹具。

j. 即使计算过程中不使用厚度，也应记录试样厚度的测量数据；

k. 应记录所有试验条件，使测试工作能够得以复现，对于其他性能测试也应如此。由于不同标准规定的试样规格尺寸和试验条件存在差异，因此采用不同方法获得的测试结果是不具有可比性的，也不能进行换算。读者在进行数据对比的时候，首先要对比测试方法标准、试样规格尺寸、试验条件等，不能盲目“对数”。这一原则不仅适用于拉伸性能数据对比，同样也适用于其他产品和其他性能，在其他章节中不再赘述。

2.7 撕裂性能

撕裂性能是薄膜类产品的重要性能，也是土工膜的重要性能之一。土工膜产品在实际应用过程中，不可避免地会受到机械损伤，这些机械损伤所形成的应力集中在外界撕裂应力的作用下会使产品更容易被撕裂或撕破，严重时会导致其大面积破损，从而导致产品防渗功能失效，因此良好的抗撕裂性能对土工膜非常重要。

塑料薄膜的撕裂性能有多种测试方法，这些方法包括：直角形撕裂、埃尔门多夫撕裂、裤形撕裂、新月形撕裂和舌形撕裂等。埃尔门多夫撕裂更适用于厚度较小薄膜的撕裂性能评价，裤形撕裂和新月形撕裂较常用于橡胶产品，舌形撕裂则主要用于增强型土工膜。土工膜产品较为常用的撕裂测试方法是直角形撕裂，本节主要介绍这种撕裂测试方法。

需要特别指出的是土工织物撕裂性能测试经常采用梯形撕裂，这是一种极其不适用于土工膜特别是较厚土工膜的撕裂性能测试方法，有关各方在设计或采用技术参数时不应使用梯形撕裂对土工膜产品进行性能评价。

2.7.1 原理

对试样施加负荷，使试样在直角口处撕裂，测定撕裂过程中试样的最大负荷并计算撕裂强度。

2.7.2 定义

（1）撕裂强度（tear strength）

撕裂单位厚度试样所需要的最大负荷，以牛顿每毫米（N/mm）为单位，通

常以 σ_{tr} 表示。

（2）最大撕裂负荷（maximum tear load）

撕裂试样所需要的最大负荷，以牛顿（N）为单位，通常以 P 表示。在土工膜行业，部分标准的撕裂强度以最大撕裂负荷表示。

2.7.3 常用测试标准

目前国内土工膜行业较为常用的撕裂性能测试的标准如表 2-26 所示。

表 2-26 土工膜撕裂性能常用的测试标准

序号	标准号	标准名称	备注
1	QB/T 1130—1991	塑料直角撕裂性能试验方法	
2	ASTM D1004-21	Standard test method for tear resistance (graves tear) of plastic film and sheeting	
3	GB/T 529—2008	硫化橡胶或热塑性橡胶撕裂强度的测定(裤形、直角形和新月形试样)	
4	ISO 34-1:2022	Rubber, vulcanized or thermoplastic-Determination of tear strength-Part 1: Trouser, angle and crescent test pieces	

2.7.4 测试仪器

通常直角撕裂性能测试所使用的仪器与拉伸性能所采用的仪器相同，即可以恒定速率在垂直/水平方向运动的材料试验机。

2.7.5 试样

（1）试样的规格尺寸

不同标准采用的试样存在一定差别，采用不同试样的试验结果也存在一定的差异，常用的试样如图 2-10 所示。

（2）试样数量

直角撕裂性能测试试样数量一般取 10 个，其中横向 5 个、纵向 5 个。对于原材料性能检验，无需区分横纵方向。如测试结果出现偏差较大时，可适当增加试样数量。

（3）试样制备

直角撕裂性能测试试样制备必须采用冲裁的方法，不允许采用剪裁等方法。测试人员应对冲裁后的试样进行检查，特别是试样直角部位，如发现裂缝或其他损伤应重新制样。

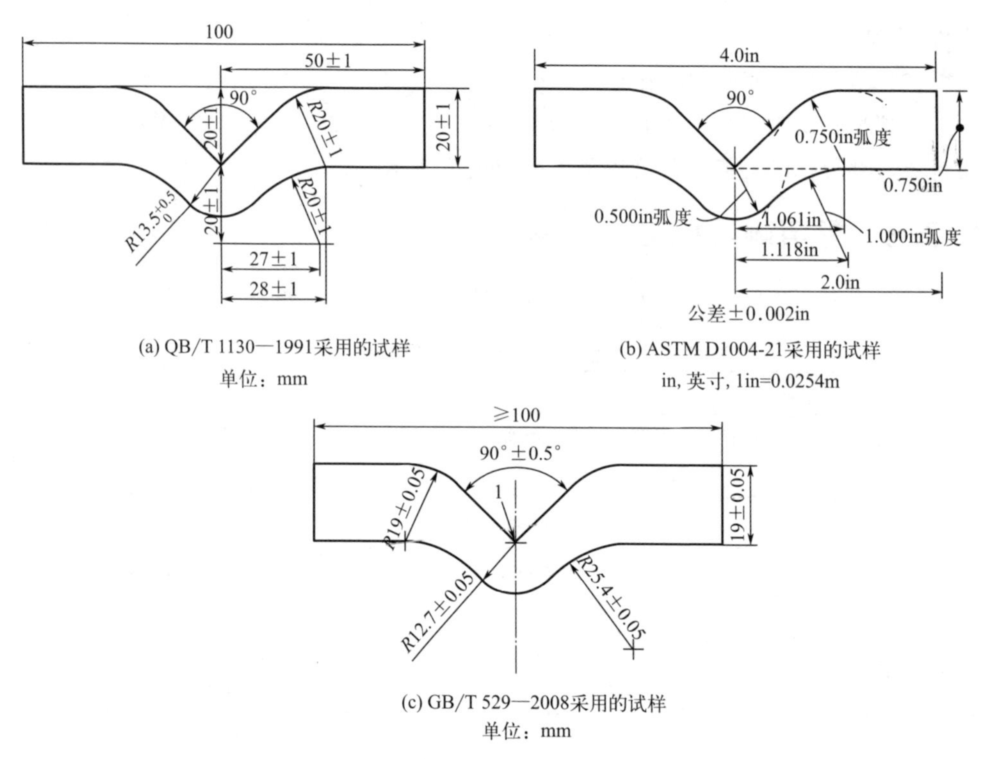

(a) QB/T 1130—1991采用的试样
单位：mm

(b) ASTM D1004-21采用的试样
in, 英寸, 1in=0.0254m

(c) GB/T 529—2008采用的试样
单位：mm

图 2-10　常用直角撕裂性能测试试样示意图

2.7.6　状态调节和试验环境

不同土工膜撕裂性能测定的方法标准对状态调节和试验环境条件的要求如表 2-27 所示。

表 2-27　不同直角撕裂性能测定的方法标准对状态调节与试验环境的要求

序号	标准号	状态调节			试验条件	备注
		温度/℃	相对湿度/%	时间/h		
1	QB/T 1130—1991	23±2(非热带) 27±5(热带)	50±10(非热带) 65±10(热带)	≥4	同状态调节环境条件	
2	ASTM D1004-21	23±2(一般) 23±1(仲裁)	50±10(一般) 50±5(仲裁)	≥40	同状态调节环境条件	
3	GB/T 529—2008	23±2(一般) 27±2(特殊)	无要求	试样达到环境温度即可	同状态调节环境条件	

2.7.7　试验条件的选择

不同产品标准和方法标准对土工膜撕裂速度的规定有所不同，这些速度要求如表 2-28 所示。

表 2-28　不同的标准对撕裂速度的要求

序号	标准	撕裂速度/(mm/min)	备注
1	GB/T 17643—2011	50±5	
2	GB/T 18173.1—2012	500±50	
3	CJ/T 234—2006	50±5	
4	CJ/T 276—2008	50±5	
5	铁道部科技基〔2009〕88号	50±5	
6	GB/T 17688—1999	200±20	
7	JT/T 518—2004	200±20	
8	GRI GM13—2021	51	2in/min①
9	GRI GM17—2021	51	2in/min①
10	QB/T 1130—1991	200±20	
11	ASTM D1004-21	51	2in/min①
12	GB/T 529—2008	500±50	

注：GB/T 17688—1999 已作废，但有少数标准仍引用该标准。

① 1in＝25.4mm。

由表 2-28 可知，不同标准对土工膜直角撕裂性能规定的试验速度有较大差别，最高速度和最低速度相差 10 倍。引用相同方法标准的产品标准也可能采用了不同的撕裂速度。测试人员在实验开始之前应认真研读标准，采用正确的试验速度，不同试验速度的撕裂试验结果不具有可比性。

2.7.8　操作步骤简述

① 测量每一试样的厚度，测量位置应在试样的直角口处。

② 将试样夹持于试验机上下夹具之间，应保证试样的两端中心连线和上下夹具中心线重合，避免试样扭曲、弯曲或过分受力。

③ 按照标准的要求设置试验速度，开始撕裂试验，直至试样破坏。对于不能自动记录过程中力值等信息的仪器设备，操作人员应及时记录过程中的最大负荷。

2.7.9　结果计算与表示

（1）直角撕裂强度

① 以 N/mm 表示的直角撕裂强度：

$$\sigma_{tr}=\frac{F}{d} \tag{2-12}$$

式中　σ_{tr}——直角撕裂强度，N/mm；

F——撕裂过程最大负荷，N；

d——试样厚度，mm。

② 以 N 表示的直角撕裂强度：以试验过程中的最大负荷表示。

（2）标准偏差

$$S=\sqrt{\frac{\sum(x_i-\overline{x})^2}{n-1}} \tag{2-13}$$

式中　S——标准偏差；

x_i——单个测定值；

$\overline{x}$——一组测定值的算术平均值；

n——测定个数。

（3）结果表示

一般情况下测试结果以算术平均值表示，取 3 位有效数字，标准偏差取 2 位有效数字。

2.7.10　影响因素及注意事项

（1）温度和相对湿度

温度变化对土工膜撕裂强度的影响趋势与对拉伸强度的影响趋势类似，即温度升高，撕裂强度降低。

相对湿度对聚烯烃类土工膜的撕裂性能没有明显的影响，但对增强型土工膜有一定的影响，影响趋势与增强材料的品种和数量相关。

（2）试验速度

一般情况下，试验速度增加，土工膜直角撕裂强度提高，反之强度下降。图 2-11 是不同厚度的 HDPE 土工膜撕裂性能随试验速度的变化趋势图。由图 2-11 可知，试验速度对各种厚度的 HDPE 土工膜撕裂强度的影响趋势是一致的，对于 HDPE 土工膜的直角撕裂强度，试验速度的影响最高不超过 10%。对于不同的材料，试验速度的影响程度不同，生产商和用户应注意测试速度对产品性能的影响。

（3）试样形状和几何尺寸

土工膜直角撕裂强度常用试样的规格尺寸如图 2-10 所示，几种试样的几何尺寸差距较小，对试验结果影响不显著，通常状态下，对撕裂强度的影响不超过 5%。

（4）土工膜加工工艺

土工膜的撕裂强度除取决于基体树脂外，还和土工膜的加工工艺有较大关系。在上一节中已经提过，聚合物分子沿纵向（土工膜生产方向）的取向程度要高于沿横向（垂直于生产方向）的取向程度，因此产品更易于沿纵向被撕裂。当生产工艺不合理或出现其他问题时，聚合物分子会大幅度地沿生产方向取向，使产品

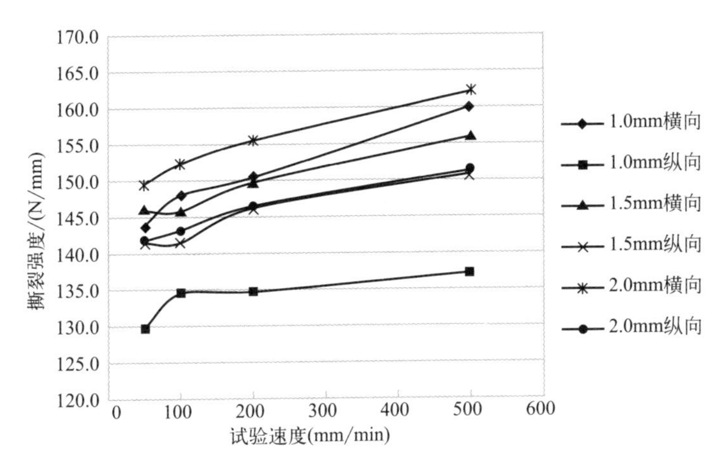

图 2-11 试验速度对不同厚度的 HDPE 土工膜撕裂性能的影响

极易沿生产方向撕裂，从而纵向撕裂强度大幅度下降。因此撕裂强度也是考核土工膜生产工艺的重要参数之一。

（5）试验注意事项

撕裂性能测试的注意事项与拉伸性能测试的注意事项基本相同，但还应特别注意以下几个问题：

① 由于试样直角口处的状态对试验结果有明显的影响，因此应特别注意冲裁刀在直角口处的锋利程度，应及时更换在直角口出现问题的冲裁刀，冲裁后应仔细检查试样直角口状态，对有飞边或已经出现破损的试样应予以废弃。测量试样厚度时，应特别注意由于试样直角口处不够平整所带来的误差。

② 直角撕裂性能测试试样的横纵方向不是以试样长短方向为依据的，而是以直角口的撕裂方向为依据进行判定，即直角口撕裂方向与产品生产方向一致时为纵向，直角口撕裂方向与产品生产方向垂直时为横向，如图 2-12 所示。实际操作中经常出现搞错撕裂方向的现象。

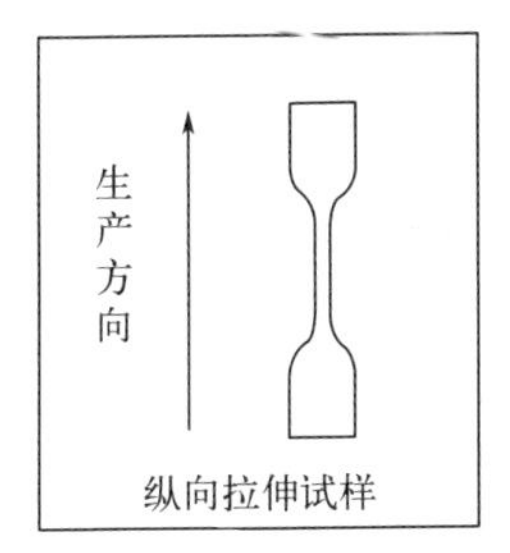

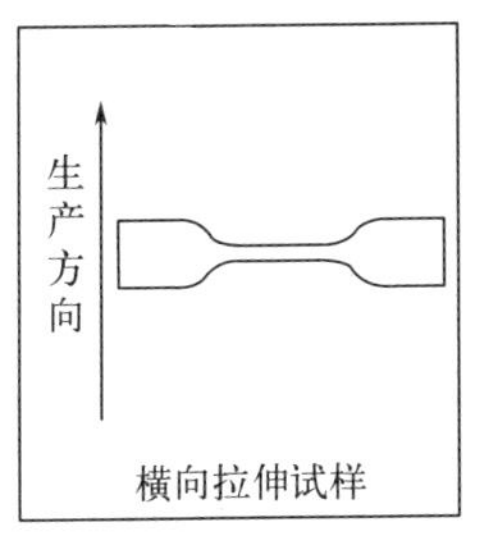

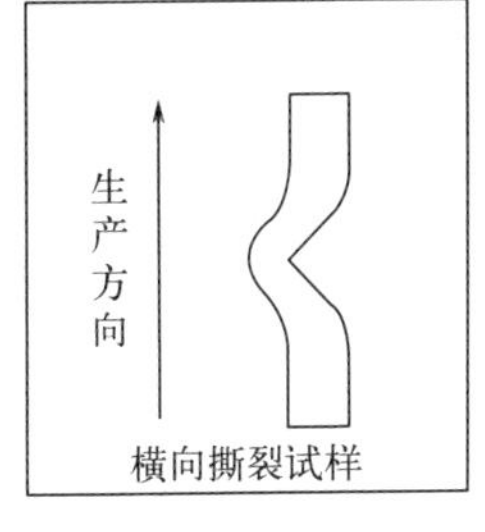

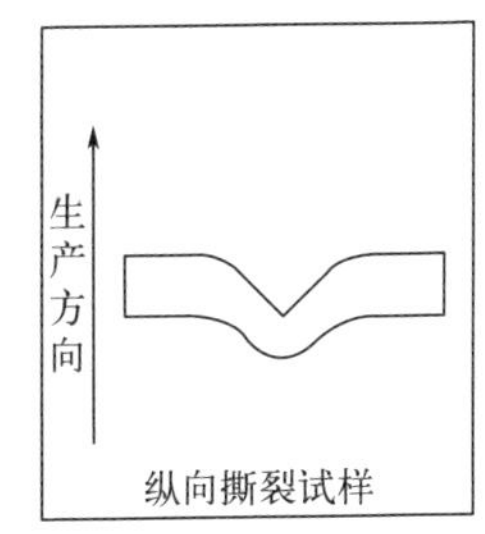

图 2-12 直角撕裂性能测试试样方向示意图

③ 部分实验室为提高试验效率，经常会在撕裂力已达到最大值而试样未完全断开的情况下停止试验，但部分土工膜试样的撕裂曲线上会出现两次屈服，在这

种情况下，应确认撕裂力已达到最大值方可停止试验，否则会出现试验结果可能低于实际值的问题。

2.8 抗穿刺性能

实际应用过程中，土工膜会受到石块、玻璃、金属等各种尖锐物质以及植物根茎等外界因素的影响，因此抵抗这些异物的破坏能力是土工膜的重要性能之一。较为常用的评价方法是测定其抗穿刺强度，此外还有耐根穿刺性能。耐根穿刺性能试验周期较长，一般情况下需要两年，在土工合成材料行业较少应用，本节主要介绍土工膜的抗穿刺性能测定方法。

2.8.1 方法概述

将不受拉伸的试样固定在环形夹具和金属棒上，环形夹具金属棒固定在试验机上。用与压力传感器相连的金属杆，以恒定的速度在试样中心位置施加一个力，直至试样破坏，记录试样破坏过程中的最大负荷，即抗穿刺强度。

2.8.2 定义

抗穿刺强度（puncture resistance strength）：试样内在抵抗破坏的能力，在穿刺物体作用下将试样破坏的最大力值。

2.8.3 常用测试标准

抗穿刺性能测试最主要的方法标准是 ASTM D4833，国外多数的产品标准和规范直接引用该标准，国内多数土工膜产品标准和规范或是直接引用该标准或是制定与 ASTM D4833 技术上等效的规范性附录或资料性附录，如表 2-29 所示。

表 2-29 土工膜抗穿刺性能常用的测试方法标准

序号	标准号	标准名称	备注
1	ASTM D4833/D4833M-07(2020)	Standard test method for index puncture resistance of geomembranes and related products	
2	GB/T 17643—2011(附录 C)	附录 C(规范性附录)抗穿刺强度的测定	与 ASTM D4833 技术上等效
3	CJ/T 234—2006(附录 B)	附录 B(资料性附录)土工布、土工膜和相关产品的指示性抗穿刺强度的标准试验方法	与 ASTM D4833 技术上等效
4	铁道部科技基〔2009〕88 号(附录 A)	附录 A(规范性附录)抗穿刺强度的测定方法	与 ASTM D4833 技术上等效
5	GB/T 19978—2005	土工布及其有关产品刺破强力的测定	与 ASTM D4833 技术上等效

2.8.4 测试仪器

（1）试验机

抗穿刺性能测试一般采用带有拉压传感器、可以恒定速率在垂直方向运动的材料试验机。目前，多数的万能材料试验机都可以增加环形夹具进行土工膜的抗穿刺性能测试。

（2）抗穿刺试验试样夹具

由环形夹具（下夹具）和金属棒（上夹具）组成。

环形夹具由上下两部分组成，如图 2-13(a) 所示。环形夹具的上部分为内圆直径 45mm、外圆直径 100mm 的同心圆盘，下部分由与上部分圆盘内外径相同的圆盘和高至少为 150mm 的圆筒形底座组成，底座通过螺钉等固定于试验机上。两个圆盘均设有 6 个直径为 8mm 并均匀分布的圆孔。

（3）金属棒

金属棒一般通过合适的连接方式与试验机的传感器相连，其示意图如图 2-13（b）所示。金属棒底端为直径 8mm、带有 45°（0.8mm）倒角的平头。

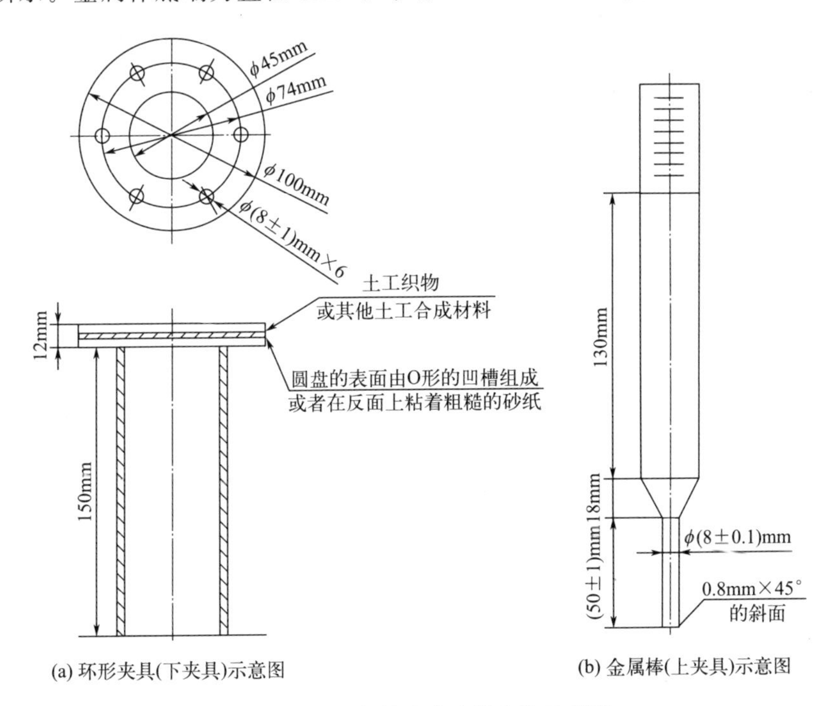

图 2-13　抗穿刺试验试样夹具示意图

由于环形夹具和金属棒都不是材料试验机供应商的标配产品，因此多数情况下由使用者根据标准自行设计加工。在设计过程中需特别注意的是，金属棒的长度不应过长，以免在穿刺过程中，由于试验人员疏忽造成金属棒与环形夹具底部接触损坏负荷传感器。

2.8.5 试样

（1）试样的规格尺寸和数量

抗穿刺性能测试的试样宜为圆形，直径至少为100mm，并且易于夹持。不同标准规定的试样数量不一样，GB/T 17643—2011和部分行业标准规定为至少15个试样，ASTM D4833规定分为两种情况，可获得变异系数的可靠估计和无法获得变异系数的可靠估计，对企业实验室，基于类似材料测试的历史数据，利用已知的变异系数按照标准中的公式计算试验所需的试样数量[1]，但一般不超过15个试样；对于不熟悉该类材料性能、缺乏经验的情况，无法获得变异系数的可靠估计，可选择变异系数为10%，则试样数量为5个。

（2）试样制备

抗穿刺性能测试的试样制备可采用冲裁或剪裁的方法进行。试样采用螺钉螺母固定在环形夹具上，试样上有6个均匀分布的小孔，其孔径和分布与夹具上的孔相匹配，这些小孔最好采用冲裁的方法进行制备。其他适宜的打孔方法也可采用，应以试样不在圆孔处发生破坏并使结果具有良好的重复性为准。

抗穿刺性能测试的试样不需要区分方向。

2.8.6 状态调节和试验环境

尽管多数抗穿刺性能测定标准与ASTM D4833在技术上一致，但各标准对状态调节和试验环境条件的要求有差异，如表2-30所示。

表 2-30 不同抗穿刺性能标准对状态调节与试验环境的要求

序号	标准号	状态调节			试验环境	备注
		温度/℃	相对湿度/%	时间/h		
1	ASTM D4833/D4833M-07(2020)	21±2	65±5	根据判据确定	同状态调节环境条件	
2	GB/T 17643—2011(附录C)	23±2	未规定	≥4	同状态调节环境条件	
3	CJ/T 234—2006(附录B)	23±2	50±10	根据判据确定	未规定	
4	铁道部科技基〔2009〕88号(附录A)	23±2	50±10	≥4	未规定	
5	GB/T 19978—2005	20±2	65±5	至少2h或根据判据确定	同状态调节环境条件	

[1] ASTM D4833中给出的公式有误，其中系数36应为0.0036。

部分标准没有规定明确的状态调节时间，其确定原则为：对试样进行固定时间间隔的称重，时间间隔至少为2h，当连续2次称重的质量差不超过试样质量的0.1%（也有标准规定0.25%），即视为试样已达到调节平衡，该时间即为合理的状态调节时间。一般说来，对于固定产品的工厂检验，不必对每一组试样都进行确定状态调节时间的称重试验，可以采用合理的固定时间作为状态调节时间。

2.8.7 试验条件的选择

抗穿刺强度试验的主要试验条件是试验速度，一般为（300±10）mm/min，如果需要采用别的试验速度，应在试验记录中予以注明。

2.8.8 操作步骤简述

① 将试样牢固夹持在环形夹具的两个圆盘之间。

② 按照设定的试验速度进行试验，直到金属棒完全刺透试样。

2.8.9 结果计算与表示

① 试验过程中最大负荷即为土工膜的抗穿刺强度，以牛顿（N）表示。

② 抗穿刺强度的结果以多个试样测试结果的算术平均值表示，一般保留3位有效数字。

2.8.10 影响因素及注意事项

（1）环形夹具和金属棒

环形夹具和金属棒的加工质量对试验结果存在一定影响，特别是环形夹具内侧和金属棒头部倒角的质量。环形夹具内侧的倒角过于锋利会损伤试样，使结果偏低，甚至使试样在夹持部位破坏。金属棒的倒角过于锋利也会导致试样提前破坏，结果偏低。

（2）环境温度

环境温度的提高，会导致土工膜的抗穿刺强度降低，反之则会导致结果提高。

（3）试验速度

试验速度的提高，会导致土工膜的抗穿刺强度提高，反之则会导致结果降低。

（4）试验注意事项

① 抗穿刺强度以试验过程中的最大负荷表示，但需要注意的是，对于复合土工膜或极少数特殊土工膜，试验过程中可能会出现二次峰值的现象，在这种情况下，即使第二峰值高于第一峰值，试验结果依旧以第一次的峰值作为抗穿刺强度。

② 安装试样时应尽量使试样受力均匀，以免由于受力不均导致试样提前破坏。

③ 试样安装过程中应避免对试样造成损坏，特别是在孔附近的位置。

2.9 耐环境应力开裂性能（ESCR法）

耐应力开裂性能是防渗材料的重要性能之一，特别是对于聚乙烯类产品。聚乙烯具有防渗性能好、耐化学腐蚀、易于加工、易于焊接和施工等优势，是综合性能最为良好的树脂之一，但其耐环境应力开裂性能与其他树脂相比较差，因此不是所有的聚乙烯树脂都可以用于土工膜的制造，而聚乙烯类土工膜也都要对其耐应力开裂性能进行测试，以确保土工膜在漫长的使用过程中不会发生大面积开裂而丧失使用功能。

聚乙烯类产品的耐应力开裂性能的评价与测试方法众多，但土工膜行业常用的测试方法主要有两种，耐环境应力开裂法（ESCR法）和拉伸负荷应力开裂法（切口恒载拉伸法，NCTL法）。对于高密度聚乙烯土工膜，ESCR法正逐渐被淘汰，取而代之的是NCTL法，但在某些领域仍然使用ESCR法。

本节主要介绍耐环境应力开裂性能（ESCR法），下一节介绍拉伸负荷应力开裂性能（NCTL法）。

2.9.1 方法概述

把表面带有刻痕的试样弯曲并放入特定温度的表面活性剂介质中，观察试样发生开裂的时间并计算破损概率。

2.9.2 定义

（1）应力开裂（stress crack）

由低于塑料短时机械强度的各种应力引起的塑料内部或外部的开裂。

这类开裂常常受塑料所处环境的影响而加速发展。存在于塑料外部或内部的应力或几种应力的共同作用可以引起开裂。由细小裂纹构成的网络状结构的开裂又称为龟裂。

（2）应力开裂破损（stress crack failure）

试验中凡人眼观察到的裂纹均可认为是应力开裂破损，简称试样破损。

裂纹通常始于刻痕并与刻痕成近90°角方向向外围发展。有时裂纹在试样内部发展而形成表面塌陷。若塌陷最终发展成表面裂纹，则应将塌陷时间记为试样破损时间。

（3）耐环境应力开裂（environmental stress crack resistance）

在表面活性剂的作用下，由低于塑料短时机械强度的各种应力引起的塑料内部或外部的开裂称为环境应力开裂。材料抵抗环境应力开裂的能力称为环境应力开裂，可以简称为ESCR。

（4）环境应力开裂时间 F_{50}（time of environmental stress crack）

试样在某种介质中破损概率为50%的时间。

对于土工膜产品，更常用的表示方法为 F_{20} 或 F_0。F_{20} 是指试样在某种介质中破损概率为20%的时间，F_0 是指试样在某种介质中无试样破损的最长时间，也就是第一个试样发生破损的时间。

2.9.3 常用测试标准

ESCR常用标准有两个，ASTM D1693 "Standard Test Method for Environmental Stress-Cracking of Ethylene Plastics" 和GB/T 1842《塑料　聚乙烯环境应力开裂试验方法》。这两个标准方法在技术上是一致的。

2.9.4 测试仪器

ESCR试验用的主要仪器和装置由以下几部分组成。

（1）刻痕刀架

刻痕刀架，也可以称为刻痕装置，主要是在试样表面制造人为缺陷，从而引发试样的开裂，其示意图如图2-14所示。刻痕刀架最好能够配备测量装置，以控制刻痕的深度。刻痕刀片可以是由仪器厂商提供的定制产品，也可以由其他刀片机加工而成。部分标准要求每把刀片刻痕次数不应超过100次，但随着刀片质量的不断提高，可以根据刀片的钝化和磨损程度，确定是否需要更换，以免造成浪费。

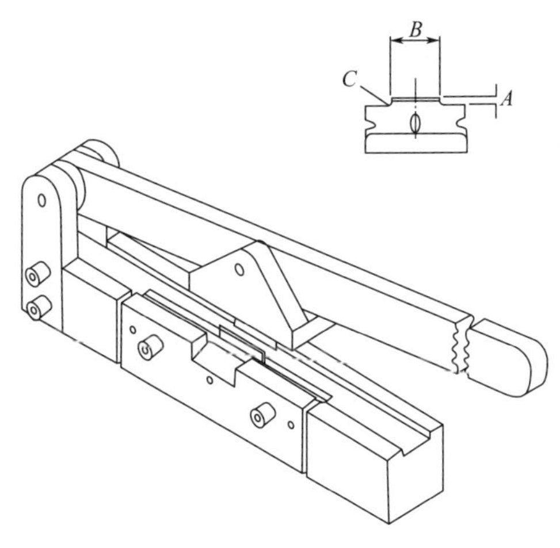

图2-14　刻痕刀架

A—刀刃高度，3mm；*B*—刀刃宽度，18.9～19.2mm；*C*—半径，≤1.5mm

（2）试样保持架

试样保持架一般为不锈钢、黄铜或黄铜镀铬长槽，长槽的两侧面应相互平行，并与槽底面成直角。槽内表面应光滑，不对试样造成损害。试样、试样保持架以及保持架和试样的组合示意图如图 2-15 所示。

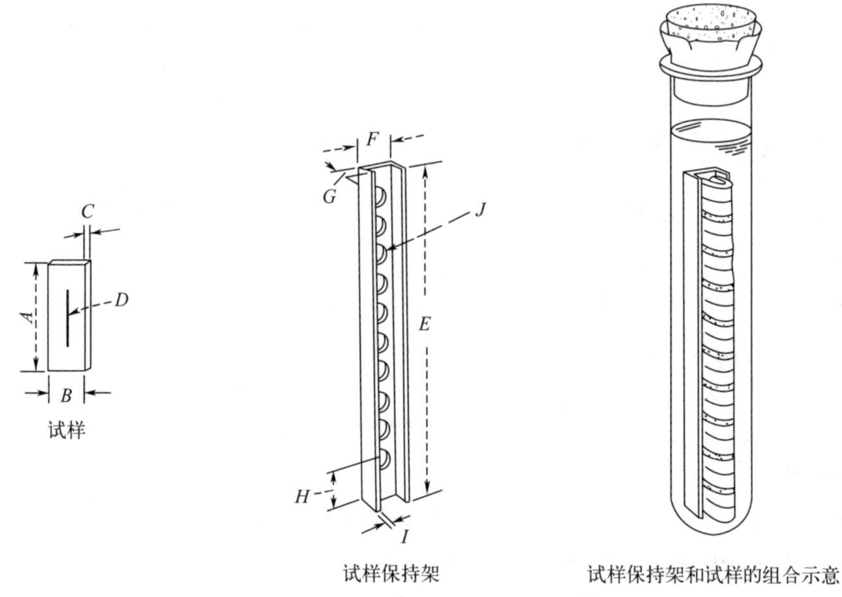

图 2-15　试样、试样保持架及保持架与试样的组合示意图

A—试样长度，38mm±2.5mm；B—试样宽度，13mm±0.8mm；
C—试样厚度（见表 2-31）；D—刻痕深度（见表 2-31）；E—试样保持架长度，165mm；
F—试样保持架宽度：内槽宽度，12.00mm±0.05mm；外槽宽度，16mm；
G—试样保持架高度，10mm；H—边缘孔径中心距试样保持架边缘的距离，15mm；
I—试样保持架壁厚，2mm；J—孔径，5mm

（3）试样弯曲装置

试样弯曲装置（如图 2-16 所示）主要作用是将试样弯曲，并尽量避免给试样造成不必要的损坏和应力集中。

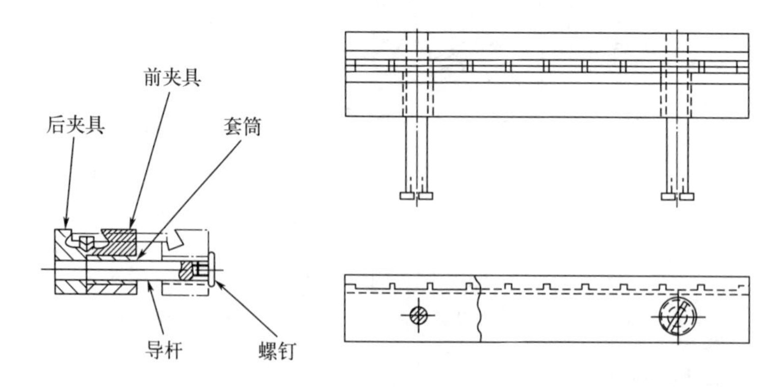

图 2-16　试样弯曲装置

（4）试样转移工具

试样转移工具（如图 2-17 所示）主要作用是将试样从试样弯曲装置中安全地转移到试样保持架上，在转移过程中应保证试样一直处于弯曲状态，但不应对试样造成损坏。

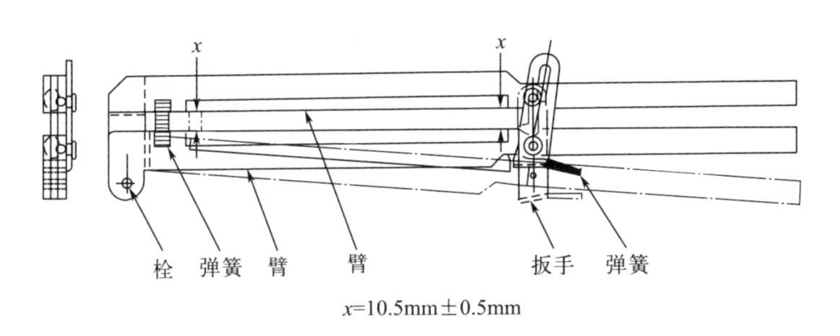

图 2-17　试样转移工具

（5）恒温浴槽

恒温浴槽可水浴（低温试验）或油浴（高温试验），浴槽应能保证将试验温度长期稳定地控制在 50℃±0.5℃和 100℃±0.5℃，当有其他温度要求时，应满足其他温度控制要求。

（6）其他

其他装置包括试管及其橡皮塞、铝箔（包覆塞子用）、试管架、台钳等常用器具。

2.9.5　试剂及其配制

① ESCR 试验一般采用表面活性剂作为环境试剂来加速试验，多数标准采用壬基酚聚氧乙烯醚，其分子式为 $C_9H_{19}(C_6H_4)(OCH_2CH_2)_nOH$。

不同标准推荐的试剂的聚合度及其浓度各不相同，国内标准通常推荐采用 TX-10，也称 OP-10 或 Oπ-10，一些国外标准推荐的试剂有 Igepal CO-630、TX-100 等。由于不同试剂的聚合度 n 值及其分布不同，试剂的活性可能不同，因此采用不同试剂的检验结果不具有可比性。

② 按照不同标准，试剂可采用不同的浓度，常见的实际浓度为 10%、20%和 100%。当采用试剂的水溶液时，应将混合液加热到 60℃左右并连续搅拌 1h。配制好的水溶液不宜长期放置，否则会由于降解等原因失效，一般标准推荐放置时间不超过 1 周。

表面活性剂在 100℃的高温条件下，会很快发生较大程度的降解，同时聚乙烯产品在高温条件下还会发生其他形式的破损与降解，因此大部分土工膜产品及其原材料都选用 50℃条件进行试验。

2.9.6 试样

（1）试样尺寸

ESCR 的试样、刻痕尺寸及对应的测试条件如表 2-31 所示。

表 2-31 ESCR 的试样尺寸及对应的测试条件

条件	试样长度/mm	试样宽度/mm	试样厚度/mm	刻痕深度/mm	恒温浴温度/℃	试剂浓度/%
A	38±2.5	13±0.8	3.00～3.30	0.50～0.65	50±0.5	10
B	38±2.5	13±0.8	1.84～1.97	0.30～0.40	50±0.5	10
C	38±2.5	13±0.8	1.84～1.97	0.30～0.40	100±0.5	100

对于土工膜产品，试样厚度可采用产品原厚。

（2）试样数量

试样数量一般取 10 个。ESCR 方法标准和产品标准中都未注明 ESCR 试验的方向性，但严格意义上说，由于土工膜属于各向异性产品，因此 ESCR 试验也应该按照横纵两向分别进行。对于原材料检验，无需区分横纵向。

（3）试样制备

土工膜耐环境应力开裂试样必须采用冲裁的方式进行制备，不允许采用剪刀、竖刀等其他工具进行制备。

试样应采用 2.9.4 节（1）所述的刻痕刀架进行刻痕。当土工膜采用膜厚作为试样厚度时，刻痕深度可根据表 2-31 中的厚度/刻痕深度比进行计算获得。试样刻痕的深度是否满足要求可采用显微镜观察的方法进行确认，一般情况下，对于新的刻痕深度或新材料，应选取一个试样进行刻痕，切取其横截面在显微镜下观察，合格后再进行批量刻痕；若显微镜观察发现刻痕深度不满足要求，应重新调整刻痕刀架进行刻痕，直至深度满足要求为止。为避免切取试样横截面时试样形变导致刻痕深度发生变化，可采用低温液氮辅助进行。

2.9.7 状态调节和试验环境

除非另有规定，试样应在标准条件下状态调节至少 40h，但最多不超过 96h。试样刻痕、弯曲后不需要再进行状态调节，应立即开始试验。

2.9.8 试验条件的选择

（1）试验温度

ESCR 试验有两个温度选择，条件 A 和条件 B 为 50℃，条件 C 为 100℃（如表 2-31 所示）。无论是原料树脂还是土工膜，多数情况选取条件 A 或 B 的 50℃进行试验。

（2）试样尺寸及刻痕深度

对于土工膜原料树脂的检验，可根据其密度进行试样尺寸及刻痕深度的选择，通常密度小于等于 0.925g/cm^3 的聚乙烯选择条件 A，即试样厚度为 3.00～3.30mm，刻痕深度为 0.50～0.65mm；密度大于 0.925g/cm^3 的聚乙烯选择条件 B 或 C，即试样厚度为 1.84～1.97mm，刻痕深度为 0.30～0.40mm。对于光面土工膜产品可选择产品原厚进行检验，刻痕深度根据表 2-31 进行计算。对于糙面土工膜，由于试样表面粗糙，无法精确刻痕，因此糙面土工膜可采用边缘的光面部分进行测试。对没有光面部分的糙面土工膜，可采取压塑制样的方法，首先将土工膜制备成相同厚度的试片，然后再进行冲裁制样和刻痕，但压塑制样损失了试样的各向异性。

2.9.9 操作步骤简述

① 按照 2.9.5 的要求进行试剂的配制。

② 按照表 2-31 的要求对试样进行刻痕。对于采用原厚进行试验的试样，刻痕深度可根据厚度与刻痕深度的比例关系进行计算。

③ 将 10 个刻痕面向上的试样放在试样弯曲装置上，在台钳、平板压床或其他适当的工具上合拢弯曲装置，整个操作过程在 30s 内完成。用试样转移工具把已弯曲好的试样转移到试样保持架中，并使试样两端紧贴试样保持架底部。

④ 试样保持架需在 10min 内放入已盛有预热到规定温度试剂的试管内，试剂液面应高于保持架约 10mm。用包有铝箔的塞子塞紧试管，迅速放入已达到温度要求的恒温浴槽中，并开始计时。在操作过程中刻痕不应与试管壁接触。

⑤ 按下列观察时间检查试样并记录试样破损数目及相应的破损时间。

0.1h，0.25h，0.5h，1.0h，1.5h，2h，3h，4h，5h，6h，7h，8h，12h，16h，20h，24h，32h，40h，48h。48h 以后，每 24h 观察一次。对于耐环境应力开裂性能比较好的土工膜产品，可以省略 48h 以内的密集观察，只进行每 24h 一次的观察。

2.9.10 结果计算与表示

ESCR 试验结果有多种表示方法，但土工膜 ESCR 试验结果计算一般采用以下 4 种方法。

（1）通过法

在很多土工膜的产品标准中，都采用通过法对产品的耐环境应力开裂性能进行判定，即通过规定的时间内是否有试样破损进行判定，当 10 个试样均没有发生破损，即表示该样品满足标准要求，反之在规定时间内只要有 1 个试样破损，即表示该样品不满足标准要求。

（2）试样在规定的时间间隔终点时的破损百分数

如 1500h 破损 20% 表示：在 1500h 时，10 个试样中已经有 2 个试样发生破损。这种表示方法在土工膜产品中应用较少。

（3）试样达到规定的破损百分数的时间

该方法单位为小时（h），用 f_p 表示，p 为试样破损的百分数。如 $f_{20}=$ 1500h 的意思是 10 个试样中第 2 个发生破损的时间为 1500h。

（4）对数-概率坐标绘图法

该方法单位为小时（h），用 F_p 表示，p 是试样破损的百分数。例：F_{50} 为概率图中 50% 线计算的破损时间，单位为小时（h）。

① 试样的破损概率按照式(2-14）进行计算。

$$f_x=\frac{x}{n+1}\times 100 \tag{2-14}$$

式中 f_x——试样破损概率，%；

x——试样破损数目；

n——试样总数。

试验中经常发生同一观察时间有 m 个试样破损的现象，在这种情况下则认为 m 个试样是依次破损的，破损概率不相同。

② 在对数-概率坐标纸上，以试样破损概率为横坐标、以试样破损时间为纵坐标作图并拟合一条最佳拟合直线，直线上对应于 50% 破损概率的破损时间，即为耐环境应力开裂时间 F_{50}。

2.9.11 影响因素及注意事项

（1）表面活性剂品种

ESCR 试验一般采用表面活性剂作为环境试剂来加速试验，多数标准采用壬基酚聚氧乙烯醚，其分子式为 C_9H_{19}（C_6H_4）（OCH_2CH_2）$_n$OH。由于该类表面活性剂属于低聚物，其聚合度 n 及其分布随公司、品牌、批次等不同而不同。我国标准采用的壬基酚聚氧乙烯醚是 TX-10（也称 OP-10，Oπ-10），ASTM D1693 推荐的壬基酚聚氧乙烯醚是 Igepal CO-630，其他国家的标准也有采用 TX-100 等其他试剂的。这些试剂都属于壬基酚聚氧乙烯醚，只是聚合度 n 值及其分布或者说分子量及其分布不同，这一点可以从图 2-18 中明显看出来。

采用不同聚合度及其分布或分子量及其分布的壬基酚聚氧乙烯醚作为加速试剂的测定结果存在较大差异，这主要是不同表面活性剂的加速效果不同导致的。由于该类产品不是固定聚合度或分子量的产品，因此同一生产企业不同批次产品的聚合度及其分布也可能存在差异，从而导致检测结果的不同，实验操作者应予

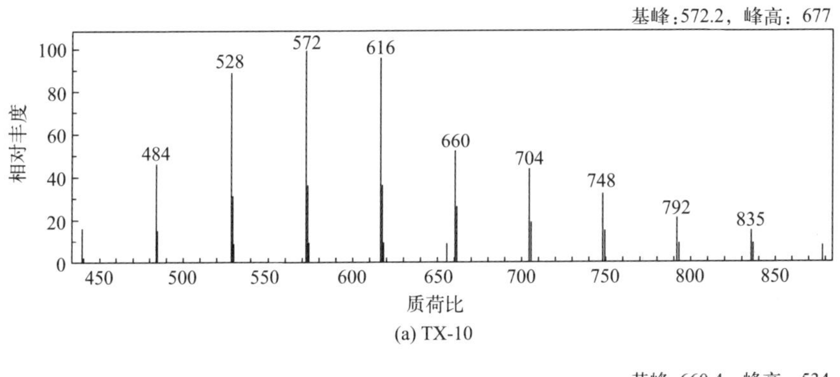

(a) TX-10

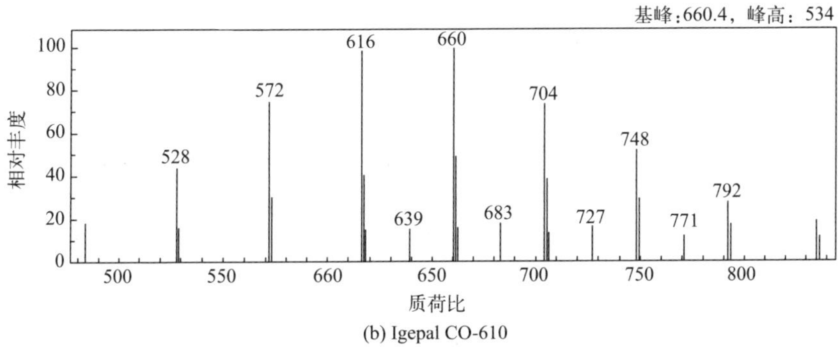

(b) Igepal CO-610

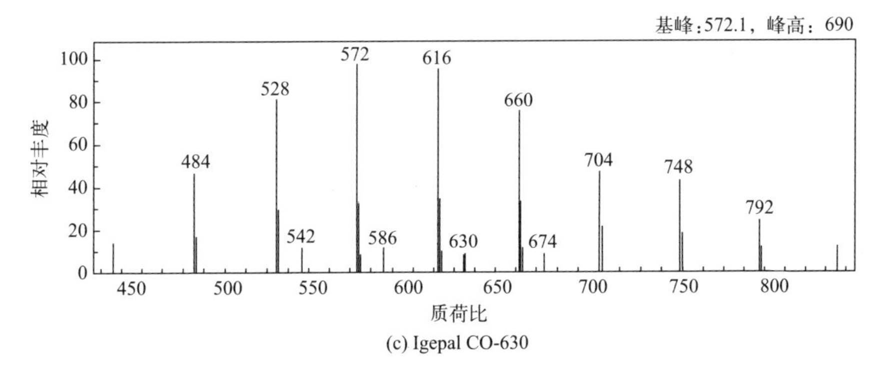

(c) Igepal CO-630

图 2-18 不同壬基酚聚氧乙烯醚的质谱图

以特别注意。

多数标准也允许采用其他类表面活性剂进行试验，不同品种的表面活性剂的试验结果差距很大。部分生产企业采用市售的洗涤剂作为试验的加速试剂，由于这类产品中壬基酚聚氧乙烯醚的有效成分比纯试剂中的低，因此获得的 ESCR 破损时间比采用纯试剂获得的 ESCR 破损时间长。因此如果生产企业采用洗涤剂作为 ESCR 质量控制的加速试剂时，应与壬基酚聚氧乙烯醚的试验结果进行比对，建立两种试验结果的关联性，以降低将不合格产品误判为合格的风险。

（2）表面活性剂浓度

表面活性剂水溶液浓度也是影响土工膜 ESCR 性能的重要因素。土工膜 ESCR 性能测试常用的表面活性剂水溶液浓度为 10%，但也有部分标准和设计采用 20%和 100%。不同基体树脂的土工膜对表面活性剂浓度的敏感性不同，需要时生产企业应采用不同浓度表面活性剂水溶液测定自己的土工膜产品的 ESCR 性能。

（3）表面活性剂的降解

试剂长期放置后会发生不同程度的降解。降解后的试剂起不到良好的加速作用，因此会使 ESCR 破损时间延长，产生误判。判断试剂是否失效的最好办法是采用红外分析，若观察到羰基峰的存在，则认为试剂已发生降解。

配制好的水溶液不宜长期放置，一般标准推荐放置时间不超过 1 周，以避免试剂降解。

试剂的水溶液在实验过程中同样会发生降解，但无法采用红外分析的方法进行降解程度分析，因为大量水分子的存在会干扰结果分析。采用液相色谱仪和 pH 计可对降解程度进行测定。图 2-19 和图 2-20 分别是几种表面活性剂水溶液在 50℃条件下，浓度和 pH 值随时间变化的曲线。由图 2-19 可知，几种试剂在实验 1000h 后浓度都大幅度下降，这表明试剂发生了大幅度的降解。由图 2-20 可知，在较高温度条件下，表面活性剂水溶液在实验开始 400～500h 以后，pH 发生较大幅度的下降，这从另一个角度验证了表面活性剂的降解。因此对于耐环境应力开裂试验，不建议进行超过 1000h 的实验，如果确实需要进行长期实验，最好能及时更换新鲜试剂水溶液。

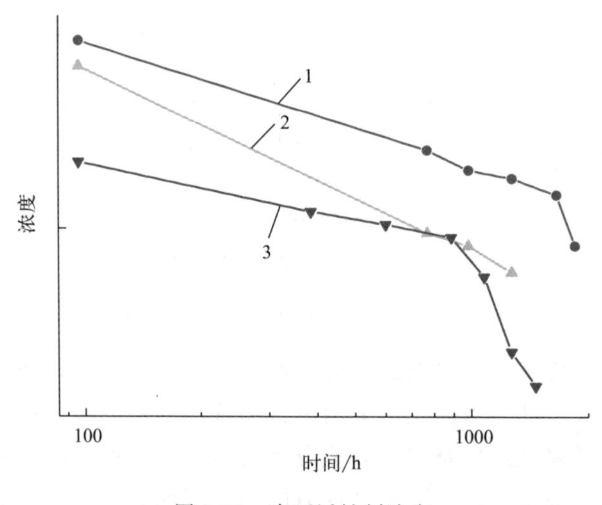

图 2-19　表面活性剂浓度

（4）刻痕深度

刻痕深度对土工膜的 ESCR 有显著的影响。一般情况下，刻痕深度增加，

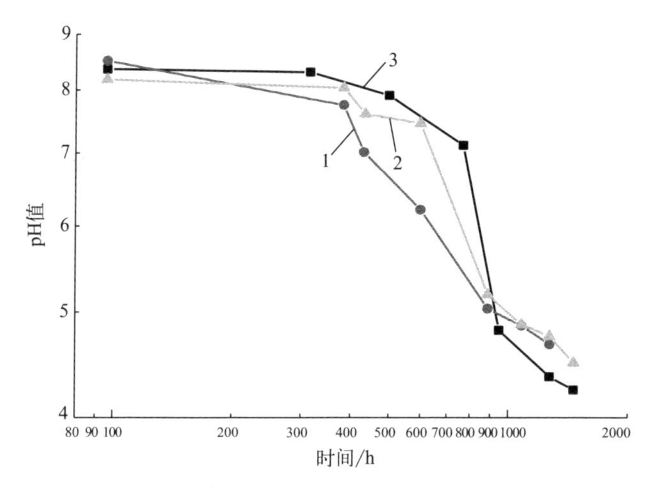

图 2-20　表面活性剂 pH 值

ESCR 破损时间减少，会使误判土工膜不合格的风险加大；刻痕深度减小，ESCR 破损时间延长，会使误判土工膜合格的风险加大。由于试样的刻痕深度较难控制，因此许多标准对刻痕深度的规定都不是一个精确的数值，而是一个范围，如厚度为 2.0mm 的试样，其刻痕深度要求为 0.30～0.40mm。因此相同厚度试样的刻痕深度可能存在一定偏差。这就要求试验人员在刻痕前对刻痕刀架的刀刃深度进行认真测量和调整，并采用显微镜观察的方法进行确认（2.9.6 节）。

（5）试验温度

通常的试验温度为 50℃，有的标准或规范允许采用 80℃ 和 100℃ 作为试验温度。温度升高，材料老化速度加快，发生开裂的可能性增加，但温度过高会造成表面活性剂降解速度大幅度提高，表面活性剂失效，与此同时，在高温条件下材料更加柔软，分子链段运动加剧，材料可以通过形变以适应环境的要求，又可能会使试验时间延长，因此温度对 ESCR 性能的影响具有诸多不确定因素。

（6）试验注意事项

① 试样弯曲应尽量以快速且不给试样造成更大损伤的方式进行，否则可能会造成试样在试验开始之前，切口深度发生显著变化，从而给试验结果带来较大的人为误差。

② 试样的破损一般发生在与刻痕相垂直的方向，而不是在刻痕延长线方向发生。初期的破损可能比较微小，因此可能存在由于个体视力差异而引起的观察时间误差。

③ 在计算破损概率的时候，需要注意，如果同一观察时间发现多个试样破损，这些破损试样所对应的破损概率是不相同的，如 960h 发现了 1 个破损试样，1512h 又发现了 3 个破损试样，则这 4 个破损试样所对应的破损概率分别为

9.09%、18.18%、27.27%和36.36%，其中同一时间发生破损的3个试样对应着18.18%、27.27%和36.36% 3个不同的破损概率。

2.10 拉伸负荷应力开裂（切口恒载拉伸法）

2.10.1 方法概述

在土工膜膜片上分别沿两个方向裁取哑铃状试样，在试样中部窄平行部分的垂直方向制备一切口，将带切口的试样在恒载拉力下置于高温表面活性剂溶液中，测试并记录试样断裂的时间。

本节中介绍的应力开裂评价方法（NCTL法）依据标准和规范的不同，一般进行不少于300h的试验，而上一节中介绍的应力开裂评价方法（ESCR法）一般进行1500h以上的试验。尽管如此，本节介绍的NCTL法却比ESCR法更为苛刻，例如NCTL法破损时间为300h的聚乙烯土工膜产品的耐应力开裂性能一般优于ESCR法破损时间为1500h的聚乙烯土工膜产品的耐应力开裂性能。

2.10.2 定义

（1）拉伸负荷应力开裂（tensile load）stress crack

由低于塑料短时机械强度的拉伸应力引起的塑料内部或外部的开裂，简称为NCTL性能。

（2）其他有关应力开裂的定义

与2.9.2相同。

2.10.3 常用测试标准

NCTL试验最主要的方法标准是ASTM D5397，国外多数的产品标准和规范直接引用该标准，国内多数土工膜产品的国家标准、行业标准和规范采用的方法都是直接引用该标准或是将该标准翻译成中文再作为标准规范性附录或资料性附录使用，如表2-32所示。目前中国的国家标准正在制定中。

表2-32 土工膜NCTL试验常用测试的方法标准

序号	标准号	标准名称	备注
1	ASTM D5397-20	Standard test method for evaluation of stress crack resistance of polyolefin geomembranes using notched constant tensile load test	
2	GB/T 17643—2011(附录D)	附录D(规范性附录)拉伸负荷应力开裂的测定(切口恒载拉伸负荷应力试验)	与ASTM D5397技术上等效

续表

序号	标准号	标准名称	备注
3	CJ/T 234—2006(附录C)	附录C(资料性附录)用切口恒载拉伸试验评价聚烯烃土工膜抗应力开裂强度的标准试验方法	与ASTM D5397技术上等效
4	铁道部科技基〔2009〕88号(附录B)	附录B(规范性附录)拉伸负荷应力开裂的测试方法(切口恒载拉伸负荷应力试验)	与ASTM D5397技术上等效

2.10.4 测试仪器

(1) 应力开裂试验装置

NCTL试验采用专用的应力开裂试验装置，试验装置的示意图如图2-21所示。

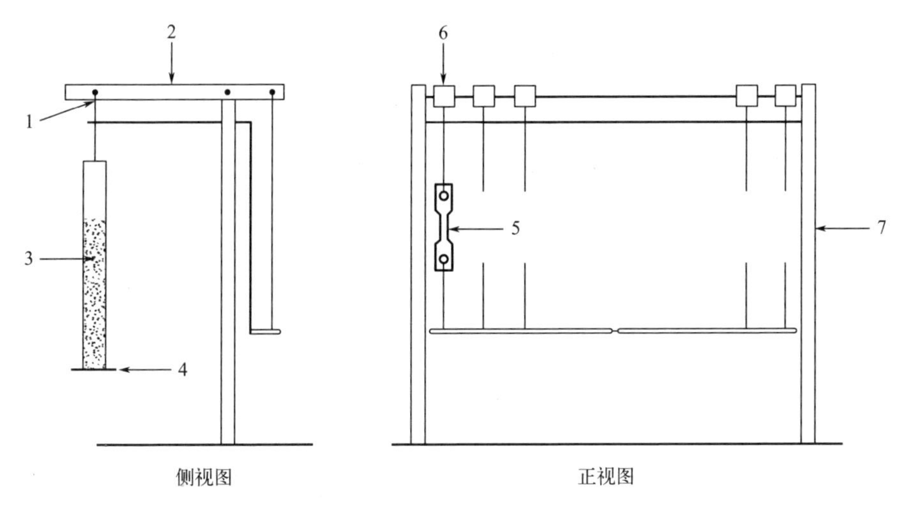

图2-21 应力开裂试验装置示意图

1—计时器触发开关；2—杠杆；3—砝码；4—砝码架；
5—试样；6—试样架；7—内置加热和水循环装置的箱体

国外多数实验室的应力开裂试验装置是根据标准自行搭建的，目前国内部分仪器公司已有成套的仪器设备出售，土工膜生产企业可根据实际需求采用自制设备或购置设备进行性能测试。

(2) 切口制备装置

目前尚无成熟的商品化的切口制备装置，可采用ESCR的刻痕装置或根据标准自制试验装置。

2.10.5 试剂及其配制

① 与ESCR试验一样，NCTL试验一般推荐采用壬基酚聚氧乙烯醚溶液作为

加速试剂，浓度为10%。不同标准推荐的试剂的聚合度各不相同，国内标准通常推荐采用TX-10，也称OP-10或Oπ-10，ASTM标准推荐Igepal CO-630。

② NCTL试验的方法标准并没有规定试剂的配制方法，建议采用ESCR试验中试剂的配制方法，即将混合液加热到60℃左右并连续搅拌1h后使用。

2.10.6 试样

（1）试样的规格尺寸

NCTL试验的试样形状及尺寸如图2-22所示。

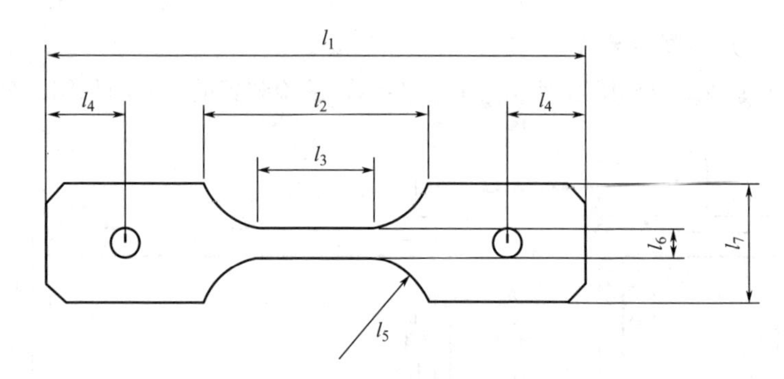

图2-22 NCTL试验试样形状及尺寸

l_1—总长度：60.00mm；l_2—端部间距离：25.00mm；l_3—窄平行部分长度：13.00mm；
l_4—孔中心距端部距离：8.75mm；l_5—半径：15.00mm；l_6—窄平行部分宽度：3.20mm；
l_7—端部宽度：12.70mm

（2）试样数量

试样数量一般取10个，其中横向5个、纵向5个。对于原材料性能检验，无需区分横纵方向。

（3）试样制备

NCTL试验试样制备必须采用冲裁的方法，两端的孔可采用一次冲裁制备，也可以在冲裁好的试样上再制孔。测试人员应对冲裁后的试样，特别是试样窄平行部分仔细检查，如发现任何的破损应重新制样。采用切口制备装置在试样上制备切口，切口深度的监测与ESCR试验类似，具体操作可参见2.9节。

试样应按照土工膜横纵两向分别制备，每个方向至少5个试样。

与ESCR试验一样，对于糙面土工膜，由于试样表面粗糙，无法精确进行切口制备，因此糙面土工膜可采用边缘的光面部分进行测试。对没有光面部分的糙面土工膜，可采取压塑制样的方法，将土工膜制备成相同厚度的试片，但压塑制样损失了试样的各向异性。

2.10.7 状态调节和试验环境

ASTM D5397 未对状态调节进行规定，采用该标准进行 NCTL 试验可根据产品标准或规范的要求进行状态调节，详见 2.2 节。

国内仅有 GB/T 17643 提出了对状态调节和试验环境的要求，详见表 2-33。

表 2-33 GB/T 17643 对状态调节与试验环境的要求

序号	标准号	状态调节			试验环境	备注
		温度/℃	相对湿度/%	时间/h		
1	GB/T 17643—2011（附录 D）	23±2	—	≥4	同状态调节环境条件	

2.10.8 试验条件的选择

（1）拉伸负荷

前面已经提过，应力开裂是在表面活性剂的作用下，由低于塑料短时机械强度的拉伸应力引起的，因此拉伸应力的大小是影响材料应力开裂时间的重要因素。通常土工膜的 NCTL 试验采用其拉伸屈服应力的 30%作为拉伸负荷，其计算公式如式(2-15）所示。

$$F=30\%\times(\sigma/t_{D})\times w\times t_{L}\times(1/M) \tag{2-15}$$

式中 F——对应 30%拉伸屈服应力的荷载，N；

σ——拉伸屈服应力，N/mm；

t_D——试样的公称厚度，mm；

w——试样平行部分宽度，mm；

t_L——试样的切口处未切部分的厚度，为试样公称厚度的 80%，mm；

M——试验设备的杠杆系数，如图 2-21 的设备的杠杆系数为 3.0。

试样拉伸屈服应力可根据 2.6 节进行测定。

（2）切口深度

一般情况下，切口深度为试样平均厚度的 20%。由于切口深度不易测量，因此实际测试过程中是确保切口制备后试样的剩余厚度为试样平均厚度的 80%。如平均厚度为 2.0 mm 的土工膜实际厚度可能为 1.95～2.05mm，为保证试样的剩余厚度为 1.6mm，相应切口的深度为 0.35～0.45mm。

（3）试验温度

一般情况下，土工膜 NCTL 试验的试验温度为 50℃。读者也可根据自身实际情况或用户的需求，选择 80℃或 100℃作为试验温度。

2.10.9 操作步骤简述

① 按照 2.10.5 的要求进行试剂的配制。

② 预先将试剂装满试验槽并将温度调到 50℃±1℃，维持试剂液的液面高度。

③ 在每个试样最薄的部位测量厚度，精确到 0.013mm。

④ 在试样窄平行部分中心部位，垂直于试样拉伸方向，在试样的一面制备一个切口，并确保未切口部分试样厚度为试样公称原厚的 80%。

⑤ 将带有切口的试样夹持在试验设备上，将试样浸入试剂中并使其达到温度平衡，一般情况下，至少需要 30min。

⑥ 按式(2-14) 计算试样的 30%拉伸屈服应力，作为应力水平为每一个试样施加荷载。

⑦ 记录试样断裂的时间，精确到 0.1h。根据产品规范或相关要求也可在规定时间内记录发生断裂的试样数量。

2.10.10 结果计算与表示

NCTL 性能以试样断裂时间表示。一般情况下分别以两个方向的测试结果的算术平均值表示，保留一位小数。

也可根据标准或规范要求，以规定时间内发生断裂试样数量表示。

2.10.11 影响因素及注意事项

NCTL 试验的影响因素与 ESCR 试验的影响因素基本相同，但 NCTL 试验对某些影响因素的敏感性更强。

(1) 原料树脂品种

NCTL 试验的对象主要是聚乙烯类土工膜及其专用树脂。聚乙烯树脂的品种对其耐应力开裂性能有着决定性的影响。为了获得耐应力开裂性能优异的聚乙烯，石化生产企业通常采用加入共聚单体的方法，而共聚单体的品种和含量对聚乙烯耐应力开裂性能有显著影响。一般情况下，共聚单体对耐应力开裂性能改善效果的顺序为：辛烯>己烯>丁烯>丙烯。目前较为常见的共聚单体为己烯和丁烯，如果想获得 NCTL 性能满足各类标准要求的聚乙烯树脂，相应的共聚单体含量(摩尔分数) 应分别为 1%和 3%。

(2) 表面活性剂品种、浓度和降解

与 ESCR 试验一样，NCTL 试验也受表面活性剂品种、浓度和降解情况的影响，且影响趋势相同，读者可参阅 2.9 节。

(3) 切口深度

切口深度对土工膜的 NCTL 性能有显著的影响，且影响程度高于对 ESCR 性能的影响。一般情况下，切口深度的波动，即可导致 NCTL 性能的明显波动。切口深度增加，NCTL 试样断裂时间减少，会使误判土工膜不合格的风险加大；切口深度减小，NCTL 破损时间延长，会使误判土工膜合格的风险加大。因此，试验人员在刻痕前应对刻痕刀架的刀刃深度进行认真测量和调整。

由于切口的实际深度随试样实际厚度的不同而不同，因此试样的厚度偏差不应超过土工膜样品平均厚度的±5%，否则应重新取样。

(4) 应力水平和施加荷载

与 ESCR 试验不同，NCTL 试验的应力水平和施加荷载是可以根据方法或客户要求进行调整的，而 ESCR 试验的应力水平是基本固定的。

NCTL 试验的应力水平可以取屈服应力的 20%～65%，但多数土工膜产品标准或规范则规定应力水平为屈服应力的 30%。应力水平降低，材料发生断裂的时间延长，但应力水平过低，则导致试验时间超长而浪费时间和金钱。应力水平提高，可以缩短断裂时间，但应力水平过高则无法体现材料的蠕变性能，使材料发生明显的拉伸，从而使蠕变试验变成慢速拉伸试验，从而无法判定开裂性能的优劣。

土工膜在试验过程中所施加荷载的波动也会对试验结果产生一定的影响。由于试验仪器的限制，NCTL 试验有时候无法完全按照材料屈服应力的 30%施加荷载，而需要一定程度的圆整。这种圆整所带来的误差会随着土工膜厚度的不同而不同，通常情况下会对较薄土工膜有着较大影响。施加荷载增加，试样断裂时间缩短，反之则延长。试验人员应尽量固定施加荷载的圆整程度，以降低对试验结果的影响。为了降低这种影响，可采用铁砂等细小的加载物品替代砝码等固定的较大质量的加载物品。

(5) 试验温度

通常的试验温度为 50℃，有的标准或规范允许采用 80℃和 100℃作为试验温度。温度升高，材料老化速度加快，发生开裂的可能性增加，但温度过高会造成表面活性剂降解速度大幅度提高，表面活性剂失效，与此同时，在高温条件下材料更加柔软，分子链段运动加剧，材料可以通过形变以适应环境的要求，又可能使试验时间延长，因此温度对 NCTL 性能的影响具有诸多不确定因素。

(6) 试验注意事项

① 各标准并未规定从试样制备切口到开始试验的时间，但为防止试样在试验开始之前切口深度发生变化或受到其他不良影响，建议在切口制备之后，尽快开始试验。

② 切口后保证未切口部分试样厚度为试样原厚的 80%并不意味着切口深度为试样公称厚度的 20%。由于试样厚度的波动，切口深度有可能大于或小于试样公称厚度的 20%，由于厚度波动引起的切口深度变化对试验结果有明显影响，因此在选择试样时，应舍弃厚度波动超过±0.025mm（ASTM 方法规定为±0.026mm）的试样。

③ 很多标准要求试剂槽中的试剂两个星期（336h）更换一次以保证其浓度，但这在实际工作中可操作性较差，因为部分产品标准或规范对 NCTL 试验的要求大于 400h，为避免水分蒸发导致浓度的变化，建议采用液面上使用塑料盖、漂浮塑料小球等方式，同时还可以起到稳定温度的作用。通常情况下对于 400h 或 600h 的通过性试验，每次试验结束后更换试剂更为合理。

④ NCTL 试剂对加热装置有一定的腐蚀，因此操作者应在试验间歇期间注意仪器的清理与维护。

2.11 密度（浸渍法）

密度是塑料产品的重要性能，也是塑料类土工膜，特别是聚乙烯类、聚氯乙烯土工膜控制产品质量的重要手段。

目前聚乙烯类土工膜按照其密度主要分为低密度聚乙烯（LDPE）土工膜、线性低密度聚乙烯（LLDPE）土工膜、中密度聚乙烯（MDPE）土工膜三大类，其中，中密度聚乙烯土工膜由于诸多原因多年来在土工合成材料行业一直被称为高密度聚乙烯（HDPE）土工膜，也有将其称为中/高密度聚乙烯（MDPE/HDPE）土工膜的。各类聚乙烯土工膜的原料树脂和产品参考密度范围如表 2-34 所示。聚氯乙烯土工膜的密度主要受添加的助剂，特别是增塑剂等用量较大助剂的影响。

表 2-34 聚乙烯类土工膜密度范围

序号	类别	原料树脂密度/(g/cm³)	本色土工膜产品密度/(g/cm³)	黑色土工膜产品密度/(g/cm³)
1	LDPE 土工膜	≤0.925	≤0.925	≤0.939
2	LLDPE 土工膜	≤0.925	≤0.925	≤0.939
3	MDPE/HDPE 土工膜	0.932～0.940	0.932～0.940	≥0.940

塑料材料密度的测定方法有多种，包括浸渍法、液体比重瓶法、滴定法、密度梯度柱法和气体比重瓶法等，其中在土工合成材料领域应用较多的是浸渍法和密度梯度柱法，下面着重介绍这两种测试方法。

各类测试方法涉及的标准如表 2-35 所示。

表 2-35 密度测试的标准方法

序号	方法类别	标准号	标准名称	备注
1	浸渍法	GB/T 1033.1—2008	塑料 非泡沫塑料密度的测定 第 1 部分：浸渍法、液体比重瓶法和滴定法	IDT ISO 1183-1:2004
		ISO 1183-1:2019	Plastics-Methods for determining the density of non-cellular plastics-Part 1: Immersion method, liquid pycnometer method and titration method	

续表

序号	方法类别	标准号	标准名称	备注
1	浸渍法	ASTM D792-20	Standard test methods for density and specific gravity (relative density) of plastics by displacement	
		EN ISO 1183-1:2019	Plastics-Methods for determining the density of non-cellular plastics-Part 1: Immersion method, liquid pycnometer method and titration method (ISO 1183-1:2019, Corrected version 2019-05)	IDT ISO 1183-1:2019
		DIN EN ISO1183-1:2019	Plastics-Methods for determining the density of non-cellular plastics-Part 1: Immersion method, liquid pycnometer method and titration method (ISO 1183-1:2019, Corrected version 2019-05)	IDT ISO 1183-1:2019
2	密度梯度柱法	GB/T 1033.2—2010	塑料　非泡沫塑料密度的测定　第2部分：密度梯度柱法	MOD ISO 1183-2:2004
		ISO 1183-2:2019	Plastics-Methods for determining the density of non-cellular plastics-Part 2: Density gradient column method	
		ASTM D1505-18	Standard test method for density of plastics by the density-gradient technique	
		EN ISO 1183-2:2019	Plastics-Methods for determining the density of non-cellular plastics-Part 2: Density gradient column method (ISO 1183-2:2019)	IDT ISO 1183-2:2019
		DIN EN ISO 1183-2:2019	Plastics-Methods for determining the density of non-cellular plastics-Part 2: Density gradient column method (ISO 1183-2:2019)	IDT ISO 1183-2:2019
3	液体比重瓶法	GB/T 1033.1—2008	塑料　非泡沫塑料密度的测定　第1部分：浸渍法、液体比重瓶法和滴定法	IDT ISO 1183-1:2004
		ISO 1183-1:2019	Plastics-Methods for determining the density of non-cellular plastics-Part 1: Immersion method, liquid pycnometer method and titration method	
		EN ISO 1183-1:2019	Plastics-Methods for determining the density of non-cellular plastics-Part 1: Immersion method, liquid pycnometer method and titration method (ISO 1183-1:2019, Corrected version 2019-05)	IDT ISO 1183-1:2019
		DIN EN ISO 1183-1:2019	Plastics-Methods for determining the density of non-cellular plastics-Part 1: Immersion method, liquid pycnometer method and titration method (ISO 1183-1:2019, Corrected version 2019-05)	IDT ISO 1183-1:2019

续表

序号	方法类别	标准号	标准名称	备注
4	滴定法	GB/T 1033.1—2008	塑料　非泡沫塑料密度的测定　第1部分：浸渍法、液体比重瓶法和滴定法	IDT ISO 1183-1:2004
		ISO 1183-1:2019	Plastics-Methods for determining the density of non-cellular plastics-Part 1: Immersion method, liquid pycnometer method and titration method	
		EN ISO 1183-1:2019	Plastics-Methods for determining the density of non-cellular plastics-Part 1: Immersion method, liquid pycnometer method and titration method (ISO 1183-1:2019, Corrected version 2019-05)	IDT ISO 1183-1:2019
		DIN EN ISO 1183-1:2019	Plastics-Methods for determining the density of non cellular plastics-Part 1: Immersion method, liquid pycnometer method and titration method (ISO 1183-1:2019, Corrected version 2019-05)	IDT ISO 1183-1:2019
5	气体比重瓶法	GB/T 1033.3—2010	塑料　非泡沫塑料密度的测定　第3部分：气体比重瓶法	IDT ISO 1183-3:1999
		ISO 1183-3:1999	Plastics-Methods for determining the density of non-cellular plastics-Part 3: Gas pyknometer method	
		EN ISO 1183-3:1999	Plastics-Methods for determining the density of non-cellular plastics-Part 3: Gas pyknometer method (ISO 1183-3:1999)	IDT ISO 1183-3:1999
		DIN EN ISO 1183-3:2000	Plastics-Methods for determining the density of non-cellular plastics-Part 3: Gas pyknometer method (ISO 1183-3:1999)	IDT ISO 1183-3:1999

本节介绍浸渍法，下一节介绍密度梯度柱法。

2.11.1 原理

根据阿基米德定律，规定温度（一般为23℃）下，试样在浸渍液中所受到的浮力，等于试样排开浸渍液体积与浸渍液密度的乘积，因此浮力的大小可以通过试样的质量和试样在浸渍液中的表观质量计算而得［式(2-16)或式(2-17)］，从而可求得试样的密度［式(2-18)］。

$$m_{S,A}-m_{S,IL}=V_S\rho_{IL} \tag{2-16}$$

$$V_S = \frac{m_{S,A} - m_{S,IL}}{\rho_{IL}} \tag{2-17}$$

式中　V_S——试样的体积，cm^3；

ρ_{IL}——23℃时浸渍液的密度，g/cm^3；

$m_{S,A}$——试样在空气中的质量，g；

$m_{S,IL}$——试样在浸渍液中的表观质量，g。

$$\rho_S = \frac{m_{S,A}}{V_S} = \frac{m_{S,A} \times \rho_{IL}}{m_{S,A} - m_{S,IL}} \tag{2-18}$$

式中　ρ_S——23℃时试样的密度，g/cm^3。

2.11.2 定义及常用测试标准

(1) 密度 (density)

试样的质量 m 与其在温度 t 时的体积之比。可以 kg/m^3、kg/dm^3、g/cm^3 或 kg/L 为单位。在土工合成材料领域，土工膜的密度通常指 23℃时的密度。

(2) 常用测试标准

土工膜密度测定的浸渍法标准如表 2-35 中序号 1 所示。

2.11.3 测试仪器及浸渍液

(1) 测试仪器

浸渍法密度测定的经典仪器是分析天平，精度要求为 0.1mg。此外还需要一些常用玻璃器皿和其他配套工具，包括：浸渍容器（可采用容量适宜的烧杯）、固定支架（形多为板凳，大小适宜支撑浸渍容器并不与天平相接触）、温度计（最小分度值为 0.1℃，可测量 23℃的浸渍液温度）、细丝（耐腐蚀、不易生锈，直径不大于 0.5mm，可采用金属细丝，实际操作中也可采用头发丝）、重锤（铅锤或其他密度较大的材料）、比重瓶（带侧臂式溢流毛细管，应配备分度值为 0.1℃、范围与测试温度相匹配的温度计）等。

随着测试仪器的发展，目前许多仪器公司都开发出了商品化的浸渍法密度测定仪，该类仪器在分析天平的基础上增加必要的配件而得，部分带计算功能的仪器可直接读出试样的密度，有条件的实验室也可采用。

(2) 浸渍液

浸渍液可以采用新鲜的蒸馏水或去离子水，也可以采用其他适宜的液体（含有润湿剂以除去浸渍液中的气泡），较为常用的是无水乙醇。如采用其他液体应注意试样与该液体或溶液接触时，对试样应无影响。

如果除蒸馏水以外的其他浸渍液来源可靠且附有检验证书，则不必再对其进行密度测试。

2.11.4 试样

（1）试样制备

可采用剪刀、小切刀、小竖刀等工具进行试样制备。

（2）试样的规格尺寸

试样表面应光滑，无凹陷，边缘应剪裁或切取平整，避免有毛刺、飞边等缺陷，以减少浸渍液中试样表面及边缘缺陷处可能留存的气泡，否则就会引入误差。

多数标准未规定浸渍法密度测试的试样规格尺寸，但试样大小应以适宜测试为准。很多标准规定试样质量为 1～10g，这对土工膜产品是很难实现的，这主要是由于为了方便测试，土工膜试样一般为边长 10～30mm 的正方形或矩形，这样大小的土工膜试样质量都不足 1g，例如 10mm×20mm×1mm 的聚乙烯土工膜质量不超过 0.2g。在实际测试中，只要能保证测试的精度，试样的质量的影响可以忽略。

（3）试样数量

试样数量一般取 3 个。

2.11.5 状态调节和试验环境

密度测试的方法标准中通常未对状态调节进行规定，测试人员可根据产品标准或规范的要求进行状态调节，详见 2.2 节。

2.11.6 操作步骤简述

① 烧杯中加入浸渍液，浸渍液温度应为 23℃±2℃，并在整个测试过程中予以保持。

② 在空气中称量由细丝悬挂的试样质量，精确到 0.1mg。

③ 将用细丝悬挂的试样浸入放在固定支架上装满浸渍液的烧杯里，用细丝除去黏附在试样上的气泡。称量试样在浸渍液中的质量，精确到 0.1mg。对于密度小于浸渍液密度的试样，在浸渍期间，用重锤挂在细丝上，使试样随之一起沉在液面下。在浸渍时，重锤可以看作是细丝的一部分。

④ 如果浸渍液不是水，浸渍液的密度需要用下列方法进行测定：称量空比重瓶，在 23℃±0.5℃温度下，充满新鲜蒸馏水或去离子水后再称量。将比重瓶倒空并清洗干燥后，同样在 23℃±0.5℃温度下充满浸渍液。用水浴或其他液浴来调节水或浸渍液温度以达到适宜的温度。

⑤ 按式(2-19) 计算 23℃时浸渍液的密度。

$$\rho_{IL}=\frac{m_{IL}}{m_{W}}\times\rho_{W} \tag{2-19}$$

式中　ρ_{IL}——23℃时浸渍液的密度，g/cm^3；

m_{IL}——浸渍液的质量，g；

m_W——水的质量，g；

ρ_W——23℃时水的密度，g/cm^3。

2.11.7 结果计算与表示

（1）试样密度大于浸渍液密度

试样的密度按照式(2-20)进行计算。

$$\rho_S=\frac{m_{S,A}\times\rho_{IL}}{m_{S,A}-m_{S,IL}} \tag{2-20}$$

式中　ρ_S——23℃时试样的密度，g/cm^3；

$m_{S,A}$——试样在空气中的质量，g；

$m_{S,IL}$——试样在浸渍液中的表观质量，g；

ρ_{IL}——23℃时浸渍液的密度，g/cm^3。

（2）试样密度小于浸渍液密度

试样的密度按照式(2-21)进行计算。

$$\rho_S=\frac{m_{S,A}\times\rho_{IL}}{m_{S,A}+m_{K,IL}-m_{S+K,IL}} \tag{2-21}$$

式中　ρ_S——23℃时试样的密度，g/cm^3；

$m_{K,IL}$——重锤在浸渍液中的表观质量，g；

$m_{S+K,IL}$——试样加重锤在浸渍液中的表观质量，g。

2.11.8 影响因素及注意事项

（1）温度

密度是材料的基本物理参数之一，与温度密切相关。一般情况下，温度升高，密度下降。相比一般力学性能测试要求的温度偏差±2℃来说，密度测试对温度控制的要求比较严格，一般为±0.5℃，有的时候为±0.1℃。浸渍法虽然对浸渍液温度控制的要求为±2℃，但对浸渍液密度的测量温度控制的要求为±0.5℃。

（2）细丝

由于式(2-15)中并未考虑细丝质量以及在水中所受到的浮力会引起误差，因此细丝直径不宜太粗、质量不宜过大。一般说来直径0.1mm的金属细丝或头发丝都是比较适宜的选择。

（3）试验注意事项

① 在测试过程中应注意液面张力的影响，因此试样距离浸渍液表面的距离不应过小，一般说来试样距离液面的距离不小于10mm。

② 浸渍容器不应过小，以免由于试样与容器壁距离过小影响数据的准确性。

③ 在测试过程中应密切关注浸渍液中试样周边是否吸附有气泡。气泡的存在会导致试样在浸渍液中的表观质量减小，从而导致测试结果偏低。测试人员应采用金属丝等适宜工具彻底清除试样周围吸附的气泡，否则应放弃该试样，重新进行测试。为避免气泡的产生，土工膜试样的制备应尽量使试样边缘平整，应尽量避免采用糙面土工膜进行密度测试（因其表面不平整，极易吸附气泡并难以消除），如果可能应采用糙面土工膜边缘非粗糙部分进行密度的测试。

④ 首次采用商品化的浸渍法密度测定仪时，应注意与标准要求进行比对，以确认购买的仪器满足标准要求。

2.12 密度（密度梯度柱法）

2.12.1 原理

如果对物体施加一个与其重力大小相等、方向相反的力，则该物体处于类似于失重的状态，从而能够自由飘浮，即产生了悬浮现象。悬浮原理的应用很广泛，包括声悬浮、静电悬浮、磁悬浮、光悬浮、流体悬浮等，密度梯度柱法就是应用悬浮原理来测定固体密度的。

密度梯度柱法是将两种密度不同而又能相互混合的液体在梯度柱中适当的混合，由于扩散作用使混合后的液体从上部到下部的密度逐渐增大，且连续分布形成梯度，密度梯度柱法也由此得名。将试样投入密度梯度柱中，随着试样不断下降，密度梯度柱中液体的密度逐渐增大，根据阿基米德定律可知试样所受到的浮力逐渐增大，当达到某一高度时，其受到的重力作用和浮力作用大小相等、方向相反，根据悬浮原理，试样将悬浮在该高度。由式(2-22)～式(2-24) 可以推导出式(2-25)，即该平衡位置的液体密度即为该试样的密度。

$$F_{重}=m_{样}g_{样}=\rho_{样}V_{样}g \tag{2-22}$$

$$F_{浮}=\rho_{液}gV_{样} \tag{2-23}$$

$$F_{浮}=F_{重} \tag{2-24}$$

$$\rho_{液}=\rho_{样} \tag{2-25}$$

2.12.2 定义

本节采用的定义与 2.11.2 节的定义相同。

2.12.3 常用测试标准

土工膜密度测定的密度梯度柱法标准如表 2-35 中序号 2 所示。

2.12.4 测试仪器及密度测定的液体体系

（1）测试仪器

可采用商品化的密度梯度仪，也可按照相关标准的要求自行组装。无论哪种情况，都应该包含以下组成部分：

① 密度梯度柱：一般为玻璃柱，内部装有由两种液体组成的、密度从顶部到底部在一定范围内均匀提高的液体柱，直径不小于 40mm，顶端有盖。液体柱的高度应与所需的精度相匹配，刻度间隔一般为 1mm。

对单一土工膜产品生产企业，可采用一根密度梯度柱，其梯度范围宽窄可以覆盖产品和原料的密度即可；对多种土工膜产品生产企业，为了降低成本、方便测试，也可采用一根密度梯度柱，但密度范围不宜过宽，一般不超过 $0.1g/cm^3$，当测试精度要求较高并达到 $0.0001g/cm^3$ 时，密度范围不应超过 $0.01g/cm^3$，因此如果产品品种较多，密度差距较大，建议配备两根或更多密度梯度柱。

当试样停留在梯度柱的最顶端或最底端时，建议更换其他密度范围的密度梯度柱进行试验。

② 液体浴：一般为水浴，能够控制温度在 23℃。土工膜的密度测试精度一般为 $0.001g/cm^3$，水浴温度应控制在 ±0.5℃ 以内。当有特殊要求且精度达到 $0.0001g/cm^3$ 时，水浴温度应控制在±0.1℃以内。

③ 玻璃浮子：可自行加工或购买，经校准具有对应密度数据。不对玻璃浮子的制备和校准进行论述，有兴趣的读者可参见 GB/T 1033.2 等相关标准或文献。玻璃浮子的密度范围应覆盖待测定的土工膜产品的密度范围，且在梯度柱量程范围内均匀分布。

④ 天平：精度为 0.1mg。

⑤ 虹吸管或毛细填充管组合，用于向梯度柱或其他适宜的装置中注入密度梯度液。

（2）密度测定的液体体系

适宜土工膜产品及原材料密度测试的液体体系如表 2 36 所示，考虑到购买方便、保护操作人员的健康和降低环境风险，建议采用序号 2 和序号 4 体系。

表 2-36 适宜密度测试的液体体系

序号	体系	密度范围/(g/cm^3)
1	甲醇/苯甲醇	0.79～1.05
2	异丙醇/水	0.79～1.00
3	异丙醇/二甘醇	0.79～1.11
4	乙醇/水	0.79～1.00

续表

序号	体系	密度范围/(g/cm³)
5	甲苯/四氯化碳	0.87～1.60
6	乙醇/氯化锌水溶液	0.79～1.70
7	异丙醇/甲基乙二醇乙酸酯	0.79～1.00

2.12.5 密度梯度柱中液体的配制

密度梯度柱中液体的配制方法很多，下面介绍其中两种方法。

（1）方法1

① 将两个相同大小和体积的容器按图2-23组装，容器的体积应根据所需梯度柱的大小而定。

② 根据表2-36选取一定量的两种液体，要求两种液体都经缓慢加热或施加真空而排除其中的气体，或使用超声波消泡等有效的方法。

③ 将一定量的轻液加入容器2中（总量至少为梯度柱所需浸渍液量的一半），打开磁力搅拌，搅拌速度不宜过快以避免液面发生剧烈振动。将同样量的重液加入容器1中，注意避免将空气带入其中，打开容器2的阀门，用轻液充满毛细填充管，向密度梯度柱底部缓慢注入液体，直到液面达到梯度柱顶端。液体的流速应尽量缓慢，并以不打破梯度柱中液体的梯度为准，根据密度梯度柱体积的不同，配制一个密度梯度柱可能需要1～1.5h或更长时间。

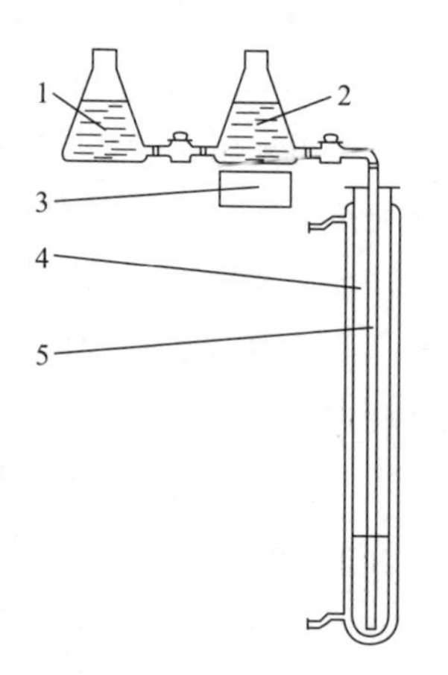

图2-23 方法1所述密度梯度柱的配制装置

1—重液容器；2—轻液容器；3—磁力搅拌；4—密度梯度柱；5—毛细填充管

④ 密度梯度柱在使用前应放置24h以上。

⑤ 将清洁的浮子放在轻液中浸湿，依次轻轻地放入密度梯度柱中，如果所有的浮子在整个柱子中聚在一起没有均匀地分散开，则应取出浮子后废弃掉混合液并重新配制密度梯度柱。一般情况下，土工膜及其原材料密度测定的精度要求为0.001g/cm³，在这种情况下，在0.01g/cm³密度范围内至少分布1个浮子；特殊情况下或客户有更高密度要求时，如测定的精度要求为0.0001g/cm³，则应在0.001g/cm³的密度范围至少分布1个浮子。无论何种情况，密度梯度柱中均至少需要5个浮子才能形成一条合理的校准曲线。

⑥ 密度梯度柱配制好后，盖好盖子，恒温24～48h。恒温结束后，测量每一个浮子中心位置距离柱子底部的距离，精确到1mm，然后绘制出密度-高度曲线。建议采用计算机作图，选择适宜的最小坐标刻度，以确保曲线中的点所对应的值

可以精确到±0.0001g/cm³ 和±1mm。采用纸质作图法时，图纸应尽可能大。浮子密度-高度曲线的有效部分应是一条单调的、无间断的、拐点不多于一个的、近似线性的曲线，否则梯度液应废弃并重新配制密度梯度柱。

(2) 方法2

按图2-24来组装仪器。方法2与方法1的操作步骤主要差别如下。

① 重液放入容器2，轻液放入容器1中。

② 虹吸管用来将液体从容器1吸入容器2，然后再从容器2吸入密度梯度柱中。

③ 液体先虹吸到密度梯度柱顶部，然后顺着密度梯度柱的内壁缓慢流下。

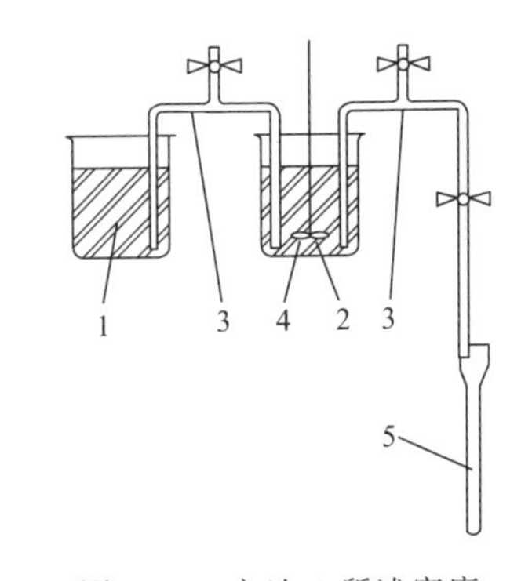

图2-24 方法2所述密度梯度柱的配制装置

1—轻液容器；2—重液容器；3—虹吸管；4—磁力搅拌；5—密度梯度柱

2.12.6 试样

(1) 试样制备

采用小刀从土工膜上切取试样，边缘应切取平整，避免毛刺、飞边等。

(2) 试样的规格尺寸

试样表面应光滑、无凹陷，一般情况下为小长方体或小圆柱体，大小和形状的确定应以试样中心位置容易被精准确定为原则。

(3) 试样数量

试样数量一般取3个。

2.12.7 状态调节和试验环境

密度测定的方法标准中通常未对状态调节进行规定，测试人员可根据产品标准或规范的要求进行调节，详见2.2节。

2.12.8 操作步骤简述

用配制密度梯度柱时所用的轻液将3个平行试样进行润湿，依次轻轻地放入梯度柱中，达到平衡后读取试样中心位置所对应的梯度柱高度数据。

2.12.9 结果计算与表示

试样的密度有两种计算方法。

(1) 曲线法

根据试样的高度，在密度-高度曲线上找到对应的密度值。推荐采用计算机进行计算，以降低人为误差。

（2）计算法

按式(2-26) 用内插法计算每一个试样的密度 $\rho_{s,x}$。

$$\rho_{s,x}=\rho_{F1}+\frac{(x-y)\times(\rho_{F2}-\rho_{F1})}{z-y} \tag{2-26}$$

式中 ρ_{F2}——紧邻试样下端浮子的密度，g/cm^3；

ρ_{F1}——紧邻试样上端浮子的密度，g/cm^3；

x——试样距某一基准水平面的垂直距离，cm；

y，z——密度为 ρ_{F2} 和 ρ_{F2} 的两个浮子距该基准水平面的垂直距离，cm。

如果每个浮子的位置与其密度不呈线性关系，试样的密度可采用二阶方程曲线内插法求得。

2.12.10 影响因素及注意事项

（1）温度

密度是材料的基本物理参数之一，与温度密切相关，这在上一节已经介绍过了。采用密度梯度柱法测定密度，温度偏差一般为±0.5℃，相应的测试精度可以达到 $0.001g/cm^3$，若要求测试精度为 $0.0001g/cm^3$，液浴的温度应控制在±0.1℃以内。

（2）密度梯度柱

密度梯度柱的高度精度越高，测试结果的精度越高。当密度梯度柱的高度精度优于 1mm 时，测试结果的精度才可能达到 $0.0001g/cm^3$。

（3）读数时间

土工膜试样在梯度柱中达到平衡至少需要 30min，厚度较小的土工膜产品达到平衡所需的时间更长。测试人员在新产品首次测试时，应摸索适当的读数时间。读数时间过短，试样尚未达到平衡，读取的试样的密度偏小，若读数时间过长，则工作效率大幅度降低。

（4）密度-高度曲线

密度-高度曲线的理想状态是直线关系，略微弯曲的曲线也是可以接受的。尽管有些方法标准认为出现一个拐点是可以接受的，但如果曲线出现明显的拐点，作者还是建议废弃混合液，重新制备密度梯度柱。

（5）试验注意事项

① 密度梯度柱测定较多试样，特别是在同一高度停留较多试样后，会给后续的测定工作带来不便。理想的处理方式是重新配制密度梯度柱。但考虑到工作效率、节约成本和环保问题，可以采用打捞的方式处理梯度柱中的试样，即采用一个清洁的、铁丝网（或其他适宜的丝网）做的小篮子打捞试样。需特别注意的是，

为了不破坏密度梯度柱中的密度梯度，这一步骤必须以极慢的速度（约 10mm/min）进行。由于人手难以长时间稳定地提取打捞篮，建议使用电动马达。打捞后应对密度梯度柱进行校准后再使用。尽管可以采用打捞的方式去除梯度柱中的试样，但反复打捞还是会破坏梯度柱中均匀的梯度分布，所以建议一个梯度柱只进行一次打捞，之后应重新配制梯度柱。

② 与浸渍法测试密度一样，存在于试样周边的气泡会影响测试结果的准确性，因此在测试过程中应密切关注浸渍液中试样周边是否吸附有气泡。在试样投入梯度柱之前，应将试样在轻液中充分浸渍，晃动或采用细丝去除周边气泡。如在观测过程中依然发现气泡的存在，应重新投入试样进行测试。此外为避免气泡的产生，土工膜试样的制备应尽量使试样边缘平整，应尽量避免采用糙面土工膜进行密度测试（因其表面不平整，极易吸附气泡且并不容易消除），推荐采用糙面土工膜边缘非粗糙部分进行密度的测试。

2.13 炭黑含量

长时间暴露于日光下的土工膜，会受到紫外线、高温等因素的影响而发生降解，导致其性能大幅度下降，甚至发生大面积破损，因此土工膜中应添加适量的光稳定剂和抗氧剂以防止土工膜发生大幅度降解。光稳定剂按其作用机理可分为光屏蔽剂、紫外线吸收剂、猝灭剂和自由基捕获剂，其中在土工膜行业应用较多的是光屏蔽剂。光屏蔽剂又称为遮光剂，它可以吸收或反射紫外线，犹如在聚合物和紫外线之间设立一道屏障，使紫外线不能作用到高分子内部，避免了高分子链的断裂，从而有效地抑制了材料的光老化。最常用的光屏蔽剂是炭黑，这不仅是由于其价格低廉、来源广泛，更是由于其不易从材料中迁出，能够长效地避免材料发生大幅度降解。但炭黑属黑色制品，不能用于有颜色要求的产品中，如绿色土工膜、白色土工膜等。

土工膜中炭黑的添加量应控制在合理的范围内，炭黑含量过低起不到防护作用，过高则容易由于分散困难而在土工膜中形成应力集中点，不利于产品的力学性能。此外绝大多数的土工膜产品都是在本色树脂中添加炭黑色母进行生产的，为了促进炭黑的良好分散，在色母中都添加有低分子的分散剂，过多的添加炭黑色母，会增加土工膜中低分子物质的含量，也会导致材料强度下降、寿命受损。多数土工膜产品标准规定炭黑含量在 2.0％～3.0％，笔者认为将炭黑含量控制在 2.0％～2.5％更有利于土工膜综合性能的提高，这也是在化学建材行业被广为接受的质量控制范围。

此外，土工合成材料中还有其他同样在户外长期使用的产品，如土工格栅、土工网格等，也是以炭黑作为光稳定剂，因此同样需要对这类产品的炭黑含量进行控制和检验。

2.13.1 原理

在高温（一般为500～600℃）氮气保护的条件下，使聚合物试样裂解为烷烃、烯烃、炔烃等小分子可挥发物质，在此过程中试样中的炭黑在氮气保护下不发生氧化，保留在试样中。在氧气存在、更高的温度条件下（一般为850～950℃）煅烧试样，使炭黑生成二氧化碳并挥发。热解与煅烧后试样质量差占试样原始质量的比例即为炭黑含量。

2.13.2 定义

（1）炭黑（carbon black）

由95%以上的碳元素组成，呈近似球状的、绝大部分直径小于1μm的粒子形态，在高分子材料中通常以聚结态或聚集态粒子的形态存在。炭黑通常由烃类经不完全燃烧或热解制备。

（2）炭黑含量（content of carbon black）

炭黑在土工膜中的含量，通常以质量分数表示。

2.13.3 常用测试标准

土工膜炭黑含量测定较为常用的方法标准如表2-37所示。

表2-37 土工膜炭黑含量测试常用的方法标准

序号	标准号	标准名称	备注
1	GB 13021—1991	聚乙烯管材和管件炭黑含量的测定(热失重法)	
2	ASTM D1603-20	Standard test method for carbon black content in olefin plastics	
3	ASTM D4218-20	Standard test method for determination of carbon black content in polyethylene compounds by the muffle-furnace technique	
4	ISO 6964:2019	Polyolefin pipes and fittings-Determination of carbon black content by calcination and pyrolysis-Test method	
5	CNS 7049—1981	烯烃类塑料中炭黑含量检验法	
6	JIS K6813—2002	Polyolefin pipes and fittings-Determination of carbon black content by calcination and pyrolysis-Test method and basic specification	

表2-37所列的各方法标准在技术上不完全一致，这一点将在测试条件的选择和影响因素中进一步论述。

2.13.4 测试仪器及主要试剂

随着仪器制造业的发展，国内市场已经有成熟的炭黑含量测定仪出售。读者可直接购买仪器进行炭黑含量的测定，也可根据以下组成部分自行组装仪器进行测试。一般情况下，商品化的仪器或自行组装的装置包含以下几部分，如图 2-25 所示。

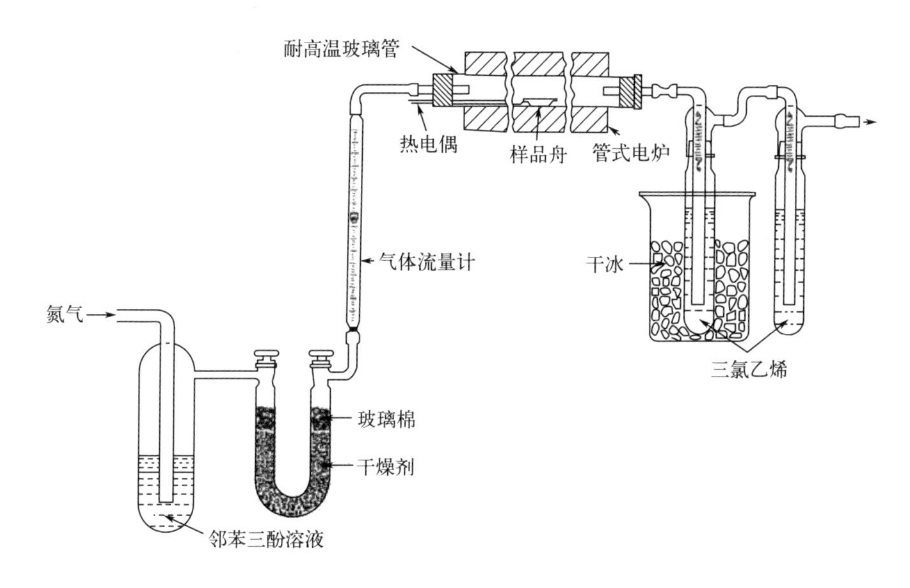

图 2-25 炭黑含量测定装置示意图

① 管式电炉（或其他适宜试验的装置）：加热部分至少长 20cm，温度精度为 ±50℃，耐高温玻璃管至少为加热部分长度的 2 倍，直径约 10mm。

② 橡胶塞子：大小与耐高温玻璃管直径相匹配。

③ 热电偶：温度范围 300～700℃。

④ 气体流量计：流量 1～10L/min，用于高纯氮气的流量控制。

⑤ 耐高温玻璃管：用于放置样品舟。

⑥ 除氧装置：当实验室无法获得高纯氮气时，应配有除氧装置。

⑦ 气体吸收装置：用于吸收燃烧过程中产生的有毒气体。如果实验室通风系统中有气体处理装置时，可省略。

⑧ 通风橱：试验应在通风橱中或具有良好通风设施的实验室中进行。

⑨ 马弗炉：最高温度至少达到 900℃，精度 ±50℃。

⑩ 天平：精度 0.0001g。

⑪ 干燥器。

⑫ 样品舟：大小适合盛放试样并可以放入管式电炉，材质可以是釉瓷、石

英、铂、铝箔或其他适宜材质，其中石英样品舟较为常用。

⑬ 秒表。

⑭ 高纯氮气：氧气含量不超0.002%。对于氧气含量在0.002%～0.01%的氮气应采用适当的方法进行纯化处理。

2.13.5 试样

（1）试样制备

采用剪刀或小竖刀进行试样制备，如可采用专用的制样工具，将土工膜冲成均匀小颗粒。也可以采用其他适宜的粉碎装置，但粉碎过程中应注意避免样品被污染。

（2）试样的规格尺寸

原料颗粒或由土工膜制备的小片或小颗粒，尺寸应尽可能小以便于充分热解。

（3）试样数量

每份试样质量以（1.0±0.1）g 为宜，至少选用 2 份试样进行炭黑含量的测定。

2.13.6 状态调节和试验环境

土工膜炭黑含量的测定可不进行状态调节，但应避免试样受潮影响试验结果。

2.13.7 试验条件的选择

炭黑含量测试的试验条件应首先从土工膜产品标准、规范或相关规程中选择，但目前多数产品标准和规范中都缺少对这些试验条件的详细要求。表 2-38 所列的标准中的试验条件有一定差异，详见表 2-38 所示。

表 2-38 不同标准规定的试验条件对比

序号	试验条件	标准				
		GB 13021—1991	JTG E50—2006	ISO 6964:2019	ASTM D1603-20	ASTM D4218-20
1	是否需要通氮气	是	是	是	是	否
2	热解前氮气流量/(L/min)	0.2	0.2	0.2	1.7±0.3	—
3	热解前通氮气时间/min	5	5	5	5	—
4	热解中氮气流量/(L/min)	0.1	0.1	0.1	1.7±0.3	—

续表

序号	试验条件	标准				
		GB 13021—1991	JTG E50—2006	ISO 6964:2019	ASTM D1603-20	ASTM D4218-20
5	热解时间/min	45	45	45	至少 15	3
6	热解温度/℃	550±50	550±50	550±50	600	600～610
7	热解后氮气流量/(L/min)	0.1	0.1	0.1	1.7±0.3	—
8	热解后通氮气时间/min	10	10	10	5	—
9	煅烧温度/℃	900±50	900±50	900±25	—	—
10	煅烧时间/min	直至炭黑全部消失	直至炭黑全部消失	直至炭黑全部消失	至少 10min,直至残余物全部变为浅色	直至残余物全部变为浅色

由表可知，各标准规定的热解温度不同，但多数设定在 550～600℃，热解时间差异较大，其他试验条件亦各有不同。

2.13.8 操作步骤简述

① 将样品舟放入管式电炉或马弗炉中进行煅烧，以确保样品舟的清洁。经煅烧后的样品舟放入干燥器中冷却至室温后称重，准确至 0.0001g，记为 w_0。

② 将管式电炉温度调节至标准规定的温度，并根据标准要求的氮气流量、通氮气时间进行通氮保护（ASTM D4218 无通氮保护步骤）。

③ 将试样放入已清洁的样品舟中，称重，准确至 0.0001g，记为 w_1。

④ 将放有试样的样品舟推入管式电炉中心位置，调节氮气流量，进行热解。

⑤ 达到标准规定的热解时间后，将样品舟移至管式炉低温区，在氮气保护下冷却一定时间。

⑥ 取出样品舟并放入干燥器中，冷却至室温后称重，准确至 0.0001g，记为 w_2。

⑦ 将盛有试样的样品舟放入已经预热到规定温度的马弗炉中煅烧。当样品中灰分含量较低（通常低于 0.1%）时，此步骤可省略。

⑧ 取出样品舟并放入干燥器中，冷却至室温后称重，准确至 0.0001g，记为 w_3。

2.13.9 结果计算与表示

（1）炭黑含量（灰分含量可忽略）

$$C=\frac{w_2-w_0}{w_1-w_0}\times 100 \tag{2-27}$$

式中　C——炭黑含量,%;

w_0——样品舟质量，g;

w_1——样品舟和热解前试样的质量和，g;

w_2——样品舟和热解后试样的质量和，g。

（2）炭黑含量（灰分含量不可忽略）

$$C=\frac{w_2-w_3}{w_1-w_0}\times 100 \tag{2-28}$$

式中　C——炭黑含量,%;

w_0——样品舟质量，g;

w_1——样品舟和热解前试样的质量和，g;

w_2——样品舟和热解后试样的质量和，g;

w_3——样品舟和煅烧后试样的质量和，g。

（3）结果表示

一般情况下测试结果以算术平均值表示，也有些标准要求报告每一次测试值。炭黑含量取2位有效数字。

2.13.10　影响因素及注意事项

（1）热解时间的影响

由表2-38可知，不同标准对热解时间的要求各不相同，因此在550℃热解温度下对土工膜样品热解时间对炭黑含量的影响进行了研究，结果见表2-39和图2-26。

表2-39　热解温度为550℃时热解时间对炭黑含量的影响

热解时间/min	2	3	5	10	15	30	45	60
炭黑含量测定值/%	3.84	3.32	2.27	2.22	2.15	2.20	2.27	2.22

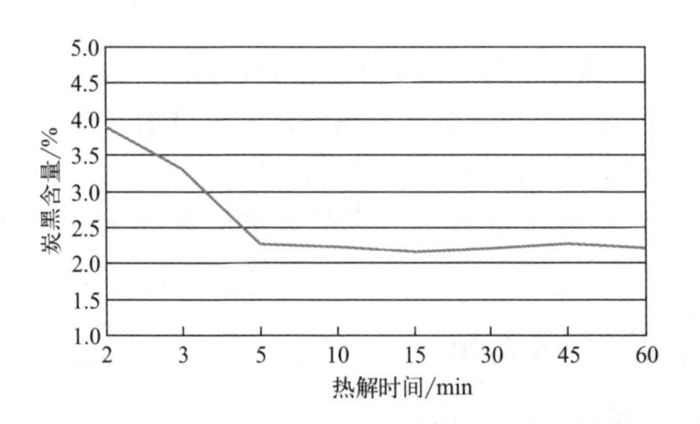

图2-26　热解温度为550℃时热解时间对炭黑含量的影响

由表2-39和图2-26可知，热解时间对炭黑含量有显著影响。当热解时间低于

5min 时，聚乙烯土工膜样品的炭黑含量明显偏高，当热解时间高于 5min 后，则炭黑含量稳定在 2.2%左右。这不难理解，当热解时间过短时，样品中的树脂没有完全分解，这使式(2-27) 中的 w_2 偏高，从而测定结果高出真实值较多；随着热解时间的逐渐增加，样品中的树脂逐渐分解，遗留在样品舟中的质量逐渐减少，测定结果不断降低；当时间大于 5min 后，遗留在样品舟中的树脂质量趋于 0g，因此测定结果趋于真实值。

建议在热解温度为 550℃时，聚乙烯土工膜的热解时间大于 5min。当样品厚度增加时，应适当考虑延长热解时间。

（2）热解温度的影响

由表 2-38 可知，不同标准对热解温度的要求各不相同，因此对热解温度对炭黑含量的影响也进行了研究。

表 2-40、图 2-27 和表 2-41、图 2-28 分别对热解温度为 500℃和 600℃时的炭黑含量测定结果进行分析。

表 2-40 热解温度为 500℃时热解时间对炭黑含量的影响

热解时间/min	2	3	5	10	15	30	45	60
炭黑含量测定值/%	75.93	3.84	2.39	2.27	2.13	2.06	2.15	2.07

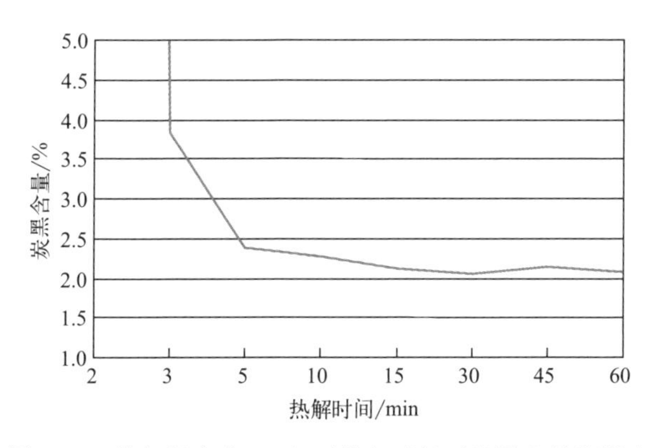

图 2-27 热解温度为 500℃时热解时间对炭黑含量的影响

表 2-41 热解温度为 600℃时热解时间对炭黑含量的影响

热解时间/min	2	3	5	10	15	30	45	60
炭黑含量测定值/%	2.54	2.23	2.27	2.06	2.17	2.23	2.25	2.14

由上述图表可以看出，当热解温度为 500℃时，样品的炭黑含量在热解 15min 以后才趋于稳定，这说明随着热解温度的降低，炭黑含量测定所需的最短时间延长。这主要是由于低温条件下聚乙烯树脂不易分解，需较长时间才能完全失重。因此当热解温度降低时，应适当延长热解时间。

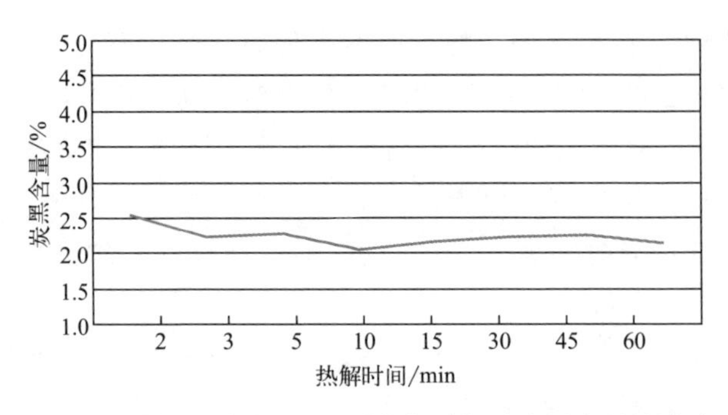

图 2-28 热解温度为 600℃时热解时间对炭黑含量的影响

由表 2-41 和图 2-28 可以看出，炭黑含量曲线在较短时间（3min）以后即趋于平稳，这说明在较高温度下炭黑含量对时间的敏感性降低。但考虑到试验的可靠性，本书仍建议试验温度为 600℃时最短热解时间不低于 5min。

（3）理论误差

炭黑含量测定值存在明显的理论误差，这主要是由于聚烯烃土工膜的热解在没有定向催化剂的作用下会产生残余炭，也就是说即便是未添加炭黑的本色聚烯烃树脂或本色土工膜经过热解也会产生黑色的残余试样，这会导致获得的炭黑含量结果偏高，但一般不会超过 0.1%。

（4）无机填料的影响

下面所论述的炭黑含量测定的标准中，标准的适用范围有所不同。除 ASTM D1603 中规定了不适用于含有其他非挥发性颜料和填料的材料外，其他标准都没有明确此项规定，但较高含量灰分的存在对测试结果有显著影响。因此研究了含有无机填料的聚乙烯土工膜炭黑含量的测定方法。表 2-42 为含有无机填料的土工膜试样的炭黑含量测定结果。

表 2-42 含无机填料的聚乙烯土工膜炭黑含量的测定结果

土工膜	2 号	3 号	4 号
测定的炭黑含量/%	13.5	6.09	16.7
已知的炭黑含量/%	1.0～1.2	2.0～2.2	3.0～3.2

由表 2-42 可知，按照正常的炭黑含量测定方法测定含无机填料的聚乙烯土工膜，其结果误差很大。这主要是由于在热解过程结束后，无机填料不能如树脂一样分解挥发，而是留存在了试样中，在高温煅烧后炭黑完全氧化而无机填料可能发生了分解反应，从而使式(2-28) 中的 w_3 偏低，致使结果极大地偏离真实值。为此所列出的炭黑含量测定方法不适用于含无机填料的聚乙烯土工膜中炭黑含量的测定。

当含有无机填料的土工膜中的无机填料在煅烧中发生分解时，炭黑含量可参考以下方法进行估算。

众所周知，碳酸钙（$CaCO_3$）在850～900℃内可能完全或部分分解生成氧化钙（CaO），而碳酸钙又是塑料行业内极为常见的无机填料，也是土工膜产品中最为常见的灰分，因此作者进行了如下的假设：

① 该样品添加了碳酸钙，且仅添加了碳酸钙这一种无机填料；

② 添加的碳酸钙填料的碳酸钙含量为100%；

③ 在试验条件下，碳酸钙全部分解成了氧化钙；

④ 其他原因带来的灰分（主要是催化剂、微量杂质）含量小于0.1%。

基于上述假设，对式(2-28)进行了修正：

$$C=\frac{w_2-\left[\frac{(w_3-w_0)\times 100}{56}+w_0\right]}{w_1-w_0}\times 100 \tag{2-29}$$

式中　C——修正后的炭黑含量,%；

w_0——样品舟质量，g；

w_1——样品舟和热解前试样的质量和，g；

w_2——样品舟和热解后试样的质量和，g；

w_3——样品舟和煅烧后试样的质量和，g；

100——碳酸钙的分子量；

56——氧化钙的分子量。

经过修正的试验样品的炭黑含量如表2-43所示。

表2-43　修正后含无机填料的聚乙烯土工膜炭黑含量的测定结果

	2号	3号	4号
修正后的炭黑含量/%	1.14	1.95	3.16
已知的炭黑含量/%	1.0～1.2	2.0～2.2	3.0～3.2

由表2-43可见，经过修正的炭黑含量的测定结果已接近已知值，误差在试验可接受的范围之内。需要指出的是，本书所提供的修正方法由于存在假设，因此仅用于含有一种无机填料的土工膜中炭黑含量的估算。

本书未对试验条件下碳酸钙部分分解或含有其他无机填料或颜料的样品进行进一步的分析，但作者认为对于含有其他无机填料或颜料的样品，也可按照本文提供的方法进行分析和研究。对于含多种填料的样品，应通过各种光谱分析手段进一步进行定性及定量分析，再推导出相应的修正公式进行计算。

（5）试验注意事项

进行炭黑含量测试应注意以下事项。

① 不同标准对炭黑含量测定的试验条件的规定有较大差异，操作者应注意试

验条件的选择；

② 一般情况下由于管式电炉大小有限，因此样品舟体积较小，取放样品舟的时候应注意避免试样从样品舟中散落；

③ 为避免试样在样品舟中的燃烧过于激烈，可在样品舟中放置小瓷片，以避免试样的损失，在样品舟转移过程中也应小心试样、炭黑和灰分的损失；

④ 达到标准规定的热解时间后，切勿立即将样品舟取出，正确的操作是将样品舟移至管式电炉低温区，在氮气保护下冷却一定时间，这样可以避免立即取出后无氮气保护的情况下依然高温的样品舟中的炭黑会被空气中的氧气氧化，从而使测定结果偏低；

⑤煅烧后应注意观察剩余灰分，当灰分较多时，应根据标准要求报告灰分含量，或根据本书介绍的方法进行灰分估算，以免造成较大误差；

⑥ 在热解和煅烧后取放样品舟时，应注意安全，避免烫伤。

2.14 炭黑分散度

炭黑一般以三种形态和结构存在：炭黑微粒、聚结态粒子（也称永久结构或一次结构）、聚集态粒子（也称暂时结构或二次结构），其中聚结态粒子是炭黑微粒以化学键熔聚连接而成的，聚集态粒子是由炭黑微粒和聚结态粒子以范德华力相互吸引形成的，一般情况下聚集态粒子的尺寸最大。土工膜中的炭黑主要以聚结态粒子和聚集态粒子形式存在，当聚集态粒子尺寸过大时，会形成应力集中点影响土工膜的力学性能，因此应对土工膜及相关的土工合成材料中炭黑分散度进行检验和控制。

2.14.1 原理

采用低温超薄切片法或高温压片法将试样制备成可以透光的薄片（通常厚度在 8～20μm），利用透射光在显微镜下对 n 个观察区域进行观察，确定最大炭黑粒子并进行尺寸测量，根据尺寸大小或根据标准炭黑分散图谱确定分散等级。

2.14.2 定义

（1）炭黑（carbon black）

见 2.13.2 节。

（2）炭黑分散度（dispersion of carbon black）

炭黑微粒、聚结态粒子、聚集态粒子在土工膜中的分散程度，通常以粒子直径、面积等进行衡量。

2.14.3 常用测试标准

塑料中炭黑分散度测定较为常用的方法标准如表 2-44 所示，其中国际上土工膜行业最为常用的标准是 ASTM D5596，国内多数土工膜产品标准参考了 ASTM D5596 并在标准规范性附录或资料性附录中提供了与其技术上一致的测定方法。

表 2-44 土工膜炭黑分散度常用测试的方法标准

序号	标准号	标准名称	备注
1	ASTM D5596-03(2021)	Standard test method for microscopic evaluation of the dispersion of carbon black in polyolefin geosynthetics	
2	GB/T 18251—2019	聚烯烃管材、管件和混配料中颜料或炭黑分散度的测定	土工膜行业应用极少
3	ISO 18553:2002/Amd 1:2007	Method for the assessment of the degree of pigment or carbon black dispersion in polyolefin pipes, fittings and compounds Amendment 1	土工膜行业应用极少
4	GB/T 17643—2011(附录 E)	附录 E(规范性附录)炭黑分散度的测定	
5	CJ/T 234—2006(附录 D)	附录 D(资料性附录)用显微镜判定聚烯烃土工合成材料中炭黑分散度的标准试验方法	
6	铁道部科技基〔2009〕88 号(附录 D)	附录 D(规范性附录)炭黑分散度的测试方法	
7	D35	Carbon Dispersion Reference Chart	ASTM 图谱

2.14.4 测试仪器与试剂

(1) 显微镜

① 光学双目显微镜（如果需拍摄显微照片，则必须选用三目式显微镜），最好能与计算机相连进行尺寸测量与分析。显微镜包括 1 个可移动的试样载物台、1 个 10 倍宽视野目镜和 1 个 5～20 倍的放大物镜。选择相应的物镜确保显微镜总的放大倍数可以达到 50～200 倍。

② 校准十字线（目镜千分尺）装在目镜里，位于目镜镜头和物镜镜头之间。

③ 光源为强度可调的外部白色光源。

(2) 超薄切片机

旋转式或铲式超薄切片机，装有样品架和小刀架。小刀推荐选用钢制小刀，也可采用玻璃小刀。样品架或固定器能以 1μm 的增量上下移动。用户在选取切片机时应注意确保切取的试样厚度在 8～20μm，试样长度大于 16.5mm。

超薄切片机应配备润滑剂、防尘罩和镊子等工具，以方便试样制备。

(3) 高温试验箱

可将温度控制在 150～210℃的试验箱，也可以选用其他适宜的加热装置。

(4) 盖玻片和载玻片

① 盖玻片：市售盖玻片即可，并按照以下步骤进行刻蚀，从盖玻片的中心分别向两边隔 5mm 处做记号，用玻璃蚀刻法或小刀在做记号的位置沿着长边刻出两条平行线。在每条刻线分别向外 3.2mm 处做记号，对原始线刻蚀平行线。最后完成的盖玻片如图 2-29 所示。

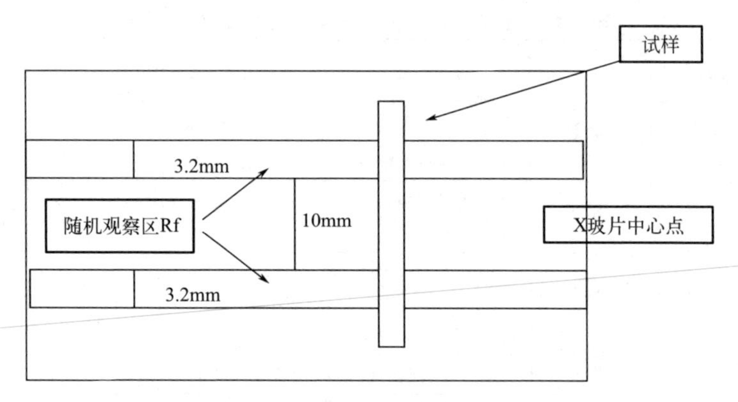

图 2-29 盖玻片制备及试样放置示意图

② 载玻片：市售载玻片，尺寸与盖玻片相同。

(5) 小刀

(6) 压紧装置

任何可以将加热后的土工膜压至适宜厚度的装置，如弹簧夹或重物等。

(7) 四氯乙烷喷雾剂

四氯乙烷喷雾剂的作用是使试样在切片前温度降至－15℃并硬化。

2.14.5 试样

(1) 试样制备

裁取足够长度的整幅土工膜样品，沿幅宽方向随机裁取 5 个试样，试样的大小约为 2.5cm^2。对土工网格沿幅宽方向随机裁取 5 条试样，土工格栅沿幅宽方向随机裁取 5 个节点作为试样。

① 低温切片法

把待测样品裁取合适的尺寸，固定在超薄切片机的支架上，调节样品架或固定器，切出长至少为 16.5mm、厚度在 8～20μm 间的试样。

采用四氯乙烷喷雾剂可以防止炭黑或其他组分的拖尾效应。

② 热压法

用弹簧夹或其他适宜的压紧装置夹紧 2 个载玻片并放入高温试验箱，可根据各自产品特点选择试验温度和时间，一般情况下试验温度为 150～210℃，时间大约为 10min。试验温度和时间的选择以每个试样达到理想的厚度且不发生显著降解为宜。

取出试样并根据实际情况适当加力，确保试样厚度达到 8～20μm。

待试样冷却至室温再进行显微观察。

(2) 试样的规格尺寸

① 厚度为 8～20μm，允许足够的光通过以便于用显微镜观测到炭黑粒子；

② 长度至少为 16.5mm；

③ 没有大的缺陷，包括因刻痕或是钝口刀引起的缺口，或因重压或粗糙的处理导致切片局部撕裂和扭曲。

(3) 试样数量

试样数量一般不少于 5 个。

2.14.6 状态调节和试验环境

土工膜炭黑分散度的测定可不进行状态调节。

2.14.7 操作步骤简述

① 每个载玻片上放置 5 个试样，并将盖玻片盖在试样上，使盖玻片与试样观察区完全重合。对热压法制备的试样，亦可采用 5 个载玻片，每个载玻片上放置 1 个试样。

② 通过调整显微镜透光强弱使目镜的十字线清晰，把装好的薄切片放在显微镜载物台上。

③ 选择物镜使放大倍数为 100 倍，检查每一个随机观察区 (Rf)。一般情况下，对于每一个试样，可在载玻片上选择 1～2 个随机观察区，但不能选择多于 2 个区域作为观察区。在选定的每一随机观察区内确定最大的炭黑聚集体或颗粒，测量其直径，并估算面积，可参考 D35 谱图进行评级。当无法获得 D35 谱图时，可参考表 2-45 进行评估。

表 2-45 炭黑聚集体或颗粒大小评级参考表

级别	粒子面积/μm^2	粒子直径/μm	备注
1	≤960	≤35	分散良好
2	>960～4390	>35～75	分散较好
3	>4390～24053	>75～175	分散一般
4	>24053～70680	>175～300	分散较差
5	>70680	>300	分散极差

④ 重复以上步骤直到记录 10 个评级结果为止。

2.14.8 结果计算与表示

土工膜的炭黑分散度一般以 10 个评级结果直接作为试验结果。

对炭黑分散良好的土工膜来说，其评级结果应多数为 1 级，少数为 2 级。多数产品标准仅允许出现 1 个 3 级结果。分散不良的样品可能出现 3 级以上的结果，多数标准或规范都不允许出现这种情况。

2.14.9 影响因素及注意事项

（1）试样厚度

试样制备的好坏会影响到试样的厚度。试样过厚，光线无法通过试样，则视野内均为黑色，从而观察不到炭黑粒子，也无法测量粒子的大小；当然试样也不宜过薄，否则在试样制备过程中炭黑粒子容易流失，从而不能得到准确的试验结果。试样最适宜的厚度为 10～15μm。

（2）试样制备方法

通过大量的试验与观察，我们发现两种制样方法对试验结果的影响不同，在此我们仅从热压法制备的试样和切片法制备的试样中各选一个试样作为代表来进行比较与分析。

图 2-30 和图 2-31 分别是用热压法和切片法制备的试样中炭黑分散形貌图。图 2-32 和图 2-33 分别是热压法和切片法制备的试样中最大炭黑粒子的形貌图。

图 2-30　热压法制备的试样中炭黑分散形貌图（15 倍）

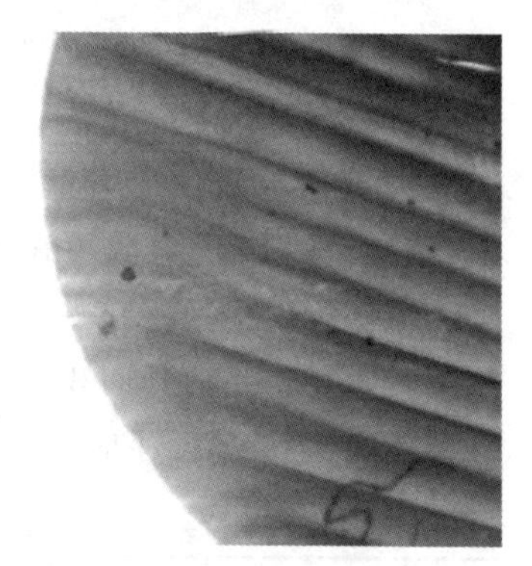

图 2-31　切片法制备的试样中炭黑分散形貌图（15 倍）

由图 2-30～图 2-33 可以看出，热压法制备的试样表面比较光滑，切片法制备的试样表面有皱褶。这是因为用超薄切片机切片时，所切的片比较薄，切出来的薄片很容易卷曲，而热压法就不会出现这种情况，热压法制备的试样表面光滑。值得一提的是，热压法制备试样时，压紧装置弹簧夹夹紧载玻片时，须使两载玻片留有空隙，目的是放走气泡，否则制备出来的试样表面会有很多气孔。

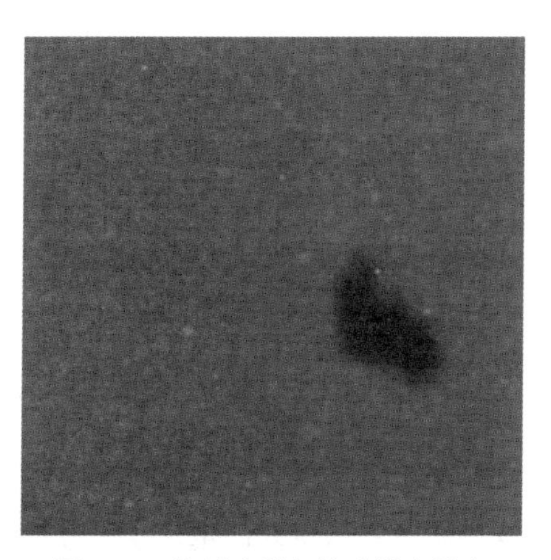

图 2-32　热压法制备的试样中最大炭黑粒子形貌图（100 倍）

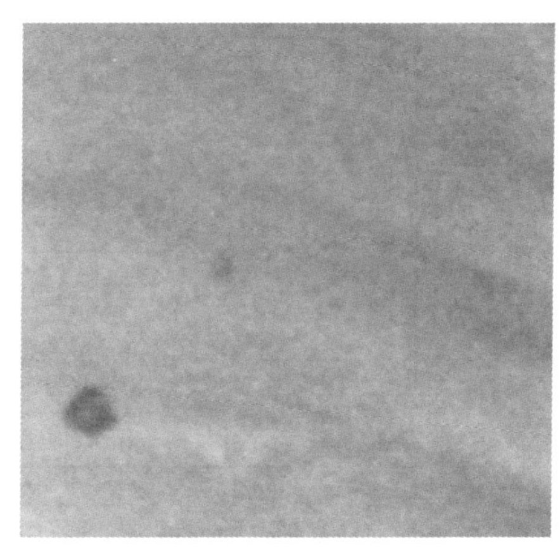

图 2-33　切片法制备的试样中最大炭黑粒子形貌图（100 倍）

采用两种不同的试样制备方法所得到的试样炭黑分散度测定结果如表 2-46 和表 2-47 所示。

表 2-46　热压法制备的试样测定的炭黑分散度

试样	最大粒子面积/μm²	粒子所属的等级
1	5958	3
2	9025	3
3	4629	3
4	4656	3
5	1588	2
6	8924	3
7	2325	2
8	1554	2
9	2884	2
10	6582	3
结果：炭黑分散等级评定为 2～3 级		

表 2-47　切片法制备的试样测定的炭黑分散度

试样	最大粒子面积/μm²	粒子所属的等级
1	1554	2
2	1895	2
3	1363	2
4	1166	2

续表

试样	最大粒子面积/μm^2	粒子所属的等级
5	784	1
6	982	2
7	1653	2
8	1231	2
9	1159	2
10	886	1
结果:炭黑分散等级评定为1～2级		

由表2-46和表2-47可知，采用两种不同的试样制备方法得到的试样炭黑分散度结果有所不同，切片法获得的试样的炭黑分散度略优于热压法。

一般情况下炭黑很少以单个炭黑微粒分散在产品中，绝大部分是以聚结态粒子和聚集态粒子的形式分散在产品中。图2-34是炭黑微粒示意图，直径一般在15～60nm。图2-35～图2-37是聚结态粒子和聚集态粒子形成的示意图，这也是炭黑在产品中最常见的存在形式。

图2-34　炭黑微粒示意图　　图2-35　炭黑聚结态粒子和聚集态粒子形成示意图

图2-36　较大的炭黑聚结态粒子和聚集态粒子形成示意图

图2-37　更大的炭黑聚结态粒子和聚集态粒子形成示意图

热压法制备的试样得到的炭黑分散等级要大于切片法制备的试样得到的炭黑分散等级，这是因为热压法制备试样的原理是材料在200℃高温条件下处于熔融状态并具有一定的流动性，在压力作用下，样品通过流动达到试验所需的厚度。也正是由于这个原因，试样中炭黑聚集态粒子存在重新分布的可能，相邻的炭黑微粒有可能通过范德华力等物理作用形成更大的聚集态粒子，这样炭黑粒子的分散等级就变大了。此外，在热压法制备试样时，载玻片是用弹簧夹夹住的，这样也有可能把炭黑粒子压扁，炭黑粒子的面积变大，也会导致炭黑粒子的分散等级变大。在切片法制备试样时，材料结构被低温冻结，因此试样里的炭黑粒子的分布和大小不会发生明显的改变，所以更加真实地反映了炭黑粒子的分散等级。

（3）试样尺寸的测量

炭黑各级结构的粒子并非规则的圆形，部分呈现椭圆或边缘不光滑的形状。在这种情况下，测定该粒子的直径和面积会存在一定困难。理想的解决办法是采用计算机软件处理，当没有计算机辅助的情况下，应特别谨慎。

对炭黑粒子进行评级时，应同时测定粒子的直径和面积。由于粒子并非正圆，可能存在按直径评级与按面积评级不一致的情况，这时应以数字更大的评级结果作为试验结果，如以直径评级为 2 级，以面积评级为 3 级，结果应按照 3 级进行评定。

（4）试验注意事项

进行炭黑分散度测试应注意以下事项：

① 采用低温切片法切取试样时，试样容易卷曲，难以操作。操作时，可将润滑剂涂于小刀上，这样有利于试样黏附在刀刃上，并使它更容易从刀刃上滑落到载玻片上。

② 在实际操作过程中，作者发现部分实验室存在将灰尘等物质误认为炭黑粒子的情况，为避免这种现象的产生，建议试验人员进行实验室内部或外部的比对试验。

③ 应记录所有试验条件，使测试工作能够被复现。

2.15 熔体流动速率

熔体流动速率是土工膜用聚烯烃类原料树脂的重要物理性能之一，也是多数原料树脂重要的质量控制手段之一。一般情况下，均对聚乙烯、聚丙烯类土工膜及其原料的熔体流动速率进行测定，但聚氯乙烯类土工膜不进行此项测定，而是采用布拉本德流变仪等评价其加工流动性，橡胶类土工膜亦不涉及此项测试。熔体流动速率有两种表达方式：熔体质量流动速率（MFR）和熔体体积流动速率（MVR）。其中 MFR 是较为通用的表达方式，下面主要介绍土工合成材料行业较为常用的 MFR 测定方法。

由于 MFR 体现原材料的流动性能和加工性能，因此 MFR 是土工膜生产企业选择聚烯烃类原料树脂的重要指标之一。通常情况下，采用吹塑这种方法进行生产的土工膜应选用 MFR 略低的原料树脂，而采用平挤法进行生产的土工膜应选用 MFR 略高的原料树脂，但两者 MFR 的差异并不大，此外糙面土工膜应根据制造粗糙工艺的不同选择相应 MFR 的原材料。

此外，通过测定原材料在不同负荷下的 MFR 还可以获得熔体流动速率比（简称熔流比），也称流动速率比，其在一定程度上反映了原料树脂的分子量分布宽度，也可以作为选择原料树脂和控制产品质量的指标之一。

2.15.1 原理

在规定的温度和负荷下，通过规定长度和直径的口模挤出熔融物质，称量熔融物质的质量，并计算每 10min 挤出的熔融物质的质量，即为熔体质量流动速率。

2.15.2 定义

（1）熔体质量流动速率（melt mass-flow rate，MFR）

在规定的温度、负荷和活塞位置条件下，熔融树脂通过规定长度和内径的口模的挤出速率。以规定时间挤出的质量作为熔体质量流动速率，单位为 g/10min。

（2）熔体体积流动速率（melt volume-flow rate，MVR）

在规定的温度、负荷和活塞位置条件下，熔融树脂通过规定长度和内径的口模的挤出速率。以规定时间挤出的体积作为熔体体积流动速率，单位为 $cm^3/10min$。

2.15.3 常用测试标准

目前国内土工膜行业较为常用的 MFR 测试的标准如表 2-48 所示。

表 2-48　土工膜 MFR 常用测试的标准

序号	标准号	标准名称	备注
1	GB/T 3682.1—2018	塑料　热塑性塑料熔体质量流动速率(MFR)和熔体体积流动速率(MVR)的测定　第 1 部分:标准方法	MOD ISO 1133-1:2011
2	GB/T 3682.2—2018	塑料　热塑性塑料熔体质量流动速率(MFR)和熔体体积流动速率(MVR)的测定　第 2 部分:对时间-温度历史和(或)湿度敏感的材料的试验方法	MOD ISO 1133-2:2011
3	ISO 1133-1:2022	Plastics-Determination of the melt mass-flow rate (MFR) and melt volume-flow rate (MVR) of thermoplastics-Part 1: Standard method	
4	ISO 1133-2:2011	Plastics-Determination of the melt mass-flow rate (MFR) and melt volume-flow rate (MVR) of thermoplastics-Part 2: Method for materials sensitive to time-temperature history and/or moisture	
5	ASTM D1238-23	Standard test method for melt flow rates of thermoplastics by extrusion plastometer	
6	EN ISO 1133-1:2022	Plastics-Determination of the melt mass-flow rate (MFR) and melt volume-flow rate (MVR) of thermoplastics-Part 1: Standard method (ISO 1133-1:2022)	IDT ISO 1133-1:2022

续表

序号	标准号	标准名称	备注
7	EN ISO 1133-2:2011	Plastics-Determination of the melt mass-flow rate (MFR) and melt volume-flow rate (MVR) of thermoplastics. Part 2: Method for materials sensitive to time-temperature history and/or moisture (ISO 1133-2:2011)	IDT ISO 1133-2:2011

2.15.4 测试仪器

(1) 熔体流动速率仪

熔体流动速率仪主要由以下几部分组成：

① 料筒。

② 金属活塞。

③ 温度控制系统。

④ 口模。

⑤ 负荷（一般由一组砝码组成）。

本书不对熔体流动速率仪作详细介绍，感兴趣的读者可参见相关文献或标准。

(2) 附件

附件包括：

① 装料杆：用于将样品装入料筒。

② 清洁工具：用于料筒的清洁。

③ 校准温度计：用于温度系统的校准。

④ 切断工具：用于切断挤出的料条。

注：随着仪器设备自动化程度的提高，多数设备已配备了自动切样装置。

⑤ 秒表：准确至 0.1s。

⑥ 天平：准确至±1mg。

⑦ 测量装置：可自动测量活塞移动距离和时间。

2.15.5 试样

(1) 试样的规格尺寸及制备

土工膜进行 MFR 测定应将样品剪成小片，最长边不超过 5mm 为宜。条件允许的情况下，可选用专用制样机将土工膜制成直径为 3mm 或更小的小圆片。

土工膜原材料进行 MFR 测试时，可采用颗粒料直接进行。

(2) 试样质量

试样质量一般为 3～8g。

2.15.6 状态调节和试验环境

应按照相关产品标准或规范选择环境条件并进行状态调节。一般情况下，状态调节对 MFR 测定的影响不显著。在没有特殊要求的情况下，可不进行状态调节。

2.15.7 试验条件的选择

（1）试验温度

不同材质土工膜 MFR 测定的试验温度不同，聚乙烯一般采用 190℃，聚丙烯一般采用 230℃。

（2）试验负荷

不同材质土工膜 MFR 测定的试验负荷不同。多数产品标准或规范规定聚乙烯土工膜的试验负荷为 2.16kg。但由于在 190℃、2.16kg 条件下测定的高密度聚乙烯土工膜的 MFR 在 0.1g/10min，而这一值属于 MFR 不易测定准确的范围，因此出于对原材料进厂检验和土工膜产品质量控制的考虑，建议采用 5kg 或 21.6kg 负荷条件进行测定。聚乙烯土工膜行业由于多年的习惯，目前 2.16kg 的负荷条件依然广泛应用。聚丙烯一般采用 2.16kg 负荷。

（3）样品质量和切断时间间隔

样品质量和切断时间间隔按照表 2-49 所示选取。由于多数土工膜原料的 MFR 都不高，因此大于 5g/10min 的试验条件较少应用，但在其他类别的土工合成材料领域可能会有应用。

表 2-49 样品质量和切断时间间隔

<table>
<tr><th rowspan="2">MFR/(g/10min)</th><th colspan="2">样品质量/g</th><th colspan="2">切断时间间隔/s</th></tr>
<tr><th>GB/ISO</th><th>ASTM</th><th>GB/ISO</th><th>ASTM</th></tr>
<tr><td>>0.1～0.15</td><td rowspan="2">3～5</td><td>—</td><td>240</td><td>—</td></tr>
<tr><td>>0.15～0.4</td><td rowspan="2">2.5～3.0</td><td>120</td><td rowspan="2">360</td></tr>
<tr><td>>0.4～1</td><td rowspan="2">4～6</td><td>40</td></tr>
<tr><td>>1～2</td><td rowspan="2">3.0～5.0</td><td>20</td><td rowspan="2">180</td></tr>
<tr><td>>2～3.5</td><td rowspan="2">4～8</td><td rowspan="2">10</td></tr>
<tr><td>>3.5～5</td><td rowspan="2">4.0～8.0</td><td rowspan="2">60</td></tr>
<tr><td>>5～10</td><td rowspan="3">4～8</td><td rowspan="3">5</td></tr>
<tr><td>>10～25</td><td>4.0～8.0</td><td>30</td></tr>
<tr><td>>25</td><td>4.0～8.0</td><td>15</td></tr>
</table>

2.15.8 操作步骤简述

熔体流动速率的测定有 4 种方法：A 法（质量测量方法，有些标准称之为手动法）、B 法（位移测量方法，有些标准称之为自动法）、C 法（高熔体流动速率的自动计时半口模法）、D 法（自动计时变负荷法）。C 法和 D 法本质上是前两种方法针对具体情况的应用和细化，其中 C 法主要用于高熔体流动速率的测定，如纺丝级聚合物，D 法主要用于负荷敏感材料，这两种方法都不适用于土工膜产品。A 法和 B 法均可用于土工膜产品 MFR 的测定，其中 A 法更为常用，属于直接法。随着熔体流动速率仪行业的发展，越来越多的仪器可以进行 B 法的测定，但 B 法测定 MFR 属于间接法，首先需要进行 MVR 的测定，再通过 MVR 计算 MFR。

（1）A 法

① 仪器清洁度检查，包括料筒、口模、活塞等处，表面均不应有油污、杂质或上一次测定的残余物，如发现残余物，应进行清洁，必要时可进行氮气吹扫。

② 根据产品标准或相关要求设定仪器的试验温度，将口模及活塞放入料筒中一起预热，开始测定前至少恒温 15min，并保证温度控制在±0.2℃；同类产品在相同温度下进行连续测定时，活塞和口模取出清洁的时间不超过 5min 时，可不必再次恒温 15min，否则应重新进行恒温。

③ 根据表 2-49 或相关规定称量试样。

④ 从料筒中取出活塞，将试样装入料筒，用装料杆压实试样以排出空气，将活塞放入料筒，装填过程不超过 1min。

⑤ 在重力作用下，活塞缓缓下降，预热约 4min（一般情况下，预热 4min 可使温度恢复至规定温度）后，切断挤出物并丢弃；预热过程中，可根据实际情况选择不加载负荷、部分加载负荷或全部加载负荷。预热结束后，根据产品标准或相关规定，将负荷全部加载到活塞上。

⑥ 活塞继续下降直至下标线达到料筒顶面，开始用秒表计时，同时丢弃挤出物。

⑦ 按照表 2-49 或相关规定的时间间隔逐一切断并收集挤出料条，料条长度以 10～20mm 为宜，如料条长度短于 10mm 应适当延长切断时间间隔。

⑧ 仔细观察料条是否含有气泡，舍弃含有气泡的料条，待料条冷却后，用天平称量合格的料条质量，每次测定应保证合格料条不少于 3 根。

⑨ 试验结束后，应及时对仪器进行清洁。

（2）B 法

① 按照 2.15.8 节（1）中①～⑤进行操作；

② 当下标线达到料筒顶面时，开始自动测定活塞在预定时间内的移动距离或活塞移动规定距离所需的时间；

③ 当活塞上标线达到料筒顶面时停止试验。

2.15.9 结果计算与表示

（1）A法

采用A法测定MFR，按照式(2-30) 进行计算：

$$\mathrm{MFR}(T, m_{\mathrm{nom}}) = \frac{t_{\mathrm{ref}} m}{t} \tag{2-30}$$

式中 T——试验温度,℃；

m_{nom}——标称负荷，kg；

m——切断料条的平均质量，g；

t_{ref}——参比时间（一般为10min即600s），s；

t——切断料条的时间间隔，s。

（2）B法

采用B法首先应按照式(2-31) 计算MVR：

$$\mathrm{MVR}(\theta, m_{\mathrm{nom}}) = \frac{A t_{\mathrm{ref}} l}{t} = \frac{427l}{t} \tag{2-31}$$

式中 θ——试验温度,℃；

m_{nom}——标称负荷，kg；

A——活塞和料筒的横截面积的平均值（$0.711\mathrm{cm}^2$），cm^2；

t_{ref}——参比时间（一般为10min，即600s），s；

t——预定测量时间或各个测量时间的平均值，s；

l——活塞移动距离或各个测量距离的平均值，cm。

按照式(2-32) 通过MVR计算MFR：

$$\mathrm{MFR}(\theta, m_{\mathrm{nom}}) = \frac{A t_{\mathrm{ref}} l \rho}{t} = \frac{427l\rho}{t} \tag{2-32}$$

式中 ρ——熔体在试验温度下的密度，按式(2-33) 计算，$\mathrm{g/cm^3}$。

$$\rho = \frac{m}{0.711l} \tag{2-33}$$

式中 m——活塞移动 $l$cm时挤出的试样质量，g。

注：公式(2-31) 和公式(2-32) 中的计算系数“427”在有些标准中为“426”。

（3）结果表示

MFR数值大于等于1的结果取3位有效数字，数值小于1的取2位有效数字。MFR测定应同时标记试验温度、标称负荷。没有试验温度和标称负荷的MFR测定是没有意义的。

2.15.10 影响因素及注意事项

（1）试验温度

试验温度对MFR有明显影响。一般情况下，温度升高，MFR增大。标准中对于某一特定的聚合物材料，有较为明确的试验温度规定，但有时候有多个温度供选择，试验人员应根据产品标准、规范或客户的合理要求进行选择。

由于试验温度对结果有一定的影响，因此仪器的温度波动会对结果有不利的影响，为此多数标准要求测试温度的精度优于±0.1℃。

（2）试验负荷

通常情况下，负荷增大，MFR 测定值增大，反之则减小。与试验温度的选择类似，标准中一般会提供多个负荷条件，试验人员应根据产品标准、规范或客户的合理要求进行选择。

由于土工膜标准和相应原料标准中给出的负荷条件不一致，读者在应用中应特别注意负荷不同造成的结果差异。表 2-50 给出了一个聚乙烯土工膜的原料在不同负荷下测定结果的实例供读者参考。

表 2-50 聚乙烯土工膜的原料在不同负荷下 MFR 测定实例

样品名称	试验温度/℃	不同负荷下的 MFR/(g/10min)			试验方法
		2.16kg	5.0kg	21.6kg	
聚乙烯	190	0.17	0.77	17	GB/T 3682.1—2018 A 法

（3）试验注意事项

进行 MFR 测定应注意以下事项：

① 装填试样时应压实，最好分次加入，避免装填不实造成挤出料条存在气泡；

② 料筒的清洁程度对测试结果有显著的影响，实践证明，采用干净的棉布反复擦拭料筒可起到良好的清洁作用，对于难以用棉布擦拭掉的材料可采用黄铜刷进行清洁，不可采用钢刷等可能对料筒表面产生破坏的物品，必要时采用氮气吹扫协助清洁；

③ 预热后加砝码时，应将砝码一次性加载到位，不应分次加载，采用人工加载方式加载 21.6kg 负荷条件的砝码时应特别注意人身安全，有条件的实验室可采购自动加载的熔体流动速率测定仪；

④ 气泡的存在会导致测定结果偏低，因此应注意检查料条是否含有气泡，如含有气泡等杂质应舍弃；

⑤ 多数标准未对产品的状态调节提出明确的要求，但对于部分极易吸湿的产品，如炭黑色母等原材料，建议先进行烘干处理后再进行试验；

⑥ 建筑工地的样品通常表面含有泥土、水等影响测试的物质，应先进行清洁和干燥处理后再进行测试；

⑦ 应定期核查料筒温度，最好采用专用温度计进行核查；

⑧ 建议采用条件相近的熔体流动速率标样对仪器进行核查；

⑨ 当样品为粉状树脂（粉料）时，MFR 测试前应添加抗氧剂并采用适宜的方法混合均匀后再进行测试；

⑩ 当样品为特别疏松的粉状树脂（粉料）时，可能会不可避免地出现挤出料条存在气泡的现象，这种情况下应首先对样品进行压塑，破碎后再进行测试。

2.16 氧化诱导时间

氧化诱导时间（OIT）是评价材料稳定水平（或程度）的一种手段，也是土工膜及其原材料，特别是聚烯烃类土工膜及其原材料质量控制的重要参数，也是影响土工膜产品寿命的重要因素之一。多数产品标准和规范都对聚乙烯土工膜的氧化诱导时间提出了较高的要求，这主要是因为：

① 氧化诱导时间的长短主要取决于抗氧剂体系的效率和加入量，产品中的抗氧剂体系的效率越高、加入量越大，则氧化诱导时间越长，在产品应用过程中捕捉其自由基和阻止高分子链破坏的能力越强，产品的寿命也越长，因此氧化诱导时间的长短，在一定程度上反映了土工膜产品的热氧降解寿命。对于多数工程来说，其寿命要求大于 50 年甚至是 100 年，因此只有产品具有足够的氧化诱导时间，才能保证产品在漫长的使用过程中不发生大规模的降解，从而保证工程的安全性。

② 在土工膜生产过程中，高分子材料会受到热、剪切等作用而发生降解，在这个过程中，由于抗氧剂体系的存在，产品发生大规模降解的可能性和风险大大降低，但随着抗氧体系的不断消耗，产品的氧化诱导时间也因此部分或全部的损失，如果产品的氧化诱导时间较短，则不足以防止产品大幅度降解或在以后漫长的使用过程中没有足够剩余的氧化诱导时间，以保证产品的寿命。

③ 聚烯烃类土工膜产品在应用过程中要进行焊接施工，焊接过程中土工膜产品要经历加热熔融的过程，与生产过程一样，没有足够的氧化诱导时间则产品寿命会受损。为此，国际上比较认同的氧化诱导时间为大于 100min，一般情况下 100～120min 是比较适宜的，过长的氧化诱导时间则会提高产品的生产成本，使产品性能过剩而造成不必要的浪费。

尽管 OIT 是土工膜及其原材料的重要参数，但由于 OIT 测试是一种加速热老化试验，试验过程中也没有考虑其他影响老化寿命的因素，因此单一的 DIT 可能会对产品的研究、设计、应用产生误导，结果应用时应谨慎。OIT 测试通常用于最佳树脂配方的筛选和产品质量控制，并不十分适用于不同企业产品耐热氧老化性能优劣的比较。当使用具有挥发性的抗氧化剂时，OIT 的测试结果可能会偏低，但这并不一定会影响土工膜在预期使用温度下的抗热氧老化性能。

氧化诱导时间按照试验压力的不同可分为 2 类，标准氧化诱导时间和高压氧化诱导时间，下面重点介绍标准氧化诱导时间。

2.16.1 原理

试样与参比物在惰性气体（氮气）中以恒定的速率升温。达到规定温度时，切换成相同流速的氧气或空气，然后将试样保持在该恒定温度下，直至在热分析曲线上出现明显的氧化放热峰。氧化诱导时间就是开始通氧气或空气到显著氧化反应开始的时间间隔，氧化的起始点是由试样放热的突增来表明的，一般通过差示扫描量热仪（DSC）进行测定，如图 2-38 所示。

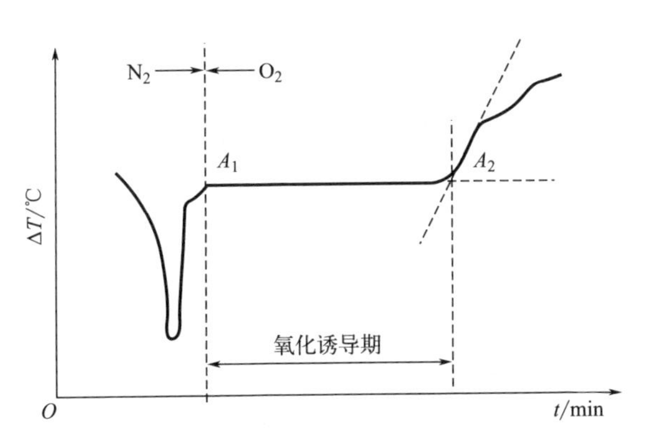

图 2-38　氧化诱导时间原理示意图

2.16.2 定义

氧化诱导时间（oxidation induction time，OIT）：稳定化材料耐氧化分解的一种相对度量。在常压、氧气或空气气氛及规定温度下，通过量热法测定材料出现氧化放热的时间，一般以分（min）为单位。

氧化诱导时间在不同标准中的叫法有所不同，如等温氧化诱导时间、标准氧化诱导时间、常压氧化诱导时间和热稳定性等，这些概念对应的定义都是一致的。

2.16.3 常用测试标准

目前国内土工膜行业内较为常用的氧化诱导时间测试的标准如表 2-51 所示。

表 2-51　土工膜氧化诱导时间常用测试的标准

序号	标准号	标准名称	备注
1	GB/T 19466.6—2009	塑料　差示扫描量热法(DSC)　第 6 部分：氧化诱导时间(等温 OIT)和氧化诱导温度(动态 OIT)的测定	MOD ISO 11357-6:2008

续表

序号	标准号	标准名称	备注
2	GB/T 17391—1998	聚乙烯管材与管件热稳定性试验方法	
3	ISO 11357-6:2018	Plastics-Differential scanning calorimetry (DSC)-Part 6: Determination of oxidation induction time (isothermal OIT) and oxidation induction temperature (dynamic OIT)	
4	ASTM D3895-19	Standard test method for oxidative-induction time of polyolefins by differential scanning calorimetry	
5	ASTM D8117-21	Standard test method for oxidative induction time of polyolefin geosynthetics by differential scanning calorimetry	

2.16.4 测试仪器及试剂

（1）差示扫描量热仪（DSC）

差示扫描量热仪（DSC）的最高温度应至少能达到500℃，能在试验温度下、整个试验周期内（对于土工膜产品的测试建议至少180min）保持±0.3℃的恒温稳定性，当需要高精度测试时，如仲裁试验、测试产品是否合格的临界点，建议恒温稳定性为±0.1℃。

聚乙烯类土工膜进行OIT测试选用的温度一般为200℃，聚丙烯类一般选用210℃，而DSC温度要求至少500℃，主要是考虑试验过程中可能会产生未充分燃烧物质污染炉体，将仪器加热到500℃可去除污染物。

DSC一般配有氮气和氧气的流量计，如DSC未配备流量计，实验室可自行配备。流量计应配有流量调节阀，能将氮气、氧气或空气的流量控制在（50±5）mL/min。

DSC一般配有气体选择转换器及调节器。为保证切换体积最小，气体切换点与仪器样品室的间距应尽量短，也就是切换点与样品室之间的管路应尽可能的短，从而使滞后时间不超过1min，对于(50±5)mL/min的气体流速，死体积不应超过50mL。

（2）样品皿和参比皿

样品皿和参比皿选用相同材质、导热良好的材料，一般情况下聚乙烯类土工膜及其原材料采用铝皿进行OIT的测试。参比皿在未发生明显变化的情况下可重复使用，样品皿一般一次性使用。

（3）分析天平

精度0.1mg。

多数标准均要求分析天平精度为0.1mg，但由于试样质量对OIT测试结果影响不显著，出于成本考虑，实验室也可选用精度为1mg的分析天平。

（4）氮气

99.99%的高纯氮气（特别干燥）。可选用氮气瓶或管道氮气，选用管道氮气时，应注意管道的清洁。

（5）氧气

99.5%的工业一等氧气或更高纯度的氧气（特别干燥）。

（6）标准样品

DSC常用的标准样品包括铟和锡，纯度为99.999%或更高。一般情况下供应商会提供这些标准样品，也可从有资质的机构购买，并索取标准样品证书。标准样品主要用于对DSC的核查。

2.16.5 试样

（1）试样的规格尺寸

土工膜OIT的测定均引自塑料或塑料管材OIT的测定标准，这些标准均未对土工膜产品的试样制备及规格尺寸等进行明确的规定，而土工膜的产品标准和规范中也没有对OIT测试的试样信息进行描述。因此，读者可根据实验室仪器设备等实际情况从土工膜上切取试样，一般情况下，为体现产品的真实情况，建议试样同时包含产品上下表面。

当需要对土工膜原料树脂的OIT进行测试时，建议采取压塑方式进行压片，然后再进行冲裁，其试样规格尺寸如表2-52所示。当无法进行压塑制样时，也可考虑采用颗粒料或进行熔体流动速率测定的料条作为样品进行切片，但需要注意的是，直接采用颗粒料进行OIT测定的结果偏差较其他两种方法大，应适当增加试样数量。

表2-52 压塑制样的试样规格尺寸

序号	标准号	试样规格尺寸		备注
		试样厚度/μm	直径/mm	
1	GB/T 19466.6—2009	650±100	5.5	
2	ISO 11357-6:2018	650±100	5.5	
3	ASTM D3895-19	250±15	6.4	

不同标准对于试样质量的要求有所不同（如表2-53所示），但在各标准规定的质量范围内，质量的变化对试验结果没有显著的影响。

表2-53 不同标准规定的试样质量

序号	标准号	试样质量/mg	备注
1	GB/T 19466.6—2009	12～17	注中的要求，非正文要求

续表

序号	标准号	试样质量/mg	备注
2	GB/T 17391—1998	15±0.5	
3	ISO 11357-6:2018	12～17	注中的要求，非正文要求
4	ASTM D3895-19	5～10	

（2）试样数量

不同标准对于试样数量的要求有所不同（如表 2-54 所示）。当生产企业进行产品质量控制且 OIT 测试时间较短（如小于 20min）或结果偏差较大时，建议进行 5 次平行试验；当 OIT 测试时间较长或结果偏差较小时，可采用 2 次平行试验。当进行仲裁试验或其他具有法律效应的检验时，应严格按照标准规定的试样数量进行试验或由有关方商定。

表 2-54　不同标准规定的试样数量

序号	标准号	试样数量/个	备注
1	GB/T 19466.6—2009	标准未规定可由有关方商定，建议 2 个	
2	GB/T 17391—1998	5 个	
3	ISO 11357-6:2018	可由有关方商定，建议 2 个	
4	ASTM D3895-19	可由有关方商定，至少 2 个	

（3）试样制备

可采用适宜的小切刀（如竖刀、手术刀等）进行切取。由于剪取易造成试样扭曲变形、出现毛刺等，因此不建议采用剪刀。无论使用何种刀具进行制样，试样应尽量保持上下表面平整、不应有毛刺。

2.16.6　状态调节和试验环境

土工膜进行 OIT 测定的试验环境主要是为保证仪器设备正常运行。土工膜进行 OIT 测定可以不进行状态调节，但试样在放置时，应避免放置在高温、阳光直射等可能导致试样 OIT 降低的环境中。如条件允许，建议将试样放置在标准环境中。

2.16.7　试验条件的选择

（1）试验温度

一般情况下，聚乙烯类土工膜进行 OIT 测定选用的温度为 200℃，聚丙烯类选用 210℃。对较为常见的聚乙烯类土工膜来说，多数标准要求 OIT 大于 100min，这意味着每进行一个试样的 OIT 测试，至少需要 2h 的时间，即使只进行 2 次平行试验，也至少需要 4h 完成一种样品的测定。为了节约时间，在进行产品抗氧剂体系筛选、质量控制的过程中，可选择更高的试验温度，如210℃进行OIT的测定。

需要注意的是，不同抗氧剂体系对试验温度的敏感性有所不同，当选用较高温度进行试验时，试验设计人员应充分了解抗氧剂体系的特点以及预先进行不同温度下OIT测定结果的对比，以避免给出不当的分析结果。

（2）升温速率

升温速率一般选择20℃/min。

2.16.8 操作步骤简述

① 校准多采用两点校准，选用的标准样品一般为铟和锡。采用铟和锡进行校准可以覆盖常用的温度范围（180～230℃）。国内土工膜产品标准多引用GB/T 17391，该标准未对校准进行描述，读者需要参阅GB/T 19466.6或GB/T 13464进行校准操作，本书不对此部分进行详述。

② 按照仪器设备说明书或操作规程开机并稳定一段时间。

③ 准备好清洁的样品皿和参比皿，并检查仪器炉体是否清洁。如发现炉体、炉体盖等被污染，可将仪器快速升温至500℃并停留5min，以去除污染物。如果仅仅是炉体盖被污染，可将盖子放入马弗炉或加热板上加热清洁以避免炉体反复高温加热的损害。

④ 将切取好的试样进行称量并记录。

⑤ 接通氮气、氧气或空气，调节流量调节阀，确保气体流量达到（50±5）mL/min。开始试验前应切换至氮气，至少保持5min。

⑥ 将试样放置在铝制样品皿中，将样品皿和参比皿放置到仪器中，盖好相应的盖子。

⑦ 以20℃/min的升温速率升至规定的恒温温度，开始记录热分析曲线。

⑧ 保持恒温3～5min后切换至氧气或空气状态。

⑨ 当热分析曲线上出现显著氧化放热峰时应注意观察，氧化放热至少2min或达到最大值后方可终止试验，也可根据有关方商定的试验点停止试验。

⑩ 将气体切换成氮气，并使仪器冷却至室温。如需要进行下一组试验，建议仪器冷却至较低温度，以避免下一组试样的提前热降解和烫伤操作人员。不同标准对这一温度要求不同（60℃以下），建议温度冷却至50℃以下。

⑪ 检查炉体及炉体盖，如发现被污染应再次进行清洁。

2.16.9 结果计算与表示

（1）氧化诱导时间

土工膜的氧化诱导时间OIT采用切线分析法进行确定，如图2-39所示，即t_1

至 t_3 间的时间间隔，t_3 为基线延长线与放热曲线上最大斜率处切线的交点所对应的时间。

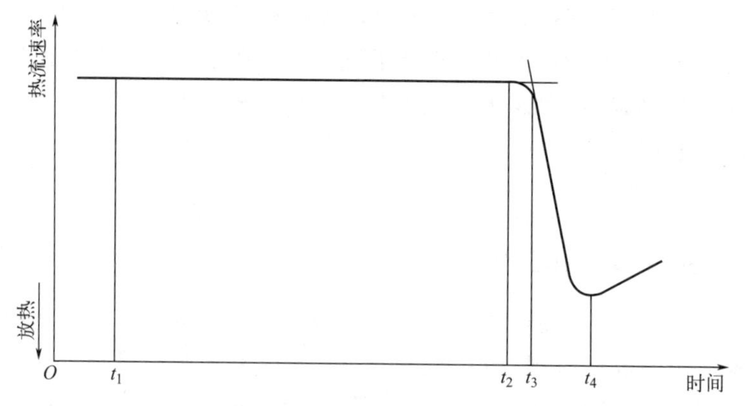

图 2-39 氧化诱导时间结果计算示意图

t_1—氧气或空气切换点（时间零点）；t_2—氧化起始点；

t_3—切线法测量的交点（氧化诱导时间）；t_4—氧化出峰时间

（2）结果表示

一般情况下测试结果以算术平均值表示，取 3 位有效数字。当数据分散时，建议给出最高值和最低值。

2.16.10 影响因素及注意事项

（1）试验温度

一般情况下，随着试验温度的升高，土工膜及原料树脂的 OIT 缩短，如图 2-40 所示。

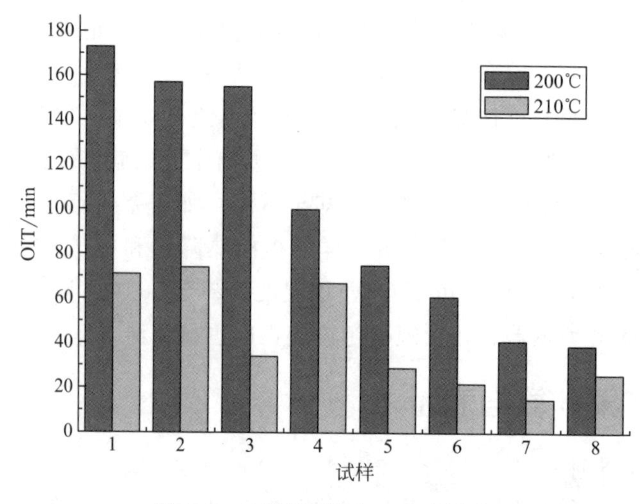

图 2-40 试验温度对 OIT 的影响

图 2-40 是 8 种原料树脂试样在 200℃和 210℃的 OIT 测定结果，由图 2-40 可以发现，不同的原料树脂随温度升高 OIT 测定值的降低程度各不相同，也就是说 210℃的 OIT 与 200℃的 OIT 的比值并非常数，这主要是不同抗氧剂体系的温度敏感性不同的缘故。因此，当土工膜及原料树脂生产企业采用较高温度进行 OIT 测定时，应掌握自身抗氧剂体系的特点以及与标准温度 OIT 的差异，不能简单地采用同一比例推算其他温度下 OIT 的测定结果，否则容易误导质量控制和新产品开发。

（2）样品皿

建议采用铝皿作为样品皿。金属铜对聚乙烯的降解有催化作用，采用铜皿会降低聚乙烯土工膜的 OIT 测定值。

（3）制样方式

采用不同试样制备方法获得的试样试验结果的分散性不同，表 2-55 是 200℃条件下 HDPE 材料不同制样方法测定结果的标准偏差。可以发现，采用颗粒料直接进行测定的结果标准偏差最大，而其他两种制样方法获得的结果标准偏差相对较小，这都是颗粒料抗氧剂体系分布不均造成的，虽然经过熔体流动速率仪的挤出和压塑压片后抗氧剂体系的分散性有所改善，但依然存在一定程度的问题，而经过土工膜的成型加工后，这种分散性问题得到大幅改善。

表 2-55　三种试样制备方法测定 OIT 的标准偏差

测试条件	样品 1 号	样品 2 号	样品 3 号	样品 4 号	样品 5 号	样品 6 号	样品 7 号
颗粒料	7.4	2.8	8.0	7.4	6.8	15.4	31.4
料条	2.8	1.2	7.6	13.5	4.6	5.2	17.0
压片	4.4	3.4	7.8	4.8	7.8	6.0	17.2

（4）基线

DSC 基线漂移会对结果造成一定影响，因此当基线不平（如缓慢下降）时，应对 DSC 基线进行校准，也可通过仪器软件处理消除由此带来的偏差。

（5）测试仪器

不同仪器厂家的 DSC，由于炉体结构设计、测温热电偶等方面的不同，测定土工膜 OIT 时会产生一定的差异，因此当进行 OIT 比对时，应注意仪器设备所带来的偏差。

（6）土工膜加工工艺

当原材料一定的情况下，加工工艺会对土工膜 OIT 的长短有一定影响。一般情况下，加工温度过高、物料在螺杆中停留时间过长、螺杆剪切过于剧烈，都会导致加工后土工膜 OIT 显著下降。因此监测土工膜原材料及土工膜 OIT 的变化，可以起到检查工艺合理性的作用。

（7）试验注意事项

进行氧化诱导时间测试应注意以下事项：

① 应特别注意高温炉的清洁度。每次试验开始和结束时，操作者应注意检查高温炉内、炉体盖等部件的清洁度，如发现污染物，应及时进行清洁，否则容易引起试样提前降解，造成 OIT 测定值偏低。

② 应按照仪器设备操作说明书的规定放置参比皿，并确保放置的参比皿与样品皿在材质、规格大小、盖子等方面完全相同。忘记放置参比皿、放置与样品皿不一致的参比皿都会导致较大的试验误差。

③ 在标准规定的试样质量范围内，质量差异对土工膜 OIT 的测定结果没有明显的影响，但应记录试样的质量。

④ 在土工膜降解放热过程中，可能出现多个放热峰，当出现多个连续放热峰时，建议重新进行测试；若重复测试仍不可避免，建议采用第一个放热峰进行 OIT 结果分析，否则应在试验记录中予以说明。

⑤ 由于多数土工膜原料树脂的 OIT 不能满足土工膜要求，多数土工膜生产企业在加工土工膜时会以母料形式添加抗氧剂，这可能导致抗氧剂的分布不均，体现在 OIT 测定值上为 OIT 数据较为分散。为此，要达到控制产品质量的目的，建议操作者适当增加试样数量，当受到工作效率限制的时候，可采取多点取样合并为一个试样进行 OIT 的测定，这样进行测定虽然与标准要求的取样方式存在一定差异，但在测定过程中，一旦有一点降解放热，就极容易引起其他点试样的降解放热，在热分析曲线上反映出放热，从而更容易捕捉到土工膜中低的 OIT。但需要注意的是，采用多点取样进行 OIT 测试，更适用于生产企业的产品质量控制，其测定值会略低于正常取样测试的平均值，当需要出具具有法律效力的检验数据时，不应采用多点取样法。

2.17 冲击脆化温度

测定冲击脆化温度是预测材料的低温行为的方法之一，可测定聚合物失去韧性呈“玻璃状”的温度，较为常用的测定方法是冲击法。冲击脆化温度可以评价材料的特定性能的长期效应，如结晶行为，也可用于评价低温条件下增塑剂与基体树脂的相容性。无论是否会受到冲击，塑料材料经常会在低温下弯曲使用，在这种情况下，可以用低温冲击脆化温度的测试数据来表征材料的低温耐弯曲性能。材料的冲击脆化温度并不意味着材料的最低使用温度，其多用于产品质量控制和不同材料间低温柔性的对比。

总体说来，橡胶类土工膜的低温性能比塑料类土工膜的低温性能更优，但聚乙烯类土工膜的低温冲击脆化温度较为优异，一般情况下可以达到－70℃或更低。

聚丙烯类（含聚乙烯和聚丙烯共混类）土工膜的低温冲击脆化温度相对较差，其脆化温度在−10～0℃。PVC类土工膜随含有的增塑剂品种和用量的不同其脆化温度也不尽相同，而采用回收塑料生产的土工膜由于成分不纯且含有过多低分子成分，低温冲击脆化温度也不佳，因此低温冲击脆化温度可以作为粗略判断土工膜原材料品种的手段之一。

2.17.1 原理

将在夹具中呈悬臂梁固定的试样浸没于精确控温的传热介质中（通常为液氮或干冰），冲击锤以规定速度单次摆动冲头冲击试样。测定足够多的试样，用统计理论来计算脆化温度，50％试样破损时的温度即为脆化温度。

2.17.2 定义

脆化温度（brittleness temperature）：在规定条件下，试样破损率为50％时的温度。

在土工膜行业，脆化温度有的时候并非破损率为50％时对应的温度，而是破损率为20％或是0％时对应的温度，读者应该注意不同标准中对脆化温度定义的不同。

2.17.3 常用测试标准

目前国内土工膜行业内较为常用的脆化温度测试的标准如表2-56所示。

表2-56 土工膜脆化温度常用测试的标准

序号	标准号	标准名称	备注
1	GB/T 5470—2008	塑料 冲击法脆化温度的测定	MOD ISO974:2000
2	ISO974:2000	Plastics-Determination of the brittleness temperature by impact	
3	ASTM D746-20	Standard test method for brittleness temperature of plastics and elastomers by impact	
4	ASTM D1790-21	Standard test method for brittleness temperature of plastic sheeting by impact	适用于厚度不超过1.0mm的塑料片材，土工膜行业极少应用

2.17.4 测试仪器

（1）冲击脆化温度试验机

冲击脆化温度试验机主要有两种，A型试验机和B型试验机。ISO标准中采用B型试验机，ASTM和GB标准中则同时规定有A型试验机和B型试验机，只不过两标准中 A 型与 B 型的定义相反（GB 中 A 型试验机在 ASTM 中为 B 型，GB 中 B 型试验机在 ASTM 中为 A 型）。无论哪种试验机，其主要包括：试样夹持及冲击部分、温度测试和控制系统、箱体、搅拌器等。其中 A 型试验机和 B 型试验机的主要差别在于试样夹持和冲击部分。本书不详细介绍冲击脆化温度试验机，感兴趣的读者可以参阅相关标准。

（2）液体或气体导热介质

在试验温度下，能够保证流动性并对试样没有影响的液体都可以使用。导热介质的温度控制在试验温度的±0.5℃内。一般情况下，土工膜行业采用乙醇和干冰的混合物，此混合物在试验期间对土工膜性能没有明显的影响且可使温度降至−76℃，能够满足土工膜冲击脆化温度测试的需求。

（3）量具

精度为 0.1mm，用于测量试样的宽度和厚度。

（4）秒表

（5）扭矩扳手

如果可能尽量配备 0～8.5N·m 的扭矩扳手，以保证每次夹持试样的力度一致。

2.17.5 试样

（1）试样的规格尺寸

根据试验机试样夹持和冲击部分的不同，试样的规格尺寸也不相同，同时不同标准对于不同试验机所对应的试样规格尺寸的要求也有所不同，详见表 2-57 和表 2-58。

表 2-57 GB/T 5470 试样的规格尺寸

试样类型	试样形状	试样长度/mm	试样宽度/mm	试样厚度/mm
A 型试验机对应试样	矩形	20.00±0.25	2.50±0.05	2.00±0.10
B 型试验机对应试样	矩形	31.75±6.35	6.35±0.51	1.91±0.13

表 2-58 ASTM D746 试样的规格尺寸

试样类型	试样形状	试样长度/mm	试样宽度/mm	试样厚度/mm
A 型试验机对应试样	矩形(Ⅰ型)	31.75±6.35	6.35±0.51	1.91±0.13
	T 形(Ⅱ型)	31.75±1.27(总长) 25.40±1.27(窄端长)	2.54±0.25 1.91±0.13(单肩宽)	1.91±0.13
B 型试验机对应试样	矩形(Ⅲ型)	20.00±0.25	2.50±0.05	1.60±0.10

(2) 试样数量

冲击脆化温度的方法标准中未规定试样数量，读者应根据产品标准或规范确定试样数量。目前国内多数产品标准要求的试样数量为 30 根。

(3) 试样制备

应采用冲裁法进行试样的制备。

2.17.6 状态调节和试验环境

土工膜进行冲击脆化温度测定前应按照有关产品标准规定环境进行状态调节和测试。当产品标准未规定时，建议在一般标准环境中进行调节和测试，采用 ASTM 标准的调节时间至少为 40h，GB 和 ISO 标准建议调节 24h 以上。

2.17.7 试验条件的选择

(1) 试验温度

一般情况下，土工膜冲击脆化温度测定采用通过法进行，即试样中若干试样不破损视为通过（如 30 个试样中 25 个试样不破损即为通过），因此试验温度一般根据产品标准或规范而定。聚乙烯类土工膜进行冲击脆化温度测定时，一般选用 −70℃，聚丙烯类土工膜则在 0～−10℃。

(2) 冲击速度及行程

无论哪种试验机应确保冲击速度达到 2000mm/s，冲头行程至少达到 6.4mm。

2.17.8 操作步骤简述

① 试验前准备浴槽，仪器调至规定温度。如果用干冰冷却浴槽，把适量的粉状干冰置于绝热的箱体中，然后慢慢加入导热介质，直至液面与顶部保持 30～50mm 的高度。如果仪器配备了液氮或干冰冷却系统和自动控温装置，应按照仪器制造商提供的说明书操作。

② 建议采用扭矩扳手将试样紧固在夹具内，并将夹具固定在试验机上。

③ 将夹具降至导热介质中。如果使用干冰作冷却剂，可以通过适时添加少量干冰来保持恒温。如果仪器配备的是液氮或干冰冷却系统和自动控温装置，应按照仪器制造商提供的设置和控温方法操作。

④ 依次对试样进行冲击。

⑤ 冲击结束后把每个试样都从夹具中取出，逐个检查试样是否已破损。所谓破损包括以下几种形式：试样彻底断裂为两段或更多段；试样未彻底分离但出现裂纹。当试样没有完全分离，可沿着冲击所造成的弯曲方向把试样弯曲至 90°，再检查弯曲部分的裂纹或裂缝。试样被弯曲时的温度应高于试样被冲击时的温度，可在室温下进行检查。

⑥ 记录试样破损数目。

2.17.9 结果计算与表示

材料的冲击脆化温度可通过两种方法获得——图解法和计算法。在土工膜行业，人们关注的重点通常不是冲击脆化温度，而是某一规定温度下（如－70℃）土工膜的脆化性能。

土工膜通常以某一规定温度下破损试样的数量表示冲击脆化性能。

2.17.10 影响因素及注意事项

（1）原料树脂品种

与土工膜其他性能相比，低温冲击脆化温度对原料树脂品种的依赖性更强，这主要体现在不同原料树脂的玻璃化转变温度（T_g）存在较大的差异。表 2-59 是土工膜行业常用原料树脂的典型 T_g。

表 2-59 常用原料树脂的典型 T_g

树脂品种	T_g/℃	取代基	备注
线性聚乙烯	－68	无	HDPE 属于线性聚乙烯
聚丙烯	－10	$—CH_3$	
聚氯乙烯	87	—Cl	
聚异丁烯	－70	对称$—CH_3$	橡胶

高聚物的玻璃化转变是指非晶部分从高弹态到玻璃态的转变（温度从高到低），该转变温度即为玻璃化转变温度 T_g，而 T_g 对低温冲击脆化温度有显著影响，即 T_g 越低材料的低温冲击脆化温度越低。高聚物的侧基或侧链对 T_g 有显著影响，从而造成不同品种的聚合物 T_g 存在较大差异。由表 2-59 可知，聚乙烯和聚异丁烯的 T_g 都较低，接近－70℃，因此这一类材料制备的土工膜具有良好的低温冲击脆化性能。PVC 的 T_g 虽然较高，但由于增塑剂的加入，降低了 PVC 的 T_g，产生了软化作用，从而改善了材料的低温冲击脆化性能。通常情况下，增塑剂的 T_g 为－150～－50℃，因此添加的增塑剂的 T_g 越低，对 PVC 的 T_g 的降低效果越显著，与此同时增塑剂的加入量增大，也会使 PVC 的 T_g 移向低温。

（2）试验温度

一般情况下，随着试验温度的逐渐降低，土工膜冲击脆化性能逐渐劣化，当温度降至材料的玻璃化转变温度附近时，土工膜的低温柔性大幅度下降，反映在测试中为试样破损数量大幅度增加。

（3）试验注意事项

进行低温冲击脆化温度测试应注意以下事项：

① 不同标准对于 A 型试验机和 B 型试验机定义不同，读者应予以特别关注，在出具试验报告时，除注明标准号外，还应注明试验机及试样类型。

② 绝大多数土工膜产品标准、规范及冲击脆化温度方法标准中都没有规定试样制备的方向性。试验人员可分别在横向和纵向取样后进行测试。考虑到工作效率、成本等因素，也可沿垂直于加工方向裁取试样，即试样的长度方向与加工方向垂直，因为该方向更容易成为产品的薄弱方向。

③ 由于冲击脆化温度测定属于低温试验，特别是对聚乙烯土工膜，试验温度通常会低至－70℃，因此操作者应注意个人防护和操作禁忌，以免被冻伤。

2.18 水蒸气透过性能

土工膜在多数应用领域是作为防渗材料使用的，没有机械破损的土工膜几乎是不透水的，但对于水蒸气还是有一定透过性的，这就要求其对水蒸气具有良好的阻隔性和防透过性。评价土工膜材料的透湿性能，需在一定温湿度下，测定规定时间内单位面积土工膜的水蒸气透过量和水蒸气透过系数。一般而言，水蒸气透过量与材料本身的厚度密切相关，材料越厚，水蒸气透过量越小。水蒸气透过系数与厚度无关，主要与材料微观结构相关，可以表征材料水蒸气透过的难易程度。

测定薄膜和薄片（包括土工膜）水蒸气透过性能的方法主要有 2 种：杯式法和传感器法。杯式法又可以分为增重法（干燥剂法）和减重法（水法），传感器法又包括电解传感器法、红外检测器法和湿度传感器法。虽然不同的测试方法所采用的仪器设备、操作步骤存在不同，但其基本原理都是一致的。在土工膜行业，杯式法是水蒸气透过性能测定的主要方法，这是由于其测试仪器简单、成本低廉，其中干燥剂法更为常用。近年来随着科技的发展，传感器法因其操作方便快捷且人为误差小，也得到了越来越多的应用。

下面着重介绍杯式法测定水蒸气透过性能。

2.18.1 原理

当水蒸气透过薄膜或薄片时，首先是水分子溶解于膜/片的一侧，然后在膜/片内从高浓度处向低浓度处扩散，最后在膜/片的另一侧蒸发。设膜/片的厚度为 d，水蒸气高压侧气压为 P_1，低压侧气压为 P_2，对应的水蒸气浓度分别为 c_1 和 c_2，由菲克-亨利定律可知，单位时间内单位面积的水蒸气透过量 q 与浓度梯度 $\frac{\mathrm{d}c}{\mathrm{d}x}$ 成正比，即：

$$q=-D\frac{\mathrm{d}c}{\mathrm{d}x} \tag{2-34}$$

式中　q——单位时间内单位面积水蒸气透过量，$g/(cm^2 \cdot s)$；

D——扩散系数，$cm^2 \cdot s$；

$\frac{dc}{dx}$——浓度梯度，g/cm^4。

将式(2-34) 积分得：

$$\int_0^d q\,dx = -D\int_{c_1}^{c_2} dc$$

$$qd = D(c_1 - c_2) \tag{2-35}$$

溶解于膜中的水蒸气浓度与相平衡压力之间的关系可由亨利定律 $c=sP$ 表示，则

$$q = Ds\frac{(P_1 - P_2)}{d} \tag{2-36}$$

式中　s——水蒸气在膜中的溶解度系数。

令 $Ds = P_V$ 可得：

$$q = P_V\frac{(P_1 - P_2)}{d} \tag{2-37}$$

则

$$P_V = \frac{qd}{(P_1 - P_2)} \tag{2-38}$$

任意时间 t 与任一面积为 A 薄膜的水蒸气透过量 Q_V 为

$$Q_V = P_V\frac{(P_1 - P_2)}{d}At \tag{2-39}$$

$$P_V = \frac{Q_V d}{(P_1 - P_2)At} \tag{2-40}$$

式中　P_V——水蒸气透过系数，$g \cdot cm/(cm^2 \cdot s \cdot Pa)$；

Q_V——水蒸气透过量，g；

d——膜厚度，cm；

P_1——膜高压侧水蒸气压力，Pa；

P_2——膜低压侧水蒸气压力，Pa；

A——膜面积，cm^2；

t——时间，s。

从式(2-39) 和 (2-40) 可知，在规定的温度、相对湿度条件下，已知试样面积及其两侧水蒸气压差，通过测定一定时间内透过试样的水蒸气量，即可计算出试样的水蒸气透过系数。

2.18.2 方法概述

常见的杯式法包括增重法（干燥剂法）和减重法（水法）两种。

（1）增重法（干燥剂法）

将试样封装在带有干燥剂的透湿杯的开口处。将密封了试样的透湿杯放入规定温度和相对湿度的受控环境中，使透湿杯外部的水蒸气仅通过试样进入透湿杯内部并被干燥剂吸收，定期称量其质量并计算质量变化，直至质量变化小于1%，从而获得水蒸气通过试样进入干燥剂的速率。

（2）减重法（水法）

将试样封装在盛有蒸馏水或去离子水的开口处。将密封了试样的透湿杯放入规定温度和相对湿度的受控环境中，使透湿杯内部的水蒸气仅通过试样到达透湿杯外部，定期称量其质量并计算质量变化，直至质量变化小于1%，从而获得水蒸气通过试样蒸发到外部环境中的速率。

干燥剂法和水法的基本原理相同，但在操作和仪器设备上存在一定的差异。

2.18.3 定义

（1）水蒸气透过量（water vapor transmission，WVT）

在规定的温度、相对湿度、试样两侧一定的水蒸气压差和一定试样厚度的条件下，24h内单位面积试样透过的水蒸气量，以g/(m^2·24h）为单位。

（2）水蒸气透过率（water vapor transmission rate，WVTR）

在规定的温度、相对湿度、试样两侧一定的水蒸气压差条件下，单位时间、单位试样面积沿垂直于试样特定的表面方向上透过试样的水蒸气总量，以g/(h·m^2）为单位。

（3）水蒸气透过系数（water vapor permeability coefficent，P_V）

在规定的温度和相对湿度环境中，单位时间、单位水蒸气压差、单位试样面积和厚度，沿垂直于试样表面方向上透过试样的水蒸气总量，以g·cm/(cm^2·s·Pa）为单位。

不同方法标准对水蒸气透过性能参数的名称和定义略有不同，以上三个参数是测试中常用的参数，可以看出，水蒸气透过量和水蒸气透过率的内涵是一致的。

2.18.4 常用测试标准

水蒸气透过性能的测定方法用途较为广泛，除了塑料行业外，建筑、船运、造纸等行业也经常用到这些方法。塑料薄膜行业常用方法标准如表2-60所示，其中1～4项为杯式法，而土工膜行业较为常用的方法标准是GB/T 1037和ASTM E96/E96M。

表 2-60　土工膜水蒸气透过性能常用测试的方法标准

序号	标准号	标准名称	备注
1	GB/T 1037—2021	塑料薄膜与薄片水蒸气透过性能测定　杯式增重与减重法	杯式法
2	GB/T 17146—2015	建筑材料及其制品水蒸气透过性能试验方法	
3	GB/T 21332—2008	硬质泡沫塑料　水蒸气透过性能的测定	
4	ASTM E96/E96M-22	Standard test methods for gravimetric determination of water vapor transmission rate of materials	
5	GB/T 21529—2008	塑料薄膜和薄片水蒸气透过率的测定　电解传感器法	传感器法
6	GB/T 26253—2010	塑料薄膜和薄片水蒸气透过率的测定　红外检测器法	
7	GB/T 30412—2013	塑料薄膜和薄片水蒸气透过率的测定　湿度传感器法	
8	ISO 15106-1:2003	Plastics-Film and sheeting-Determination of water vapour transmission rate-Part 1: Humiidity detection sensor method	
9	ISO 15106-2:2003	Plastics-Film and sheeting-Determination of water vapour transmission rate-Part 2:Infrared detection sensor method	
10	ISO 15106-3:2003	Plastics-Film and sheeting-Determination of water vapour transmission rate-Part 3:Electrolytic detection sensor method	
11	ISO 15106-4:2008	Plastics-Film and sheeting-Determination of water vapour transmission rate-Part 4: Gas-chromatographic detection sensor method	
12	ISO 15106-5:2015	Plastics-Film and sheeting-Determination of water vapour transmission rate-Part 5:Pressuresensor method	
13	ISO 15106-6:2015	Plastics-Film and sheeting-Determination of water vapour transmission rate-Part 6: Atmoshperic pressure ionization mass sprctromewer method	
14	ISO 15106-7:2015	Plastics-Film and sheeting-Determination of water vapour transmission rate-Part 7: Calcium corrosion method	
15	ASTM D6701-21	Standard test method for determining water vapor transmission rates through nonwoven and plastic barriers	
16	ASTM F1249-20	Standard test method for water vapor transmission rate through plastic film and sheeting using a modulated infrared sensor	
17	ASTM F3299-18(2023)	Standard test method for water vapor transmission rate through plastic film and sheeting using an electrolytic detection sensor (coulometric P_2O_5 sensor)	

2.18.5　测试仪器及试剂

（1）恒温恒湿箱

不同的标准对恒温恒湿箱温度及相对湿度的均匀性、波动范围的要求不同，但基本上都要求均匀性尽可能地好，温度稳定，波动不超过±0.5℃，相对湿度的波动度不超过2%，部分标准要求不超过3%，试样上方风速应控制在某一范围内，常用的范围包括0.5～2.5m/s或0.02～0.3m/s。恒温恒湿箱关闭箱门后，应尽快恢复到规定的温湿度，一般不超过15min。

（2）透湿杯及定位装置

透湿杯也称为试验盘或试验杯，尽可能选用轻质、耐腐蚀、不透水、不透气的材料制成，其中轻质尤为重要，否则不利于分析天平的选择。透湿杯可以是任意形状，但不能使用干燥剂或蒸馏水的截面积小于杯口截面积的形状（如圆锥形），圆柱形透湿杯较为常见且便于操作。尽可能选取大而浅的杯，一般情况下，杯口的横截面积不小于3000mm^2（圆柱形透湿杯直径不小于30mm），试样越厚，选用的透湿杯的杯口横截面积应越大，由于土工膜较一般薄膜更厚，因此建议选取杯口直径大于60mm的圆柱形透湿杯。对于不同的测试方法可以选用不同深度的杯子，深度为19mm的透湿杯可以同时满足干燥剂法和水法的测试要求。透湿杯的组装方法见图2-41。

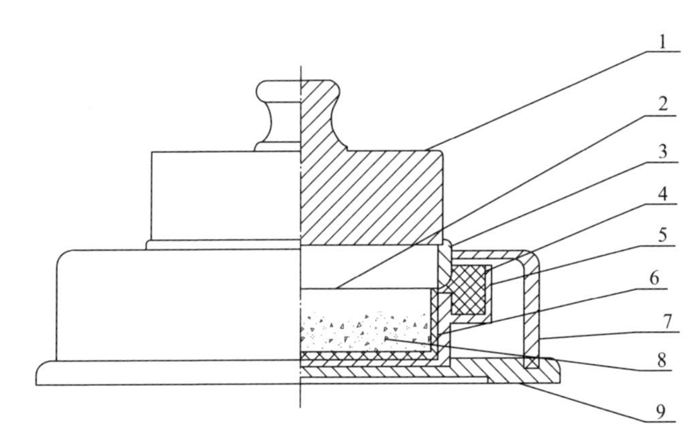

图2-41　透湿杯组装图

1—压盖（黄铜）；2—试样；3—杯环（铝）；4—密封剂；5—杯子（铝）；
6—杯皿（玻璃）；7—导正环（黄铜）；8—干燥剂或蒸馏水；9—杯台（黄铜）

（3）天平

一般情况下，天平的精度应优于透湿杯质量变化的1%或0.001g，对于土工膜等透湿率较低的材料，建议使用精度为0.0001g的天平。

（4）干燥器

常见的干燥器材质为玻璃，近年来市场上也出现了透明塑料材质的干燥器。

（5）量具

可选用精度为0.01mm的测厚仪。有关厚度的测定方法可参考2.3节。有些标准允许采用游标卡尺等量具进行厚度的测量，但不推荐采用这样的方法。

（6）密封剂

密封剂应对水蒸气（和水）的通过有较高的阻断作用，在试验周期内无明显质量变化（失重或增重不超过2%），对于土工膜水蒸气透过性能测定推荐使用密封蜡，使用的密封蜡在规定的温湿度条件下不应发生软化变形。密封蜡可使用如下配方配制：

① 85%石蜡（熔点为50～52℃）和15%蜂蜡组成；

② 80%石蜡（熔点为50～52℃）和20%黏稠聚异丁烯（低聚合度）组成。

（7）干燥剂

对于干燥剂法，透湿杯中应放置无水氯化钙、硅胶或分子筛等材料作为干燥剂，无水氯化钙使用前应在（200±2）℃条件下干燥2h，硅胶和分子筛在使用前应注意其活性。

（8）水

水法应采用蒸馏水或去离子水。

2.18.6 试样

（1）试样的规格尺寸

试样应平整、均匀，不得有孔洞、针眼、皱褶、划伤等缺陷，边缘无飞边。试样直径为透湿杯环内径加凹槽宽度，略大于透湿杯内环直径，以确保密封良好。

（2）试样数量

每一组至少取3个试样。对两表面材质不同的样品，如黑绿土工膜、导电土工膜等，建议考虑材料两表面水蒸气透过性能的差异，按照水蒸气透过方向的不同各取一组试样。对土工膜这类低透湿率的材料，建议取1个或2个试样进行不放置干燥剂或水的校准试验，以降低试验误差。

（3）试样制备

建议采用圆形冲刀冲裁，如果条件不允许也可使用剪刀裁剪，但裁剪时应注意保持试样边缘光滑，且与透湿杯尺寸相匹配、便于进行封蜡等密封操作。

2.18.7 状态调节和试验环境

土工膜水蒸气透过率的测定可不进行状态调节，但试样在放置时，应避免高温、潮湿、阳光直射等环境。如条件允许，建议将试样放置在23℃的干燥器中。

2.18.8 试验条件的选择

不同的水蒸气透过性能测试标准规定的试验条件略有不同，读者在实际测试过程中应首先从产品标准中选择试验条件，如果没有规定试验条件的产品标准，可依据合适的方法标准进行测试。三种杯式法标准规定的试验条件如表2-61

所示。

表 2-61 不同的水蒸气透过性能测试标准规定的主要试验条件对比

序号	试验条件	标准		
		GB/T 1037—2021	ASTM E96/E96M-22	GB/T 17146—2015
1	可选试验方法	增重法(干燥剂法) 减重法(水法)	增重法(干燥剂法) 减重法(水法)	增重法(干燥剂法) 减重法(饱和溶液法)
2	可选试验温湿度条件	A:23.0℃±0.5℃,RH90%±2% B:38.0℃±0.5℃,RH90%±2% C:23.0℃±0.5℃,RH50%±2%	常用条件:RH50%±2%,32℃、23℃、26.7℃或其他商定的温度 极端条件:8℃±1℃,RH90%±2%	A:23.0℃±0.5℃,水蒸气分压低侧RH0%、分压高侧RH50%±3% B:23.0℃±0.5℃,水蒸气分压低侧RH0%,分压高侧RH85%±3% C:23.0℃±0.5℃,水蒸气分压低侧RH50%±3%,分压高侧RH93%±3% D:38.0℃±0.5℃,水蒸气分压低侧RH0%,分压高侧RH93%±3%
3	透湿杯口尺寸	有效面积至少为25cm²	面积至少3000mm²	直径至少为80mm
4	试剂	①无水氯化钙:粒度0.60~2.36mm ②硅胶 ③分子筛	①无水氯化钙,过筛 ②硅胶	干燥剂: 无水氯化钙,粒径小于3mm,RH0% 高氯酸镁,RH0% 饱和溶液: 硝酸镁饱和溶液,RH53% 氯化钾饱和溶液,RH85% 磷酸二氢铵饱和溶液,RH93% 硝酸钾饱和溶液,RH94%
5	干燥剂/水与试样间距	3mm	干燥剂距试样表面不超过6mm;水距试样表面(19±6)mm	(15±5)mm
6	试样上方空气流速	0.5~2.5m/s	0.02~0.3m/s	0.02~0.3m/s
7	称重时间间隔	首次称量时间为16h,之后称量间隔可为24h、48h或96h	根据质量变化速率确定,前期变化快,可每小时称重,后期变化慢可每天称重	根据试样特性和天平的精度自行选择
8	结束条件	两次质量增量相差不大于5%	干燥剂增重超过10%	连续称量直至连续5次称量间隔中,每次称量间隔的质量变化率小于其5次称量间隔质量变化率平均值的5%

注:RH为相对湿度。

从表中可以看出，杯式法测定水蒸气透过性能的标准虽然在技术上是一致的，但在试验条件的细节上存在一定的差异，特别是环境条件，因此不同环境条件下的试验结果不具有可比性。

目前，国内土工膜产品进行水蒸气透过性能测定时，通常选用（38±1)℃，RH(90±2)%的试验条件。这里需要特别指出的是，水蒸气透过性能是产品进行工程设计、生产的重要参数之一，但在实际应用过程中，应注意实际温度、相对湿度等条件和测试条件的差异，因此当实际条件与测试条件差异较大时，建议使用者按照实际温度、相对湿度等条件重新进行测定。

2.18.9 操作步骤简述

① 将干燥剂（干燥剂法）或水（水法）放入清洁的杯皿中，根据不同的标准与试样保持一定的间距。

② 将盛有干燥剂或水的杯皿放入杯子中，然后将杯子放到杯台上，试样放在杯子正中，加上杯环后，用导正环固定好试样的位置，再加上压盖。

③ 小心地取下导正环，将熔融的密封蜡浇灌在杯子的凹槽中。应保证密封蜡凝固后不产生裂纹及气泡。

④ 待密封蜡凝固后，取下压盖和杯台，并清除粘在透湿杯边及底部的密封蜡。

⑤ 称量记录封好的透湿杯质量，并进行编号。

⑥ 将透湿杯放入已调好温度、相对湿度的恒温恒湿箱中，按照编号顺序定期称量并记录质量和时间。对于每小时称重记录，记录的时间精度为30s；对于每天称重记录，记录的时间精度为15min。

使用水法测定试样水蒸气透过性能时，应先将试样密封在烘干后的透湿杯上，然后通过杯壁上的小孔向杯中注水（为便于注水，封装前应先在透湿杯杯壁上打好小孔，其位置在水位线上方），按照相关规定的深度和与试样间的间距注完水后，将小孔封闭。

⑦ 一般情况下质量增加或减少超过干燥剂/水初始质量的一定比例（无水氯化钙为10%，硅胶为4%）后可结束试验。

2.18.10 结果计算与表示

试样的水蒸气透过性能可采用图解法和回归分析法两种方法进行计算，其中回归分析法是本书推荐的结果计算方法。

(1) 图解法

图解法可采用质量变化值对时间进行作图，绘制一条曲线，必要时可以对曲线进行修正，取该曲线上至少6个距离适当的点（其距离超过天平灵敏度20倍）

确定出一条直线，用该直线的斜率除以试验面积得到水蒸气透过量。

（2）回归分析法

① 水蒸气透过量（WVT）计算方法如式(2-41)：

$$WVT=\frac{24\Delta m}{At} \tag{2-41}$$

式中　WVT——水蒸气透过量，$g/(m^2\cdot 24h)$；

t——质量增量稳定后的两次间隔时间，h；

Δm——t 时间内的质量增量，g；

A——试样透过水蒸气的面积，m^2。

注：若需进行对比试验时，Δm 需扣除对比试验中 t 时间内的质量增量。

试验结果以每组试样的算术平均值表示，取 3 位有效数字。每一个试样测试值与算术平均值的偏差不超过±10%。

② 水蒸气透过系数（P_V）计算方法如式(2-42)：

$$P_V=\frac{\Delta m d}{At\Delta p}=1.157\times 10^{-9}\times\frac{WVTd}{\Delta p} \tag{2-42}$$

式中　P_V——水蒸气透过系数，$g\cdot cm/(cm^2\cdot s\cdot Pa)$；

WVT——水蒸气透过量，$g/(m^2\cdot 24h)$；

d——试样厚度，cm；

Δp——试样两侧水蒸气压差，Pa。

（3）结果表示

一般情况下测试结果以每组试样的算术平均值表示，取 2 位有效数字。

2.18.11　影响因素及注意事项

影响土工膜水蒸气透过性能测试的主要因素有试验的温度、相对湿度和试样的厚度。

（1）试验温度的影响

在一定相对湿度下，随着试验温度的升高，土工膜试样的水蒸气透过量增加，导致水蒸气透过率和水蒸气透过系数有所提高。其主要原因是升高温度，水蒸气分子及聚合物分子的动能加大，加快了水分子溶解进入聚合物分子以及水分子从高浓度向低浓度的扩散速度，从而水分子透过土工膜的量增加，导致水蒸气透过率和水蒸气透过系数的提升。这可以通过以下试验得到证实。图 2-42 和图 2-43 分别为水蒸气透过率和水蒸气透过系数对温度进行作图的结果，由图可知，随着温度的提高，水蒸气透过率和水蒸气透过系数的测定值提高。由图还可以发现，温度与水蒸气透过性能并非线性关系，而是类似于指数关系，即温度越高，水蒸气透过性能的增长速率越高。

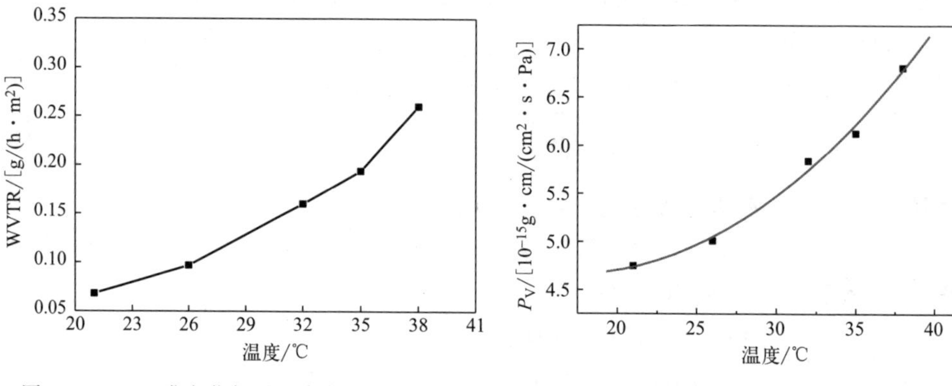

图 2-42　土工膜水蒸气透过率与温度的关系　　图 2-43　土工膜水蒸气透过系数与温度的关系

（2）相对湿度的影响

相对湿度也对水蒸气透过性能存在显著的影响。一般情况下，随着试验环境湿度的增加，土工膜内外的水蒸气压差增加，从而水蒸气从试样一侧向另一侧扩散的驱动力加大，水蒸气透过总量增加，体现在测试数据上为 WVTR 值增大，如图 2-44 所示。由于水蒸气透过系数 P_V 的计算公式中考虑了水蒸气压差问题，因此相对湿度的增加对 P_V 没有明显的影响，如图 2-45 所示。

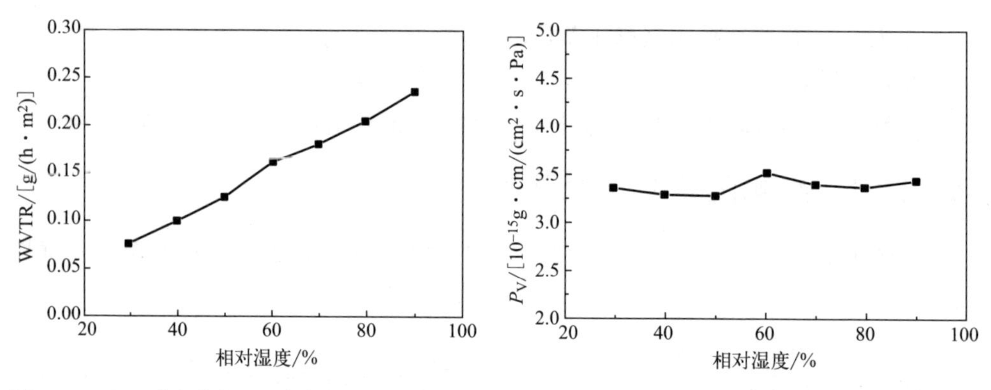

图 2-44　土工膜水蒸气透过率与相对湿度的关系　图 2-45　土工膜水蒸气透过系数与相对湿度的关系

（3）试样厚度的影响

一般情况下，随着试样厚度的增加，水蒸气分子溶解于土工膜中的速度及在土工膜中扩散的速度均保持不变，但随着在土工膜中扩散的时间延长，反映在 WVTR 上则为测定值增加，如表 2-62 所示。但由于在水蒸气透过系数的计算公式中已经考虑了厚度的影响，因此厚度的变化对 P_V 的测定结果没有明显的影响，也就是 P_V 大小主要取决于试样材质。因此当原材料一定、生产工艺不变的情况下，生产企业无需对每一规格的土工膜产品都进行水蒸气透过系数的测定，这也是部分 HDPE 土工膜的产品标准和规范未对其水蒸气透过系数提出技术要求的原因之一。

表 2-62 试样厚度对土工膜水蒸气透过性能的影响

d/mm	0.46	0.70	0.94	1.51	2.06
WVTR/[g/(h·m^2)]	0.302	0.236	0.158	0.108	0.0821
P_V/[g·cm/(cm^2·s·Pa)]	4.9×10^{-15}	5.8×10^{-15}	5.2×10^{-15}	5.7×10^{-15}	5.9×10^{-15}

（4）试验注意事项

进行水蒸气透过性能测试应注意以下事项：

① 不同标准给出的水蒸气透过性能参数的定义、试验方法和试验条件有所不同，其测试结果不可直接进行对比，试验前应依据所选标准设定条件，并在结果报告中指明所参照的测试标准和选用的试验条件。

② 测试土工膜水蒸气透过性能时，在标准没有明确限定的情况下，为缩短平衡时间，加快试验进程，推荐选择 38℃、RH90％的温湿度条件，这一条件也是目前国内土工膜行业默认的测试条件。

③ 对于较厚的试样，应尽可能选用口径大的透湿杯，以增加有效面积，缩减平衡时间。

④ 密封是水蒸气透过性能测定中的重要步骤，也是试验失败的主要原因，为此在浇灌密封蜡时，应尽量均匀缓慢，避免密封蜡凝固后出现裂纹和气泡。建议操作人员不断练习密封的技巧，以提高试验的成功率。

⑤ 对于土工膜这类低透湿率的薄膜试样，可预先进行一组对比试验，即在透湿杯中不加干燥剂/水，其他步骤与测试步骤相同。将试样封装在空的透湿杯中，作为对比试样组件，与正式试样组件放入同一试验环境中。在试验过程中，由于环境温度、相对湿度、空气浮力等因素的变化导致的试样组件本身的质量变化可从对比试样组件的质量变化中得以反映，将对比试样组件的质量变化值从正式试样组件的质量变化值中扣除即可得到修正后的水蒸气透过量的值，从而减小试验误差，提高测试精度。

⑥ 水蒸气透过是一个极为缓慢的过程，两次测量透湿杯的质量变化相对较小，因此为避免各个环节可能带来的测量误差，每次称量试样组件的先后顺序应尽可能一致，如果称量不能在试验气氛中进行，则应使试样组件离开恒温恒湿箱的时间尽可能短，一般不超过间隔时间的 1％。

⑦ 每次称量后轻微振动透湿杯，使其中的干燥剂上下混合均匀，避免上层干燥剂吸湿已经达到饱和，而下层的干燥剂持续处于相对干燥状态。

⑧ 为减少透湿杯中水的涌动应尽量保持透湿杯的水平。可以通过在杯皿中放置轻质非腐蚀性材料的网格以打破水面来减少水的涌动。该网格应在试样下方至

少 6mm，并且其打破的水面不应超过 10%。

⑨ 若试样透湿量过大，可对初始平衡时间和称量间隔时间做相应的调整。但应控制透湿杯增量不少于 5mg。

2.19 尺寸稳定性

尺寸稳定性是表征土工膜的加工工艺合理与否的指标之一，也是表征其他非刚性热塑性塑料挤出或流延片材、薄膜加工工艺的参数之一。尺寸稳定性在一定程度上反映了由加工引起的高分子材料的取向程度和产品内应力的不均匀程度，因此尺寸稳定性检测也是检验产品残余应力的方法之一。一般情况下，尺寸稳定性测定值越高，不同方向的测定值差异越明显，这说明产品取向程度和内应力分布的不均匀程度越高。当尺寸稳定性测定值高于产品标准或规范要求时，则表示产品的加工工艺存在一定的问题。

2.19.1 原理

分别在试样的不同方向（通常为横、纵两向）标记出规定的初始长度并测量标记间距离，将试样放置于高温环境，在此过程中高分子链段运动能力增强，取向程度降低，在不同方向的宏观尺寸上呈现收缩或膨胀现象。经过一段时间取出试样并冷却至室温，此时高分子链段的运动能力大幅下降，宏观尺寸趋于稳定，再次测量标记间距离，计算热处理前后不同方向的宏观尺寸变化率即为尺寸稳定性。

2.19.2 定义

尺寸稳定性（dimensional stability）：土工膜在热处理前后的线性尺寸变化率，也称为加热尺寸变化率。

2.19.3 常用测试标准

目前国内土工膜行业内较为常用的尺寸稳定性测试的标准如表 2-63 所示。

表 2-63 土工膜尺寸稳定性常用测试的标准

序号	标准号	标准名称	备注
1	GB/T 12027—2004	塑料 薄膜和薄片 加热尺寸变化率试验方法	IDT ISO11501:1995
2	ISO 11501:1995	Plastics-Film and sheeting-Determination of dimensional change on heating	
3	ASTM D1204-14(2020)	Standard test method for linear dimensional changes of nonrigid thermoplastic sheeting or film at elevated temperature	

2.19.4 测试仪器

（1）高温试验箱

温度精度优于±1℃的试验箱。在实际工作中，很多人会采用烘箱（也称电热鼓风干燥箱）进行试验。由于这类设备价格低廉，温度控制相对较差，箱内温度均匀性较低，因此采用这类设备进行试验时，建议选择温度稳定的较小区域进行试验，以保证满足温度精度的要求。

（2）量具

不同标准对量具的要求有所不同，如表 2-64 所示。一般情况下，可以采用游标卡尺进行标记间距离的测量。游标卡尺的精度一般优于 0.02mm，可以满足不同标准对量具测量精度的要求。

（3）垫板

不同标准对于垫板的要求各不相同（如表 2-64 所示），GB 和 ISO 的要求为铺有 20mm 厚高岭土床的金属容器，ASTM 规定为重质纸板。笔者根据多年试验经验认为，采用铺有一薄层滑石粉的玻璃或金属板也可得到理想的试验结果。

表 2-64 不同标准试样及试验条件对比

序号	试样及试验条件	标准	
		GB/T 12027—2004 和 ISO 11501:1995	ASTM D1204-14(2020)
1	试样尺寸/mm	约 120×120	250×250
2	尺寸测量量具要求	测量精度优于 0.5mm	测量精度优于 0.25mm，量程大于 300mm
3	试样制备方式	未提及	采用尺寸为(250×250)mm 的模板辅助裁取
4	取样位置及试样数量	沿薄膜横向中部及两边(距边缘至少 50mm)各取 1 块试样，共 3 块	沿横向任一边缘和中部各取 1 块试样，共 2 块
5	试样标记间距离/mm	100	250
6	标记位置	距离各边约 10mm 位置，如图 2-46 中 A、B、C、D 所示	试样四边中心点
7	状态调节	按一般标准环境进行，至少 2h	按一般标准环境进行，时间不少于 40h
8	垫板	金属容器，大小适宜，铺有 20mm 厚高岭土床	尺寸为(40×40)cm，重纸板，表面光滑平整，无油脂
9	试样放置	试样放置于高岭土床上，试样上表面用薄薄一层高岭土覆盖	试样放置于表面覆盖薄薄一层滑石粉的重纸板上，试样上方加盖重纸板，再用夹子固定两层重纸板

续表

序号	试样及试验条件	标准	
		GB/T 12027—2004 和 ISO 11501:1995	ASTM D1204-14(2020)
10	试验温度	未规定，需参考产品标准或规范	100℃±1℃
11	试验时间	未规定，需参考产品标准或规范	1h
12	冷却时间	至少 30min	至少 1h

（4）秒表

可精确计时至 1min。

2.19.5 试样

（1）试样的规格尺寸

不同标准规定的试样尺寸不同，如表 2-64 和图 2-46 所示。

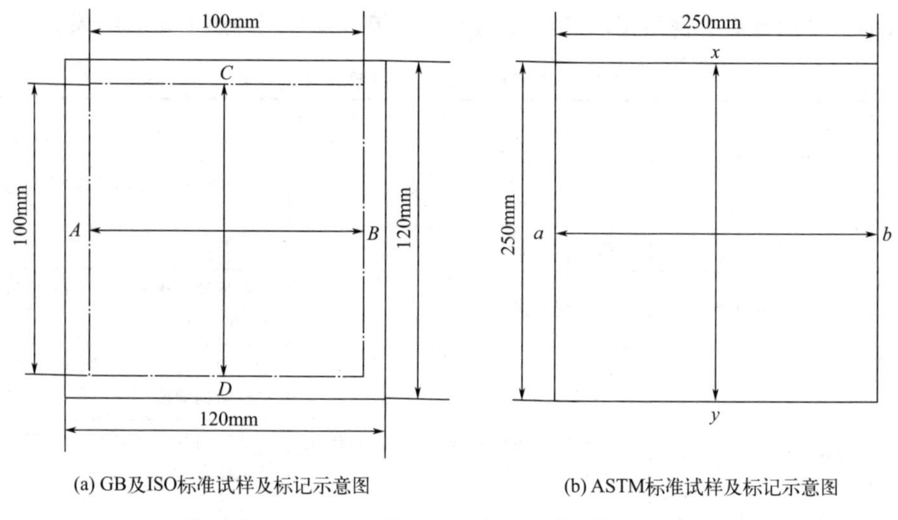

图 2-46 GB(ISO）及 ASTM 标准试样及标记示意图

（2）试样数量

GB 及 ISO 标准要求至少 3 块试样，ASTM 标准要求 2 块试样。

（3）试样制备

GB 和 ISO 标准对于试样的制备没有规定，而 ASTM 标准则采用尺寸为 250mm×250mm 的模板辅助进行试样制备，但 ASTM 标准未规定采用模板进行冲裁还是剪裁。如条件允许，可采用冲裁以提高工作效率并保证试样边缘整齐。

无论哪个标准，均对试样选取位置进行了规定，即在沿土工膜横向中部及边缘部位取样，其中 ASTM 标准要求在边缘处取样，也就是试样其中一边为产品固有边缘（如图 2-47 所示），而 GB 和 ISO 标准则规定取样部位要避开边缘至少 50mm。相比较而言，采用 ASTM 标准进行尺寸稳定性的测定要求更高，更容易发现加工工艺存在的问题。

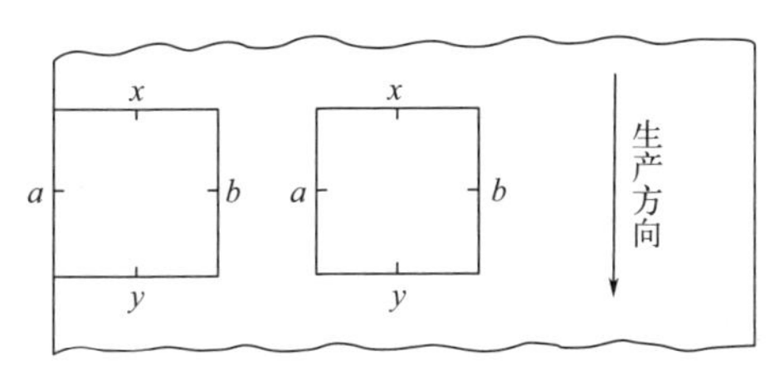

图 2-47　ASTM 标准取样位置示意图

2.19.6　状态调节和试验环境

土工膜进行尺寸稳定性测定前应进行状态调节，状态调节采用一般标准环境，即温度 23℃±2℃、相对湿度 50%±10%，状态调节时间根据产品标准确定。除加热过程外，试验环境亦应保持标准环境。对于仲裁试验或其他有争议的情况，状态调节和试验环境应采用加严标准环境，即温度 23℃±1℃、相对湿度 50%±5%。

2.19.7　试验条件的选择

（1）试验温度

一般情况下，聚乙烯类（含 EVA 类）土工膜、聚丙烯类土工膜及 PVC 类土工膜进行尺寸稳定性测定选用的温度均为 100℃，详见表 2-65。增强类的聚丙烯土工膜也可采用 70℃。

（2）试验时间

不同产品标准所规定的试验时间不同，多数标准为 15min 或 1h，详见表 2-65。

表 2-65　各产品标准或规范的试验温度及试验时间

序号	标准	试验条件	
		试验温度/℃	试验时间/mm
1	GB/T 17643—2011	100	15
2	GB/T 17688—1999	100	15
3	CJ/T 234—2006	100	60
4	CJ/T 276—2008	100	60
5	铁道部科技基〔2009〕88 号	100	15
6	JT/T 518—2004	100	15
7	ASTM D7176-22	100	15

续表

序号	标准	试验条件	
		试验温度/℃	试验时间/mm
8	ASTM D7465/D7465M-15(2023)	100	60
9	ASTM D7613-17(2023)	100	60
		70	360

注：GB/T 17688—1999 已作废，但有少数标准仍引用该标准。

2.19.8 操作步骤简述

① 按照标准及图 2-46 所示位置对试样进行标记并测量标记间初始长度。

② 将高温试验箱温度设定为规定温度，达到温度后根据说明书要求稳定一段时间。

③ 根据不同标准的要求，或将垫板（含高岭土、滑石粉）等器具预先放置到已达到规定温度的试验箱中直至垫板也达到规定温度，再放入试样；或将垫板、试样、盖板一起放入试验箱中。

④ 达到规定时间后，取出试样，在标准环境中冷却。

⑤ 再次测量标记间长度。

2.19.9 结果计算与表示

(1) 尺寸稳定性

土工膜的尺寸稳定性按式(2-43) 进行计算。

$$\Delta L=\frac{L_1-L_0}{L_0}\times 100 \tag{2-43}$$

式中 ΔL ——横向或纵向的尺寸稳定性，%；

L_0——横向或纵向的标记间初始长度，mm；

L_1——加热后横向或纵向的标记间长度，mm。

(2) 结果表示

尺寸稳定性分别以横向和纵向测试结果的算术平均值表示，精确至小数点后一位。

2.19.10 影响因素及注意事项

(1) 试验温度

应选择适宜的试验温度，一般情况下试验至少应在材料熔融温度 10℃以下进行。试验温度过高，则会导致试样完全变形，无法进行测定。

在一定的温度范围内试验温度升高，土工膜的尺寸稳定性测定结果升高，反之则降低。

（2）试验时间

多数标准采用 15min 或 1h。一般情况下，在较短时间内，随着试验时间延长，尺寸稳定性的测定结果没有明显变化，当试验时间超过 1h，随着时间的延长，测定结果会有一定增加。因此，对于不耐高温的产品，可以采用较低温度，同时适当延长试验时间以弥补由于温度较低导致的测定结果降低的问题。

（3）标记间长度的测定

由于多数土工膜的尺寸稳定性较好，因此加热前后长度变化较小，因此准确测量标记间长度尤为重要。一般情况下，采用国标方法在试样上做标记更有利于尺寸的测量，而采用 ASTM 标准测量试样边缘间长度则测量精度会有所下降。

（4）试验注意事项

进行试样尺寸稳定性测试应注意以下事项：

① 在试样上做标记时，应尽量选择笔尖较细的标记笔，以免由于笔尖过粗不易定位测量；当无法获得理想的标记笔时，在测量时应记录测量点的位置，如内边缘、外边缘等。

② 采用 ASTM 标准进行测定时，制备试样时应尽量保证边缘整齐，特别是试样边缘中部，否则容易导致测量不准确。

③ 无论采用哪种垫板，应在表面撒有高岭土、滑石粉等矿物质，以免试样与垫板发生粘连，影响测定结果。

④ 当采用的高温试验箱均匀性较差时，应用温度计进行校正，并尽可能每次都将试样放置在同一位置，以免由于位置不同导致温度不同，影响检验结果的重复性。

2.20 热老化性能

各种土工膜涉及的老化性能测试包括热老化性能、荧光紫外灯老化性能、氙弧灯老化性能、耐臭氧老化性能、微生物降解性能和耐化学品性能，重点介绍前 3 种老化性能，本节介绍热老化性能。

一般情况下，高分子材料在热、氧气等共同作用下都会发生断链并产生自由基，自由基会进一步加剧高分子材料的降解反应，最终导致材料失效。土工膜在加工、运输、存储、施工以及漫长的使用过程中都会受到热、氧气的侵蚀。当土工膜的热氧降解达到一定程度后，产品的宏观性能，如外观、拉伸性能、撕裂性能等将发生显著变化并不断劣化，直至最终失去使用功能。为了保证土工膜具有良好的热氧老化性能，生产企业会在土工膜中添加抗氧剂，抗氧剂的效率和添加量直接影响土工膜的使用寿命。通常采用热老化试验可以协助生产企业进行抗氧体系配方的筛选和土工膜产品的质量控制。

2.20.1 原理

将土工膜试样悬挂于给定条件（通常包括温度、空气循环模式等）的老化试验箱中并达到一定时间，使试样在热与氧气的共同作用下发生热氧老化，通过测定试样老化前后某些特定性能及其变化率，确定产品的耐热氧老化性能的优劣。

图 2-48 是 HDPE 土工膜热氧降解的化学反应示意图。

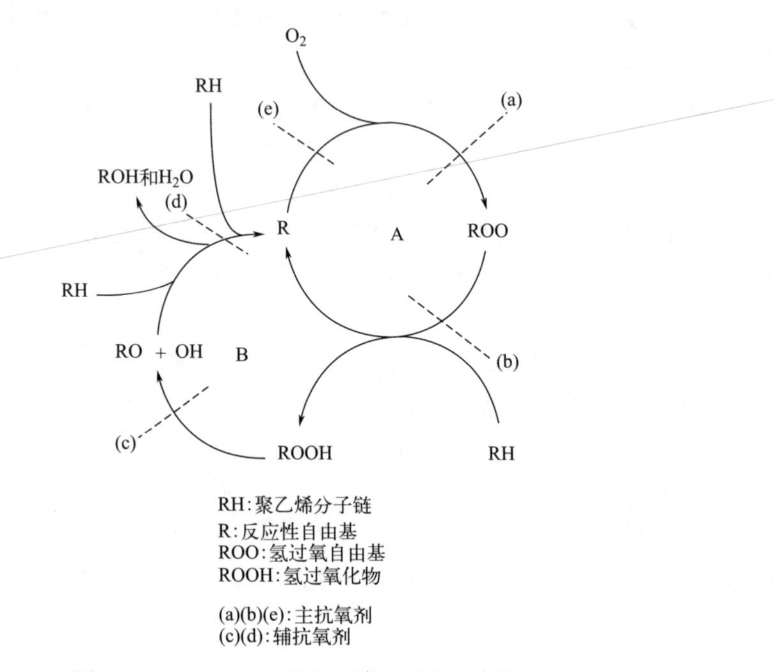

图 2-48 HDPE 土工膜热氧降解反应示意图

目前土工膜行业主要采用氧化诱导时间、拉伸强度等性能的变化率来衡量产品热老化性能的优劣，读者也可以采用热老化试验进行其他性能变化的研究，如熔体流动速率、撕裂性能、耐应力开裂性能等。

虽然热老化试验倾向于促进产品热老化降解，表现出氧化诱导时间不同程度的下降，但不同材质的土工膜热老化后性能变化及其原因有所不同。如通常情况下聚乙烯类土工膜在热老化后拉伸强度和伸长率均下降，在脆化前会发生变软现象；聚丙烯土工膜则往往由于发生降解而变脆；部分 PVC 产品则由于增塑剂的损失而变脆；橡胶类土工膜会变硬。

给定温度和时间的热老化试验多作为产品对比、配方的筛选以及产品是否满足标准要求的判据，并不适用于产品真实寿命的评估。如果需要对产品进行寿命预测，则需要进行不同温度、不同热老化时间的热老化试验，同时设定合理的失效判据。

2.20.2 定义

（1）老化

高分子材料在使用过程中，由于受到热、氧、光、水、微生物、化学介质、应力等因素的综合作用，会发生一系列化学反应和物理变化，从而会使其化学组成和微观形貌发生变化，宏观性能会因此劣化，如表面发硬、发黏、失色、失光、粉化，出现裂纹，机械强度和韧性显著降低等，发生这些变化和出现这些现象的过程即为老化。高分子材料老化的本质是其微观结构的改变。

（2）热老化

高分子材料暴露于某特定热氧环境所发生的老化。

2.20.3 常用测试标准

目前国内土工膜行业内较为常用的热老化性能测试的标准如表 2-66 所示。

表 2-66 土工膜热老化性能常用测试的标准

序号	标准号	标准名称	备注
1	ASTM D5721-22	Standard practice for air-oven aging of polyolefin geomembranes	
2	ASTM D5510-94(2001)	Standard practice for heat aging of oxidatively degradable plastics	该标准已于 2010 年废止

2.20.4 测试仪器

（1）热老化试验箱

热老化试验箱或高温试验箱，根据其是否带有强制空气循环装置可分为重力对流式热老化试验箱（不带强制空气循环装置）和强制通风式热老化试验箱（带强制空气循环装置）。国内土工膜产品标准和规范中未明确规定应采用的老化试验箱类型，但 ASTM 标准中推荐采用强制通风式热老化试验箱。出于对试验重现性的考虑，推荐试验人员采用强制通风式热老化试验箱。

（2）试验架

多数方法都没有规定试验架的形状和结构，但试验架的设计应确保试样周边空气流通、试样彼此不接触。实验室既可以采购试验箱供应商提供的试验架，也可根据实际情况自行制作适宜的试验架。

2.20.5 试样

试样的规格尺寸、数量及制备方法应根据热老化前后所需进行的试验确定，具体要求可以参考相关的章节。

2.20.6 状态调节和试验环境

试样的状态调节和试验环境应根据所需测定性能或产品标准、规范的要求而确定。需要特别指出的是，热老化试验进行完毕后，应确保试样或试片温度降至室温后再开始状态调节时间的计算。

2.20.7 试验条件的选择

土工膜热老化温度、周期及测定项目的选择，主要是根据产品类别、原材料特性及产品标准或规范而定。下面列举了主要产品的热老化试验条件。

(1) 温度和周期

不同产品的热老化温度各不相同，这主要是根据土工膜原材料特性决定的，特别是材料的维卡软化温度，原则上土工膜的热老化温度不超过其维卡软化温度，一般情况聚乙烯的热老化温度相对较低，多数在80～85℃，可根据材料特性适当提高，但不超过100℃，其他材料的热老化温度可适当提高，但通常不超过120℃。

表2-67为主要土工膜产品标准或规范要求的热老化温度和周期。

表2-67 主要土工膜产品标准或规范要求的热老化温度和周期

序号	标准号	主要产品	热老化温度/℃	热老化周期	备注
1	GB/T 17643—2011	聚乙烯类土工膜	85±2	90d	①GH-2和GL-2型土工膜有此要求 ②标准未对温度波动予以规定，建议为±2℃
2	GB/T 17642—2008	非织造布复合土工膜	—	—	无热老化要求
3	GB/T 17688—1999	PVC类土工膜	80±2	7d	
4	GB 18173.1—2012	橡胶、树脂类土工膜及复合膜	80±2	7d	
5	CJ/T 234—2006	HDPE类土工膜	85±2	90d	标准未对温度波动予以规定，建议为±2℃
6	CJ/T 276—2008	LLDPE类土工膜	85±2	90d	标准未对温度波动予以规定，建议为±2℃
7	CJJ 113—2007	用于防渗工程的土工合成材料	—	—	无热老化要求

续表

序号	标准号	主要产品	热老化温度/℃	热老化周期	备注
8	铁道部科技基〔2009〕88号	HDPE/MDPE类土工膜	85±2	90d	标准未对温度波动予以规定，建议为±2℃
9	JT/T 518—2004	公路工程用土工膜	—	—	无热老化要求
10	GRI GM13—2021	HDPE/MDPE类土工膜	85±2	90d	标准未对温度波动予以规定，建议为±2℃
11	GRI GM22—2016	短期应用增强聚乙烯类土工膜	—	—	无热老化要求
12	GRI GM17—2021	LLDPE类土工膜	85±2	90d	标准未对温度波动予以规定，建议为±2℃
13	GRI GM25—2021	增强LLDPE类土工膜	85±2	90d	标准未对温度波动予以规定，建议为±2℃
14	EN 13493:2018	各类土工膜	—	—	无热老化要求
15	ASTM D7408-12(2020)	PVC类土工膜焊缝	—	—	无热老化要求
16	ASTM D7176-22	PVC类土工膜	—	—	无热老化要求
17	GRI GM21—2016	EPDM类土工膜	100±2	170h	标准未对温度波动予以规定，建议为±2℃
18	ASTM D7465/D7465M-15(2023)	EPDM类土工膜	116±2	670h±6.7h	
19	GRI GM18—2015	柔性聚丙烯(fPP)及增强型柔性聚丙烯土工膜	—	—	无热老化要求
20	ASTM D7613-17(2023)	柔性聚丙烯(fPP)及增强型柔性聚丙烯土工膜	116±2	670h±6.7h	

注：GB/T 17688—1999已作废，但有少数标准仍引用该标准。

(2) 测定项目

土工膜的热老化试验前后通常进行性能测定，较为常见的包括拉伸性能、撕裂性能、OIT及外观等。不同产品标准或规范要求的热老化前后测定的项目如表2-68所示。目前的产品标准规范中热老化前后测定项目尚不涉及耐应力开裂等性能，但有研究表明聚乙烯土工膜热老化前后NCTL性能的变化更能体现产品的真实性能变化。

表2-68　主要土工膜产品标准或规范要求的热老化前后测定项目

序号	标准号	主要产品	测定项目	备注
1	GB/T 17643—2011	聚乙烯类土工膜	标准OIT	GH-2和GL-2型土工膜有此要求

续表

序号	标准号	主要产品	测定项目	备注
2	GB/T 17642—2008	非织造布复合土工膜	—	无热老化要求
3	GB/T 17688—1999	PVC类均质土工膜	外观、拉伸强度、断裂伸长率、低温弯折	
		PVC类负荷土工膜	外观、断裂伸长率、低温弯折	
4	GB 18173.1—2012	橡胶、树脂类土工膜及复合膜	拉伸强度、断裂伸长率	
5	CJ/T 234—2006	HDPE类土工膜	标准OIT或高压OIT	
6	CJ/T 276—2008	LLDPE类土工膜	标准OIT或高压OIT	
7	CJJ 113—2007	用于防渗工程的土工合成材料	—	无热老化要求
8	铁道部科技基〔2009〕88号	HDPE/MDPE类土工膜	标准OIT	
9	JT/T 518—2004	公路工程用土工膜	—	无热老化要求
10	GRI GM13—2021	HDPE/MDPE类土工膜	标准OIT或高压OIT	
11	GRI GM22—2016	短期应用增强聚乙烯类土工膜	—	无热老化要求
12	GRI GM17—2021	LLDPE类土工膜	标准OIT或高压OIT	
13	GRI GM25—2021	增强LLDPE类土工膜	标准OIT或高压OIT	
14	EN 13493:2018	各类土工膜	—	无热老化要求
15	ASTM D7408-12(2020)	PVC类土工膜	—	无热老化要求
16	ASTM D7176-22	PVC类土工膜	—	无热老化要求
17	GRI GM21—2016	非增强型EPDM类土工膜	拉伸断裂强度、断裂伸长率、表面检查	
		增强型EPDM类土工膜	拉伸断裂强度、表面检查	
18	ASTM D7465/D7465M-15(2023)	EPDM类土工膜	握持强度、拉伸强度、断裂伸长率、撕裂强度	
19	GRI GM18—2015	柔性聚丙烯(fPP)及增强型柔性聚丙烯土工膜	—	无热老化要求
20	ASTM D7613-17(2023)	柔性聚丙烯(fPP)及增强型柔性聚丙烯土工膜	握持强度、握持伸长率、拉伸强度、断裂伸长率、撕裂强度及表面检查	增强型和非增强型土工膜撕裂强度测定方法不同

注：GB/T 17688—1999已作废，但有少数标准仍引用该标准。

2.20.8 操作步骤简述

① 将热老化试验箱温度设定为规定温度，达到温度后根据说明书要求稳定一

段时间。

② 将根据不同标准要求制备的试样或试片悬挂于试验箱中。

③ 达到规定时间后，取出试样，在标准环境中冷却。

④ 对试片或试样进行表面检查，如发现裂纹或破损应予以记录。

⑤ 按相关要求进行热老化后的性能测定。

2.20.9 结果计算与表示

热老化试验结果计算主要有 2 种，其一是性能保持率，其二是性能变化率。

(1) 性能保持率

热老化性能保持率主要适用于热老化后性能测定值降低的情况，其结果一般为正值。

热老化性能保持率按照式(2-44) 进行计算。

$$X_{re}=\frac{X_1}{X_0}\times 100 \tag{2-44}$$

式中 X_{re}——热老化性能保持率，%；

X_0——热老化前性能测定值的平均值；

X_1——热老化后性能测定值的平均值。

(2) 性能变化率

热老化性能变化率既适用于热老化后性能测定值降低的情况，也适用于热老化后性能测定值升高的情况，因此性能变化率可能是正值也可能是负值。

热老化性能变化率按照式(2-45) 进行计算。

$$\Delta X=\frac{X_1-X_0}{X_0}\times 100 \tag{2-45}$$

式中 ΔX——热老化性能变化率，%；

X_0——热老化前性能测定值的平均值；

X_1——热老化后性能测定值的平均值。

(3) 结果表示

热老化后性能保持率和性能变化率的有效位数根据热老化前后性能测定值的有效位数而定。一般情况下保留 3 位有效数字，不能满足要求时，至少保留 2 位有效数字。

2.20.10 影响因素及注意事项

(1) 热老化温度和周期

随着热老化温度的提高，土工膜产品的热老化速度和程度不断加大；热老化周期加长，产品的热老化程度也会不断加大。为加快试验进度、提高工作效率，试验人员可以适当提高热老化温度以达到目的，但温度不应过高，特别是不能超过产品的维卡软化温度，这主要是因为温度过高，产品流动性加大，在悬挂过程中会发生大幅度形变，产品在老化后无法进行外观的检查，与此同时产品老化速率激增，产品老化程度大幅度提高，从而导致不同产品、不同配方的差异大幅度缩小，反而达不到质量控制、产品对比、配方筛选的目的。与此相反，如果热老化温度过低、试验周期过短，则会造成热老化性能变化极小，在这种情况下，测试误差和高分子材料的多分散性对测试结果起主导作用，因此也不能达到质量控制、产品对比、配方筛选的目的。

（2）试样放置方式

实验室应购买或自行制作适宜的试样架以悬挂试样。由于部分标准没有明确指明试样应悬挂于试验箱中，部分实验室采用了类似于尺寸稳定性测定的放置方式，即将产品平放于试验箱中，这会导致以下几个问题：

① 如试样平放于铺有滑石粉的平板上，试样下表面则无法与氧气充分接触，因此下表面的热老化程度会低于上表面的热老化程度；

② 若未铺垫滑石粉容易造成土工膜与接触材料粘连的问题；

③ 如与试验箱的非悬挂型试验架直接接触，有可能造成接触部位温度过高，导致局部热老化程度加大。

（3）试验注意事项

进行热老化性能测试应注意以下事项：

① 热老化试验可采用相关性能测试要求的试样直接进行热老化，也可采用足够面积的试片进行热老化后再根据相关要求制备成试样进行性能测定。多数标准并没有对此进行详细规定，而上述两种试验方式在结果上稍有差异。试验人员可根据实际条件进行选择，但最好能够积累一定的对比数据，以便与其他实验室进行对比，出现偏差后进行分析。

② 考虑到热老化试验周期较长、成本较高，应适当增加试样数量，以避免由于试样发生意外破损或结果出现异常值后舍弃问题等而导致最终试样数量不能满足标准要求，一般情况下可增加 2～3 个热老化试样。对于氧化诱导时间等未明确试样规格尺寸的性能，应准备足够面积且具有代表性的试片以满足热老化后性能测试的要求。

③ 热老化后应对试样或试片认真检查，当发现出现裂纹等破损情况应予以记录，同时应对裂纹进行分析，如属于偶发，可舍弃出现裂纹的试样或避开试片裂纹部位进行试样制备，否则应对出现裂纹的试样或试片进行相关性能测定。

④ 热老化性能保持率一般用于热老化后性能测定值下降的情况，但在试验周期较短时，该性能也会出现热老化后测定值提高的情况，体现在结果上则为保持率超过 100％。在这种情况下，不应理所当然地认为该产品的热老化性能优异，而

是应适当延长热老化周期。

2.21 荧光紫外灯老化性能

本节重点介绍土工膜的荧光紫外灯老化（以下简称紫外老化）性能的测定。

多数土工膜产品在运输、安装及使用过程中都会一定程度地暴露于阳光的直射之下，而阳光，特别是阳光中的紫外线会导致土工膜分子链断裂并产生自由基，进一步加剧产品的降解和老化，从而劣化土工膜的各项性能，最终降低产品的使用寿命。与此同时，土工膜在室外使用过程中还会受到高温、温度变化、降雨、高湿及湿度变化等自然因素的影响，这些影响因素与紫外线共同作用会进一步加剧土工膜的老化。实验室中的紫外老化试验在一定程度上模拟了自然界这些条件及其变化，可以对土工膜的耐候性能进行评价，因此对土工膜的耐紫外老化性能进行测定十分重要。需要特别指出的是，紫外老化试验并非模拟所有的实际应用过程中可能出现的环境条件，其辐照主要模拟了太阳光中的紫外部分，同时紫外老化试验也未涉及环境污染所带来的产品破坏、动植物等生物的侵袭与破坏以及盐雾、盐水等化学物质的侵蚀等。

土工膜产品通常采用添加炭黑的方法以提高产品的耐紫外老化性能（详见2.13节）。当产品不允许是黑色时，产品研发人员可采用有效的紫外线（UV）稳定体系来提高产品的耐紫外老化性能，从而达到确保产品使用寿命的目的。

2.21.1 原理

将高分子材料暴露于某特定温度、湿度、辐照度的环境中，并按照规定的辐照时间和凝露时间进行若干个周期循环，在这个过程中，光、热、水等条件会促使高分子材料链发生断裂、产生自由基，从而发生自加速反应进一步降解。通过测定紫外老化前后某些特定性能及其变化率，确定产品的耐紫外老化性能的优劣。

不同的高分子材料在光、热等作用下的降解机理各不相同，聚烯烃类土工膜会由于残存的微量碳氧键作用发生断链并产生自由基或易吸光的分子而进一步反应降解，聚氯乙烯类土工膜则通常脱氯产生自由基，而橡胶类土工膜的降解机理主要取决于不饱和链。感兴趣的读者可以参考相关的文献或书籍。

与前一节的热老化试验类似，目前土工膜行业也主要采用氧化诱导时间、拉伸强度等性能的变化率来衡量产品耐紫外老化性能的优劣，读者也可以根据实际情况采用其他性能变化情况研究土工膜的耐紫外老化性能。

2.21.2 定义

荧光紫外灯老化（fluorescent UV lamp aging）：材料暴露于某特定温度及荧

光紫外灯辐照的环境中，按照规定的辐照时间和凝露时间进行若干个周期循环老化的过程，简称紫外老化。

2.21.3 常用测试标准

目前国内土工膜行业内较为常用的紫外老化性能测试的标准如表 2-69 所示。

表 2-69 土工膜紫外老化性能常用测试的标准

序号	标准号	标准名称	备注
1	GB/T 16422.1—2019 GB/T 16422.3—2022	塑料 实验室光源暴露试验方法 第 1 部分:总则 塑料 实验室光源暴露试验方法 第 3 部分:荧光紫外灯	IDT ISO 4892-1:2016 ISO 4892-3:2016
2	ASTM D7238-20	Standard test method for effect of exposure of unreinforced polyolefin geomembrane using fluorescent UV condensation apparatus	
3	ISO 4892-3:2016	Plastics-Methods of exposure to laboratory light sources-Part 3: Fluorescent UV lamps	

2.21.4 测试仪器

紫外老化试验箱：由于紫外老化试验箱较为复杂，不对其进行详细论述，感兴趣的读者可以参考表 2-69 中所列标准及其他相关文献。需要特别指出的是，紫外老化试验箱是一种专有设备，并不是在普通试验箱中安装一根荧光紫外灯即可以进行试验的简单设备。实验室可根据实际情况采购国内外供应商提供的设备。此外，无论哪个供应商提供的试验箱，其荧光紫外灯管不是与试验箱同寿命的产品，不仅需要根据供应商提供的校准方法进行定期校准，还需要根据供应商提供的周期和方法进行更换。

2.21.5 试样

与热老化试验一样，紫外老化试验的试样规格尺寸、数量及制备方法应根据紫外老化前后所需进行的试验确定，具体要求可以参考相关的章节。

2.21.6 状态调节和试验环境

试样的状态调节和试验环境应根据所需测定性能或产品标准、规范的要求而确定。需要特别指出的是，紫外老化试验结束后，如果不能尽快进行相关性能的测定，建议将试样避光保存。

2.21.7 试验条件的选择

（1）荧光紫外灯管的选择

紫外老化试验箱应正确地配备荧光紫外灯管。荧光紫外灯管主要分为2种：①UVA型，包括UVA-340（1A型）和UVA-351（1B型），其中UVA-340是指300nm以下的辐射低于总辐射输出的1%、且在343nm处有发射峰峰值的灯管，UVA-351是指310nm以下的辐射低于总辐射输出的1%、且在353nm处有发射峰峰值的灯管；②UVB型，常见UVB-313（2型），是指300nm以下的辐射大于总辐射输出的10%、且在313nm处有发射峰峰值的灯管。土工膜行业主要采用UVA型灯管。常见的UVA灯管有UVA-340、UVA-351、UVA-355、UVA-365等，其中UVA-340更能模拟太阳光300～340nm的光谱分布，因此更为常用。

（2）暴露方式与条件

暴露方式与条件主要包括紫外老化时间、黑板/黑标温度、辐照时间、凝露温度和凝露时间等。表2-70为主要土工膜产品标准或规范要求的紫外老化条件。

表2-70 主要土工膜产品标准或规范要求的紫外老化条件

序号	标准号	主要产品	紫外老化时间/h	黑板温度/℃	辐照时间/h	凝露温度/℃	凝露时间/h	备注
1	GB/T 17643—2011	聚乙烯类土工膜	1600	75±3	20	60±3	4	GH-2和GL-2型土工膜有此要求
2	GB/T 17642—2008	非织造布复合土工膜	—	—	—	—	—	未规定，可参考其他标准条件进行
3	GB/T 17688—1999	PVC类土工膜	—	—	—	—	—	无紫外老化要求
4	GB 18173.1—2012	橡胶、树脂类土工膜及复合膜	—	—	—	—	—	无紫外老化要求，但要求进行氙弧灯老化试验
5	CJ/T 234—2006	HDPE类土工膜	1600	75±3	20	60±3	4	
6	CJ/T 276—2008	LLDPE类土工膜	1600	75±3	20	60±3	4	
7	CJJ 113—2007	用于防渗工程的土工合成材料	—	—	—	—	—	无紫外老化要求
8	铁道部科技基〔2009〕88号	HDPE/MDPE类土工膜	1600	75±3	20	60±3	4	
9	JT/T 518—2004	公路工程用土工膜	—	—	—	—	—	无紫外老化要求，但要求进行氙弧灯老化试验

续表

序号	标准号	主要产品	紫外老化时间/h	黑板温度/℃	辐照时间/h	凝露温度/℃	凝露时间/h	备注
10	GRI GM13—2021	HDPE/MDPE类土工膜	1600	75±3	20	60±3	4	
11	GRI GM22—2016	短期应用增强聚乙烯类土工膜	10000	75±3	20	60±3	4	
12	GRI GM17—2021	LLDPE类土工膜	1600	75±3	20	60±3	4	
13	GRI GM25—2021	增强LLDPE类土工膜	1600	75±3	20	60±3	4	
14	EN 13493:2018	各类土工膜	供需双方商定	60±3	4或8	50±3	4	该条件为标准推荐条件，但也可根据供需双方商定的其他条件进行试验
				黑标温度(50±3)℃、相对湿度(10±5)%下辐照5h，然后黑标温度(25±3)℃、无辐照下喷淋1h				
15	ASTM D7408-12(2020)	PVC类土工膜焊缝	—	—	—	—	—	无紫外老化要求
16	ASTM D7176-22	PVC类土工膜	—	—	—	—	—	无紫外老化要求
17	GRI GM21—2016	EPDM类土工膜	7500	75±3	20	60±3	—	除要求紫外老化外，还要求进行氙弧灯老化试验
18	ASTM D7465/D7465M-15(2023)	EPDM类土工膜	—	—	—	—	—	无紫外老化要求，但要求进行氙弧灯老化试验
19	GRI GM18—2015	柔性聚丙烯(fPP)及增强型柔性聚丙烯土工膜	20000	70±3	20	60±3	4	
20	ASTM D7613-17(2023)	柔性聚丙烯(fPP)及增强型柔性聚丙烯土工膜	10000	70±3	20	60±3	4	①增强型和非增强型土工膜撕裂强度测定方法不同 ②除要求紫外老化外，还要求进行氙弧灯老化试验

注：1. 序号为1、5、6、8的产品标准及相应的方法标准中没有明确指明温度是哪种温度（黑板温度、黑标温度或试验箱内温度），本书根据对国内外文献的研究认为标准中的温度应为黑板温度。

2. GB/T 17688—1999已作废，但有少数标准仍引用该标准。

（3）测定项目

与土工膜的热老化试验类似，紫外老化试验前后通常也进行力学性能测定，同样是不同产品标准或规范要求的紫外老化前后测定的项目不同，如表 2-71 所示。

表 2-71　主要土工膜产品标准或规范要求的紫外老化前后测定项目

序号	标准号	主要产品	测定项目	备注
1	GB/T 17643—2011	聚乙烯类土工膜	标准 OIT 或高压 OIT	GH-2 和 GL-2 型土工膜有此要求
2	GB/T 17642—2008	非织造布复合土工膜	力学性能保持率或供需双方商定	
3	GB/T 17688—1999	PVC 类均质土工膜	—	无紫外老化要求
4	GB 18173.1—2012	橡胶、树脂类土工膜及复合膜	—	无紫外老化要求，但要求进行氙弧灯老化试验
5	CJ/T 234—2006	HDPE 类土工膜	标准 OIT 或高压 OIT	
6	CJ/T 276—2008	LLDPE 类土工膜	标准 OIT 或高压 OIT	
7	CJJ 113—2007	用于防渗工程的土工合成材料	—	无紫外老化要求
8	铁道部科技基〔2009〕88 号	HDPE/MDPE 类土工膜	标准 OIT	
9	JT/T 518—2004	公路工程用土工膜	—	无紫外老化要求，但要求进行氙弧灯老化试验
10	GRI GM13—2021	HDPE/MDPE 类土工膜	标准 OIT 或高压 OIT	
11	GRI GM22—2016	短期应用增强聚乙烯类土工膜	握持强度、表面检查	
12	GRI GM17—2021	LLDPE 类土工膜	标准 OIT 或高压 OIT	
13	GRI GM25—2021	增强 LLDPE 类土工膜	标准 OIT 或高压 OIT	
14	EN 13493:2018	各类土工膜	供需双方商定	
15	ASTM D7408-12(2020)	PVC 类土工膜焊缝	—	无紫外老化要求
16	ASTM D7176-22	PVC 类土工膜	—	无紫外老化要求
17	GRI GM21—2016	非增强型 EPDM 类土工膜	拉伸断裂强度、断裂伸长率、表面检查	除要求紫外老化外，还要求进行氙弧灯老化试验
		增强型 EPDM 类土工膜	拉伸断裂强度、表面检查	
18	ASTM D7465/D7465M-15(2023)	EPDM 类土工膜	—	无紫外老化要求，但要求进行氙弧灯老化试验
19	GRI GM18—2015	柔性聚丙烯(fPP)及增强型柔性聚丙烯土工膜	拉伸强度、断裂伸长率、裂纹检查、表面粉化程度	
20	ASTM D7613-17(2023)	柔性聚丙烯(fPP)及增强型柔性聚丙烯土工膜	握持强度、握持伸长率、拉伸强度、断裂伸长率、撕裂强度及表面检查	①增强型和非增强型土工膜撕裂强度测定方法不同 ②除要求紫外老化外，还要求进行氙弧灯老化试验

2.21.8 操作步骤简述

① 应按照紫外老化试验箱制造说明书进行操作。

② 按照相关产品标准、规范的要求设置黑板温度、辐照时间、凝露温度、凝露时间等参数。

③ 将试样固定在试样架上。

④ 关闭紫外老化试验箱门，开始试验。

⑤ 根据要求的紫外老化时间，取出试样，并进行相关测定。

2.21.9 结果计算与表示

与热老化结果计算与表示一样，紫外老化试验结果计算主要有两种，其一是性能保持率，其二是性能变化率，请读者参阅 2.20 节。

2.21.10 影响因素及注意事项

紫外老化试验的影响因素较为复杂，下面仅介绍主要因素，对紫外老化机理感兴趣的读者可阅读相关的文献资料。

（1）辐照度

随着紫外老化试验箱辐照度的提高，土工膜分子链断链反应加剧，产生自由基后自加速反应亦加剧，紫外老化速度加快，产品紫外老化后性能保持率降低，性能变化率提高；反之则产品紫外老化后性能保持率提高，性能变化率降低。土工膜行业一般采用 UV-340 荧光紫外灯，相应的 340nm 波长的辐照度一般采用 $0.78W/(m^2 \cdot nm)$。当采用其他辐照度进行试验时，应予以注明，并注意与 $0.78W/(m^2 \cdot nm)$ 辐照度条件下的试验结果进行对比。

（2）黑板温度

黑板温度是控制紫外老化试验箱中温度的手段之一。紫外老化试验箱内的温度由温度控制装置控制，如空气加热器、水加热器等，较高温度所带来的热能会加速土工膜产品的降解。一般情况下，黑板温度的提高意味着试验箱内温度的升高，土工膜老化速度加快，性能变化率提高，多数性能保持率降低。

（3）凝露时间

聚烯烃类土工膜水解不明显，因此凝露时间延长意味着产品受辐照和受热时间相对缩短，因此产品的老化速度稍有下降，相应的紫外老化后性能保持率提高。对于有水敏特性的材料，如聚酯，尽管辐照时间延长，但凝露时间延长带来的材料降解的加速效应更显著，相应的紫外老化后性能保持率降低。

（4）试验注意事项

进行紫外老化性能测试应注意以下事项：

① 与热老化试验类似，可采用相关性能测试要求的试样直接进行紫外老化，也可采用足够面积的试片进行紫外老化后再根据相关要求制备成试样进行性能测定。多数标准并没有对此进行详细规定，而上述两种试验方式在结果上稍有差异。试验人员可根据实际条件进行选择，但最好能够积累一定的对比数据，以便与其他实验室进行对比，出现偏差后进行分析。

② 应将实际使用中暴露于阳光下的一侧面向光源，例如，对于黑绿复合膜，应将绿色面面向荧光紫外灯管进行紫外老化试验。

③ 由于辐照、凝露等主要作用于试样上表面，因此紫外老化对试样表面的破坏程度远大于试样内部。为此紫外老化试验结束后进行氧化诱导时间等测定仅采用极少量试样进行性能评估时，取样应考虑到试样不同部位性能的变化。当标准规范没有明确规定时，操作者应特别关注暴露表面性能的变化，建议试样从暴露表面选取。

④ 紫外老化试验结束后，不应从被夹具遮挡的部分取样进行性能测定。

⑤ 由于各公司制造紫外老化试验箱的技术存在不同，因此采用不同公司制造的紫外老化试验箱进行紫外老化试验后试样的性能变化可能存在一定的偏差，操作人员应注意与其他实验室的测定结果进行对比。

2.22 氙弧灯老化性能

本节重点介绍土工膜的氙弧灯老化性能的测定。

氙弧灯于1954年在德国用于材料的气候老化试验，经过多年的不断发展，目前已成为与日光光谱最为接近的老化光源，其辐照度类似于日光辐照，因此，从一定程度上讲，氙弧灯老化更能够体现材料在自然条件下的老化状态。此外，与土工膜荧光紫外灯老化相比，氙弧灯老化过程中还特别考虑了降雨的影响（土工膜紫外老化更多采用凝露），一般情况下氙弧灯老化都设置有一定时间的喷淋以模拟自然界中下雨天和晴热天的交替变化。氙弧灯老化试验在高分子领域应用较广，很多材料都采用这种老化方式来考核产品的老化性能，如PVC门窗、外墙涂料、室外应用的各类塑料制品等，但在土工膜领域应用不多，这可能有一定的历史原因，也可能是紫外老化的辐照量较高可缩短老化时间的缘故。

2.22.1 原理

将高分子材料暴露于某特定温度、湿度、辐照度的环境中，并按照规定的辐照时间和喷淋（也称喷水或降雨）时间进行若干个周期循环，在这个过程中，光、热、水等条件会促使高分子材料链发生断裂、产生自由基，从而发生自加速反应进一步降解。通过测定氙弧灯老化前后某些特定性能及其变化率，确定产品的耐氙弧灯老化性能的优劣。

氙弧灯老化原理与荧光紫外灯老化原理类似，只是两种老化的辐照量不同。通常情况下，荧光紫外灯老化的辐照量要高于氙弧灯老化的，而在氙弧灯老化过程中通常伴有长短不一的喷淋周期，从而导致在相同老化时间下，两种老化后产品的降解情况大不相同。

与荧光紫外灯老化试验类似，目前土工膜行业也主要采用氧化诱导时间、拉伸强度等性能的变化率来衡量产品耐氙弧灯老化性能的优劣。

2.22.2 定义

氙弧灯老化（xenon-arc lamp aging）：材料暴露于某特定温度、相对湿度和氙弧灯辐照的环境中，并按照规定的辐照时间和喷淋时间进行若干个周期循环老化的过程。

2.22.3 常用测试标准

目前国内土工膜行业内较为常用的氙弧灯老化性能测试的标准如表 2-72 所示。

表 2-72　土工膜氙弧灯老化性能常用测试的标准

序号	标准号	标准名称	备注
1	GB/T 16422.1—2019 GB/T 16422.2—2022	塑料　实验室光源暴露试验方法　第 1 部分：总则 塑料　实验室光源暴露试验方法　第 2 部分：氙弧灯	IDT ISO 4892-1：2016、ISO 4892-2：2013
2	ASTM G26-96	Standard practice for operating light-exposure apparatus(xenon-arc type) with and without water for exposure of nonmetallic materials	已废止，但部分土工膜产品标准仍有引用
3	ISO 4892-2：2013/Amd1：2021	Plastics-Methods of exposure to laboratory light sources-Part 2：Xenon-arc lamps Amendment 1：Classification of daylight filters	

2.22.4 测试仪器

氙弧灯老化试验箱：与紫外老化试验箱一样，氙弧灯老化试验箱也比较复杂，不对其进行详细论述，感兴趣的读者可以参考表 2-72 中所列标准及其他相关文献。与紫外老化试验箱类似，氙弧灯老化试验箱也是一种专有设备，并不是在普通试验箱中安装一个氙弧灯即可以进行试验的简单设备。最初国内实验室配备的氙弧灯老化试验箱都是进口产品，随着国内制造业的发展，一些国产仪器设备制造商也有了长足发展，如广州标格达仪器有限公司等，其试验箱也可以满足土工膜老化试验的要求，实验室可根据实际情况采购国内外供应商提供的设备。无论哪个供应商提供的试验箱，其氙弧灯管不是与试验箱同寿命的产品，不仅需要根据供应商提供的校准方法进行定期校准，还需要根据供应商提供的寿命周期和方法进行更换。

2.22.5 试样

与热老化试验一样，氙弧灯老化试验的试样规格尺寸、数量及制备方法应根据氙弧灯老化前后所需进行的试验确定，具体要求可以参考相关的章节。

2.22.6 状态调节和试验环境

与紫外老化类似，氙弧灯老化试样的状态调节和试验环境也应根据所需测定性能或产品标准、规范的要求而确定，氙弧灯老化试验结束后，如果不能尽快进行相关性能的测定，建议将试样避光保存。

2.22.7 试验条件的选择

（1）氙弧灯管的选择

氙弧灯管是氙弧灯老化试验箱的核心部件之一。不同公司生产的氙弧灯管，其光谱与自然光谱的拟合度存在一定的差异，且随着使用时间的推移，其辐照度会逐渐衰减。读者在选择灯管的时候应予以充分注意。

（2）暴露方式与条件

暴露方式与条件主要包括氙弧灯老化时间、黑板/黑标温度、相对湿度、喷淋周期、暗周期等。

表 2-73 为主要土工膜产品标准或规范要求的氙弧灯老化条件。

（3）测定项目

与土工膜的热老化试验类似，氙弧灯老化试验前后通常也进行力学性能测定，同样是不同产品标准或规范要求的氙弧灯老化前后测定的项目不同，如表 2-74 所示。

2.22.8 操作步骤简述

① 应按照氙弧灯老化试验箱制造说明书进行操作。

② 按照相关产品标准、规范的要求设置黑板/黑标温度、相对湿度、喷淋周期、暗周期等参数。

③ 将试样固定在试样架上。

④ 关闭氙弧灯老化试验箱门，开始试验。

⑤ 根据要求的氙弧灯老化时间，取出试样，并进行相关测定。

表 2-73 主要土工膜产品标准或规范要求的氙弧灯老化条件

序号	标准号	主要产品	氙弧灯老化时间/h	黑板温度/℃	相对湿度/%	喷淋周期/min	暗周期/h	备注
1	GB/T 17643—2011	聚乙烯类土工膜	—	—	—	—	—	无氙弧灯老化要求
2	GB/T 17642—2008	非织造布复合土工膜	供需双方商定	60±3	50±10	18/120	商定	此条件为标准推荐条件，但也可根据供需双方商定的其他条件进行试验
3	GB/T 17688—1999	PVC类土工膜	—	—	—	—	—	无氙弧灯老化要求
4	GB 18173.1—2012	橡胶、树脂类土工膜及复合膜	250	63±3	50±5	18/120	—	辐照度为550W/m^2
5	CJ/T 234—2006	HDPE类土工膜	—	—	—	—	—	无氙弧灯老化要求
6	CJ/T 276—2008	LLDPE类土工膜	—	—	—	—	—	无氙弧灯老化要求
7	CJJ 113—2007	用于防渗工程的土工合成材料	—	—	—	—	—	无氙弧灯老化要求
8	铁道部科技基〔2009〕88号	HDPE/MDPE类土工膜	—	—	—	—	—	无氙弧灯老化要求
9	JT/T 518—2004	公路工程用土工膜	150	60±3	50±10	18/120	—	辐照度为550W/m^2
10	GRI GM13—2021	HDPE/MDPE类土工膜	—	—	—	—	—	无氙弧灯老化要求

续表

序号	标准号	主要产品	氙弧灯老化时间/h	黑板温度/℃	相对湿度/%	喷淋周期/min	暗周期/h	备注
11	GRI GM22—2016	短期应用增强聚乙烯类土工膜	—	—	—	—	—	无氙弧灯老化要求
12	GRI GM17—2021	LLDPE类土工膜	—	—	—	—	—	无氙弧灯老化要求
13	GRI GM25—2021	增强LLDPE类土工膜	—	—	—	—	—	无氙弧灯老化要求
14	EN 13493:2018	各类土工膜	—	—	—	—	—	无氙弧灯老化要求
15	ASTM D7408-12(2020)	PVC类土工膜焊缝	—	—	—	—	—	无氙弧灯老化要求
16	ASTM D7176-22	PVC类土工膜	—	—	—	—	—	无氙弧灯老化要求
17	GRI GM21—2016	EPDM类土工膜	2000	80	—	—	—	
18	ASTM D7465/D7465M-15(2023)	EPDM类土工膜	—	80±2.5(黑板温度)	50±10	30/(690±15)	—	340nm辐照度0.35～0.70W/(m^2·nm)
19	GRI GM18—2015	柔性聚丙烯(fPP)及增强型柔性聚丙烯土工膜	—	—	—	—	—	无氙弧灯老化要求
20	ASTM D7613-17(2023)	柔性聚丙烯(fPP)及增强型柔性聚丙烯土工膜	10000	80.0±2.5	50±10	30/720	—	340nm处辐照度0.70W/(m^2·nm)

注：GB/T 17688—1999已作废，但有少数标准仍引用该标准。

表 2-74　主要土工膜产品标准或规范要求的氙弧灯老化前后测定项目

序号	标准号	主要产品	测定项目	备注
1	GB/T 17643—2011	聚乙烯类土工膜	—	无氙弧灯老化要求
2	GB/T 17642—2008	非织造布复合土工膜	力学性能保持率或供需双方商定	
3	GB/T 17688—1999	PVC类均质土工膜	—	无氙弧灯老化要求
4	GB/T 18173.1—2012	橡胶、树脂类土工膜及复合膜	拉伸强度、断裂伸长率	
5	CJ/T 234—2006	HDPE类土工膜	—	无氙弧灯老化要求
6	CJ/T 276—2008	LLDPE类土工膜	—	无氙弧灯老化要求
7	CJJ 113—2007	用于防渗工程的土工合成材料	—	无氙弧灯老化要求
8	铁道部科技基〔2009〕88号	HDPE/MDPE类土工膜	—	无氙弧灯老化要求
9	JT/T 518—2004	公路工程用土工膜	拉伸强度	
10	GRI GM13—2021	HDPE/MDPE类土工膜	—	无氙弧灯老化要求
11	GRI GM22—2016	短期应用增强聚乙烯类土工膜	—	无氙弧灯老化要求
12	GRI GM17—2021	LLDPE类土工膜	—	无氙弧灯老化要求
13	GRI GM25—2021	增强LLDPE类土工膜	—	无氙弧灯老化要求
14	EN 13493:2018	各类土工膜	—	无氙弧灯老化要求
15	ASTM D7408-12(2020)	PVC类土工膜焊缝	—	无氙弧灯老化要求
16	ASTM D7176-22	PVC类土工膜	—	无氙弧灯老化要求
17	GRI GM21—2016	非增强型EPDM类土工膜	拉伸断裂强度、断裂伸长率、表面检查	
		增强型EPDM类土工膜	拉伸断裂强度、表面检查	
18	ASTM D7465/D7465M-15(2023)	EPDM类土工膜	—	
19	GRI GM18—2015	柔性聚丙烯(fPP)及增强型柔性聚丙烯土工膜	—	无氙弧灯老化要求
20	ASTM D7613-17(2023)	柔性聚丙烯(fPP)及增强型柔性聚丙烯土工膜	握持强度、握持伸长率、拉伸强度、断裂伸长率、撕裂强度及表面检查	

2.22.9 结果计算与表示

与热老化、紫外老化结果计算与表示一样，氙弧灯老化试验结果计算主要有2种，其一是性能保持率，其二是性能变化率，请读者参阅2.20节。

2.22.10 影响因素及注意事项

氙弧灯老化试验的影响因素较为复杂，下面仅介绍主要因素，对氙弧灯老化机理感兴趣的读者可阅读相关的文献资料。

辐照度、黑板温度、喷淋周期等影响因素以及注意事项与紫外老化类似，不再赘述。需要特别指出的一点是，放在试验箱内不同位置（如旋转型试验箱上部、中部、下部，非旋转型试验箱平面不同位置等）的老化试样可能受到的辐照有所不同，由此会造成试样的氙弧灯老化结果不同。为此，在可能的情况下，应采取不同部位老化试样定期更换位置的方法以抵消位置不同造成的结果误差。

参考文献

[1] GB/T 17643—2011. 土工合成材料　聚乙烯土工膜.

[2] GB/T 17642—2008. 土工合成材料　非织造布复合土工膜.

[3] GB/T 17688—1999. 土工合成材料　聚氯乙烯土工膜

[4] CJ/T 234—2006. 垃圾填埋场用高密度聚乙烯土工膜.

[5] CJ/T 276—2008. 垃圾填埋场用线性低密度聚乙烯土工膜.

[6] CJJ 113—2007. 生活垃圾卫生填埋场防渗系统工程技术规范.

[7] 铁道部科技基〔2009〕88号客运专线铁路CRTS Ⅱ型板式无砟轨道滑动层暂行技术条件

[8] GRI GM13—2021. Test Methods, Test Properties and Testing Frequency for High Density Polyethylene (HDPE) Smooth and Textured Geomembranes.

[9] GRI GM22—2016. Test Methods, Required Properties and Testing Frequencies for Scrim Reinforced Polyethylene Geomembranes Used in Exposed Temporary Applications.

[10] GRI GM17—2021. Test Methods, Test Properties and Testing Frequency for Linear Low Density Polyethylene (LLDPE) Smooth and Textured Geomembranes.

[11] GRI GM25—2021. Test Methods, Test Properties and Testing Frequency for Reinforced Linear Low Density Polyethylene (LLDPE-R) Geomembranes.

[12] ASTM D2643/D2643M-21. Standard Specification for Prefabricated Bituminous Geomembrane Used as Canal and Ditch Liner (Exposed Type).

[13] ASTM D7408-12 (2020). Standard Specification for Non-Reinforced PVC (Polyvinyl Chloride) Geomembrane Seams.

[14] ASTM D7176-22. Standard Specification for Non-Reinforced Polyvinyl Chloride (PVC) Geomembranes Used in Buried Applications.

[15] GRI GM21—2016. Test Methods, Properties, and Frequencies for Ethylene Propylene Diene Terpolymer (EPDM) Nonreinforced and Scrim Reinforced Geomembranes.

[16] ASTM D7465/D7465M-15（2023.）Standard Specification for Ethylene Propylene Diene Terpolymer（EPDM）Sheet Used In Geomembrane Applications.

[17] GRI GM18—2015. Test Methods，Test Properties and Testing Frequencies for Flexible Polypropylene（fPP and fPP-R）Nonreinforced and Reinforced Geomembranes.

[18] ASTM D7613-17（2023.）Standard Specification for Flexible Polypropylene Reinforced（fPP-R）and Nonreinforced（fPP）Geomembranes.

[19] EN 13493：2018. Geosynthetic Barriers-Characteristics Required for Use in the Construction of Solid Waste Storage and Disposal Sites.

[20] GB 18173. 1—2012. 高分子防水材料　第一部分：片材 .

[21] JT/T 518—2004. 公路工程土工合成材料　土工膜 .

[22] GB/T 9352—2008. 塑料　热塑性塑料材料试样的压塑 .

[23] ISO 293：2023. Plastics-Compression Moulding of Test Specimens of Thermoplastic Materials.

[24] ASTM D4703-16. Standard Practice for Compression Molding Thermoplastic Materials into Test Specimens，Plaques，or Sheets.

[25] GB/T 12001. 2—2008. 塑料　未增塑聚氯乙烯模塑和挤出材料　第 2 部分：试样制备和性能测定 .

[26] GB/T 2918 -2018. 塑料　试样状态调节和试验的标准环境 .

[27] ISO 291：2008. Plastics-Standard Atmospheres for Conditioning and Testing.

[28] ASTM D618-21. Standard Practice for Conditioning Plastics for Testing.

[29] JTJ 060—1998. 公路土工合成材料试验规程（附条文说明）.

[30] JTG E50—2006. 公路工程土工合成材料试验规程 .

[31] GB/T 6672—2001. 塑料薄膜和薄片　厚度测定　机械测量法 .

[32] GB/T 17598—1998. 土工布　多层产品中单层厚度的测定 .

[33] SL/T 235—2012. 土工合成材料测试规程 .

[34] ISO 4593：1993. Plastics-Film and Sheeting-Determination of Thickness by Mechanical Scanning.

[35] ISO 9863-1：2016. Geosynthetics-Determination of Thickness at Specified Pressures-Part 1：Single Layers.

[36] ISO 9863-1：2016/Amd. 1：2019. Geosynthetics-Determination of Thickness at Specified Pressures-Part 1：Single Layers Amendment 1.

[37] ISO 9863-2：1996. Geotextiles and Geotextile-Related Products-Determination of Thickness at Specified Pressures-Part 2：Procedure for Determination of Thickness of Single Layers of Multilayer Products.

[38] EN 1849-1：1999. Flexible Sheets for Waterproofing-Determination of Thickness and Mass per Unit Area-Part 1：Bitumen Sheets for Roof Waterproofing.

[39] EN 1849-2：2019. Flexible Sheets for Waterproofing-Determination of Thickness and Mass per Unit Area-Part 2：Plastic and Rubber Sheets.

[40] ASTM D5199-12（2019）. Standard Test Method for Measuring the Nominal Thickness of Geosynthetics.

[41] ASTM D751-19. Standard Test Methods for Coated Fabrics.

[42] ASTM D5994/D5994M-10（2021）. Standard Test Method forMeasuring Core Thickness of Textured Geomembranes.

[43] ASTM D7466/D7466M-10（2015）e1. Standard Test Method for Measuring Asperity Height of Textured Geomembranes.

[44] GB/T 1040—1992. 塑料拉伸性能试验方法 .
[45] GB/T 1040. 1—2018. 塑料　拉伸性能的测定　第 1 部分：总则 .
[46] GB/T 1040. 2—2022. 塑料　拉伸性能的测定　第 2 部分：模塑和挤塑塑料的试验条件 .
[47] GB/T 1040. 3—2006. 塑料　拉伸性能的测定　第 3 部分：薄膜和薄片的试验条件 .
[48] ISO 527-1：2019. Plastics-Determination of Tensile Properties-Part 1：General Principles.
[49] ISO 527-2：2012. Plastics-Determination of Tensile Properties-Part 2：Test Conditions for Moulding and Extrusion Plastics.
[50] ISO 527-3：2018. Plastics-Determination of Tensile Properties-Part 3：Test Conditions for Films and Sheets.
[51] EN ISO 527-1：2019. Plastics-Determination of Tensile Properties-Part 1：General Principles（ISO 527-1：2019）.
[52] EN ISO 527-2：2012. Plastics-Determination of Tensile Properties-Part 2：Test Conditions for Moulding and Extrusion Plastics（ISO 527-2：2012）.
[53] EN ISO 527-3：2018. Plastics-Determination of Tensile Properties-Part 3：Test Conditions for Films and Sheets（ISO 527-3：2018）.
[54] ASTM D638-22. Standard Test Method for Tensile Properties of Plastics.
[55] ASTM D6693/D6693M-20. Standard Test Method for Determining Tensile Properties of Nonreinforced Polyethylene and Nonreinforced Flexible Polypropylene Geomembranes.
[56] 朱天戈，刘畅，丁金海，等．高密度聚乙烯土工膜拉伸性能各试验方法标准的差异 [J]. 塑料，2011，40（05）：106-109.
[57] GB/T 13022—1991. 塑料薄膜拉伸性能试验方法
[58] QB/T 1130—1991. 塑料直角撕裂性能试验方法 .
[59] ASTM D1004-21. Standard Test Method for Tear Resistance（Graves Tear）of Plastic Film and Sheeting.
[60] GB/T 529—2008. 硫化橡胶或热塑性橡胶撕裂强度的测定（裤形、直角形和新月形试样）.
[61] ISO 34-1：2022. Rubber，Vulcanized or Thermoplastic-Determination of Tear Strength-Part 1：Trouser，Angle and Crescent Test Pieces.
[62] ASTM D4833/D4833M-07（2020）. Standard Test Method for Index Puncture Resistance of Geomembranes and Related Products.
[63] ASTM D1693-21. Standard Test Method for Environmental Stress-Cracking of Ethylene Plastics.
[64] GB/T 1842—2008. 塑料　聚乙烯环境应力开裂试验方法 .
[65] ASTM D5397-20. Standard Test Method for Evaluation of Stress Crack Resistance of Polyolefin Geomembranes Using Notched Constant Tensile Load Test.
[66] GB/T 1033. 1—2008. 塑料　非泡沫塑料密度的测定　第 1 部分：浸渍法、液体比重瓶法和滴定法 .
[67] ISO 1183-1：2019. Plastics-Methods for Determining the Density of Non-Cellular Plastics-Part 1：Immersion Method，Liquid Pycnometer Method and Titration Method.
[68] ASTM D792-20. Standard Test Methods for Density and Specific Gravity（Relative Density）of Plastics by Displacement.
[69] EN ISO 1183-1：2019. Plastics-Methods for Determining the Density of Non-Cellular Plastics-Part 1：Immersion Method，Liquid Pycnometer Method and Titration Method（ISO 1183-1：2019，Corrected version 2019-05）.

[70] DIN EN ISO 1183-1：2019. Plastics-Methods for Determining the Density of Non-Cellular Plastics-Part 1：Immersion Method，Liquid Pycnometer Method and Titration Method（ISO 1183-1：2019，Corrected version 2019-05）.
[71] GB/T 1033.2—2010. 塑料　非泡沫塑料密度的测定　第 2 部分：密度梯度柱法.
[72] ISO 1183-2：2019. Plastics-Methods for Determining the Density of Non-Cellular Plastics-Part 2：Density Gradient Column Method.
[73] ASTM D1505-18. Standard Test Method for Density of Plastics by the Density-Gradient Technique.
[74] EN ISO 1183-2：2019. Plastics-Methods for Determining the Density of Non-Cellular Plastics-Part 2：Density Gradient Column Method（ISO 1183-2：2019）.
[75] DIN EN ISO 1183-2：2019. Plastics-Methods for Determining the Density of Non-Cellular Plastics-Part 2：Density Gradient Column Method（ISO 1183-2：2019）.
[76] GB/T 1033.3—2010. 塑料　非泡沫塑料密度的测定　第 3 部分：气体比重瓶法.
[77] ISO 1183-3：1999. Plastics-Methods for Determining the Density of Non-Cellular Plastics- Part 3：Gas Pyknometer Method.
[78] EN ISO 1183-3：1999. Plastics-Methods for Determining the Density of Non-Cellular Plastics-Part 3：Gas Pyknometer Method（ISO 1183-3：1999）.
[79] DIN EN ISO 1183-3：2000. Plastics-Methods for Determining the Density of Non-Cellular Plastics-Part 3：Gas Pyknometer Method（ISO 1183-3：1999）.
[80] 贺金娴. 密度梯度柱法测定高聚物的密度 [J]. 塑料工业，1981，06：32-35+19.
[81] 吕世光. 塑料助剂手册 [M]. 北京：轻工业出版社，1986.
[82] 朱玉俊. 弹性体的力学改性 [M]. 北京：北京科学技术出版社，1992.
[83] GB/T 9881—2008. 橡胶　术语.
[84] GB/T 13021—1991. 聚乙烯管材和管件炭黑含量的测定（热失重法）.
[85] ASTM D1603-20. Standard Test Method for Carbon Black Content in Olefin Plastics.
[86] ASTM D4218-20. Standard Test Method for Determination of Carbon Black Content in Polyethylene Compounds by the Muffle-furnace Technique.
[87] ISO 6964：2019. Polyolefin Pipes and Fittings-Determination of Carbon Black Content by Calcination and Pyrolysis-Test Method.
[88] CNS 7049—1981. 烯烃类塑料中炭黑含量检验法.
[89] JIS K 6813：2002. Polyolefin Pipes and Fittings-Determination of Carbon Black Content by Calcination and Pyrolysis-Test Method and Basic Specification.
[90] ASTM D5596-03（2021.）Standard Test Method for Microscopic Evaluation of the Dispersion of Carbon Black in Polyolefin Geosynthetics.
[91] GB/T 18251—2019. 聚烯烃管材、管件和混配料中颜料或炭黑分散度的测定.
[92] ISO 18553—2002/Amd 1：2007. Method for the Assessment of the Degree of Pigment or Carbon Black Dispersion in Polyolefin Pipes，Fittings and Compounds.
[93] D35 Carbon Dispersion Reference Chart
[94] GB/T 3682.1—2018. 塑料　热塑性塑料熔体质量流动速率（MFR）和熔体体积流动速率（MVR）的测定　第 1 部分：标准方法.
[95] GB/T 3682.2—2018. 塑料　热塑性塑料熔体质量流动速率（MFR）和熔体体积流动速率（MVR）的测定　第 2 部分：对时间-温度历史和（或）湿度敏感的材料的试验方法.

[96] ISO 1133-1：2022. Plastics-Determination of the Melt Mass-Flow Rate（MFR）and Melt Volume-Flow Rate（MVR）of Thermoplastics-Part 1：Standard Method.
[97] ISO 1133-2：2011. Plastics-Determination of the Melt Mass-Flow Rate（MFR）and Melt Volume-Flow Rate（MVR）of Thermoplastics-Part 2：Method for Materials Sensitive to Time-Temperature History and/or Moisture.
[98] ASTM D1238-23. Standard Test Method for Melt Flow Rates of Thermoplastics by Extrusion Plastometer.
[99] EN ISO 1133-1：2022. Plastics-Determination of the Melt Mass-Flow Rate（MFR）and Melt Volume-Flow Rate（MVR）of Thermoplastics-Part 1：Standard Method（ISO 1133-1：2022）.
[100] EN ISO 1133-2：2011. Plastics-Determination of The Melt Mass-Flow Rate（MFR）and Melt Volume-Flow Rate（MVR）of Thermoplastics-Part 2：Method for Materials Sensitive to Time-Temperature History and/or Moisture（ISO 1133-2：2011）.
[101] GB/T 19466.6—2009. 塑料　差示扫描量热法（DSC）　第6部分：氧化诱导时间（等温OIT）和氧化诱导温度（动态OIT）的测定.
[102] GB/T 17391—1998. 聚乙烯管材与管件热稳定性试验方法.
[103] ISO 11357-6：2018. Plastics-Differential Scanning Calorimetry（DSC）-Part 6：Determination of Oxidation Induction Time（Isothermal OIT）and Oxidation Induction Temperature（Dynamic OIT）.
[104] ASTM D3895-19. Standard Test Method for Oxidative-Induction Time of Polyolefins by Differential Scanning Calorimetry.
[105] ASTMD8117-21. Standard Test Method for Oxidative Induction Time of Polyolefin Geosynthetics by Differential Scanning Calorimetry.
[106] 罗强. 氧化诱导期测试条件的选择与确定[J]. 电线电缆，2000，06：38-40.
[107] GB/T 5470—2008. 塑料　冲击脆化温度的测定.
[108] ISO 974：2000. Plastics-Determination of the Brittleness Temperature by Impact.
[109] ASTM D746-20. Standard Test Method for Brittleness Temperature of Plastics and Elastomers by Impact.
[110] ASTM D1790-21. Standard Test Method for Brittleness Temperature of Plastic Sheeting by Impact.
[111] 何平笙. 新编高聚物的结构与性能[M]. 北京：科学出版社，2009.
[112] GB/T 12027—2004. 塑料　薄膜和薄片　加热尺寸变化率试验方法.
[113] 王微山，赵江. 水蒸气透过率、透过量与透过系数的应用[J]. 塑料科技. 2008，36（05）：71-72.
[114] GB/T 1037—2021. 塑料薄膜与薄片水蒸气透过性能测定杯式增重与减重法.
[115] GB/T 17146—2015. 建筑材料及其制品水蒸气透过性能试验方法.
[116] GB/T 21332—2008. 硬质泡沫塑料　水蒸气透过性能的测定.
[117] GB/T 21529—2008. 塑料薄膜和薄片水蒸气透过率的测定　电解传感器法.
[118] ASTM E96/E96M-22. Standard Test Methods for Gravimetric Determination of Water Vapor Transmission of Materials.
[119] ISO 15106-3：2003. Plastics-Film and Sheeting-Determination of Water Vapour Transmission Rate-Part 3：Electrolytic Detection Sensor Method.
[120] ISO 11501：1995. Plastics-Film and Sheeting-Determination of Dimensional Change on Heating.
[121] ASTM D1204-14（2020）. Standard Test Method for Linear Dimensional Changes of Nonrigid Thermoplastic Sheeting or Film at Elevated Temperature.

[122] Rowe R，Sangam H. Durability of HDPE geomembranes [J]. Geotextiles and Geomembranes，2002，20 (02)：77-95.

[123] GB/T 7141—2008. 塑料热老化试验方法.

[124] ASTM D5721-22. Standard Practice for Air-Oven Aging of Polyolefin Geomembranes.

[125] 乔治 W. 材料自然老化手册.3版 [M]. 马艳秋，王仁辉，刘树华，等译. 北京：中国石化出版社，2004.

[126] GB/T 16422.1—2019. 塑料实验室光源暴露试验方法　第1部分：总则.

[127] GB/T 16422.3—2022. 塑料实验室光源暴露试验方法　第3部分：荧光紫外灯.

[128] ASTM D7238-20. Standard Test Method for Effect of Exposure of Unreinforced Polyolefin Geomembrane Using Fluorescent UV Condensation Apparatus.

[129] ISO 4892-1：2016. Plastics-Methods of Exposure to Laboratory Light Sources-Part 1：General Guidance.

[130] ISO 4892-3：2016. Plastics-Methods of Exposure to Laboratory Light Sources-Part 3：Fluorescent UV Lamps.

[131] GB/T 16422.2—2022. 塑料　实验室光源暴露试验方法　第2部分：氙弧灯.

[132] ISO 4892-2：2013/Amd 1：2021. Plastics-Methods of Exposure to Laboratory Light Sources-Part 2：Xenon-Arc Lamps.

[133] ASTM G26-96. Standard Practice for Operating Light-Exposure Apparatus (Xenon-Arc Type) With and Without Water for Exposure of Nonmetallic Materials.

[134] GB/T 19978—2005. 土工布及其有关产品刺破强力的测定.

第3章

土工织物

土工织物又称土工布，是由天然或合成纤维通过机织、针织、非织造等工艺制造的具有一定透水性的平面土工合成材料。土工织物的主要功能包括过滤（反滤）、排水、隔离、加固（加筋）、保护、防护等，与其他土工合成材料或其他功能性材料复合后还可以具有更多的功能。

天然土工织物的应用可追溯到我国古代，当时的劳动人民采用芦苇、稻草等天然植物纤维修建道路、堤坝，在没有土工合成材料等现代合成材料的情况下，在一定程度上起到了防止道路翻浆、保护堤坝等作用。20 世纪 50 年代，土工织物在欧美开始了规模化的推广应用。中国合成土工织物的应用起源于 20 世纪 60 年代，但 90 年代后才从各种工程试用的状态转为大规模的推广应用，应用领域也由早期的水利、公路建设不断扩展到电力、矿山、铁路、垃圾填埋、机场建设、土木工程、生态修复等领域，随着土工织物制造技术的不断提高和应用研究的不断深入，其应用领域还在不断拓宽。

土工织物可按下列不同的方法进行分类：

① 土工织物按其生产工艺可以分为：织造土工织物（也称有纺土工织物）、非织造土工织物（也称无纺土工织物），如图 1-1 所示。其中织造土工织物包括机织土工织物（含编织土工织物）和针织土工织物；非织造土工织物包括机械黏结土工织物、热黏结土工织物和化学黏结土工织物。

② 土工织物按照其材质可分为聚丙烯土工织物（PP 土工织物，俗称丙纶土工织物）、聚酯土工织物（PET 土工织物，俗称涤纶土工织物）、聚乙烯土工织物（PE 土工织物，俗称乙纶土工织物）、聚乙烯醇缩甲醛纤维土工织物（PVF 土工织物，俗称维尼纶或维纶土工织物）、聚酰胺土工织物（PA 土工织物，俗称尼龙或锦纶土工织物），但应用中以 PP 土工织物和 PET 土工织物为主。PET 土工织物耐候性能较为优异但耐酸碱性能较差，这主要是由于聚酯分子与水分子发生反

应而水解，而这种水解反应通常会在高温、酸碱，特别是碱的催化下加速，因此这类材料在盐碱地带或特别高温环境中应用时应予以特别的关注。需要特别指出的是，PET 土工合成材料在没有高温、酸或碱等化学物质的条件下，性能还是比较稳定的，其耐候性较 PP 土工织物更佳，设计人员在工程设计时，应根据工程的实际情况和材料特性选择材料品种。任何脱离实际使用需求和环境而片面强调某一种产品优势的说法都是错误的。

③ 土工织物按照其是否与其他材料复合可分为均质土工织物和复合土工织物。与其他材料的复合可以赋予土工织物更多的功能，常见的复合包括：与土工膜的复合如一布一膜和两布一膜、与不同品种土工织物的复合、与膨润土复合的膨润土防水毯（GCL）、与导排网复合的导排水垫、与其他功能性材料复合的生态袋等。

④ 土工织物按照单位面积质量可分为 100g/m^2、150g/m^2、200g/m^2、250g/m^2、300g/m^2、350g/m^2、400g/m^2、450g/m^2、500g/m^2、600g/m^2、800g/m^2、1000g/m^2 等，特殊应用领域也有 1200g/m^2 的土工织物。GB/T 17639—2008 实施后，要求土工织物按照标称断裂强度进行分类，但土工织物行业目前依然存在按照单位面积质量分类和销售的情况。

⑤ 按照标称断裂强度可分为 4kN/m、5kN/m、7.5kN/m、10kN/m、15kN/m、20kN/m、25kN/m、30kN/m、40kN/m、50kN/m 或其他供需双方商定强度的土工织物。

⑥ 按照幅宽的不同可分为 2.0m、2.5m、3.0m、3.5m、4.0m、4.5m、5.0m、6.0m、7.0m 和客户定制等不同幅宽的土工织物。目前土工织物行业有幅宽越来越大的趋势，但生产设备投资也大幅度攀升，土工织物制造的难度和成本也显著提高。建议根据实际需求确定幅宽，优化产品性价比。

⑦ 土工织物按照颜色的不同可分为本色、灰色和黑色，其中灰色和黑色土工织物由于其中含有的炭黑，主要用于户外曝晒较为强烈的环境。为此也有人将土工织物分为普通土工织物和耐候型土工织物。

国内外土工织物的产品标准比较多，国内外土工织物的主要产品标准和规范列于表 3-1。如土工膜一章所述一样，读者应特别注意标准的变化，包括修订和废止，这一点在后续章节中不再赘述。

表 3-1　土工织物主要产品标准与规范

序号	标准号	标准名称	备注
1	GB/T 13759—2009	土工合成材料　术语和定义	IDT ISO 10318:2005
2	ISO 10381-1:2015	Geosynthetics-Part 1:Terms and definitions 土工合成材料　第 1 部分　术语和定义	
3	GB/T 17638—2017	土工合成材料　短纤针刺非织造土工布	

续表

序号	标准号	标准名称	备注
4	GB/T 17639—2008	土工合成材料　长丝纺粘针刺非织造土工布	
5	GB/T 17640—2008	土工合成材料　长丝机织土工布	
6	GB/T 17641—2017	土工合成材料　裂膜丝机织土工布	
7	GB/T 17642—2008	土工合成材料　非织造布复合土工膜	
8	GB/T 17690—1999	土工合成材料　塑料扁丝编织土工布	
9	GB/T 18887—2002	土工合成材料　机织/非织造复合土工布	
10	GB/T 35752—2017	经编复合土工织物	
11	CJ/T 430—2013	垃圾填埋场用非织造土工布	
12	JT/T 514—2004	公路工程土工合成材料　有纺土工织物	已作废
13	JT/T 519—2004	公路工程土工合成材料　长丝纺粘针刺非织造土工布	已作废
14	JT/T 520—2004	公路工程土工合成材料　短纤针刺非织造土工布	已作废
15	JT/T 667—2006	公路工程土工合成材料　无纺土工织物	已作废
16	JT/T 992.1—2015	公路工程土工合成材料　土工布　第1部分:聚丙烯短纤针刺非织造土工布	已作废
17	JT/T 992.2—2017	公路工程土工合成材料　土工布　第2部分:聚酯玻纤非织造土工布	已作废
18	JT/T 992.3	公路工程土工合成材料　土工布　第3部分:涤纶短纤维针刺非织造土工布	尚未发布
19	JT/T 992.4	公路工程土工合成材料　土工布　第4部分:长丝纺粘非织造土工布	尚未发布
20	JT/T 992.5	公路工程土工合成材料　土工布　第5部分:短纤热定型非织造土工布	尚未发布
21	JT/T 992.6	公路工程土工合成材料　土工布　第6部分:长丝机织土工布	尚未发布
22	JT/T 992.7	公路工程土工合成材料　土工布　第7部分:编制土工布	尚未发布
23	JT/T 992.8	公路工程土工合成材料　土工布　第8部分:复合加筋类土工布	尚未发布
24	EN 13249:2016	Geotextiles and geotextile-related products-Characteristics required for use in the construction of roads and other trafficked areas(excluding railways and asphalt inclusion) 道路及其他交通区域(不包括铁路及沥青道路)用土工织物及其相关产品性能要求	

续表

序号	标准号	标准名称	备注
25	EN 13250:2016	Geotextiles and geotextile-related products-Characteristics required for use in the construction of railways 铁路建设用土工织物及其相关产品性能要求	
26	EN 13251:2016	Geotextiles and geotextile-related products-Characteristics required for use in earthworks,foundations and retaining structures 土方工程、地基和挡墙结构用土工织物及其相关产品性能要求	
27	EN 13252:2016	Geotextiles and geotextile-related products-Characteristics required for use in drainage systems 排水系统用土工织物及其相关产品性能要求	
28	EN 13253:2016	Geotextiles and geotextile-related products-Characteristics required for use in erosion control works (coastal protection,bank revetments) 防腐蚀工程(海岸防护、护岸工程)用土工织物及相关产品性能要求	
29	EN 13254:2016	Geotextiles and geotextile-related products-Characteristics required for use in the construction of reservoirs and dams 水库水坝建设用土工织物及其相关产品性能要求	
30	EN 13255:2016	Geotextiles and geotextile-related products-Characteristics required for use in the construction of canals 沟渠建设用土工织物及其相关产品性能要求	
31	EN 13256:2016	Geotextiles and geotextile-related products-Characteristics required for use in the construction of tunnels and underground structures 隧道及地下建筑用土工织物及其相关产品性能要求	
32	EN 13257:2016	Geotextiles and geotextile-related products-Characteristics required for use in solid waste disposals 固体废物处理用土工织物及其相关产品性能要求	
33	EN 13265:2016	Geotextiles and geotextile-related products-Characteristics required for use in liquid waste containment projects 废液处理用土工织物及其相关产品性能要求	

续表

序号	标准号	标准名称	备注
34	EN 15381:2008	Geotextiles and geotextile-related products-Characteristics required for use in pavements and asphalt overlays 路面和沥青覆盖层用土工织物及其相关产品性能要求	
35	GRI-GT 12(a)—2016	Test methods and properties for nonwoven geotextiles used as protection(or cushioning) materials (ASTM) 保护用途土工织物试验方法、性能和频次	ASTM 方法版
36	GRI-GT 12(b)—2016	Test methods and properties for nonwoven geotextiles used as protection(or cushioning) materials (ISO) 保护用途土工织物试验方法、性能和频次	ISO 方法版
37	GRI-GT 13(a)—2017	Test methods and properties for geotextiles used as separation between subgrade soil and aggregate (ASTM) 路基土与骨料隔离用土工织物试验方法、性能和频次	ASTM 方法版
38	GRI-GT 13(b)—2012	Test methods and properties for geotextiles used as separation between subgrade soil and aggregate (ISO) 路基土与骨料隔离用土工织物试验方法、性能和频次	ISO 方法版
39	GRI-GT 16—2021	Test methods, properties and frequencies for geotextile grout filled mattresses(GGFM) 灌浆土工织物垫试验方法、性能和频次	
40	ASTM D6707/D6707M-06(2019)	Standard specification for circular-knit geotextile for use in subsurface drainage applications 地下排水用圆形针机织土工织物的标准规范	

各类产品标准、方法标准、规范及文献资料涉及的土工织物性能测试参数很多，主要包括：物理性能、力学性能、界面特性、水力特性和长期性能。

(1) 物理性能

① 规格尺寸：宽度、厚度、长度及各尺寸偏差等。

② 单位面积质量及其偏差。

(2) 力学性能

① 拉伸性能：拉伸强度、标称强度对应伸长率、最大强度对应伸长率、不同方向强度比、2%（5%或 10%）伸长率时的拉伸强度。

② 握持强度及伸长率。

③ 刺破强力。

④ 静态顶破性能：Mullen 顶破、圆柱（CBR）顶破、圆球顶破。

⑤ 梯形撕裂性能。

⑥ 动态穿孔性能（落锥试验）。

⑦ 抗磨损性能。

⑧ 剥离强度。

⑨ 拼接/连接性能、接头/接缝强力。

（3）界面特性

① 摩擦特性：直剪法、拉拔法、斜面法。

② 从土壤中抽出力。

（4）水力特性

① 有效/等效孔径：干筛法，湿筛法。

② 垂直渗透特性/垂直渗透系数。

③ 平面流动特性/平面内水流量。

④ 过滤特性。

⑤ 淤堵特性。

（5）长期性能

① 拉伸蠕变性能。

② 长期保护性能。

③ 热氧老化性能。

④ 紫外老化性能。

⑤ 耐微生物降解性能。

注：仅适用于特殊应用领域。

⑥ 耐化学品性能（常见耐酸、耐碱性能）。

注：仅适用于特殊应用领域。

主要针对土工织物常用的性能测试方法进行介绍，包括试样制备、状态调节与试验环境、基本物理性能（厚度、单位面积质量）、力学性能（拉伸性能、撕裂性能、顶破性能、落锥试验、接头/接缝强力）、水力特性（有效孔径、垂直渗透系数、平面内水流量）、长期性能（耐腐蚀性能和耐老化性能）等。蠕变性能在土工格栅一章中介绍，直剪性能在 GCL 一章中介绍，本章不做介绍。

3.1 试样制备

与土工膜一样，试样制备是土工织物测试的重要环节，直接影响测试结果的准确度和可重复性。土工织物的试样制备主要采用冲裁、剪裁等方法。

3.1.1 相关标准

关于土工织物的取样和试样制备主要有6个标准，如表3-2所示。这些标准都属于基础标准，题目虽然是土工合成材料，但都是以土工织物为基础逐渐扩展到其他土工合成材料上的，因此更适用于土工织物。ASTM D4354侧重于产品如何组批取样，包括生产企业质量控制（MQC）组批取样、生产企业质量保证（MQA）组批取样和采购方验收组批取样，其余几个标准则侧重于如何在一卷产品上取样及试样制备。除ASTM D4354外其余标准的标龄都已经超过10年，部分描述存在不准确的问题。

表3-2 土工织物取样和试样制备的相关标准

序号	标准号	标准名称	备注
1	GB/T 13760—2009	土工合成材料 取样和试样制备	
2	SL 235—2012	土工合成材料测试规程	3.2制样方法
3	JTG E50—2006	公路工程土工合成材料试验规程	T 1101—2006 取样与试样制备
4	ISO 9862:2005	Geosynthetics-Sampling and preparation of test specimens	
5	EN ISO 9862:2005	Geosynthetics-Sampling and preparation of test specimens	等同ISO 9862:2005
6	ASTM D4354-12(2020)	Standard practice for sampling of geosynthetics and rolled erosion control products(RECPs)for testing	

3.1.2 取样和试样制备部位的选择

土工织物取样时应沿幅宽方向裁取足够长的整幅宽土工织物作为待测样品，一般情况下，长度不低于2m。土工织物取样时应尽量避开每卷最外两层，当土工织物存在受潮、机械损伤、皱褶、受到意外拉伸或是其他不具代表性缺陷时，尽可能从每卷产品内部不受影响的部分取样。

由于土工织物容易变形，因此进行试样制备时，不应选取距离边缘100mm以内区域，特别是进行厚度测定时。与土工膜取样类似（见图2-2），不应沿土工织物生产方向制备同一性能测试所需试样，优先沿对角线方向尽量等距离裁取试样，当样品量不足时可沿幅宽方向等距离裁取试样，但应在试验记录中予以注明。

通常应避免选取有划痕、污垢、皱褶、孔洞和其他缺陷的样品部位进行试样制备（外观检验样品除外）。若需要考核缺陷部位性能时，应由有关方进行协商。

3.1.3 土工织物试样制备方法

土工织物通常采用冲裁或剪裁两种方法进行试样的制备。当需要制备尺寸精度要求比较高的试样时，应采用冲裁。不同测试项目应采取的制样方法及样品尺寸、试样数量见表 3-3。

表 3-3 土工织物取样及试样制备方法

序号	测试项目	制样方式		参考标准	整幅宽样品长度/m	最少试样数量/个	备注
		冲裁	剪裁				
1	厚度	√	√	ISO 9863-1 EN ISO 9863-1 GB/T 13761.1	1	10	
2	单位面积质量	√	○	ISO 9864 EN ISO 9864 GB/T 13762	1	10	
3	拉伸性能	√	○	ISO 10319 EN ISO 10319 GB/T 15788	2	10	区分横纵两个方向
4	梯形撕裂性能	√	√	GB/T 13763 ASTM D4533/D4533M	2	20	区分横纵两个方向
5	抗静态顶破性能	√	○	ISO 12236 EN ISO 12236 GB/T 14800	2	10	
6	抗动态顶破性能	√	○	EN 918	2	10	
7	有效孔径/等效孔径	√	○	ISO 12956 EN ISO 12956 GB/T 14799 GB/T 17634	2	5	
8	垂直渗透特性/垂直渗透系数	√	○	ISO 11058 EN ISO 11058 GB/T 15789	1	5	
9	平面流动特性/平面内水流量	√	○	ISO 12958 EN ISO 12958 GB/T 17633	2	6	区分横纵两个方向

续表

序号	测试项目	制样方式		参考标准	整幅宽样品长度/m	最少试样数量/个	备注
		冲裁	剪裁				
10	耐候性能	—	—	EN 12224	3	12	制样方式与待测性能相关
11	耐热氧老化性能			ISO 13438 EN ISO 13438 GB/T 17631			
12	耐水解性能			EN 12447			
13	耐化学品性能			EN 14030			
14	耐微生物降解性能			EN 12225			

注：表中√表示推荐使用，×表示不允许使用，○表示可以使用，—表示不适用。

试样制备人员应对制备的试样进行检查，废弃变形或边缘不整齐、存在缺陷以及规格尺寸不符合标准要求的试样。

3.1.4 试样制备仪器及工具

（1）冲裁

冲裁必备的工具包括冲裁机和裁刀（也称冲模）。与土工膜冲裁仪器不同的是，土工织物的冲裁机几乎没有手动式的，而气动冲裁机也并非土工织物的专用设备，而是可用于皮革、纸板、土工织物、塑料薄板/片的通用仪器。该类冲裁机的体积、冲裁力、冲裁面积都远大于土工膜冲裁机，因此应该特别注意冲裁过程中的安全问题，以免发生机电伤害性事故。

与土工膜相比，土工织物的冲裁难度较大，容易发生一次冲裁未能将试样冲切完整的情况，此时可根据待测性能对试样的要求决定是否废弃该试样重新冲裁。

土工织物试样制备所需的裁刀多为正方形和矩形等简单形状，但尺寸通常大于制备土工膜所用裁刀。裁刀的使用注意事项与土工膜裁刀的相同，详见 2.1.3 节，此外应特别注意安全。

（2）剪裁

相比于土工膜，土工织物多数性能测试所需的试样形状较为简单、尺寸精度较低，因此可以采用剪裁的方法进行试样制备。剪裁制样时，最好采用符合尺寸精度要求的模框在土工织物上画线后再进行剪裁，但相比于冲裁，剪裁的工作效率和尺寸精度显著降低。

3.1.5 试样制备的方向性

土工织物属于各向异性产品，部分性能测试应区分方向，详见表 3-3。土工织物横纵两向的性能差异程度随产品生产工艺的不同而不同。

一般情况下，横向是指与土工织物生产方向相垂直的方向，而纵向是指与生产方向相平行的方向。读者应特别注意的是，不同性能横向和纵向试样的区分依据不同，这将在以后的章节中进一步阐述。在试样制备的同时，建议在每个试样表面标明方向，避免混淆。

3.2 状态调节与试验环境

土工织物行业沿用了纺织品行业的部分术语和定义，因此“状态调节”和“标准环境”在土工织物行业被分别称为“调湿”和“标准大气”。无论是“状态调节”还是“调湿”，对应的英文都是“conditioning”。作者认为“状态调节”更为科学，因为在这个过程中，包括了温度、相对湿度等多个环境条件的平衡过程，而“调湿”包含的词义中只体现了一个相对湿度的平衡过程。同理，“标准环境”和“标准大气”对应的英文都是“standard atmosphere”，笔者亦认为“环境”更为合理。目前这些术语在国内土工织物行业相关标准中都有应用，因此本节中同时采用了这些术语，并在3.2.1节中给出了“调湿”和“标准大气”的定义，“状态调节”和“标准环境”的定义与2.2节中一致。为了方便起见，在随后的章节中统一采用“状态调节”和“标准环境”。

3.2.1 定义

（1）标准大气（standard atmosphere）

相对湿度和温度受到控制的环境。

土工织物行业采用的标准大气条件通常指温度20℃、相对湿度65%。在相关各方协商一致的情况下，也可采用其他的温度和相对湿度条件。

（2）调湿（conditioning）

调湿是指使样品或试样达到标准大气要求的温度和相对湿度的全套操作。一般情况下，当样品或试样的质量递增量不超过一个特定百分比时则认为样品或试样的调湿达到平衡，而不同标准中这个特定百分比数值不同。

（3）试验环境（test environment）

试验环境是指试验中样品或试样在测试过程中所处的恒定环境，包括温度、相对湿度、震动、电磁干扰、灰尘等。

对于土工织物来说，通常测试采用标准大气作为试验环境，且与调湿所采用的标准大气条件相一致。

3.2.2 意义

环境因素对土工织物的影响主要来源两方面：温度和相对湿度对构成土工织

物的纤维的影响和对土工织物成品结构的影响。因此与其他类土工合成材料相比，环境因素对土工织物的影响更为复杂。

众所周知，高分子材料的测试结果受到调湿/状态调节及试验环境等条件的影响，这些因素不仅影响到高分子材料的分子构型、结晶状态、链段运动，而且会影响试样中应力的消存。绝大多数土工织物都是由合成纤维加工而成的，而合成纤维也属于高分子材料，因此测试结果会受到这些因素的影响。需要特别注意的是，部分合成纤维如聚酯纤维、尼龙纤维具有易吸湿性和水解性，因此湿度对这类土工织物的影响更为显著。

相比土工膜、土工格栅等以塑料制品形态应用的土工合成材料，土工织物更容易吸湿，而且吸湿量很大。在室温条件下，随着环境相对湿度的增加，土工织物的顶破强力、拉伸强度总体呈下降趋势，而撕裂强度总体呈提高趋势。在恒定相对湿度的情况下，温度的升高，对土工织物的性能也会产生类似相对湿度增高的影响。

环境因素对土工织物的影响包括调湿/状态调节的温度和相对湿度、调湿/状态调节的时间、试验环境的温度和相对湿度等。

通常经过一定时间间隔的调湿/状态调节，可以使待测土工织物样品或试样内外温度和含湿量达到平衡，物理化学变化达到平衡，微观形貌达到某一稳定状态，测试结果的重复性因此得以提高。与此同时，在这个过程中还可以消除或减缓试样在制备等过程中形成的应力集中，获得相对真实的测试结果，使测试精度进一步提高。

3.2.3 相关标准

目前土工织物行业没有专门的调湿/状态调节的标准，主要采用纺织行业的相关标准，常用的标准包括 GB/T 6529—2008、ISO 139：2005/Amd 1：2011 和 ASTM D1776/D1776M-20，详见表 3-4。各标准规定的环境条件存在一定的差异。表 3-5 列出了常用标准对应的多种环境条件，但国内外很多土工织物产品标准中都未指明应按照哪种条件进行调湿/状态调节，这种情况下读者可以按照相关方法标准确定调湿/状态调节条件。当方法标准也未给出相应规定时，可采用土工织物行业较为通用的温度 20℃、相对湿度 65%的环境条件。

注：对于每一标准体系而言，各标准要求的状态调节与试验环境基本一致，不同标准体系间略有差异，但总体差异不大。

一般情况下，土工织物的试验环境与调湿/状态调节环境条件一致。

表 3-4 土工织物调湿/状态调节相关标准

序号	标准号	标准名称	备注
1	GB/T 6529—2008	纺织品 调湿和试验用标准大气	MOD ISO 139:2005
2	SL 235—2012	土工合成材料测试规程	3.3 试样状态调节与仪器仪表

续表

序号	标准号	标准名称	备注
3	JTG E50—2006	公路工程土工合成材料试验规程	T 1101—2006 取样与试样制备
4	ISO 139:2005/Amd 1:2011	Textiles-Standard atmospheres for conditioning and testing Amendment 1	
5	ASTM D1776/D1776M-20	Standard practice for conditioning and testing textiles	

表 3-5 不同标准对调湿/状态调节的要求

序号	标准号	预调节	状态调节			备注
			温度/℃	相对湿度/%	时间/h	
1	GB/T 6529—2008	温度≤50℃，相对湿度 10%～25%（需要时）	20±2	65±4	称量间隔 2h，质量增量≤0.25%	标准大气
			23±2	50±4		特定标准大气
			27±2	65±4		热带标准大气
2	SL 235—2012	—	20±2	60±10	24	
3	JTG E50—2006	—	20±2	65±5	24	
4	ISO 139:2005/Amd 1:2011	温度≤50℃，相对湿度 10%～25%（需要时）	20±2	65±4	称量间隔 2h，质量增量≤0.25%	标准大气
			23±2	50±4		特定标准大气
			27±2	65±4		热带标准大气
5	ASTM D1-776/D1776M-20	—	21±2	65±5	称量间隔 2h，质量增量≤0.2%	通用要求
		—	23±2	50±5		无纺布
		—	21±1	65±5		玻璃纤维
		3h	20±2	65±5	14	聚酰胺
		3h	24±2	55±5	14	
		—	20±2	65±5	4	高性能聚乙烯

3.2.4 试验注意事项

虽然部分标准没有规定调湿/状态调节的时间，而是规定连续质量测定的增量不超过某一数值即视为达到平衡，但在实际操作过程中，对于较为熟悉的产品，并不需要进行这个繁琐的操作过程，而是根据经验进行时间调节，较为公认的时间为至少 24h。这种简化的操作不适用于仲裁试验，但大幅度降低了操作的繁琐性，提高了工作效率，在生产企业产品质量控制中可以使用。

表 3-5 所列的不同标准规定的环境条件并不相同，因此在执行不同标准时，可能需要在不同实验室或同一实验室不同时间对应的条件下进行。与此同时土工织物测试对应的实验室环境条件与土工膜、土工格栅等土工合成材料测试对应的

实验室环境条件有一定差异，当同时需要进行不同种产品测试时，也应注意环境条件的选择与监控。

此外需要读者特别注意的是，部分土工织物非常容易吸湿，因此客户或实验室收到的样品的含水量（含湿量）会高于该样品初始状态及其调湿/状态调节后的含水量（含湿量）。这样的样品在调湿/状态调节过程中水分的损失可能较为缓慢，在调节后也可能无法达到预期的目的。当接收到的样品含水量过高时，这种情况尤为严重，此时可以先将样品烘干再进行调节，烘干的温度应视产品特点（如纤维的吸湿特性，耐温等级等）而定，避免温度过高影响产品的力学性能。

3.3 厚度

规格尺寸几乎是所有产品最基本的性能之一，也是土工织物生产企业在线质量控制和出厂质量检验的重要参数之一，同时还是其他性能测试结果计算的重要参数。

土工织物主要的尺寸包括卷长及其偏差、幅宽及其偏差、厚度及其偏差和单位面积质量及其偏差。土工织物的长度、幅宽测量较为简单，但土工织物行业没有专用的测试标准，通常按照织物的标准用钢卷尺进行测定，测量精度相对较低（一般精确到0.01m），此处不做赘述。下面主要介绍土工织物厚度及其偏差的测定方法。

厚度是土工织物质量控制的重要参数之一，也是工程设计选材的重要依据。厚度均匀是土工织物产品性能均匀的重要前提，但受生产工艺和产品特点的影响，土工织物厚度的均匀性较土工膜类产品低。

3.3.1 原理

沿垂直于土工织物生产方向（即幅宽方向）以等间距或随机方式制备试样。将试样放置在基准板上，平行于基准板的圆形压脚向试样施加一定时间的压力，测量基准板和压脚之间的垂直距离即为该试样的厚度，计算平均厚度及其偏差。

注：在不同文献资料中基准板也称为下测量面，压脚也称为上测量面、压头、测头等。

3.3.2 定义

（1）厚度（thickness）

在规定的压力和时间条件下相互平行的基准板和压脚之间的垂直距离即为试样的厚度，以毫米（mm）表示。

（2）名义厚度（nominal thickness）

也称为公称厚度或标称厚度，是指压力为（2.00±0.01）kPa时试样的厚度，以毫米（mm）表示。

3.3.3 常用测试标准

目前土工织物行业较为常用的厚度测试的方法标准如表 3-6 所示。

表 3-6 土工织物厚度常用测试的方法标准

序号	标准号	标准名称	备注
1	GB/T 13761.1—2022	土工合成材料 规定压力下厚度的测定 第 1 部分:单层产品	MOD ISO 9863-1:2016
2	SL 235—2012	土工合成材料测试规程	5 土工织物厚度测定
3	JTG E50—2006	公路工程土工合成材料试验规程	T 1112—2006 厚度测定
4	ISO 9863-1:2016	Geosynthetics-Determination of thickness at specified pressures-Part 1:Single layers	
5	ISO 9863-1: 2016/Amd 1:2019	Geosynthetics-Determination of thickness at specified pressures-Part 1:Single layers-Amendment 1	
6	EN ISO 9863-1: 2016	Geosynthetics-Determination of thickness at specified pressures-Part 1:Single layers(ISO 9863-1:2016)	
7	EN ISO 9863-1: 2016/A1:2019	Geosynthetics-Determination of thickness at specified pressures-Part 1: Single layers-Amendment 1(ISO 9863-1:2016/Amd 1:2019)	
8	ASTM D5199-12 (2019)	Standard test method for measuring the nominal thickness of geosynthetics	

3.3.4 测试仪器

土工织物采用测厚仪进行厚度的测定，不同标准对测厚仪的要求总体相同，只是在细节规定上略有所不同，详见表 3-7。此外，厚度测定还需要配备秒表以记录读数时间。

表 3-7 土工织物用测厚仪要求

<table>
<tr><th rowspan="2">序号</th><th rowspan="2">标准号</th><th rowspan="2">测量精度/mm</th><th colspan="3">测量面</th><th rowspan="2">负荷</th><th rowspan="2">备注</th></tr>
<tr><th>上测量面(压脚)规格尺寸</th><th>上下测量面不平行度</th><th>下测量面(基准板)要求</th></tr>
<tr><td rowspan="5">1</td><td>GB/T 13761.1—2022</td><td rowspan="5">0.01</td><td rowspan="5">圆形
面积:(25 ± 0.2)cm²;当试样厚度不均时,压脚面积应不小于 25cm²</td><td rowspan="5">当厚度不均时,上下测量面应平行,且至少有 3 个支撑点均匀分布在压脚表面</td><td rowspan="5">厚度均匀试样:直径大于 1.75 倍压脚直径
厚度不均试样:直径与压脚相同</td><td rowspan="5">(2±0.01)kPa
(20±0.1)kPa
(200±1)kPa</td><td rowspan="5"></td></tr>
<tr><td>ISO 9863-1:2016</td></tr>
<tr><td>ISO 9863-1:2016/Amd 1:2019</td></tr>
<tr><td>EN ISO 9863-1:2016</td></tr>
<tr><td>EN ISO 9863-1:2016/A1:2019</td></tr>
</table>

续表

序号	标准号	测量精度/mm	测量面			负荷	备注
			上测量面(压脚)规格尺寸	上下测量面不平行度	下测量面(基准板)要求		
2	SL 235—2012	0.01	圆形 面积:$25cm^2$	无要求	面积应大于2倍压脚面积	2kPa,20kPa,200kPa	
3	JTG E50—2006	0.01	圆形 面积:$25cm^2$	无要求	面积应大于2倍压脚面积	(2±0.01)kPa	
4	ASTM D5199-12(2019)	0.02	圆形 直径:56.4mm 或面积:$2500m^2$	小于0.01mm	各向尺寸应至少超出上压脚边缘至少10mm	(2±0.02)kPa	

3.3.5 试样

(1) 试样的规格尺寸

多数土工织物产品标准都采用方法标准给定的试样规格，详见表3-8。

表3-8 厚度测定的试样规格尺寸

序号	标准号	试样规格尺寸	备注
1	GB/T 13761.1—2022	直径大于1.75倍压脚直径	
2	ISO 9863-1:2016	尺寸(直径或边长等)大于1.75倍的压脚直径	
	ISO 9863-1:2016/Amd 1:2019		
	EN ISO 9863-1:2016		
	EN ISO 9863-1:2016/A1:2019		
3	SL 235—2012	试样尺寸应不小于基准板	
4	JTG E50—2006	试样尺寸应不小于基准板	
5	ASTM D5199-12(2019)	边缘与压脚边缘距离至少大于10mm或大于直径为75mm圆的任意形状的试样	

(2) 试样数量及取样位置

相比于土工膜，土工织物厚度的不均匀性较高，因此厚度测定的试样数量及其取样位置显著地影响测定结果。多数标准规定的试样数量为10个，当需要测定多种负荷条件时，每一负荷条件下都应制备10个试样。笔者认为对于幅宽相对较小的土工织物，如2～3m，10个试样可以较为真实地反映土工织物的厚度及其偏差，但对于幅宽较大的土工织物，特别是近年来新出现的幅宽7～8m的土工织物来说，10个试样不足以反映土工织物厚度的均匀性，建议生产企业在产品质量控制中适当增加厚度控制点。对于试样的取样位置，不同标准要求不一致，如 ASTM D5199 规定试样沿产品幅宽方向随机选取，而 GB/T 13761.1 和 ISO 9863 规定沿对角线方向等间距选取。笔者认为可能的情况下，尽量按 3.1 节所述的沿对角线方向取样，但等间距均匀取样和随机取样的方法都是可行的。对于生产企业的产品质量控制来说，如果预知特定生产工艺或设备生产的产品在某些特定部位存在过薄或过厚的可能，在制备试样时可特意取用这些部位，以加强产品质量控制的针对性，降低产品检验不合格的风险。但无论采用哪种方法，当试样测定结果处于临界值时，应考虑取样位置对结果的影响。此外，除非特别约定，不得在距边缘 100mm 以内的位置选取试样。

上述试样数量及取样位置的确定方法，不仅适用于土工织物厚度测定，也适用于土工织物其他性能测定，在随后的章节中不再赘述。

（3）试样制备

厚度测定可采用冲裁或剪裁的方法进行试样制备，笔者建议有条件的实验室采用冲裁的方法。部分土工织物特别容易被压缩，因此无论采用哪种制备方法，在试样制备过程中应尽量避免试样被压缩，从而使厚度测定结果偏小。

3.3.6 状态调节和试验环境

从 3.2 节中已经了解，不同标准规定的状态调节和试验环境条件存在一定差异。在此基础上，厚度测定标准又对调节时间等细节做了规定，详见表 3-9。SL 235—2012 和 JTG E50—2006 的各种性能测定中关于状态调节和试验环境的要求与 3.2 节一致，此后章节中不再赘述。

表 3-9 不同厚度测定方法标准状态调节要求

序号	标准号	预调节	状态调节			备注
			温度/℃	相对湿度/%	时间/h	
1	GB/T 13761.1—2022	—	20±2	65±4	24	
	ISO 9863-1:2016					
	ISO 9863-1:2016/Amd 1:2019					
	EN ISO 9863-1:2016					
	EN ISO 9863-1:2016/A1:2019					
2	SL 235—2012	—	20±2	60±10	24	
3	JTG E50—2006	—	20±2	65±5	24	
4	ASTM D5199-12(2019)	—	21±2	60±10	称量间隔 2h，质量增量≤0.1%	

注：SL 235—2012 和 JTG E50—2006 涉及各性能测定的状态调节和试验环境与 3.2 节一致，以后章节不再赘述。

土工织物厚度测定的试验环境通常与状态调节环境条件一致，其他性能测定的试验环境要求亦是如此，此后章节中也不再赘述。

3.3.7 试验条件的选择

（1）负荷

厚度测定的负荷可根据表 3-7 进行选择。与其他产品厚度测定有所不同，土工织物厚度的测定有多种负荷可供选择，包括 2kPa、20kPa、200kPa。

（2）读数时间

由于土工织物厚度的测定结果对读数时间较为敏感，因此绝大多数标准都对读数时间进行了规定，相关的国家标准、行业标准和国际标准规定的读数时间为 30s 或更长，但 ASTM D5199 规定的读数时间为 5s。

3.3.8 操作步骤简述

土工织物厚度测定的方法主要包括 2 种：单一负荷法和负荷递增法。

（1）单一负荷法

设置规定负荷，将试样放置于基准板和压脚之间，并使压脚位于试样中心位置，轻轻放下压脚，对试样施加负荷，规定时间后读取测厚仪的读数，精确至 0.01mm 或 0.02mm（这主要取决于测量器具的精度），移走试样。重复上述步骤直至完成所有试样厚度的测定。

设置其他负荷，重复上述步骤。

（2）负荷递增法

将试样放置于基准板和压脚之间，并使压脚位于试样中心位置，轻轻放下压脚，对试样施加 2kPa 的负荷，规定时间后读取测厚仪的读数，将负荷增加至 20kPa，规定时间后读数，继续提高负荷至 200kPa，规定时间后读数，精确至 0.01mm 或 0.02mm，移走试样。重复上述步骤直至完成所有试样厚度的测定。

3.3.9 结果计算与表示

（1）平均厚度

分别计算不同方法、不同负荷下试样厚度的算术平均值作为平均厚度。

（2）厚度-负荷关系图

以负荷为横坐标，厚度平均值为纵坐标作图。需要注意的是，这种关系可能不是线性关系，详见 3.3.10 节中负荷对试样厚度测量的影响。

（3）厚度偏差

土工织物相关标准中并未提供厚度偏差的计算方法，读者可以参考土工膜厚度偏差的计算方法（2.3.9节）。

（4）结果表示

不同标准对结果精度的要求不同，详见表3-10。每一结果应同时报出负荷条件。

表3-10　土工织物厚度的结果表示

序号	标准号	结果表示	备注
1	GB/T 13761.1—2022	精确到0.01mm	
2	ISO 9863-1:2016 ISO 9863-1:2016/Amd 1:2019 EN ISO 9863-1:2016 EN ISO 9863-1:2016/A1:2019	厚度小于3mm的试样，精确到0.01mm；厚度大于25mm的试样，精确到0.1mm	
3	SL 235—2012	无规定	
4	JTG E50—2006	计算到小数点后三位，修约至小数点后两位	
5	ASTM D5199-12(2019)	精确到0.02mm	

3.3.10　影响因素及注意事项

（1）负荷

与土工膜类似，适宜的负荷可消除试样不平整、表面毛糙等原因带来的试验误差，有利于提高测试精度。但由于土工织物的密实程度远远低于土工膜，因此负荷对土工织物厚度的影响比对土工膜的影响显著得多，随着测量压脚负荷的提高，土工织物被压缩的程度不断提高，厚度的测定结果不断下降。表3-11是6个不同厚度试样在不同负荷下的厚度测定值，负荷为2kPa、20kPa和200kPa的测试结果存在显著的差异，且不同试样对负荷的敏感性不同。

表3-11　负荷对厚度测试结果的影响

样品	不同负荷下的厚度/mm		
	2kPa	20kPa	200kPa
1	1.77	1.40	0.91
2	1.82	1.14	0.91
3	3.28	2.38	1.50
4	4.93	4.76	2.21
5	5.02	3.61	2.31
6	5.43	4.46	2.21

（2）试样数量及取样位置

由前面章节可知，不同标准规定的试样数量以及取样位置有较大差异，这对于厚度均匀的产品影响并不明显，但对于厚度均匀性差的产品，采用不同方法得到的试验结果可能存在较大的差异。对于土工织物生产企业，在产品试制或生产初期应尽量选取较多的试样监控产品厚度，避免由于试样/测量点数量过少而隐藏了厚度不均匀的问题，同时也可降低产品厚度达标与否的误判风险。当测试结果处于临界值时，建议增加试样数量重新进行测试。试样数量及取样位置对厚度测试结果的影响与对单位面积质量测试结果的影响类似，读者可参考3.4.9节（2）。

（3）读数时间

一般说来，土工织物试样的厚度会随着读数时间的延长而有所降低。不同试样对读数时间的敏感性并不相同，这主要取决于试样的密实程度。表3-12是两个试样厚度随读数时间变化的实例，可以看出对时间不敏感的试样（如样品2）在15s之后读数基本处于不变，敏感试样（如样品1）在15～30s读数仍有变化，但变化幅度较小。

表3-12　读数时间对厚度测试结果的影响

样品	不同读数时间下的厚度/mm							
	5s	10s	15s	20s	30s	40s	50s	60s
1	2.56	2.54	2.52	2.51	2.50	2.49	2.49	2.49
2	4.38	4.36	4.35	4.35	4.34	4.34	4.34	4.34

（4）试验注意事项

进行厚度测试应注意以下事项：

① 将试样放置在基准板与压脚之间时，应注意使压脚位于试样的中心位置。

② 采用剪裁的方法进行试样制备时，应特别注意，无论是用手还是采用模板画线时，都应避免用力过度产生对试样的压缩，从而导致测定结果偏低；推荐采用冲裁的方法进行试样制备。

③ 很多标准中都包含多个负荷条件，因此测试结果应注明负荷条件。

④一般情况下，土工织物在运输过程中会受到重压，因此产品在出厂检验时获得的厚度与验货检验时获得的厚度可能存在一定的偏差。

⑤ 由于土工织物厚度的不均匀性高于塑料类土工合成材料，因此在应用中可能出现对测试结果存在争议的情况。验货时如双方对测试结果存在争议，建议采购方和供应商进行对比试验，以确定实验室之间是否存在统计偏差，如果发现偏差，应找出原因并加以纠正，或确定双方认可的偏差用于未来的交易。在土工织物的其他性能测试中，也同样存在类似情况。

3.4 单位面积质量

单位面积质量在一定程度上反映了土工织物的厚度和机械强度，其均匀性也反映了厚度及机械强度的均匀性，因此单位面积质量及其偏差一直是土工织物产品质量控制和工艺调整的重要手段之一。与此同时，土工织物的单位面积质量体现着原材料的用量，而原材料的用量与价格相关，因此单位面积质量是贸易定价的重要依据，这也是部分标准将其作为产品规格的原因之一。

3.4.1 原理

沿样品对角线方向等间距或随机制备已知尺寸的正方形或圆形试样，称量试样质量，测量试样尺寸并计算其面积，计算该试样质量与其面积之比即为单位面积质量。

3.4.2 定义

单位面积质量（mass per unit area）：给定尺寸的试样质量与其面积之比，单位为克每平方米（g/m^2）。

3.4.3 常用测试标准

目前国内土工织物行业内较为常用的单位面积质量测试的标准如表 3-13 所示。

表 3-13 土工织物单位面积质量常用测试的标准

序号	标准号	标准名称	备注
1	GB/T 13762—2009	土工合成材料　土工布及土工布有关产品单位面积质量的测定方法	MOD ISO 9864:2005
2	ISO 9864:2005	Geosynthetics-Test method for the determination of mass per unit area of geotextiles and geotextile-related products	
3	SL 235—2012	土工合成材料测试规程	4 单位面积质量测定
4	JTG E50—2006	公路工程土工合成材料试验规程	T 1111—2006 单位面积质量测定
5	ASTM D5261-10(2018)	Standard test method for measuring mass per unit area of geotextiles	

3.4.4 测试仪器

（1）天平

天平量程足以称量试样，称量精度为 0.01g。

(2) 量具

通常采用钢直尺，最小分度值为 1mm。

3.4.5 试样

(1) 试样的规格尺寸

试样可以是正方形或是圆形，试样面积一般为 $10000mm^2$（$100cm^2$），即边长为 100mm 的正方形或直径约为 113mm 的圆形试样。可采用更大面积的试样以使其更具有代表性。

(2) 试样数量及取样位置

沿样品对角线或幅宽方向等间距、随机或选取特定位置取样，选取位置应根据实际情况而定。多数标准规定的试样数量为 10 个。当产品存在显著的不均匀性时，可考虑增加试样数量，见表 3-14。

表 3-14 土工织物单位面积质量测定的试样数量及取样位置

序号	标准号	试样数量	取样位置	备注
1	GB/T 13762—2009	至少 10 块	沿产品对角线方向等间距取样，取样位置距产品边缘至少 100mm	
2	ISO 9864:2005			
3	ASTM D5261-10(2018)	至少 5 块，试样总面积不低于 $100000mm^2$	位置选取应具有代表性，且取样位置距产品边缘至少为幅宽的十分之一	

(3) 试样制备

试样可用裁刀或剪刀进行制备，推荐采用裁刀冲裁制样。无论采用哪种方法进行试样制备，都应保证试样的尺寸精度优于±0.5%。

当在现场取样并进行试样制备时，由于条件所限 $10000mm^2$ 的试样可能无法达到±0.5%的尺寸精度要求，在这种情况下，建议采用面积至少为 $90000mm^2$ 的试样以满足要求。

3.4.6 状态调节和试验环境

与厚度测定类似，单位面积质量的试验标准对调节时间等细节做了规定，详见表 3-15。需要注意的是，当采用 ASTM 相关标准进行土工织物性能测试时，不同标准要求的环境条件有所不同，如 ASTM D5199 要求的相对湿度条件为（60±10）%，即 50%～70%，而 ASTM D5261 要求为（65±5）%，即 60%～70%，这主要是因为相对湿度对单位面积质量的影响更为显著，因此该性能测试要求的相对湿度范围更窄，以便提高测试结果的精度。

表 3-15 不同单位面积质量测定的方法标准对状态调节与试验环境的要求

序号	标准号	预调节	状态调节			备注
			温度/℃	相对湿度/%	时间/h	
1	GB/T 13762—2009	—	20±2	65±4	24	
2	ISO 9864:2005					
3	ASTM D5261-10(2018)	—	21±2	65±5	称量间隔 2h，质量增量≤0.1%	

3.4.7 操作步骤简述

① 分别对每一个试样的边长或直径进行测量，精确到该尺寸的±0.5%。对于边长 100mm 的试样，尺寸测量至少精确到 0.5mm，计算试样的面积。当采用冲裁进行试样制备时，可采用裁刀尺寸进行面积计算以提高结果的重现性。

② 分别称量每一块试样的质量，精确至 0.01g。

3.4.8 结果计算与表示

按照公式(3-1) 计算每一个试样的单位面积质量，计算多块试样的算术平均值，根据不同标准的要求结果修约至 $1g/m^2$ 或 $0.1g/m^2$。

$$\rho_A=\frac{m\times 10000}{A} \tag{3-1}$$

式中 ρ_A——单位面积质量，g/m^2；

m——试样质量，g；

A——试样面积，cm^2。

3.4.9 影响因素及注意事项

(1) 温度和相对湿度

通常情况下，温度对土工织物单位面积质量没有显著影响，但相对湿度对其影响较大，特别是容易吸湿的品种。随着相对湿度的提高，土工织物试样的质量随含水率的增大而增大，导致单位面积质量测定结果偏高，反之则偏低。需要特别注意的是，土工织物在运输和储存过程中，可能会由于处置不当淋雨或泡水，从而使实验室收到的样品含水率过高，导致单位质量测试结果偏高，这种情况下应先将样品烘干再进行状态调节和测试，详见 3.2.4 节。

(2) 试样数量及取样位置

试样的取样位置和数量对单位面积质量有一定影响，但影响趋势没有规律，这种影响对均匀性较差的样品更为明显。表3-16是6个样品的检测实例，其中1个样品的均匀性较差。由表可知，当样品较为不均匀时，以等距离取样的方法进行试样制备，取用30个试样和10个试样的检测结果存在明显的差异。提醒读者注意以下两点：

① 均匀性好的样品，其30个试样的测试结果与10个试样的测试结果相近，但当30个试样的测试结果与10个试样的测试结果相近时，也不一定代表样品有着良好的均匀性，因为取样位置还是存在一定的随机性和偶然性的。建议样品不均匀时增加试样数量，以提高测试结果的真实性。对于生产企业，取样位置尽可能覆盖可能不均匀的部位。

② 表3-16的测试结果只是一些测试实例，并不代表取样位置和数量对单位面积质量的影响趋势。

试样数量及取样位置对土工织物的各性能测试都有一定影响，影响的显著程度与样品的均匀性密切相关，因此重点介绍了其对单位面积质量测试的影响，对于其他性能测试均有类似的影响，后续章节不再赘述。

(3) 试验注意事项

① 尽量采用冲裁进行试样制备，当条件不允许时（如工地现场等），建议采用规定尺寸的模板画线，然后沿线进行剪裁，并尽量保证边缘平直。剪裁不整齐的试样应予以废弃。

② 测量剪裁试样时，应尽量使试样平整，以保证测量精度。

③ 天平的量程应足以称量实验室最厚重的试样，推荐的量程为5000g，精度为0.01g。

表3-16　单位面积质量测试实例

	序号	1	2	3	4	5	6	7	8	9	10
样品1	单位面积质量/(g/m^2)	235	246	206	190	192	237	211	230	276	164
	序号	11	12	13	14	15	16	17	18	19	20
	单位面积质量/(g/m^2)	279	224	228	231	213	189	209	228	232	213
	序号	21	22	23	24	25	26	27	28	29	30
	单位面积质量/(g/m^2)	200	194	210	238	216	199	201	187	212	211
	偏差	10个试样标准偏差			23.4		30个试样标准偏差			24.8	
	平均值	10个试样平均值			204.6		30个试样平均值			216.7	

续表

样品	序号	1	2	3	4	5	6	7	8	9	10
样品 2	单位面积质量/(g/m²)	158	182	187	197	177	189	164	183	186	166
	序号	11	12	13	14	15	16	17	18	19	20
	单位面积质量/(g/m²)	183	174	196	173	172	168	181	184	183	174
	序号	21	22	23	24	25	26	27	28	29	30
	单位面积质量/(g/m²)	180	192	190	204	194	184	179	183	176	194
	偏差	10 个试样标准偏差			14.8		30 个试样标准偏差			10.5	
	平均值	10 个试样平均值			180.1		30 个试样平均值			181.8	
样品 3	序号	1	2	3	4	5	6	7	8	9	10
	单位面积质量/(g/m²)	468	482	468	476	474	486	505	516	513	506
	序号	11	12	13	14	15	16	17	18	19	20
	单位面积质量/(g/m²)	514	522	541	550	539	524	545	529	539	535
	序号	21	22	23	24	25	26	27	28	29	30
	单位面积质量/(g/m²)	550	526	547	539	535	542	523	528	531	533
	偏差	10 个试样标准偏差			25.7		30 个试样标准偏差			25.4	
	平均值	10 个试样平均值			514.8		30 个试样平均值			519.5	
样品 4	序号	1	2	3	4	5	6	7	8	9	10
	单位面积质量/(g/m²)	374	425	385	413	407	410	390	374	410	388
	序号	11	12	13	14	15	16	17	18	19	20
	单位面积质量/(g/m²)	397	404	389	433	415	413	377	375	386	395
	序号	21	22	23	24	25	26	27	28	29	30
	单位面积质量/(g/m²)	426	417	406	409	400	470	437	396	465	465
	偏差	10 个试样标准偏差			14		30 个试样标准偏差			26	
	平均值	10 个试样平均值			396.6		30 个试样平均值			408.4	

续表

样品 5	序号	1	2	3	4	5	6	7	8	9	10
	单位面积质量/(g/m^2)	551	566	607	540	582	533	596	544	538	568
	序号	11	12	13	14	15	16	17	18	19	20
	单位面积质量/(g/m^2)	510	558	533	551	553	543	600	510	547	512
	序号	21	22	23	24	25	26	27	28	29	30
	单位面积质量/(g/m^2)	523	535	527	559	517	560	500	537	598	583
	偏差	10个试样标准偏差			21.8		30个试样标准偏差			28.7	
	平均值	10个试样平均值			546.7		30个试样平均值			549.4	
样品 6	序号	1	2	3	4	5	6	7	8	9	10
	单位面积质量/(g/m^2)	564	577	673	586	628	625	652	579	578	552
	序号	11	12	13	14	15	16	17	18	19	20
	单位面积质量/(g/m^2)	599	604	633	577	601	644	614	604	595	609
	序号	21	22	23	24	25	26	27	28	29	30
	单位面积质量/(g/m^2)	627	588	573	569	589	590	617	631	589	623
	偏差	10个试样标准偏差			34.4		30个试样标准偏差			28.2	
	平均值	10个试样平均值			603.4		30个试样平均值			603	

注：10个试样平均值为试样1、4、7、10、13、16、19、22、25、28的测试结果平均值。

3.5 宽条拉伸试验

土工织物的拉伸性能可为其加固型应用提供设计参数，例如软路基的加筋、加筋挡土墙和边坡加筋等领域。当强度不是设计考虑的主要因素时，拉伸性能也可以作为土工织物验货的重要参数之一，因此拉伸性能是土工织物设计、生产、施工、应用中的重要参数，也是产品质量控制的重要手段。几乎所有种类的土工织物产品都要进行拉伸性能的测定。土工织物拉伸类试验包括宽条拉伸试验、窄条拉伸试验、握持拉伸试验、接头或接缝拉伸试验、拉伸蠕变试验和拉伸疲劳试验。本章重点介绍前四种拉伸试验，土工织物拉伸蠕变试验与土工格栅拉伸蠕变试验类似，读者可参考第4章，土工织物的拉伸疲劳试验应用较少，不做介绍。

宽条拉伸试验所采用试样的最终宽度一般为200mm，相比试样宽度为50mm或更小的窄条拉伸试验，宽条拉伸试验更适合土工织物拉伸性能的测试，这主要是由于：

① 土工织物属于均匀性相对较差的产品，采用宽度较小的试样时，测试结果可能误差较大、真实度较低，这对非织造土工织物的影响更加明显。

② 部分土工织物在拉伸过程中标距区域内存在颈缩的趋势或现象，而采用宽条试样可最大限度地减少这种效应，使测试结果与工程应用的实际情况更为接近。但宽条拉伸试验不适用于某些机织土工织物，特别是强度较高的土工织物，如拉伸强度达到100kN/m的土工织物。这主要是由于高强度产品对夹具设计和试验机量程提出了更高的要求，鉴于这类产品采用100mm宽试样产生颈缩的可能性较小，因此可以采用100mm宽试样替代宽条试样。

3.5.1 原理

将试样的全部宽度夹持在拉伸试验机的夹具上，以恒定速率沿试样长度方向对试样进行拉伸直至试样断裂或达到某一规定的形变或力值，如图3-1所示。

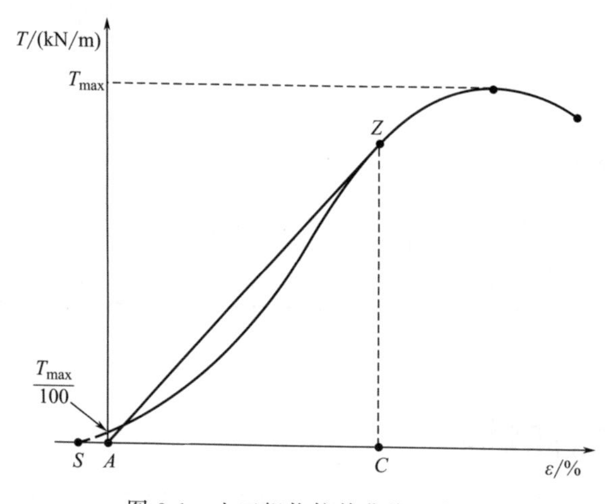

图3-1 土工织物拉伸曲线示意图

3.5.2 定义

(1) 标称隔距长度（nominal gauge length）

也称名义隔距长度、标称标距、名义标距、初始平行标距等，是指试样上与外加拉伸力方向平行的两个标记点之间的初始距离，以毫米（mm）为单位，通常以G_0表示，一般为60mm（两边距试样对称中心为30mm）。

用夹具的位移测量时，初始夹具间的距离一般为100mm。

(2) 预负荷伸长（elongation at preload）

在相当于 1% 最大负荷的外加负荷下所测的隔距长度的增加值，以毫米（mm）为单位。

对绝大多数的土工织物来说，相比于隔距长度，预负荷伸长的数值较小。

(3) 实际隔距长度（true gauge length）

也称实际标距长度、实际标距、真实标距等，是指标称隔距长度与预负荷伸长之和，以毫米（mm）为单位，通常以 L_0 表示。

(4) 最大力（maximum force）

拉伸试验过程中试样受到的最大拉伸力，也称最大负荷（maximum load），以千牛（kN）或牛顿（N）为单位，通常以 F_{max} 表示。

(5) 拉伸应变（tensile strain）

国内土工织物行业也称为伸长率（tensile elongation），是指试样实际隔距长度的增量与其实际隔距长度的比值，无量纲比值或以百分数（%）为单位，通常以 ε 表示。

(6) 最大负荷下应变（strain at maximum load）

国内土工织物行业也称为最大负荷下伸长率（elongation at maximum load），是指试样在最大负荷下的应变或伸长率，无量纲比值或以百分数（%）为单位，通常以 ε_{max} 表示。

(7) 标称强度下应变（strain at nominal strength）

国内土工织物行业也称为标称强度下伸长率（elongation at nominal strength），是指在制造商或供应商声明的强度下试样的应变或伸长率，无量纲比值或以百分数（%）为单位，通常以 ε_{nom} 表示。

(8) 拉伸模量（tensile modulus）

应力（单位宽度的拉伸力）与对应的应变之比，以千牛每米（kN/m）或牛每米（N/m）为单位，通常以 J 表示。

拉伸模量根据取值方法的不同可以分为切线模量和割线模量，其中切线模量根据土工织物的拉伸行为还可分为初始拉伸模量或偏移拉伸模量。多数标准仅规定了割线模量（secant modulus）作为拉伸模量，但也有部分标准如 ASTM D4595 同时规定了三种模量。

(9) 拉伸强度（tensile strength）

也称抗拉强度，是指试验中试样被拉伸直至断裂时单位宽度的最大拉伸力，以千牛每米（kN/m）或牛每米（N/m）为单位，通常以 T_{max} 表示。

(10) 应变速率（strain rate）

最大负荷下应变与从预载到达到最大拉伸负荷的时间之比，以%/min 为单位。

3.5.3 常用测试标准

目前国内土工织物行业内较为常用的拉伸试验的标准如表 3-17 所示。

表 3-17　土工织物拉伸性能常用测试的标准

序号	标准号	标准名称	备注
1	GB/T 15788—2017	土工合成材料　宽条拉伸试验方法	MOD ISO 10319:2015
2	SL 235—2012	土工合成材料测试规程	10 条带拉伸试验
3	JTG E50—2006	公路工程土工合成材料试验规程	T 1121—2006 宽条拉伸试验
4	ISO 10319:2015	Geosynthetics-Wide-width tensile test	
5	ASTM D4595/D4595M-23	Standard test method for tensile properties of geotextiles by the wide-width method	

3.5.4 测试仪器

土工织物拉伸性能测试采用能够以恒定速率在垂直方向运动的材料试验机，同时配以适当的力传感器、形变测量装置（如引伸计）及试样夹具。

理论上，可以采用同一台量程适宜的材料试验机进行土工膜、土工织物、土工格栅等多种土工合成材料的拉伸性能测试，但实际上同时生产或检测多种土工合成材料的实验室，通常会采用至少两台甚至多台材料试验机，这主要是由于：

① 不同土工合成材料所需的材料试验机的力传感器量程存在较大差异，土工膜拉伸过程中最大力值不超过 1kN，可选择 1kN 或 2kN 的材料试验机进行试验，而土工织物等需要进行宽条拉伸的材料最大力值相对较高，部分编织土工织物可达 20kN，因此需要选择量程较高的材料试验机；

② 相比于土工膜，土工织物拉伸试验的夹具较宽，体积和质量都较大，在同一台试验机上频繁更换夹具并不方便，且容易造成夹具损坏；

③ 部分土工织物要求用拉伸应变控制型材料试验机，这与土工膜常用的拉伸速度控制（横梁位移控制）型材料试验机有所不同。

土工织物拉伸试验的夹具设计非常重要，应保证：

① 夹具具有足够的宽度，一般情况下宽度应大于 200mm。

② 在拉伸试验过程中，试样在夹具中没有明显的滑移，更不能滑脱。

③ 不应对试样造成损伤，特别是应避免试样在夹持位置破坏。

常见的夹具类型包括楔形夹具、插入式楔形夹具和绞盘式夹具，ASTM D4595 中给出了如图 3-2～图 3-4 所示的一些夹具的实际图片，读者可以参考。此外，前两种夹具有些标准或文献也称为压缩式夹具，其夹面的设计也应予以特别关注，夹面应确保试样被稳固夹持而不对试样造成损伤。此外建议土工织物等进行宽条拉伸试验的材料选择气动夹具，因为气动夹具可以确保试样夹持力的均匀分布，夹持更加有效，同时降低劳动强度，提高工作效率。

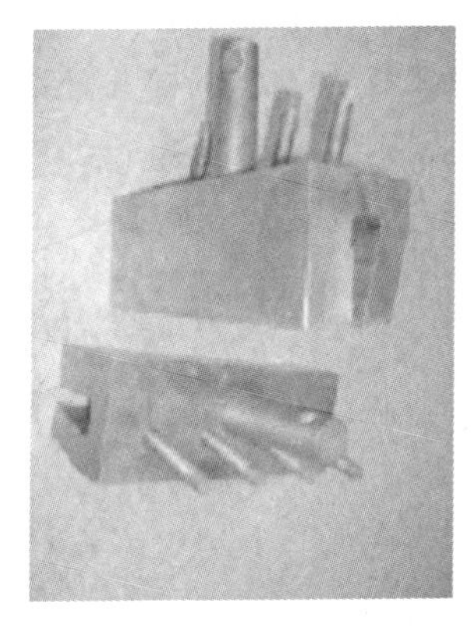

图 3-2　楔形夹具

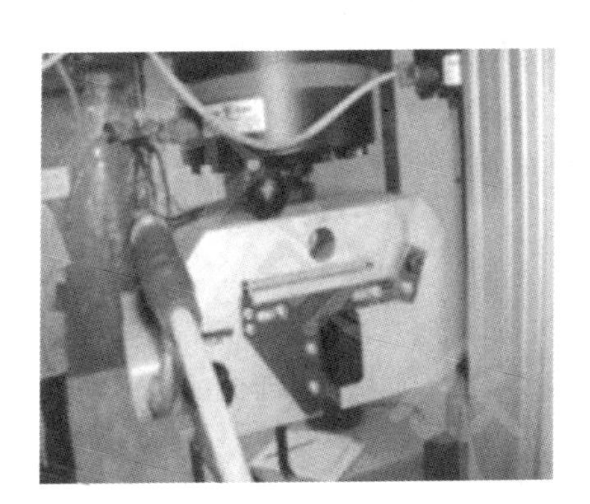

图 3-3　插入式楔形夹具

图 3-4　绞盘式夹具

3.5.5 试样

（1）试样的规格尺寸

试样为矩形。试样长度与夹具类型密切相关，长度以满足最终夹持距离100mm为准，一般至少为200mm。当需要同时进行干态试验和湿态试验时，试样长度至少为规定长度的2倍，然后从试样中部裁为2个试样并分别编号用于干态试验和湿态试验。当试样在湿态收缩显著时，则重新裁取略长的试样进行湿态试验。对于非织造土工织物、针织土工织物，试样宽度为200mm；对于编织土工织物，试样宽度至少为220mm，部分标准为210mm，从试样两端拆除大致相等的纱线最终获得试样的标称宽度为200mm。

对于湿态试样，读者如已知土工织物的遇水收缩率，可根据已知的收缩率进行计算，适当增加试样的长度。

（2）试样数量及取样位置

沿样品对角线或幅宽方向等距离、随机或选取特定位置裁取纵向（生产方向）和横向试样，每个方向试样数量至少为5个。对于均匀性较差的样品，建议适当增加试样数量。按照相关ASTM标准进行测试时，可根据实际情况按照可获得变异系数的可靠估计和无法获得变异系数的可靠估计进行，参见2.8.5节。绝大多数ASTM标准对于试样数量的确定都遵循这一原则，以后的章节不再赘述。

（3）试样制备

建议采用冲裁的方式进行试样制备，条件不允许的情况下，也可采用剪刀进行剪裁。无论采用哪种试样制备方法，试样制备时应确保试样不发生显著的歪斜。

3.5.6 状态调节和试验环境

与其他性能测试略有不同，宽条拉伸试验分为干态试验和湿态试验，因此状态调节也相应地分为干态调节和湿态调节两种。多数干态调节可根据实际情况进行预调节，湿态调节主要是将试样浸泡于一定温度的水中一段时间，浸泡时间的长短以最大负荷下伸长率不再随时间延长而显著变化为准。为使试样完全润湿，可在水中加入非离子中性润湿剂，如体积分数不高于0.05%的聚氧乙烯乙二醇烷基醚。干态试验和湿态试验所对应的试验环境一般情况下是一致的，与干态调节环境条件相同。两种状态对应的状态调节环境条件及时间如表3-18所示。

3.5.7 试验条件的选择

（1）拉伸速度

不同标准规定的拉伸速度各不相同，详见表3-19。

表 3-18　宽条拉伸试验对状态调节与试验环境的要求

序号	标准号	状态调节							试验环境
		干态试验			湿态试验				
		温度/℃	相对湿度/%	时间/h	温度/℃	浸泡介质	浸泡时间	浸泡后取出	
1	GB/T 15788—2017	20±2 其他条件可由相关方商定	65±4	称量间隔2h，质量增量≤0.25%	20±2	蒸馏水①（三级水）	≥24h	取出后3min内完成试验	与干态调节环境条件相同
2	SL 235—2012	20±2	60±10	24	未规定	未规定	未规定	取出后10min内开始试验	与干态调节环境条件相同
3	JTG E50—2006	20±2	65±5	24	20±2	蒸馏水①	试样完全润湿或≥24h	取出后3min内进行试验	与干态调节环境条件相同
4	ISO 10319：2015	20±2 其他条件可由相关方商定	65±5	称量间隔2h，质量增量≤0.25%	20±2	蒸馏水①（三级水）	≥24h	取出后3min内进行试验	与干态调节环境条件相同
5	ASTM D4595/D4595M-23	未规定	未规定	称量间隔2h，质量增量≤0.1%	21±2	蒸馏水①	≥2min	取出后20min内进行试验	与干态调节环境条件相同

① 可加入非离子润湿剂。

表 3-19　宽条拉伸试验的拉伸应变速率

序号	标准号	拉伸应变速率/试验速度	备注
1	GB/T 15788—2017	对于最大负荷下应变 ε_{max} 大于5%的土工织物，其拉伸速度为隔距长度的(20±5)%/min；以标称隔距长度60mm为例，假定夹具间试样形变是均匀的，拉伸速度为12mm/min 对于最大负荷下应变 ε_{max} 小于或等于5%的土工织物，其拉伸速度确保试样的平均断裂时间为(30±5)s	作者认为该标准在修改采用ISO 10319过程中存在翻译错误，因此标准中试验速度12mm/min有误，国内土工织物行业中普遍采用20mm/min的试验速度
2	SL 235—2012	20mm/min	10条带拉伸试验
3	JTG E50—2006	名义夹持长度的(20±1)%/min	T 1121—2006 宽条拉伸试验

续表

序号	标准号	拉伸应变速率/试验速度	备注
4	ISO 10319:2015	对于最大负荷下应变 ε_{max} 大于5%的土工织物，其夹具位移应保持恒定速度并确保隔距长度范围内试样的拉伸应变速率为(20±5)%/min；以夹具间距离为100mm为例，假定夹具间试样形变是均匀的，则拉伸速度为20mm/min	
		对于最大负荷下应变 ε_{max} 小于或等于5%的土工织物，其应变速率确保试样的平均断裂时间为(30±5)s	
5	ASTM D4595/D4595M-23	拉伸应变速率为(10±3)%/min；以标称隔距为100mm为例，假定夹具间试样形变是均匀的，拉伸速度为10mm/min	

提醒读者应注意的是各标准对于拉伸速度控制和应变速率控制的规定是不相同的，当然也有标准同时规定了两种。拉伸速度和应变速率对应的材料试验机有所不同，即拉伸速度控制型材料试验机和应变速率控制型材料试验机。假设夹具间试样的形变是均匀的，则两种材料试验机进行试验的结果相差不大，但仲裁时推荐采用应变速率控制型材料试验机。当采用拉伸速度控制型材料试验机进行试验时，建议与应变控制型材料试验机进行对比试验。此外部分标准规定的拉伸速度与土工织物的最大负荷下应变相关，因此对未知试样，可进行预试验以确定适宜的拉伸速度。

按上述假设对拉伸速度进行折算，各标准的拉伸速度在10～20mm/min之间。

(2) 预负荷

预负荷也称为预张力，目的是将土工织物等软质试样在拉伸方向充分展开伸平，以避免试样弯曲从而对应变或伸长率的测定带来不利影响。预负荷的大小以可以将试样展平而不造成应力过大影响结果准确性为宜。一般情况下，预负荷不应超过试样最大负荷的1.0%。不同标准规定的预负荷大小见表3-20。

表3-20　土工织物拉伸性能测定的预负荷

序号	标准号	预负荷	备注
1	GB/T 15788—2017	最大负荷预估值的1%	
2	SL 235—2012	未规定	
3	JTG E50—2006	最大负荷的1%	
4	ISO 10319:2015	最大负荷预估值的1%	
5	ASTM D4595/D4595M-23	不超过试样断裂负荷的1%	笔者认为该规定更为合理

3.5.8 操作步骤简述

① 将试验机的夹具间距离调整至规定值，一般为100mm，将试样夹持在夹具中，夹持力大小适宜，既要避免试样在拉伸过程中滑脱，也要避免试样被夹具破坏。

② 以较低速度启动试验机，对试样施加预负荷使试样沿拉伸方向充分展平后暂停拉伸。

③ 安装引伸计，引伸计应在垂直方向位于试样中部，引伸计的标距与标准规定的隔距（一般为60mm）相等。

④ 按照规定设置拉伸速度或应变速率，继续拉伸，直至试样断裂或达到规定值。

⑤ 重复上述操作直至完成所有试样的测试。对于以下情况，结果应予以剔除，重新取一试样进行试验：

a. 试样在夹具中发生显著滑移甚至是滑脱；

b. 试样在距离夹具钳口5mm以内发生断裂；

c. 测试结果明显低于平均值；

d. 存在明显的偶然缺陷；

e. 其他可疑情况。

对于试样在距离夹具钳口5mm以内发生断裂，有时候可能是试样的薄弱部位正好位于钳口附近造成的，对于这种情况，结果应予以保留。为了尽量避免试样滑移甚至滑脱或在钳口附近断裂，可以采取必要的措施，这些措施包括：

① 设计更为合理的夹具及其夹持方式；

② 采用气动夹具使夹持力更为均匀；

③ 在夹具中增加弹性衬垫，如橡胶垫；

④ 在试样被夹持部位喷涂适宜的保护涂层；

⑤ 其他适宜的方法。

3.5.9 结果计算与表示

（1）拉伸强度/抗拉强度

按公式(3-2)计算拉伸强度：

$$T_{\max}=\frac{F_{\max}}{W_{s}} \tag{3-2}$$

式中 $T_{\max}$——拉伸强度，kN/m；

$F_{\max}$——拉伸过程的最大力，kN；

W_{s}——试样宽度，m。

注：不同标准公式中使用的符号存在一定差异，但对计算结果没有影响。

（2）最大负荷下应变/伸长率

按公式(3-3) 或 (3-4) 计算最大负荷下应变：

$$\varepsilon_{max} = \frac{\Delta L}{L_0} \times 100 \tag{3-3}$$

式中 ε_{max}——最大负荷下应变/伸长率，%；

ΔL——最大负荷下伸长，mm；

L_0——实际隔距长度，mm。

$$\varepsilon_{max} = \frac{\Delta L - L'_0}{L_0} \times 100 \tag{3-4}$$

式中 ε_{max}——最大负荷下应变/伸长率，%；

ΔL——最大负荷下伸长，mm；

L'_0——达到预负荷时的伸长，mm；

L_0——实际隔距长度，mm。

当采用本书所述的操作步骤或预负荷伸长很小可忽略不计时，采用公式(3-3) 进行计算，否则采用公式(3-4) 进行计算。

（3）标称强度下应变/伸长率

按公式(3-5) 或 (3-6) 计算标称强度下应变：

$$\varepsilon_{nom} = \frac{\Delta L_{nom}}{L_0} \times 100 \tag{3-5}$$

式中 ε_{nom}——标称强度下应变/伸长率，%；

ΔL_{nom}——标称强度下伸长，mm；

L_0——实际隔距长度，mm。

$$\varepsilon_{nom} = \frac{\Delta L_{nom} - L'_0}{L_0} \times 100 \tag{3-6}$$

式中 ε_{nom}——标称强度下应变/伸长率，%；

ΔL_{nom}——标称强度下伸长，mm；

L'_0——达到预负荷时的伸长，mm；

L_0——实际隔距长度，mm。

同样当采用本书所述的操作步骤或预负荷伸长很小可忽略不计时，采用公式(3-5) 进行计算，否则采用公式(3-6) 进行计算。

（4）拉伸模量

由于土工合成材料在拉伸过程中，在应力-应变曲线上经常会出现"脚趾"区域（图 3-5 中 AC 段），在"脚趾"区域，对曲线初始线性部分做一条切线，该切线的斜率即为初始拉伸模量，可按照公式(3-7) 进行计算。在"脚趾"区域后，在曲线最大斜率处做一条切线，该切线的斜率即为偏移拉伸模量（如图 3-6 所示），可按公式(3-8) 进行计算。

$$J_i=\frac{F_i\times100}{\varepsilon_p\times W_s}\tag{3-7}$$

式中　J_i——初始拉伸模量，kN/m；

F_i——图 3-5 中任一点的力值，kN；

ε_p——图 3-5 中 F_i 对应的应变或伸长率，%；

W_s——试样宽度，m。

$$J_o=\frac{F\times100}{\varepsilon_p\times W_s}\tag{3-8}$$

式中　J_o——偏移拉伸模量，kN/m；

F——图 3-6 确定的力值，kN；

ε_p——确定的力值对应的应变或伸长率，%；

W_s——试样宽度，m。

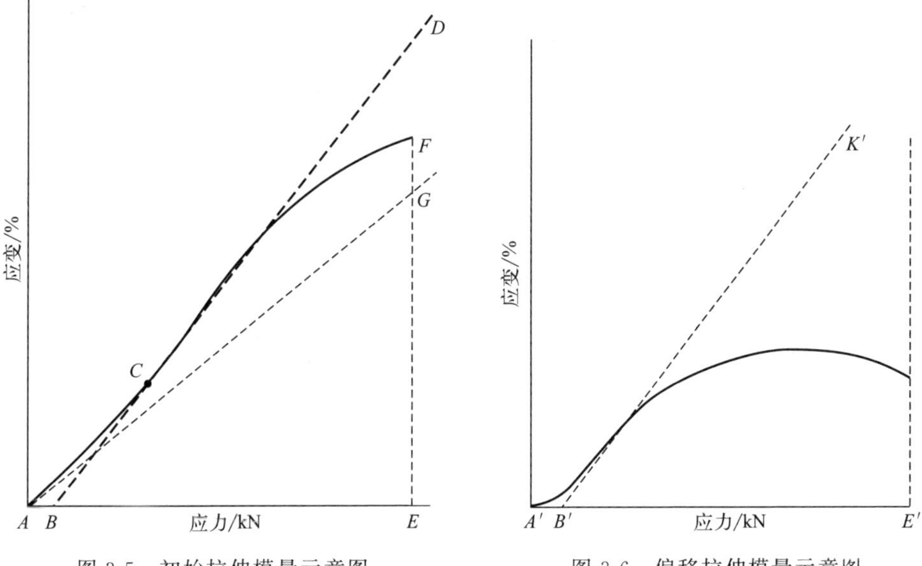

图 3-5　初始拉伸模量示意图　　图 3-6　偏移拉伸模量示意图

拉伸割线模量按照公式(3-9) 进行计算。

$$J_s=\frac{F\times100}{\varepsilon_p\times W_s}\tag{3-9}$$

式中　J_s——拉伸割线模量，kN/m；

F——应变/伸长率 ε_p 对应的力值，kN；

ε_p——特定应变/伸长率，%；

W_s——试样宽度，m。

（5）结果表示

一般情况下宽条拉伸试验结果以算术平均值表示，拉伸强度及模量测定结果取三位有效数字，应变/伸长率保留至整数位，变异系数保留至小数点后一位。

3.5.10 影响因素及注意事项

（1）温度和相对湿度

温度对不同品种土工织物的宽条拉伸试验的影响程度不同，但总体趋势一致，即温度升高，伸长率增加，拉伸强度及模量降低；反之，温度降低，伸长率降低，拉伸强度及模量提高。

相对湿度对土工织物的影响较为显著，特别是对无纺土工织物，因此湿度控制对土工织物宽条拉伸试验非常重要。与其他土工合成材料不同，土工织物的宽条拉伸试验可以进行湿态试验。

（2）拉伸速度

拉伸速度对土工织物拉伸试验的结果有一定影响，但影响程度与土工织物的品种相关，不同土工织物对拉伸速度的敏感性不同。一般来说，随着拉伸速度的提高，拉伸强度提高，伸长率下降。

（3）试样宽度

非织造土工织物在拉力作用下，拉伸形变较大，由于边缘部分缺乏侧向约束，试样会出现“颈缩”现象，随着试样宽度的增加，试样边缘部分占比降低，更多的纤维受到侧向约束，因此“颈缩”的百分比降低，因此增加非织造土工织物试样的宽度有利于消除“颈缩”现象。对织造土工织物，可能由于承受拉力的扁丝不均匀，造成试样越宽不均匀性越显著。国内外研究人员在此领域做了很多研究工作，Myles分别采用织造和非织造土工织物，对试样拉伸性能与宽度的关系进行了研究，详见图3-7。

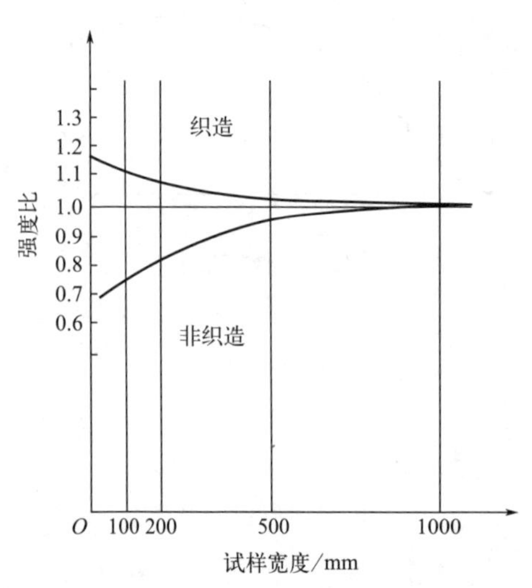

图3-7 试样宽度对拉伸强度的影响

（4）预负荷

参见3.5.7（2）节。

（5）试验注意事项

进行宽条拉伸试验应注意以下事项：

① 不同标准规定的操作步骤略有不同，3.5.8节②和③前后顺序可能不同。笔者认为采用本书所描述的顺序更方便操作。

② 应特别注意夹具的设计和选择，尽量避免试样被夹具的钳口破坏。当试样在钳口附近发生断裂时，应注意观察和反复试验，以确认试样断裂是由于钳口不适宜的夹持方式还是试样本身不均匀造成的。对于湿态试验，牢固夹持试样的难度加大，对于需要经常进行湿态试验的实验室，夹具的设计和选择更为重要。

③ 尽管宽条拉伸试验一定程度上降低了由于土工织物不均匀造成的结果分散性大的问题，但实际试验中还是会出现由于产品均匀性差导致的个别结果与多数结果明显不同的异常值。当结果出现异常值时，试验人员应对该结果进行分析，以便判断该异常值是由于产品本身不均匀造成的，还是由于操作不当（如夹持问题）或产品局部被污染、损伤造成的，前者应予以保留，而后者应予以剔除（参见 3.5.8 节⑤）。

④ 由于拉伸模量有多种计算方式，进行模量对比时应予以关注，只有定义相同的模量才具有可比性。

⑤ 土工织物拉伸采用的引伸计可以是接触式引伸计，也可以是光学引伸计等非接触式引伸计，采用接触式引伸计时，安装引伸计，应尽量避免引伸计刀刃对试样造成损伤。

⑥ 当进行湿态试验时，尽管多数标准规定了浸泡时间，但读者还是应该特别注意，当试样表面经过上浆或涂有油、保护涂层或防水剂时，试样可能无法达到均匀的彻底润湿状态。读者可根据土工织物的不同采用对试样伤害最小的处理方式去除这些表面物质。

3.6 窄条拉伸试验

正如 3.5 节所述，宽条拉伸试验具有误差小、重复性好、颈缩程度低等优势，因此窄条拉伸试验应用领域越来越少，目前只有极少量的标准采用窄条拉伸试验。与宽条拉伸试验相比，窄条拉伸试验的主要优势是：

① 由于窄条试样更容易被夹持，操作简便，对夹具的要求较低，相应的夹具设计和制造更容易，价格较低。

② 一般情况下窄条拉伸试验的负荷值较低，仅为宽条拉伸试验负荷的 1/4，因此可采用负荷量程较小的材料试验机，仪器设备价格相对低廉，这对强度较高的产品来说影响更为明显。

③ 窄条拉伸试验比较容易安装引伸计，而宽条拉伸试验对引伸计的设计和制造要求较高，特别是拉伸过程中在宽度方向伸长不均匀或断裂时，引伸计放置位置对试验结果有一定影响。

窄条拉伸试验虽然在标准中的应用越来越少，但由于操作便利，在生产企业的产品质量控制环节还是可以应用的，但前提是针对特定产品，经过两种方法的对比并获得这两种方法测定结果的关联性。

窄条拉伸试验的原理、定义、仪器设备、状态调节与试验环境、操作步骤以及结果表示与宽条拉伸试验基本相同，只有试样宽度不同，一般为50mm。由于窄条拉伸试验的应用日益减少，因此相关标准也很少，目前国内相关标准仅有SL 235—2012的“10 条带拉伸试验”。不再对此方法进行详细的论述。

3.7 握持拉伸试验

土工织物的握持拉伸试验源于纺织品的拉伸试验，主要是模拟织物局部受力的情况。握持拉伸试验主要用于表征织物抵抗和分散外部集中负荷的能力，织物对集中负荷的扩散范围越大，则抗握持断裂的能力越强。相比于其他的拉伸试验，握持拉伸试验的开展和应用较晚，国内外握持拉伸试验的方法标准大多起源于二十世纪八十年代末到九十年代初。目前，握持拉伸试验在土工织物行业的应用并不广泛，采用该试验的产品标准和规范也不多。

3.7.1 原理

将试样两端宽度方向的中央部位夹持在材料试验机的夹具上，被夹持的中央部位宽度一般不超过整个试样宽度的1/3，对试样进行快速的拉伸（一般为300mm/min）直至试样断裂，记录拉伸过程中最大力或断裂力及对应的形变计算握持强度及伸长率。

3.7.2 定义

(1) 握持强度（strength of grab test）

也称握持强力（force of grab test），是指试样在拉伸过程中承受的最大力，以牛顿（N）为单位。

(2) 握持断裂伸长率（breaking elongation of grab test）

在拉伸应力作用下试样长度的增量与其初始长度之比，以无量纲比值或百分数（%）为单位。部分标准或规范也称之为握持延伸率。

(3) 定负荷伸长率（elongation at specified load）

拉伸应力达到规定负荷时试样长度的增量与其初始长度之比，以无量纲比值或百分数（%）为单位。

其他定义与3.5节定义一致。

3.7.3 常用测试标准

由于握持拉伸试验在土工织物行业的应用并不广泛且采用该试验的产品标准

和规范也不多，表 3-21 列出纺织品行业内常用的抓样法拉伸试验方法标准，供读者参考。

表 3-21 纺织品握持拉伸试验（抓样法拉伸试验）常见的方法标准

序号	标准号	标准名称	备注
1	GB/T 24218.18—2014	纺织品 非织造布试验方法 第 18 部分：断裂强力和断裂伸长率的测定（抓样法）	MOD ISO 9073-18:2007
2	GB/T 3923.2—2013	纺织品 织物拉伸性能 第 2 部分：断裂强力的测定（抓样法）	MOD ISO 13934-2:1999
3	SL 235—2012	土工合成材料测试规程	11 握持拉伸试验
4	ISO 9073-18:2023	Nonwovens-Test methods-Part 18: Determination of tensile strength and elongation at break using the grab tensile test	
5	ISO 13934-2:2014	Textiles-Tensile properties of fabrics-Part 2: Determination of maximum force using the grab method	
6	ASTM D4632/D4632M-15a(2023)	Standard test method for grab breaking load and elongation of geotextiles	
7	ASTM D5034-21	Standard test method for breaking strength and elongation of textile fabrics(grab test)	

3.7.4 测试仪器

握持拉伸试验测试仪器与 3.5 节描述的基本一致，只是夹具有所不同。握持拉伸试验所需夹具的夹面宽度相对较小，多数标准规定的夹面宽度为 25mm。

3.7.5 试样

（1）试样的规格尺寸

试样为矩形。不同标准规定的试样尺寸如表 3-22 所示。

表 3-22 纺织品握持拉伸试验（抓样法拉伸试验）试样规格尺寸 单位：mm

序号	标准号	试样		夹持面		伸出夹具两端长度
		宽度	长度	宽度	长度	
1	GB/T 24218.18—2014	100±1	满足隔距要求	25±1	≥25	≥10
2	GB/T 3923.2—2013	100±2	满足隔距 100mm 的要求	25±1	25±1	未规定
3	SL 235—2012	100	200	25	50	≥10
4	ISO 9073-18:2023	100±1	150	25±1	≥25	≥10

续表

序号	标准号	试样		夹持面		伸出夹具两端长度
		宽度	长度	宽度	长度	
5	ISO 13934-2:2014	100±2	满足隔距100mm的要求	25±1	25±1	未规定
6	ASTM D4632/D4632M-15a(2023)	101.6(4in)	203.3(8in)	25.4	50.8	未规定
7	ASTM D5034-21①	100±1	≥150	25±1	25～50	未规定

注：1in=25.4mm

① 表中为该标准G型试样要求。

由表3-22可知，虽然不同标准规定的试样尺寸有所差别，但试样宽度和夹持面宽度基本一致，分别为100mm和25mm。

（2）试样数量及取样位置

沿样品对角线或幅宽方向等距离、随机或选取特定位置裁取纵向（生产方向）和横向试样，取样示意图如图3-8所示。每个方向试样数量依标准规定而定，多数标准规定至少为5个，部分标准规定为10个。与土工织物宽条拉伸试验类似，对均匀性较差的样品，建议适当增加试样数量。

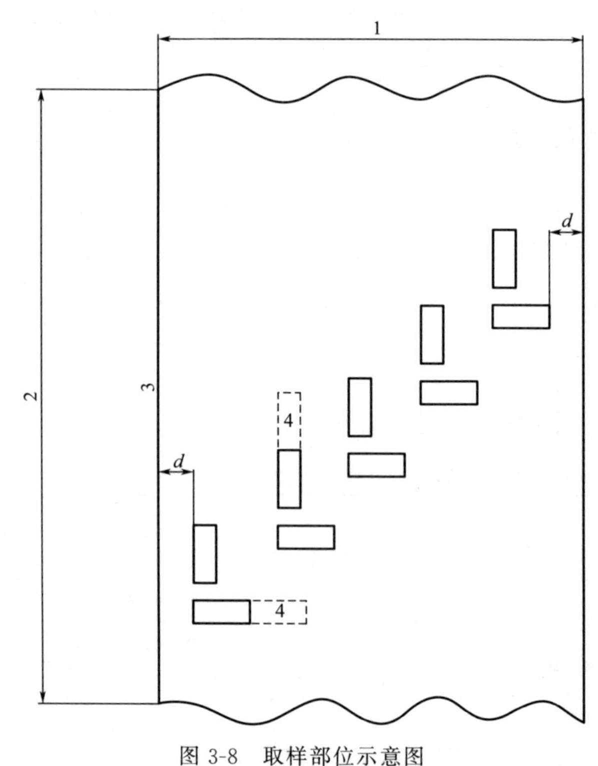

图3-8 取样部位示意图

1—样品幅宽；2—样品长度；3—样品边缘；4—湿态试样（湿态试验时）

（3）试样制备与其他准备

建议采用冲裁的方式进行试样制备，条件不允许的情况下，也可采用剪刀进行剪裁。无论采用哪种试样制备方法，试样制备时应确保试样不发生显著的歪斜。

为了确保在夹持过程中准确夹持在试样宽度方向的中央部分，建议在试样上画出如图 3-9 所示的短直线，直线距离试样宽度边缘大约 37mm。

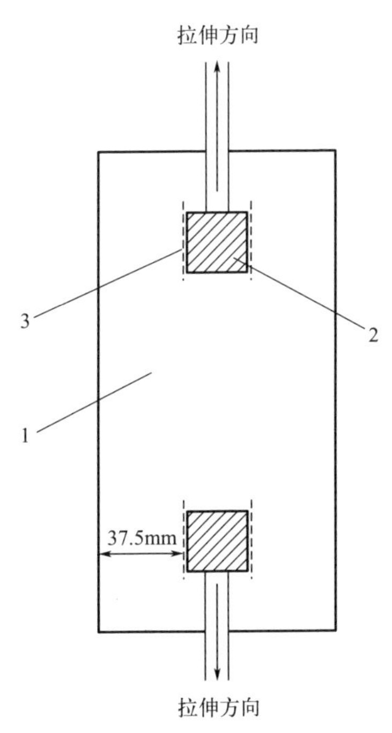

图 3-9 试样夹持示意图

1—试样；2—夹持部位；3—夹持辅助短直线

3.7.6 状态调节和试验环境

与土工织物宽条拉伸试验类似，握持拉伸试验也分为干态试验和湿态试验，状态调节和试验环境见表 3-23，其他要求与宽条拉伸试验相同，详见 3.5.6 节。

3.7.7 试验条件的选择

（1）隔距长度

相关标准规定的隔距长度主要有 2 种，100mm 和 75mm，详见表 3-24。当选择的隔距长度为 100mm 时，相应的试样长度应有所提高。

表 3-23　握持拉伸试验对状态调节与试验环境的要求

序号	标准号	状态调节							试验环境
		干态试验			湿态试验				
		温度/℃	相对湿度/%	时间	温度/℃	浸泡介质	浸泡时间	浸泡后取出	
1	GB/T 24218.18—2014	20±2	65±4	称量间隔2h,质量增量≤0.25%	室温	蒸馏水①	完全润湿	取出后吸去多余水分并在2min内完成试验	与干态调节环境条件相同
2	GB/T 3923.2—2013	按GB/T 6529执行,未规定详细条件		≥24h	20±2	三级水①	≥1h	取出后吸去多余水分并立即开始试验	与干态调节环境条件相同,可预调湿
3	SL 235—2012	20±2	60±10	24h	未规定湿态试验				与干态调节环境条件相同
4	ISO 9073-18:2023	20±2	65±4	称量间隔2h,质量增量≤0.25%	室温	蒸馏水①	完全润湿	取出后吸去多余水分并在2min内完成试验	与干态调节环境条件相同
5	ISO 13934-2:2014	按ISO 139执行,未规定详细条件		≥24h	20±2	三级水①	≥1h	取出后吸去多余水分并立即开始试验	与干态调节环境条件相同,可预调湿
6	ASTM D4632/D4632M-15a(2023)	按ASTM D1776执行,未规定详细条件		称量间隔2h,质量增量≤0.1%	21±2	蒸馏水①	≥2min	取出后2min内完成试验	与干态调节环境条件相同
7	ASTM D5034-21	未规定	未规定	称量间隔2h,质量增量≤0.1%	室温	蒸馏水①	完全润湿	取出后2min内完成试验	与干态调节环境条件相同

① 可加入非离子润湿剂。

表 3-24　握持拉伸试验的隔距长度

序号	标准号	隔距长度/mm	备注
1	GB/T 24218.18—2014	75±1	
2	GB/T 3923.2—2013	推荐100±1,也可采用75±1(相关方商定)	

续表

序号	标准号	隔距长度/mm	备注
3	SL 235—2012	75	
4	ISO 9073-18:2023	75±1	
5	ISO 13934-2:2014	推荐 100±1,也可采用 75±1(相关方商定)	
6	ASTM D4632/D4632M-15a(2023)	75±1	
7	ASTM D5034-21	75±1	

(2) 拉伸速度

从原理上说，握持拉伸试验属于快速拉伸试验，因此握持拉伸试验的速度高于宽条拉伸等试验的速度。多数标准规定的拉伸速度为 (300±10)mm/min。但 GB/T 3923.2 和 ISO 13934-2 规定的试验速度为 50 mm/min。

3.7.8 操作步骤简述

① 将试样夹持在材料试验机的夹具中，为确保试样纵向中心线与夹具中心线重合，应使夹具宽度方向边缘与试样上的参考线尽量重合或位于两条参考线正中间，如图 3-10 所示。

② 按规定设置试验速度，启动材料试验机，直至试样断裂，记录试样拉伸过程中的最大力、断裂力及伸长、规定负荷下的伸长等。

③ 重复上述操作直至完成所有试样的测试。

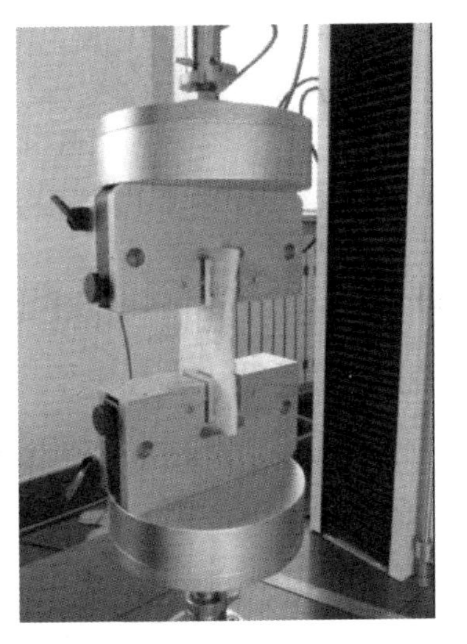

图 3-10 试样夹持示意图

3.7.9 结果计算与表示

(1) 握持强度

分别计算横向和纵向最大力的算术平均值作为握持强度。

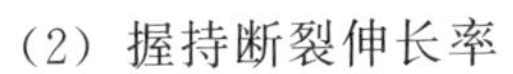

(2) 握持断裂伸长率

按公式(3-3) 计算单个试样握持断裂伸长率，结果以算术平均值表示。

(3) 定负荷伸长率

计算单个试样定负荷伸长率，结果以算术平均值表示。

(4) 结果表示

不同标准对测定结果有效数字的规定有所不同，当标准未规定时，测定结果保留三位有效数字。

3.7.10 影响因素及注意事项

握持拉伸试验的影响因素和注意事项与宽条拉伸试验基本相同，此外还应注意：

① 夹持试样时，应确保夹持在试样宽度方向的中央部位从而使试样纵向中心线与夹具中心线重合；

② 试样被夹持后，长度方向试样两端应伸出夹具至少 10mm。

3.8 接头/接缝拉伸试验

土工织物在使用中需要通过搭接、缝合、胶黏剂黏结、焊接等方式进行连接。一般情况下，采用缝合方式进行连接的土工织物连接部位称为接缝（seam），其他方式进行连接的连接部位称为接头（joint），有些文献将接头又分为焊缝、粘接缝等，也有些文献将所有连接部位统称为接缝。

注：接头与接缝的概念也同样适用于土工格栅、土工复合材料等其他土工合成材料。

为避免由于接头/接缝强度过低造成土工织物在施工和使用过程中脱离，需要对接头/接缝进行拉伸试验。接头/接缝拉伸试验除了用于接头/接缝的强度测定，也用于验货，还用于接缝的工程设计。

3.8.1 原理

将含有接头/接缝部位的试样两端全部宽度夹持在材料试验机的夹具上，以恒定速率沿试样纵向方向对试样进行拉伸直至接头/接缝部位断裂。

3.8.2 定义

(1) 接头/接缝强度（joint/seam strength）

拉伸试验中，由两块甚至多块土工织物经搭接、缝合、胶黏剂黏结、焊接等方式形成的连接部位的最大拉伸强度，以牛顿（N）或千牛（kN）为单位，通常以 $T_{j/s\,max}$ 表示。

(2) 接头/接缝效率（joint/seam efficiency）

土工织物的接头/接缝强度与其同方向上所测试的该材料的拉伸强度之比，以百分数（%）为单位，通常以 R 表示。

接头/接缝效率在一定程度上反映了连接的良好性，R 值越高，连接越优。

3.8.3 常用测试标准

目前国内土工织物行业内较为常用的接头/接缝拉伸试验的标准如表 3-25 所示。

表 3-25　土工织物接头/接缝拉伸性能常用测试的标准

序号	标准号	标准名称	备注
1	GB/T 16989—2013	土工合成材料　接头/接缝宽条拉伸试验方法	MOD ISO 10321:2008
2	SL 235—2012	土工合成材料测试规程	18 接缝拉伸试验
3	JTG E50—2006	公路工程土工合成材料试验规程	T 1122—2006 接头/接缝宽条拉伸试验
4	ISO10321:2008	Geosynthetics-Tensile test for joints/seams by wide-width strip method	
5	ASTM D4884/D4884M-22	Standard test method for strength of sewn or bonded seams of geotextiles	

3.8.4 测试仪器

土工织物接头/接缝拉伸性能测试采用与宽条拉伸试验相同的材料试验机及其夹具，详见 3.5.4 节。

3.8.5 试样

（1）试样的规格尺寸

试样的规格尺寸依据连接方法的不同而不同，试样为矩形或以矩形为基础的变化形状，如图 3-11 所示。

图 3-11 中的缝合类试样，在试样缝合部位两端各延长 25mm，对非织造土工织物可采用剪裁的方式去掉图中阴影部分，对机织土工织物可剪裁一切口后拆去阴影部分的纱线。

（2）试样数量及取样位置

沿样品对角线或幅宽方向等距离、随机或选取特定位置取样，选取位置应根据实际情况而定。一般情况下试样数量至少 5 个，也有标准规定至少 6 个。

（3）试样制备

建议采用冲裁的方式进行试样制备，条件不允许的情况下，也可采用剪刀进行剪裁。无论采用哪种试样制备方法，试样制备时应确保试样不发生显著的歪斜。缝合类试样需要按 3.8.5 节中的（1）进行处理。

3.8.6 状态调节和试验环境

与土工织物宽条拉伸试验类似，接头/接缝拉伸试验也分为干态试验和湿态试验，状态调节和试验环境见表 3-26，其他要求与宽条拉伸试验相同，详见 3.5.6 节。

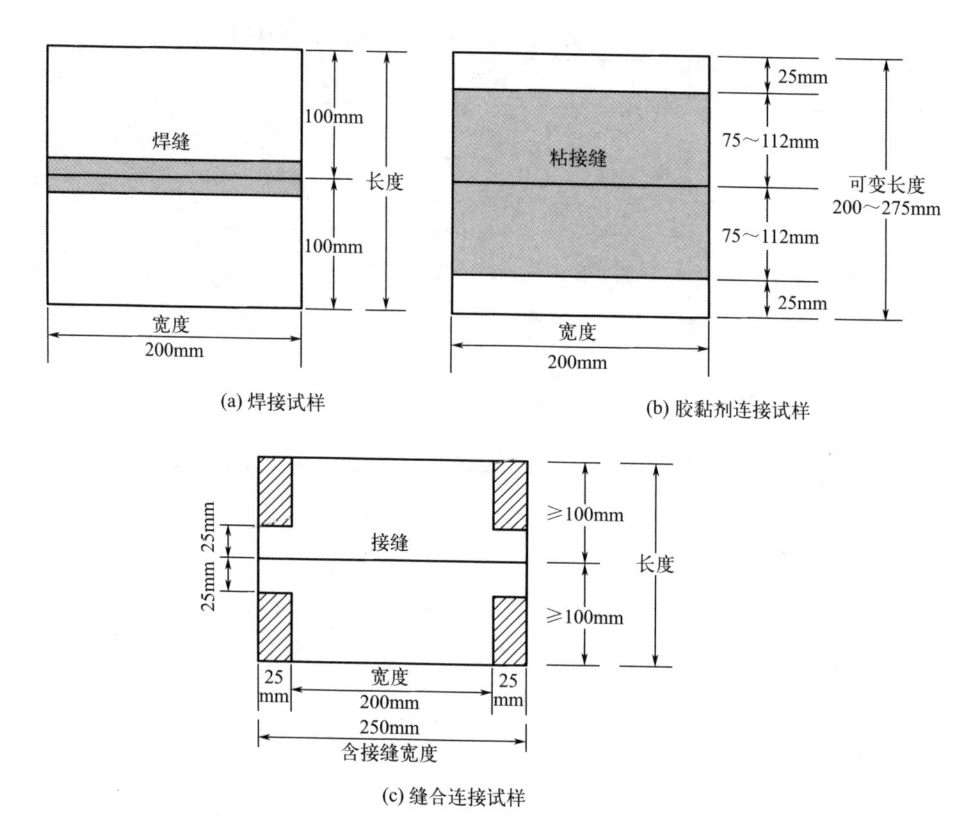

图 3-11 接头/接缝拉伸试验试样的规格尺寸

表 3-26 接头/接缝拉伸试验对状态调节与试验环境的要求

序号	标准号	状态调节							试验环境
		干态试验			湿态试验				
		温度/℃	相对湿度/%	时间	温度/℃	浸泡介质	浸泡时间	浸泡后取出	
1	GB/T 16989—2013	20±2	65±4	称量间隔2h,质量增量≤0.25%	20±2	三级水[①]	完全润湿或≥24h	取出后3min内进行试验	与干态调节环境条件相同
2	SL 235—2012	20±2	60±10	24h	20±2	蒸馏水	完全润湿或≥24h	未规定	与干态调节环境条件相同
3	JTG E50—2006	20±2	65±5	24h	未规定	蒸馏水[①]	未规定	取出后3min内进行试验	与干态调节环境条件相同

续表

序号	标准号	状态调节							试验环境
		干态试验			湿态试验				
		温度/℃	相对湿度/%	时间	温度/℃	浸泡介质	浸泡时间	浸泡后取出	
4	ISO 10321:2008	20±2	65±5	称量间隔2h,质量增量≤0.25%	20±2	三级水①	完全润湿或≥24h	取出后3min内进行试验	与干态调节环境条件相同
5	ASTM D4884/D4884M-22	按ASTM D1776执行,未规定详细条件		称量间隔2h,质量增量≤0.1%	21±2	水①	≥24h	取出后20min内完成试验	与干态调节环境条件相同

① 可加入非离子润湿剂。

3.8.7 试验条件的选择

(1) 拉伸速率

相应的国标及ISO标准规定的拉伸速率基本相同，但ASTM D4884规定的拉伸速率较低，与ASTM D4595一致，见表3-27。

表3-27 接头/接缝拉伸试验的拉伸应变速率

序号	标准号	拉伸应变速率/试验速度	备注
1	GB/T 16989—2013	拉伸应变速率(20±5)%/min;以标称隔距长度100mm为例,假定夹具间试样形变是均匀的,拉伸速度为20mm/min	
2	SL 235—2012	20mm/min	18 接缝拉伸试验
3	JTG E50—2006	拉伸应变速率为名义夹持长度的(20±1)%/min;以标称隔距长度100mm为例,假定名义夹持长度范围内试样形变是均匀的,拉伸速度为20mm/min	T 1122—2006 接头/接缝宽条拉伸试验
4	ISO 10321:2008	拉伸应变速率(20±5)%/min;以标称隔距长度100mm为例,假定夹具间试样形变是均匀的,拉伸速度为20mm/min	
5	ASTM D4884/D4884M-22	拉伸应变速率为(10±3)%/min;以夹具间距离为100mm为例,假定夹具间试样形变是均匀的,拉伸速度为10mm/min	

(2) 隔距长度

一般情况下隔距长度为100mm。

3.8.8 操作步骤简述

① 将试验机的夹具间距离调整至规定值，一般为 100mm。

② 根据连接方法的不同，如图 3-12 所示将试样夹持在夹具中，夹持力大小适宜，既要避免试样在拉伸过程中滑脱，也要避免试样被夹具破坏。

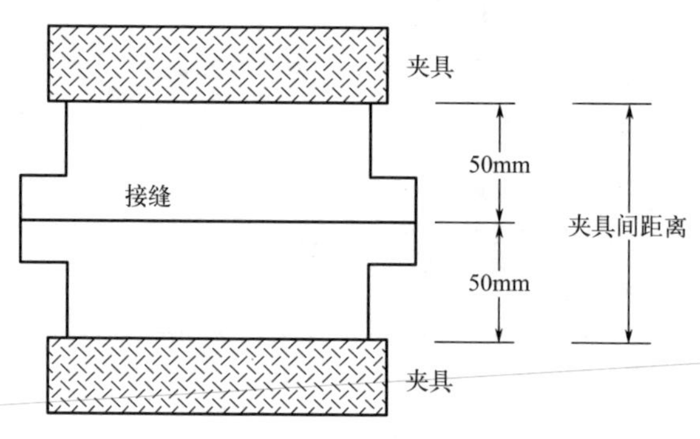

(a) 缝合连接试样

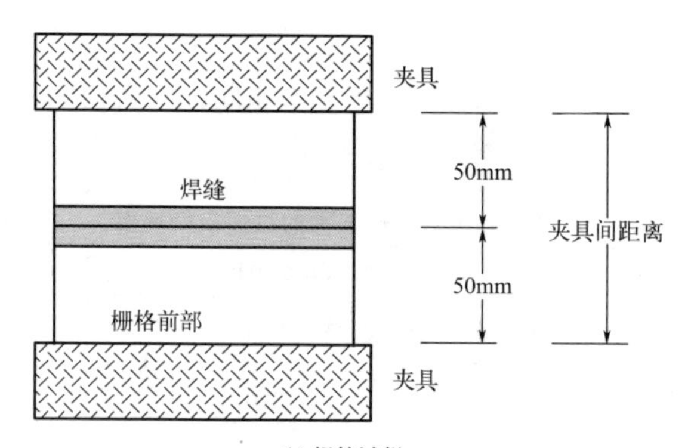

(b) 焊接试样

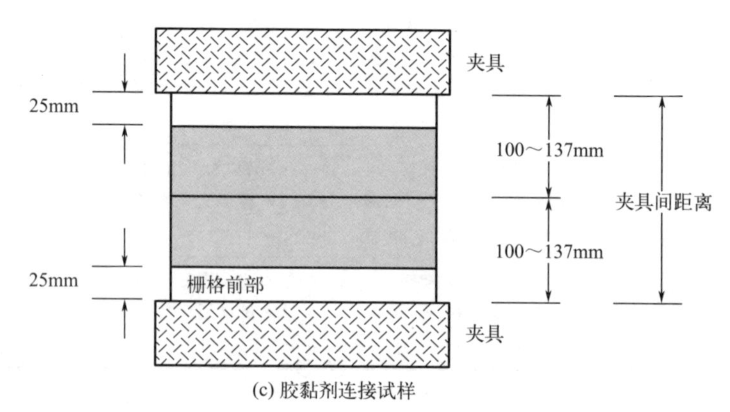

(c) 胶黏剂连接试样

图 3-12 试样夹持示意图

③ 按照规定的速度启动试验机，拉伸试样直至连接部位断裂，记录试样断裂类型：

a. 材料本体断裂；

b. 缝线断裂；

c. 材料本体与接头/接缝滑脱；

d. 撕裂型纱线断裂；

e. 接头/接缝断裂；

f. 其他断裂形式；

g. 上述两种甚至多种断裂形式的组合。

上述断裂类型中，材料本体断裂代表接头/接缝的连接最为牢固。当本体断裂强度低于某些标准规定的接头/接缝强度时，并不代表接头/接缝连接存在问题。

④ 重复上述操作直至完成所有试样的测试。结果的剔除与 3.5.8 节中⑤一致。

3.8.9 结果计算与表示

（1）接头/接缝强度

按公式(3-10) 计算接头/接缝强度：

$$T_{j/s\max}=\frac{F_{\max}}{W_s} \tag{3-10}$$

式中 $T_{j/s\max}$——接头/接缝强度，kN/m；

$F_{\max}$——拉伸过程的最大力，kN；

W_s——试样宽度，m。

对于结构明显稀松的机织土工织物，试样宽度的计算应参考土工格栅等产品的宽度计算方法。

（2）接头/接缝效率

按公式(3-11) 计算接头/接缝效率：

$$\xi_{j/s}=\frac{\overline{T}_{j/s}}{\overline{T}_{\max}}\times 100 \tag{3-11}$$

式中 $\xi_{j/s}$——接头/接缝效率，%。

$\overline{T}_{j/s}$——接头/接缝强度的平均值，kN/m；

$\overline{T}_{\max}$——土工织物宽条拉伸强度的平均值，kN/m。

3.8.10 影响因素及注意事项

土工织物接头/接缝拉伸试验的影响因素及注意事项与土工织物宽条拉伸试验基本一致。

3.9 梯形撕裂性能

梯形撕裂试验也称为梯形撕破试验，是土工织物撕裂性能的主要评价方法。梯形撕裂试验与握持拉伸试验类似，多数标准起源于二十世纪八十年代末到九十年代初，这些方法都是针对纺织品、无纺布和土工织物开发的，因此梯形撕裂试验不适用于橡胶、塑料材质的土工膜产品。虽然许多标准在适用范围中规定梯形撕裂试验适用于织造土工织物和非织造土工织物，但严格意义上说，梯形撕裂试验并不适用于绝大多数织造土工织物，这主要是由于梯形撕裂试验在试样上预制了切口，切口可以诱发非织造土工织物试样沿切口方向的撕裂，却难以诱发织造土工织物无切口部分的撕裂，从而使撕裂试验演变成了无切口部分试样的拉伸试验。

3.9.1 原理

在矩形试样纵向中部画一个梯形，并在梯形较短的一条底边（上底）中心沿试样宽度方向剪一个切口。将试样夹持在材料试验机上并使上下夹具边缘分别与梯形两腰重合，以恒定的速率拉伸试样，使试样沿切口方向逐渐撕裂直至试样全部被撕裂，测定最大撕裂力作为结果。

3.9.2 定义

撕裂强力（tear force）：在规定条件下，使试样从初始切口开始撕裂并继续扩展所需的最大力，在部分文献中也称为撕裂强度（tear strength）。

3.9.3 常用测试标准

目前国内较为常用的土工织物撕裂性能的测试标准如表 3-28 所示。

表 3-28 土工织物撕裂性能常用测试的标准

序号	标准号	标准名称	备注
1	GB/T 13763—2010	土工合成材料梯形法撕破强力的测定	
2	SL 235—2012	土工合成材料测试规程	12 梯形撕裂试验
3	JTG E50—2006	公路工程土工合成材料试验规程	T 1125—2006 梯形撕破强力试验
4	ISO 9073-4:2021	Nonwovens-Test methods-Part 4: Determination of tear resistance by the trapezoid procedure	
5	ASTM D4533/D4533M-15 (2023)	Standard test method for trapezoid tearing strength of geotextiles	

3.9.4 测试仪器

土工织物梯形撕裂试验可采用与宽条拉伸试验相同的材料试验机及其夹具，但无需使用引伸计，详见 3.5.4 节。

3.9.5 试样

（1）试样的规格尺寸

试样为矩形，各标准试样的尺寸基本相同：75mm×200mm 或 76mm×200mm。

ASTM D4533/4533M-15（2023）还规定了一种六边形试样，如图 3-13 所示。这种六边形试样左右两条边与底边所成的角度与在矩形试样上所画的夹持线与底边所成的角度一致（图 3-14），因此更容易对齐，且不需要梯形模框画线。

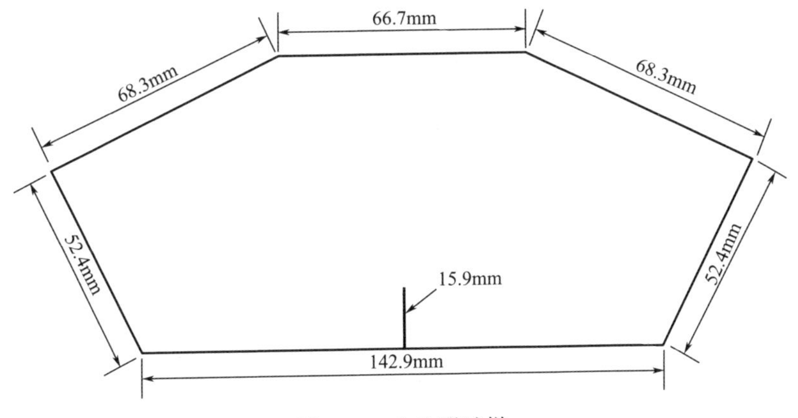

图 3-13　六边形试样

（2）试样数量及取样位置

沿样品对角线或幅宽方向等距离、随机或选取特定位置裁取纵向（生产方向）和横向的矩形试样，取样位置可参考图 3-8。一般情况下，每个方向试样的数量至少为 10 个，当样品量较少时，至少应制备 5 个试样。

建议采用冲裁的方式制备未切口的试样，条件不允许的情况下，也可采用剪刀进行剪裁。无论采用哪种试样制备方法，试样制备时应确保试样不发生显著的歪斜。

采用如图 3-15 所示的样板或模框在试样上画出梯形的两腰线，使梯形的上底边长和下底边长分别为 25mm 和 100mm，在梯形较短的一条底边（上底）中心沿试样宽度方向剪一个切口，切口的长度为 15mm。样板的材质宜选择不易翘曲变形的材料，优选钢制金属样板，也可采用硬质塑料，尺寸偏差不超过该尺寸的 0.5%。

图 3-14　两种试样冲裁工具

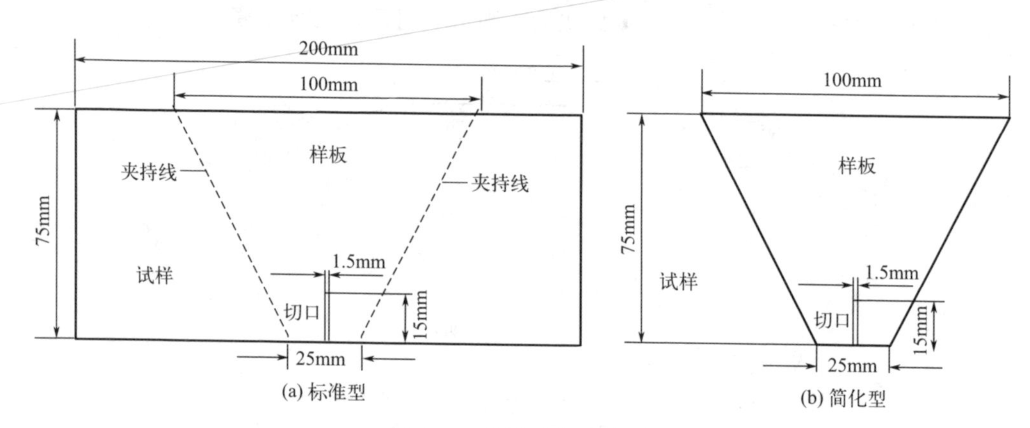

图 3-15　梯形样板或模框

3.9.6　状态调节和试验环境

与土工织物宽条拉伸试验类似，梯形撕裂试验也分为干态试验和湿态试验，状态调节和试验环境见表 3-29，其他要求与宽条拉伸试验相同，详见 3.5.6 节。

表 3-29　梯形撕裂试验对状态调节与试验环境的要求

序号	标准号	状态调节							试验环境
		干态试验			湿态试验				
		温度/℃	相对湿度/%	时间	温度/℃	浸泡介质	浸泡时间	浸泡后取出	
1	GB/T 13763—2010	按 GB/T 6529 执行，未规定详细条件		称量间隔 2h，质量增量 ≤0.25%	20±2	去离子水①	完全润湿	取出后吸去多余水分并立即开始试验	与干态调节环境条件相同

续表

序号	标准号	状态调节							试验环境
		干态试验			湿态试验				
		温度/℃	相对湿度/%	时间	温度/℃	浸泡介质	浸泡时间	浸泡后取出	
2	SL 235—2012	20±2	60±10	24h	未规定湿态试验				与干态调节环境条件相同
3	JTG E50—2006	20±2	65±5	24h	未规定湿态试验				与干态调节环境条件相同
4	ISO 9073-4:2021	20±2	65±4	≥24h	20±2	三级水①	1h	取出后吸去多余水分并立即开始试验	与干态调节环境条件相同
5	ASTM D4533/D4533M-15(2023)	21±2	65±5	称量间隔2h,质量增量≤0.1%	21±2	水①	≥2min	取出后2min内完成试验	与干态调节环境条件相同

① 可加入非离子润湿剂。

3.9.7 试验条件的选择

(1) 试验速度

相关标准规定的试验速度如表3-30所示。由表可知，不同标准的试验速度差别很大，对试验结果有显著影响。

表3-30 梯形撕裂试验的试验速度

序号	标准号	试验速度/(mm/min)	备注
1	GB/T 13763—2010	50	
2	SL 235—2012	300	12 梯形撕裂试验
3	JTG E50—2006	100±5	T 1125—2006 梯形撕破强力试验
4	ISO 9073-4:2021	100±10	
5	ASTM D4533/D4533M-15(2023)	300±10	

(2) 隔距长度

一般情况下隔距长度为25mm。

3.9.8 操作步骤简述

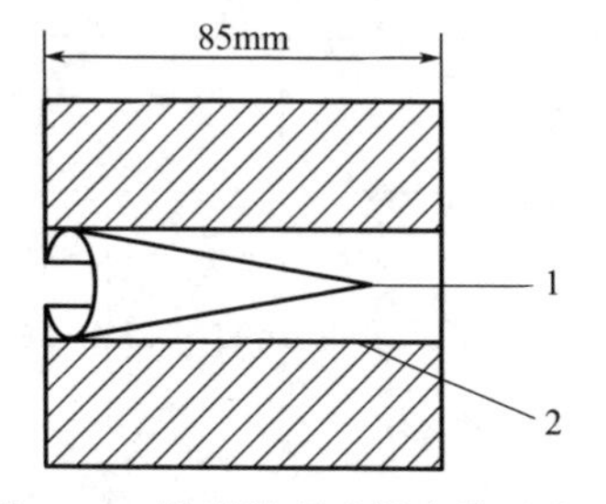

图 3-16 梯形撕裂试样夹持示意图
1—切口；2—夹持线（梯形两腰）

① 如图 3-16 所示将试样夹持在材料试验机上，隔距为 25mm。

② 按照规定设置试验速度，启动材料试验机直至试样撕裂，记录撕裂过程的最大力值。随着材料试验机的发展，绝大多数材料试验机都采用电脑控制，可记录整个撕裂过程的力-伸长曲线。两种典型撕裂曲线如图 3-17 所示。

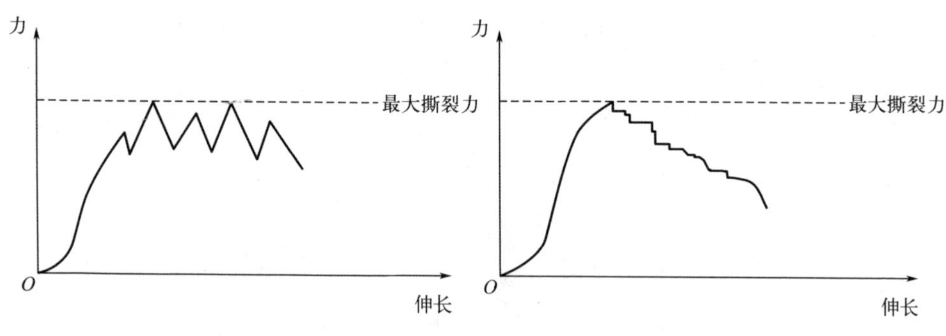

图 3-17 典型撕裂曲线

3.9.9 结果计算与表示

分别计算横向和纵向最大撕裂力的算术平均值作为撕裂强力，以牛顿（N）为单位。一般情况下结果保留至小数点后一位。

3.9.10 影响因素及注意事项

（1）试验速度

试验速度对土工织物的梯形撕裂强力有显著影响，但不同品种的土工织物对速度的敏感性各不相同。一般情况下，试验速度降低，撕裂强力降低，反之升高。

（2）其他影响因素

其他影响因素对梯形撕裂强力的影响与对宽条拉伸试验结果的影响类似，详见 3.5.10 节。

（3）试验注意事项

土工织物梯形撕裂试验的注意事项与土工织物宽条拉伸试验基本一致。此外还需要注意以下事项：

① 制备试样的切口时，可采用剪刀或其他适宜的刀具，剪刀或刀具应足够锋

利以确保切口平直无毛刺。

② 由典型撕裂曲线可知，土工织物撕裂过程是个非稳态过程，因此试验结果的偏差也较大，当试样试验结果与平均值之差超过平均值的25%时，建议废弃该试样，重新制备一个试样进行试验。对于生产企业，当反复发现某一位置试样的试验结果出现较大偏差时，应考虑调整工艺，而不是简单地舍弃该试验结果，其他试验结果的剔除与宽条拉伸试验一致。

③ 应注意试样撕裂的方向性，方向性应按照试样切口撕裂方向而不是试验机的拉伸方向确定，即切口方向与生产方向一致的试样为纵向试样，切口方向与生产方向垂直的试样为横向试样，这与土工膜直角撕裂方向性的确定一致。

3.10 CBR顶破试验

土工合成材料在工程应用过程中，经常被置于不同粒径的颗粒材料之间，从而受到颗粒引起的法向力的作用，这些作用导致的破坏可分为顶破、刺破和穿透几种形式。刺破的研究和标准化工作更多的是针对土工膜开展的，如第2章所述的土工膜穿刺试验。穿透试验属于动态试验，如落锥试验，将在后续介绍。顶破试验属于静态试验，根据实际受力情况，研究人员设计了三种试验方法：Mullen胀破试验、圆球顶破试验和CBR顶破试验。Mullen胀破试验也称为液压顶破试验或薄膜顶破试验，最初是为确定织物抵抗人体肘部穿透能力而设计的，后来逐渐被土工织物、纸张、皮革等行业采用，在土工合成材料领域主要是模拟凸凹不平的负荷对土工织物的挤压作用及土工膜受水压的情况，试验采用液压加载，试样受力较为均匀，因此更适合颗粒半径较大或受水压的情况，实际应用中更多地应用于土工膜（如LLDPE土工膜）的性能测试。圆球顶破试验，也称钢球顶破试验或球形顶杆试验，主要是模拟碎石/沙对土工织物的顶压作用。上述两种试验原理类似，主要差异是施加负荷的形式，前者为液压，后者为机械负荷。CBR顶破试验，又称为静态顶破试验（CBR法）、圆柱顶破试验，主要是模拟粗颗粒材料对土工织物的顶破作用。三种方法中Mullen胀破试验和圆球顶破试验在土工织物行业的应用相对较少，多数产品标准或规范采用了CBR顶破试验，为此重点介绍CBR顶破试验。

CBR的英文原意是加利福尼亚承载比，是评定土基及路面材料承载能力的指标，而CBR顶破试验并非测定土工织物的承载比。之所以这种试验被冠以CBR的名字是因为该试验最初采用了测定CBR的仪器。CBR顶破试验的目的是评价土工织物或其他土工合成材料抵抗粗颗粒或较大异物的能力。

3.10.1 原理

将土工织物试样固定在两个夹持环之间，试验开始前，试样不受张力作用。圆柱形顶压杆以恒定速率垂直顶压试样，直至试样破坏。记录试验过程中的顶压力-位移关系曲线（图 3-18）、顶破强力及其位移。根据采用的试验机不同，施加的顶压力可以是由上向下的，也可以是由下向上的。

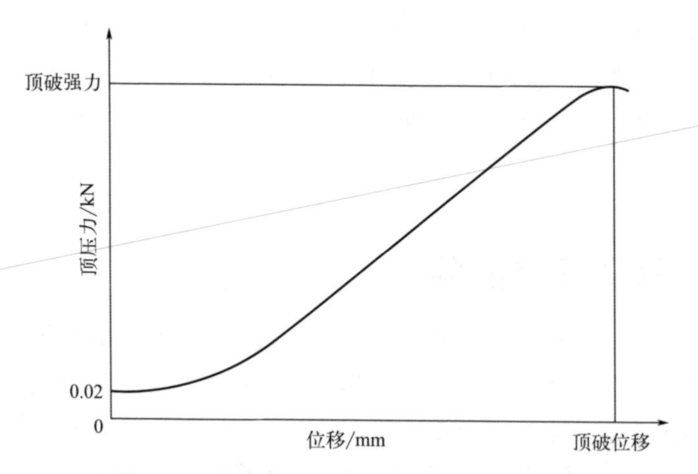

图 3-18　典型 CBR 顶破试验顶压力-位移曲线

CBR 顶破试验实质上不是穿刺试验，可以被看作是轴对称拉伸强度试验。一些学者将 CBR 顶破试验与宽条拉伸试验做了对比研究，发现这两者存在一定的比例关系，感兴趣的读者可以参阅相关参考文献。

3.10.2 定义

（1）顶压力（plunger force）

顶压杆以恒定速率顶压试样直至试样破坏过程中测得的力，以牛顿（N）或千牛（kN）为单位，通常以 F 表示。

（2）顶破强力（push-through force）

顶压杆以恒定速率顶压试样直至试样破坏过程中获得的最大力，以牛顿（N）或千牛（kN）为单位，通常以 F_p 表示。

（3）位移（displacement）

自预加载 20N 开始，顶压杆行进的距离，以毫米（mm）为单位，通常以 h 表示。

（4）顶破位移（push-through displacement）

顶破强力 F_p 对应的位移，以毫米（mm）为单位，通常以 h_p 表示。

3.10.3 常用测试标准

目前较为常用的土工织物 CBR 顶破试验的方法标准如表 3-31 所示。

表 3-31 土工织物常用的 CBR 顶破试验的方法标准

序号	标准号	标准名称	备注
1	GB/T 14800—2010	土工合成材料 静态顶破试验(CBR 法)	
2	SL 235—2012	土工合成材料测试规程	14 圆柱(CBR)顶破试验
3	JTG E50—2006	公路工程土工合成材料试验规程	T 1126—2006 CBR 顶破强力试验
4	ISO 12236:2006	Geosynthetics-Static puncture test(CBR test)	
5	ASTM D6241-22a	Standard test method for measuring static puncture strength of geotextiles and geotextile-related products using a 50mm probe	

3.10.4 测试仪器

（1）试验机

CBR 顶破试验开发之初采用的是 CBR 试验机，但随着土工合成材料和材料试验机的发展，多数土工织物生产企业和相关质检机构都逐渐采用材料试验机替代 CBR 试验机进行 CBR 顶破试验。实际上，凡是可以按规定的恒定速率在垂直方向运动并配有力传感器、适宜的夹具和顶压杆、可以连续记录顶压力和位移的仪器都可以用来进行 CBR 顶破试验。

（2）顶压杆

一般情况下顶压杆的直径为 50mm，材质多为经过抛光的不锈钢圆柱，与试样接触的圆柱边缘加工成圆角，圆角半径为 2.5mm，如图 3-19 所示。

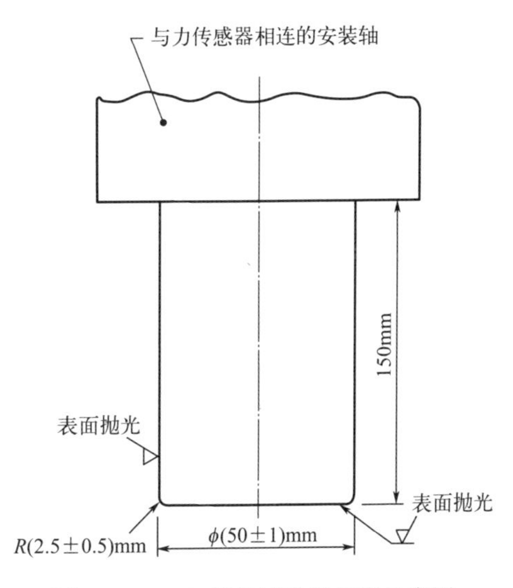

图 3-19 CBR 顶破试验顶压杆示意图

（3）夹具

CBR 顶破试验的夹具由两部分组成。夹具的设计应既要保证试样不滑移/滑脱也要避免对试样造成破坏，为此夹持环内径应加工成倒角，各标准倒角的曲率半径有所不同，但以不对试样造成损伤为准。夹持环的夹持面通常加工为锯齿结构（如图 3-20 所示），锯齿

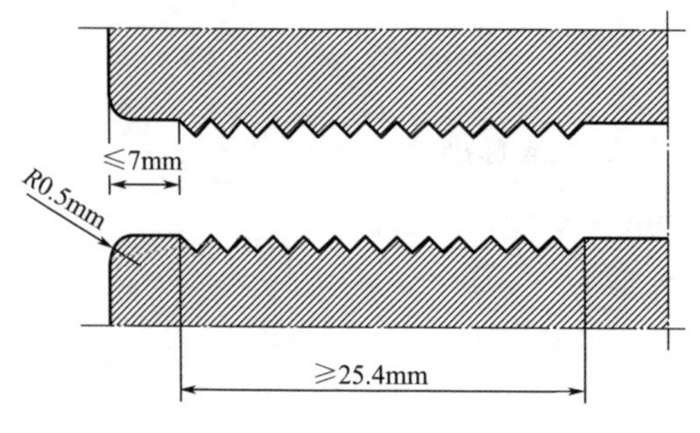

图 3-20 CBR 夹持环夹持面示意图

结构的宽度与设计和选择的夹持环内外直径相关，但一般不小于 25mm，且边缘与倒角之间有一定间距，以不超过 7mm 为宜。夹持环支架的长度应大于顶压杆的长度，以满足顶破位移的需要，同时可避免由于操作失误导致的力传感器受损。图 3-21 和图 3-22 给出了两种夹具与顶压杆的设计示意图。对可同时进行拉压的力传感器和材料试验机，两种设计均可采用，但图 3-21 的设计更为简捷，便于操作，且性价比优；对仅能进行拉伸试验的力传感器和材料试验机，只能采用图 3-22 所示的设计。

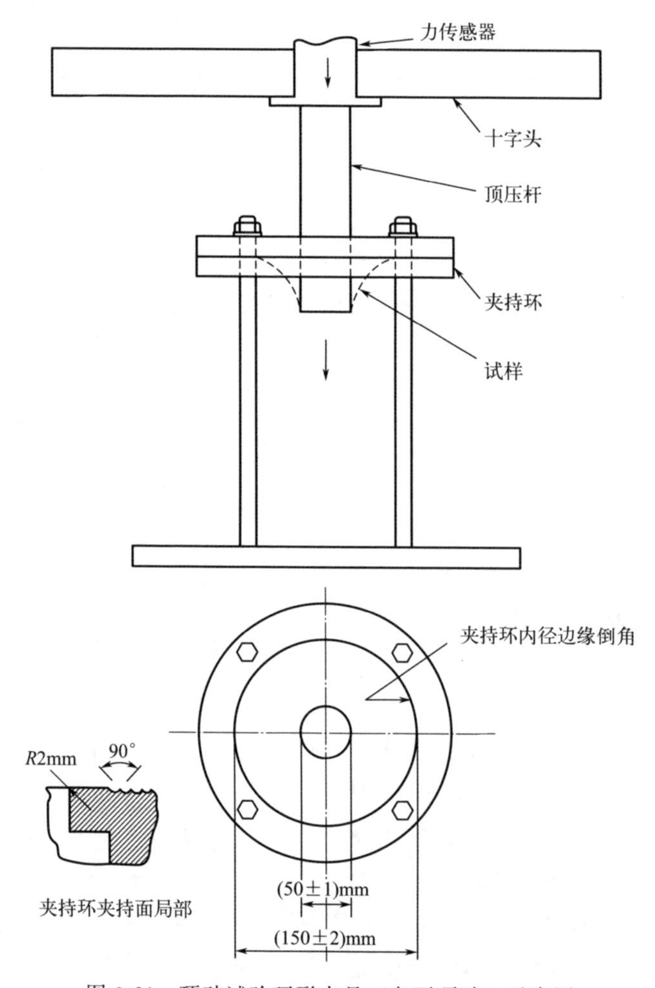

图 3-21 顶破试验环形夹具（向下顶破）示意图

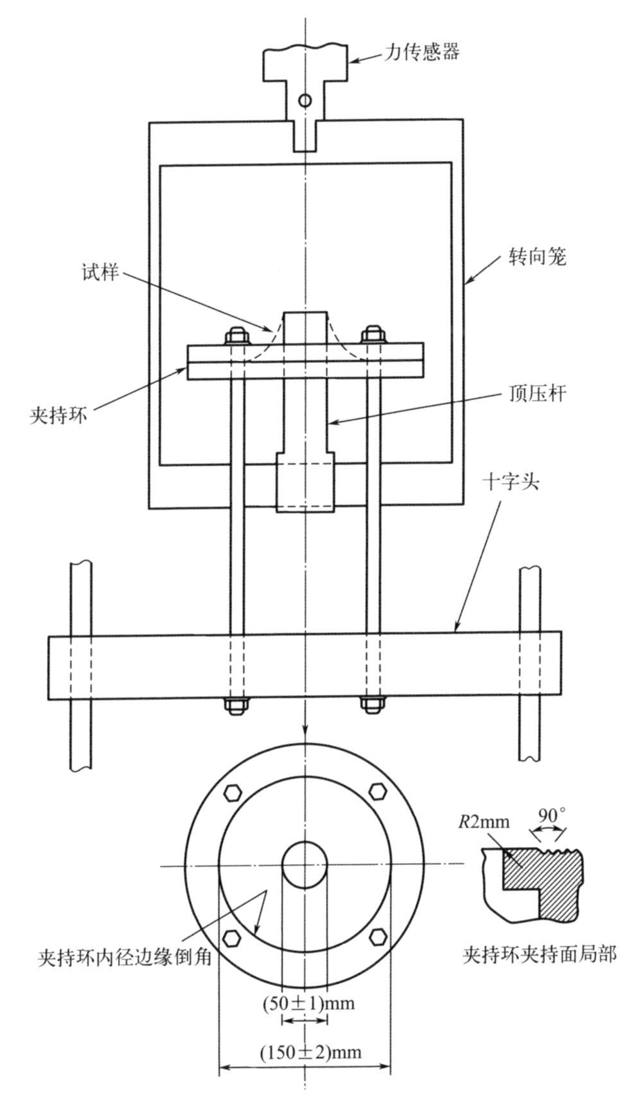

图 3-22　顶破试验环形夹具（向上顶破）示意图

3.10.5　试样

（1）试样的规格尺寸

多数标准并未规定试样的形状，优选圆形试样，也可选用方形或其他形状试样。无论采用哪种形状的试样，其规格尺寸应与夹具的外径匹配，试样各方向均应超出夹具外边缘至少 10mm。

（2）试样数量及取样位置

沿样品对角线或幅宽方向等距离、随机或选取特定位置取样，一般情况下试样数量至少为 5 个。对于均匀性较差的样品，可适当增加试样数量。

（3）试样制备

沿样品幅宽方向等距离或随机进行试样制备。CBR 顶破试验无需区分横纵两向进行试样制备，但对两面具有不同特性的土工织物（如单面进行了表面处理），应制备 2 组试样分别对两个表面进行测试。

根据夹具设计不同在试样上开槽或打孔以使试样被牢固夹持。

对非织造土工织物建议采用冲裁的方式进行试样制备，条件不允许的情况下，采用圆形模板画线后再用剪刀沿画线剪裁。对织造土工织物，建议采用热切的方式进行试样制备。

3.10.6 状态调节和试验环境

CBR 顶破试验一般为干态试验，其对状态调节和试验环境的要求与多数土工织物力学性能测试的要求一致。

3.10.7 试验条件的选择

（1）试验速度

多数标准规定的 CBR 顶破试验的速度为（50±5）mm/min，但也有标准规定为（60±5）mm/min（如 JTG E50—2006）。

（2）预张力

设置预张力的目的是确保顶压杆与试样已经紧密贴合，以确定试验位移的起点。预张力的设置不宜过大，可以设置为 20N，也可以根据待测试样的特性设置。

3.10.8 操作步骤简述

① 将试样无皱褶地固定在试验机夹具的两个夹持环之间，避免对试样施加预张力。

② 启动试验机，采用较慢速度使顶压杆刚好接触试样或达到预设的预张力，位移清零。

③ 设置（50±5）mm/min 的试验速度，启动试验机，向下或向上顶压试样直至试样破坏，记录过程中的顶压力-位移曲线、最大顶压力及对应的位移。

④ 重复上述步骤直至完成所有试样的测试。

3.10.9 结果计算与表示

（1）顶破强力

计算最大顶压力的平均值作为顶破强力的试验结果，以牛顿（N）或千牛（kN）为单位，保留三位有效数字，也有标准规定保留至牛顿（N）的整数位。

（2）位移

计算最大顶压力对应位移的平均值作为顶破位移的试验结果，以毫米（mm）为单位，保留至整数位。

（3）顶压力-位移曲线

必要时提供如图 3-18 所示的顶压力-位移曲线。

3.10.10 影响因素及注意事项

（1）试验速度

试验速度对土工织物力学性能试验都有较为显著的影响，影响趋势也基本类似，顶破试验亦然，即试验速度提高则强力提高，速度降低则强力降低。目前国内外顶破试验的速度主要有两种 50mm/min 和 60mm/min，速度的差异较小，对试验结果的影响并不显著。

（2）其他影响因素

温度、相对湿度等对顶破试验的影响与对其他力学性能的影响趋势类似，本章不再赘述。

（3）试验注意事项

土工织物顶破试验应注意以下事项：

① 夹具和顶压杆的加工质量对试验结果存在一定影响，包括夹持面沟槽、表面抛光、夹持环内径倒角、顶压杆圆柱边缘的圆角。加工粗糙或倒角、圆角过于尖锐会导致试样提前破坏；夹持面沟槽设计不合理会导致试样在顶破过程中滑移、滑脱或破坏。这些都会导致无效数据的产生，因此当试验反复出现无效数据时，应考虑夹具与顶压杆的设计、加工存在问题。

② 多数标准未规定试样形状，但建议选择圆形试样并使试样圆心与顶压杆、夹持环圆心相重合，这样更有利于稳固夹持、避免顶破过程中产生顶压力不均匀的问题。

3.11 圆球顶破试验

圆球顶破试验，也称钢球顶破试验或球形顶杆试验，主要是模拟碎石/沙对土工织物的顶压作用，可以用于评价在公路、铁路等工程中应用的土工织物抵抗细石子、碎石、沙子顶破的能力。

圆球顶破试验与 CBR 顶破试验类似，差别主要在于顶压杆与试样接触的部分不同，CBR 顶破试验为圆柱，而圆球顶破试验为圆球。

3.11.1 原理

将土工织物试样固定在两个夹持环之间，试验开始前，试样不受张力作用。

圆球形顶压杆以恒定速率垂直顶压试样，直至试样破坏。

3.11.2 定义

与 CBR 顶破试验的定义相同。

3.11.3 常用测试标准

目前国内土工织物专用的圆球顶破试验的方法标准仅有 SL 235，在实际应用中多是参考纺织行业的方法标准，详见表 3-32。

表 3-32 土工织物常用的圆球顶破试验的方法标准

序号	标准号	标准名称	备注
1	GB/T 19976—2005	纺织品 顶破强力的测定 钢球法	
2	SL 235—2012	土工合成材料测试规程	15 圆球顶破试验
3	ISO 3303-1:2020	Rubber or plastics-coated fabrics-Determination of bursting strength-Part 1:Steel-ball method	
4	ISO 9073-5:2008	Textiles-Test methods for nonwovens-Part 5:Determination of resistance to mechanical penetration (ball burst procedure)	
5	ASTM D3787-16 (2020)	Standard test method for bursting strength of textiles-constant-rate-of-traverse(CRT) ball burst test	

3.11.4 测试仪器

可采用与 CBR 顶破试验相同的材料试验机，但夹持环和顶压杆不同，示意图和实例如图 3-23 和图 3-24 所示。对夹持环的夹持面锯齿结构的要求与 CBR 顶破试验对夹持环的要求一致。顶压杆与试样相接触部分为圆球，直径一般为 25mm，也有标准规定为 38mm。

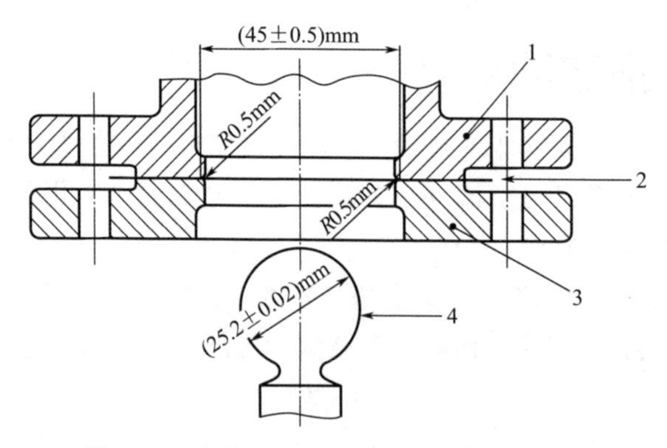

图 3-23 夹具和顶压杆（向上顶破）示意图

1—上环形夹具；2—试样；3—下环形夹具；4—圆球形顶压杆球

3.11.5 试样

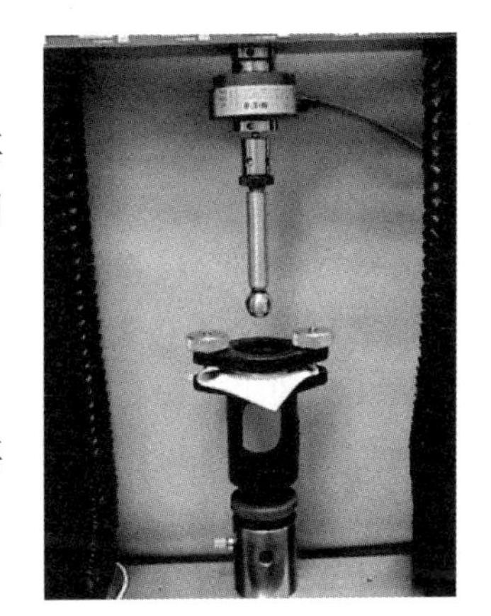

图 3-24 夹具和顶压杆（向下顶破）实例

优选圆形试样，建议试样直径大于 125mm，其余要求与 CBR 顶破试验要求基本一致，可参阅 3.10.5 节。

3.11.6 状态调节和试验环境

可进行湿态试验，其余要求与 CBR 顶破试验要求基本一致，请参阅 3.10.6 节。

3.11.7 试验条件的选择

（1）试验速度

公制系列标准要求的试验速度一般为 300mm/min，英制系列标准要求的试验速度一般为 305mm/min（12in/min）。相比 CBR 顶破试验，圆球顶破试验的试验速度较高，但也有一些文献资料要求 100mm/min 的试验速度。

（2）预张力

圆球顶破试验一般情况下不关注顶压力-位移曲线，因此可以不设置预张力。需要时，可参考 CBR 顶破试验。

3.11.8 操作步骤简述

① 将试样无皱褶地固定在试验机夹具的两个夹持环之间，避免对试样施加预张力。

② 启动试验机，设置规定的试验速度，启动试验机，顶压试样直至试样破坏，记录试验过程中的顶压力。

③ 重复上述步骤直至完成所有试样的测试。

3.11.9 结果计算与表示

计算最大顶压力的平均值作为顶破强力的试验结果，以牛顿（N）或千牛（kN）为单位，保留三位有效数字或保留至牛顿（N）的整数位。

3.11.10 影响因素及注意事项

与 CBR 顶破试验基本一致，参见 3.10.10 节。

3.12 落锥试验

落锥试验，也称为落锥穿透试验、落锥法动态穿孔试验，主要是模拟具有尖角的石块或其他尖锐物体（如玻璃）等落在土工织物表面的情况。落锥坠落导致土工织物出现穿孔，穿孔尺寸的大小反映了土工织物抵抗尖锐异物穿透的能力，但国内相关的土工织物产品标准及规范中很少采用这一性能作为技术指标。

3.12.1 原理

将土工织物试样固定在两个夹持环之间，规定质量的不锈钢落锥从固定高度以自由落体的方式坠落至试样表面，落锥穿透试样造成穿孔或其他形式的破坏，以穿孔尺寸的大小表征抵抗落锥性能的优劣。

3.12.2 常用测试标准

土工织物落锥试验相关的方法标准见表 3-33。

表 3-33 土工织物常用的落锥试验的方法标准

序号	标准号	标准名称	备注
1	GB/T 17630—1998	土工布及其有关产品 动态穿孔试验 落锥法	IDT ISO/DIS 13433:1996
2	SL 235—2012	土工合成材料测试规程	17 落锥试验
3	JTG E50—2006	公路工程土工合成材料试验规程	T 1128—2006 落锥穿透试验
4	ISO 13433:2006	Geosynthetics-Dynamic perforation test(cone drop test)	

3.12.3 测试仪器

采用专用的落锥试验仪进行试验，试验仪的示意图如图 3-25 所示，落锥及其导杆如图 3-26 所示。落锥试验仪的夹持环结构设计及相关要求与 CBR 顶破试验的一致，内径一般为（150±0.5）mm。落锥的材质一般为不锈钢，质量为（1000±5)g，下落高度一般为 500mm。为便于测量破损试样的穿孔尺寸，还准备了一个量锥（如图 3-27 所示），量锥标有刻度，精度为 1mm，最大直径为 50mm。

3.12.4 试样

优选圆形试样，试样数量至少为 5 个，其余要求与 CBR 顶破试验要求基本一致，请参阅 3.10.5 节。

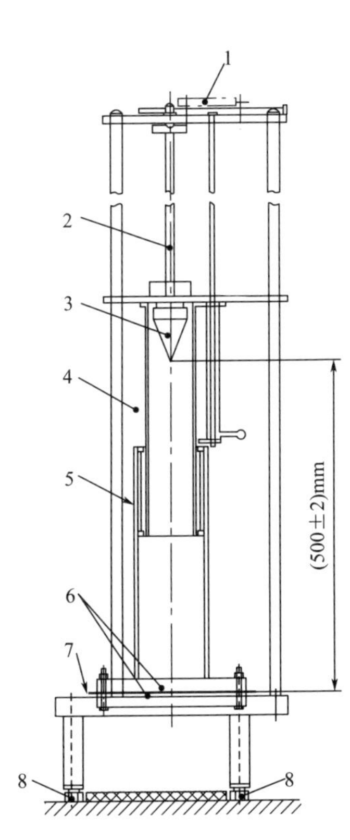

图 3-25 落锥试验仪示意图

1—落锥释放系统；2—导杆；3—钢制落锥；
4—金属屏蔽；5—屏蔽；6—夹持环；
7—试样；8—水平调节螺母

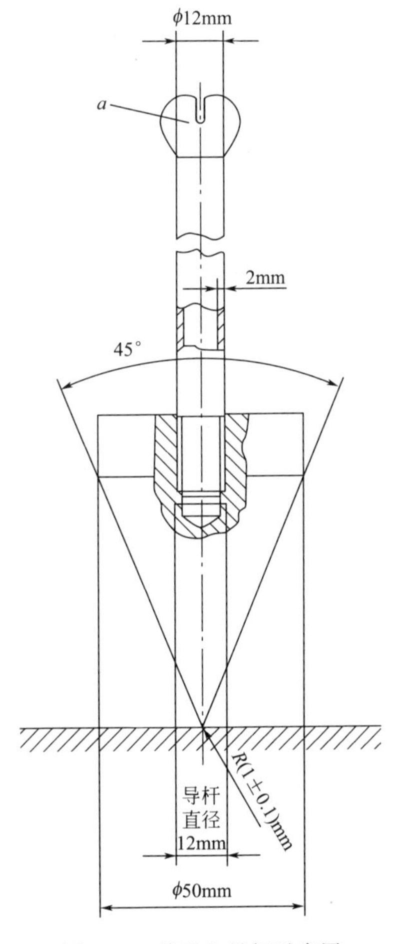

图 3-26 落锥和导杆示意图

a—顶部释放机构

3.12.5 状态调节和试验环境

要求与 CBR 顶破试验要求基本一致，请参阅 3.10.6 节。

3.12.6 试验条件的选择

一般情况下，落锥的规格尺寸、自由下落的高度都是固定的，因此试验条件也是固定的，无需选择。当需要其他落锥规格尺寸和下落高度时，应由相关方商定。

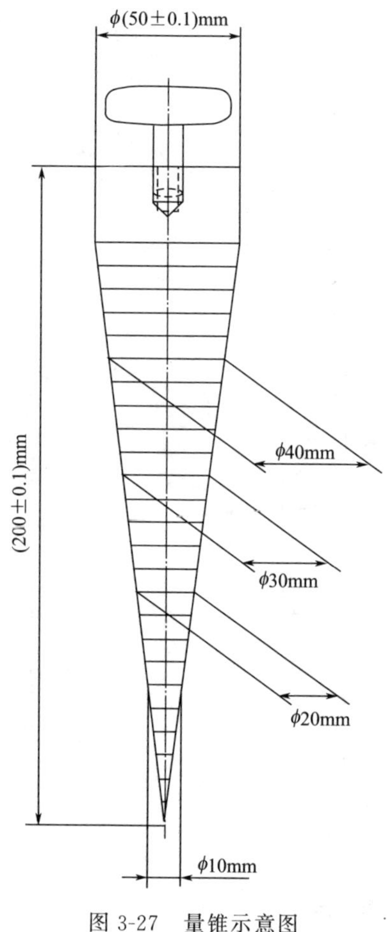

图 3-27　量锥示意图

3.12.7　操作步骤简述

① 将试样无皱褶地固定在落锥试验仪的两个夹持环之间，避免对试样施加预张力。

② 释放落锥，使落锥以自由落体的方式坠落至试样中心部位。

③ 立即从穿孔处取出落锥，将量锥轻轻放入穿孔并使量锥在重力的作用下停留 10s，读取量锥读数。在试验过程中，如果落锥落下后从试样表面弹起，第二次落下后再次在试样上形成穿孔，应测量较大穿孔尺寸作为结果。

④ 重复上述步骤直至完成所有试样的测试。

3.12.8　结果计算与表示

计算穿孔直径的平均值作为试验结果，以毫米（mm）为单位，保留至整数位。

3.12.9 影响因素及注意事项

与 CBR 顶破试验基本一致，此外还应注意：

① 如土工织物存在各向异性从而导致穿孔形状出现显著的非圆时，建议记录穿孔的形状及其特征尺寸，如椭圆、菱形、其他规则或不规则形状，以最大特征尺寸作为试验结果；

② 采用量锥进行穿孔尺寸测量时，应小心轻缓地将量锥垂直放入穿孔，避免因用力过大导致测量结果偏大；

③ 对机织土工织物，落锥落在试样表面后可能会导致丝线等位移，而未真正穿透，此时测量结果与现象应一同予以记录；

④ 对强度较高的土工织物，落锥可能无法穿透全部试样，此时不应以穿孔直径的平均值作为试验结果报出，应分别报出每个试样的情况，对于所有试样均不能被穿透的情况，应考虑采用本方法评价该产品的合理性，条件允许的情况下也可提高落锥质量和下落高度进行试验；

⑤ 对试验后试样的任何异常现象均应予以记录。

3.13 有效孔径（干筛法）

土工织物因材质及生产工艺的不同而具有形状和大小各不相同的孔径，因此土工织物具有不同程度的透水性，这与土工膜产品迥然不同。土工织物孔径的分布曲线与土壤颗粒级配曲线类似。土工织物孔径反映了其透水性能和保持土壤颗粒的能力，主要采用有效孔径 O_e 表征。有效孔径的测定方法主要分为直接法和间接法，其中直接法主要是采用显微镜或投影仪进行，通过直接读取孔径数据获得，但代表性差、读取量大，效率低；间接法包括干筛法、湿筛法、水动力法、水银压入法、吸引法、毛细管法和渗透法。本书重点介绍应用较为广泛的干筛法和湿筛法，其中干筛法在我国和北美地区的应用较多，而欧洲国家多采用湿筛法。

注：土壤颗粒级配曲线采用粒径的对数作为横坐标，小于某粒径颗粒的累积质量分数为纵坐标，反映了土壤中各种粒径颗粒的相对含量，较为直观地反映颗粒的几何尺寸分布，能够大致判断土壤颗粒的均匀程度是否良好。

本节介绍干筛法。干筛法是在土工试验方法基础上建立的，其仪器设备、操作步骤和土工试验基本一致（如 GB/T 50123、JTG 3430 等），干筛法建立之初为从事土工材料测试的实验室进行土工织物有效孔径的测定提供了便利，也方便了从事土工合成材料检测的实验室购买商品化的仪器进行试验。

3.13.1 原理

将土工织物试样置于孔径远大于土工织物孔径的筛网上作为筛布，将一定质量、一定粒径范围的标准颗粒（标准玻璃珠或标准砂）放在土工织物上进行振筛，通过筛分装置的横向、纵向振动，使小于土工织物孔径的颗粒产生弹跳和转动从而通过试样，称量通过试样的颗粒质量，计算过筛率，不断选用粒径更大的标准颗粒重复进行试验并获得相应的过筛率，直至在该粒径条件下颗粒过筛率小于预定值。以颗粒粒径对过筛率作图获得土工织物孔径分布曲线，过筛率为100%－e%时对应的土工织物孔径为O_e，如O_{90}是过筛率为10%时对应的孔径、O_{95}是过筛率为5%时对应的孔径。

3.13.2 定义

（1）孔径（opening size）

通过其标准颗粒的直径表征的土工织物的孔眼尺寸。

（2）有效孔径（effective opening size）

也称为等效孔径（equivalent opening size），指能有效通过土工织物的近似最大颗粒直径，以O_e表示，如O_{90}表示土工织物中90%的孔径小于该值，O_{95}表示土工织物中95%的孔径小于该值。

3.13.3 常用测试标准

常用的土工织物有效孔径测试的方法标准如表3-34所示。

表3-34 土工织物常用的有效孔径测试的方法标准

序号	标准号	标准名称	备注
1	GB/T 14799—2005	土工布及其有关产品　有效孔径的测定　干筛法	
2	SL 235—2012	土工合成材料测试规程	7 等效孔径试验(干筛法)
3	JTG E50—2006	公路工程土工合成材料试验规程	T 1144—2006 有效孔径试验(干筛法)
4	ASTM D4751-21a	Standard test methods for determination apprarent opening size of a geotextile	A 法

3.13.4 测试仪器

（1）筛分装置

可采用符合地质行业标准DZ/T 0118的振筛机进行试验。振筛机横向摇动频率为（220±10)次/min，回转半径为（12±1)mm，垂直振动频率为（150±10)次/min，振幅为（10±2)mm。

（2）试验筛

一般采用符合GB/T 6003系列标准要求的试验筛，用于试验前筛选符合要求的标准颗粒。可根据实际情况（试样孔径和标准颗粒粒径）选择标准试验筛尺寸，试验筛尺寸通常采用GB/T 6005的R20系列，常用试验筛筛孔尺寸范围为45μm～8mm。

（3）支撑网筛

可采用试验筛网或其他适宜的材质、结构的网筛作为支撑网筛，直径一般为200mm，孔径应远大于待测土工织物的有效孔径。无论采用哪种支撑网筛，其网面应有足够的刚性并确保在放置试样和标准颗粒后网面不产生明显的变形。

（4）标准颗粒

颗粒应无黏性，不易团聚，基本形状为圆形，尽量避免为棱角尖锐的片状。推荐选用洁净的标准玻璃珠或标准砂，必要时可将其洗涤烘干。试验前应采用试验筛对标准颗粒进行过筛处理，以确保标准颗粒的粒径范围符合要求。国内土工织物行业常选用标准砂作为标准颗粒，其粒径分组如下：

① 0.045～0.063mm；

② 0.063～0.071mm；

③ 0.071～0.090mm；

④ 0.090～0.125mm；

⑤ 0.125～0.180mm；

⑥ 0.180～0.250mm；

⑦ 0.250～0.280mm；

⑧ 0.280～0.355mm；

⑨ 0.355～0.500mm；

⑩ 0.500～0.710mm。

上述标准颗粒的粒径范围基本覆盖了非织造土工织物有效孔径范围。ASTM D4751给出了粒径范围更为宽泛的标准玻璃珠尺寸，当上述粒径范围的标准颗粒不能满足部分土工织物的测试需求时，读者可以选择用表3-35中所提供的标准玻璃珠。

（5）天平

量程200g，精度0.01g。

（6）接收盘

用于盛放振筛掉落的标准颗粒。

（7）其他

秒表（精度±1s)、圆形模板、软刷、剪刀、画笔等。

表 3-35　标准玻璃珠尺寸

玻璃珠尺寸				玻璃珠设计尺寸	
玻璃珠尺寸/mm	对应的目数/目	玻璃珠尺寸/mm	对应的目数/目	玻璃珠尺寸/mm	对应的目数/目
2	10	1.7	12	1.7	12
1.4	14	1.18	16	1.18	16
1	18	0.85	20	0.85	20
0.71	25	0.6	30	0.6	30
0.5	35	0.425	40	0.425	40
0.355	45	0.3	50	0.3	50
0.25	60	0.212	70	0.212	70
0.18	80	0.15	100	0.15	100
0.125	120	0.106	140	0.106	140
0.09	170	0.075	200	0.075	200

3.13.5　试样

（1）试样的规格尺寸

试样为圆形，直径约200mm，与支撑网筛直径相匹配。

（2）试样数量及取样位置

沿样品对角线或幅宽方向等距离、随机或选取特定位置取样。针对每一个粒径范围的标准颗粒制备5块试样，如需要进行 N 组粒径试验，则制备 $5N$ 块试样。N 的大小可以根据实际经验确定，对已知试样（如生产企业用于产品质量控制的试样）N 值可以小一些，但不应小于3，当缺乏经验和对未知试样的了解时，N 值应适当放大。当进行通过性试验时，可仅制备5块试样。

（3）试样制备

对非织造土工织物建议采用冲裁的方式进行试样制备，在条件不允许的情况下，采用圆形模板画线后再用剪刀沿画线剪裁。对织造土工织物，建议采用热切的方式进行试样制备。

3.13.6　状态调节和试验环境

试验状态调节和试验环境与多数土工织物其他性能测试的要求一致。细节上的差异读者可参考相关标准。

3.13.7　操作步骤简述

① 将试样平整、无褶皱地置于支撑网筛上，试样大小与网筛相匹配，以确保

标准颗粒不会从试样边缘与网筛之间的缝隙通过，否则应重新制备试样。根据仪器配置的不同，可在一台仪器安装一个试样支撑网筛进行试验，也可在同一台仪器上将多个试样分别安装在多个支撑网筛后进行试验。

② 根据经验或相关产品规范的要求确定试验用最小粒径的颗粒，采用天平称取 50g 标准颗粒，记为 m_i，将颗粒均匀撒在试样表面。

③ 将支撑网筛（试验筛或带有筛框的网筛）、试样和接收盘牢固地安装在筛分装置上，同时进行多个试样的试验时，每一个支撑网筛都应配备一个接收盘。启动筛分装置，持续振筛 10min。

④ 关闭筛分装置，分别称量通过每一试样的标准颗粒质量。

⑤ 对一台仪器仅安装一个试样的情况，重复上述操作直至完成一组试样的测试。

⑥ 选择粒径更大的颗粒重复上述操作，直至至少一组试样的过筛率低于预定值。O_{90} 预定值为 10%，O_{95} 的预定值为 5%。

⑦ 对相关方商定的通过性试验，可直接采用商定的颗粒粒径，按照 3.13.7 节①～⑤进行操作。

3.13.8 结果计算与表示

（1）过筛率的计算

按照公式(3-12) 计算过筛率，保留至小数点后两位。

$$B_i = \frac{m_{i1}}{m_i} \times 100 \tag{3-12}$$

式中 B_i——第 i 组标准颗粒通过试样的过筛率，%；

m_{i1}——第 i 组标准颗粒通过试样过筛量的平均值，g；

m_i——第 i 组标准颗粒的质量，g。

（2）孔径分布曲线

以标准颗粒粒径范围的下限值（如 0.045～0.063mm 取 0.045mm）的对数为横坐标，以过筛率为纵坐标，绘制孔径分布曲线（过筛率-粒径曲线），图 3-28 为测试实例。根据需要测定的 O_e 在曲线取值。

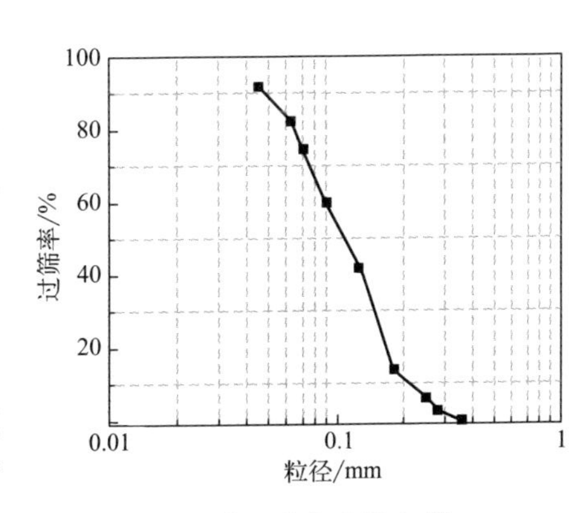

图 3-28 孔径分布曲线实例

（3）O_e 的确定

绝大多数情况下测定 O_{95} 或 O_{90}。

O_{95} 为纵坐标（过筛率）为 5%时对应的横坐标（粒径）值，O_{90} 为纵坐标（过筛率）为 10%时对应的横坐标（粒径）值，结果以 mm 表示，保留两位有效数字。

3.13.9 影响因素及注意事项

（1）静电

静电是影响土工织物有效孔径（干筛法）最为显著的因素。静电的存在会导致标准颗粒附着在试样表面而不能顺利通过土工织物，从而获得的过筛率明显下降，最终导致测试结果偏小。可采用如下方法消除静电的影响：

① 确保状态调节及试验环境持续满足要求，以确保试样在状态调节和试验过程中的相对湿度从而最大限度地降低静电的影响。ASTM D4751 还给出了试样预处理方法：将试样浸泡在蒸馏水中 1h，然后在标准环境中进行状态调节，调节过程中可采用风扇缩短达到平衡的时间，但不可采用提高温度的方法，以确保试样的含水状态与环境的相对湿度间达到平衡。

② 沿支撑网筛圆周方向等间距位置及试验仪罩中心位置安装防静电装置或做接地处理。

③ 在试样表面喷防静电剂。

（2）相对湿度

相对湿度对试验结果也存在一定影响。相对湿度过高会造成标准颗粒相互黏附在一起，但相对湿度过低又会产生静电。目前土工织物行业普遍采用 60%左右的相对湿度进行状态调节和试验。

（3）标准颗粒

目前行业普遍使用的标准颗粒品种为标准砂和标准玻璃珠。其中北美地区主要采用标准玻璃珠，亚洲和欧洲地区主要采用标准砂。相比标准玻璃珠，标准砂更容易附着在接收盘上，造成通过土工织物标准颗粒的质量损失。采用标准砂时，可采用质量小于 200g 的接收盘或在接收盘内放置一次性的轻质材料用于颗粒接收，以避免颗粒转移过程中颗粒质量的损失。

无论哪种标准颗粒，市售颗粒的粒径范围都有可能不满足标准的要求，因此建议在试验前采用相应粒径范围的试验筛进行筛分。不同公司提供的试验筛可能存在差异，特别是国内和国外试验筛产品的粒径范围可能存在一定的差异，试验人员在选购时应予以注意。

（4）试样厚度

试样厚度对土工织物有效孔径的测试有一定影响，特别是厚度较大的试样。厚试样更容易积存一定量的颗粒，这对于干筛法的影响更为显著，积存量会因为静电和无水流作用而增多。

（5）试验注意事项

① 试样大小应与支撑网筛配合良好，连接处要卡紧，避免颗粒从边缘缝隙中

通过，造成过筛率偏高。

② 放置试样时应确保试样平整无褶皱，以避免标准颗粒存在褶皱中不易通过试样。

③ 安装试样过程中应避免试样受到拉伸，造成试样的孔径增大，从而过筛率偏高。

④ 在所有操作步骤中，应尽量避免标准颗粒的质量损失。国内相关标准和国际标准中都没有规定需要测量未通过试样的颗粒质量，但 ASTM 标准中则有相关要求。测定未通过试样的颗粒质量有利于了解颗粒质量损失情况，当颗粒质量损失较多时应查找原因并重新进行试验。质量损失与试验失效的判定，可参考湿筛法。

3.14 有效孔径（湿筛法）

湿筛法是模拟有水存在的实际情况下，土工织物的透水性能和保持土壤颗粒的能力。广义上说湿筛法包括采用筛分装置的湿筛法和流体（水）动力筛法。流体（水）动力筛法在 20 世纪 80～90 年代有较多研究，在法国、北美都有一定的应用，但目前应用很少。土工织物行业普遍采用的湿筛法还是采用筛分装置的方法，这种方法在欧洲广泛应用，在我国也有一定的应用，本节主要介绍这种方法。

采用筛分装置的湿筛法实际上包含两种方法：一种是采用按粒径分级的标准颗粒进行试验，这种方法类似于干筛法，差别在于是否有水的存在；另一种方法是采用级配良好的颗粒进行试验。目前国内外的标准多数采用后种方法，也是本节介绍的重点。

3.14.1 原理

土工织物试样以不受张力的状态置于孔径远大于土工织物孔径的筛网上作为筛布，在规定的振动频率和振幅下，对试样及级配颗粒材料（通常为标准砂）进行喷水，使级配颗粒通过试样。以通过颗粒的特定粒径表示试样的有效孔径。

3.14.2 定义

（1）d_n

n%（质量分数）的颗粒粒径小于此值。

（2）不均匀系数 C_u

d_{60} 与 d_{10} 之比。

C_u 原本用于土壤颗粒粒径的级配情况，此处用来表征颗粒的粒径分布的均匀程度，一般情况下 C_u 大于 1（只有在理论上可能等于 1）。如果 C_u 更接近 1，则

d_{60} 与 d_{10} 值接近，这意味着相同尺寸范围内的颗粒数量更多，即颗粒是均匀级配的。如果 C_u 远离 1，则颗粒分级良好，在各种尺寸范围分布良好。对于标准砂颗粒，良好的级配对应的 C_u 一般大于 6。

3.14.3 常用测试标准

国内土工织物行业有效孔径（湿筛法）常用测试的方法标准是修改采用相应的 ISO 标准制定的，详见表 3-36。

表 3-36 土工织物有效孔径（湿筛法）常用测试的方法标准

序号	标准号	标准名称	备注
1	GB/T 17634—2019	土工布及其有关产品　有效孔径的测定　湿筛法	MOD ISO 12956:2010
2	ISO 12956:2019	Geotextiles and geotextile-related products-Determination of the characteristic opening size	

3.14.4 测试仪器

（1）筛分装置

典型筛分装置的结构示意图如图 3-29 所示，其有效筛分区域的直径至少为 130mm，在实际操作中，网栅直径多在 180～200mm。此外，网栅还应符合以下要求：

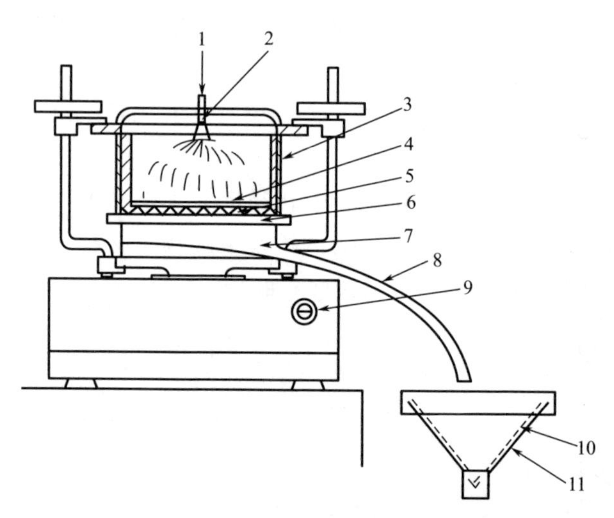

图 3-29 典型筛分装置的结构示意图

1—供水系统；2—喷嘴；3—试样夹持装置；4—颗粒；5—试样；6—网栅；7—收集槽；8—收集管；9—振幅调节器；10—滤纸；11—收集装置

① 振动频率 50～60Hz（频率 3000～3600 次/min）；

② 如图 3-30 所示，主振动筛的垂直筛动振幅 1.5mm（振动高度 3mm）；

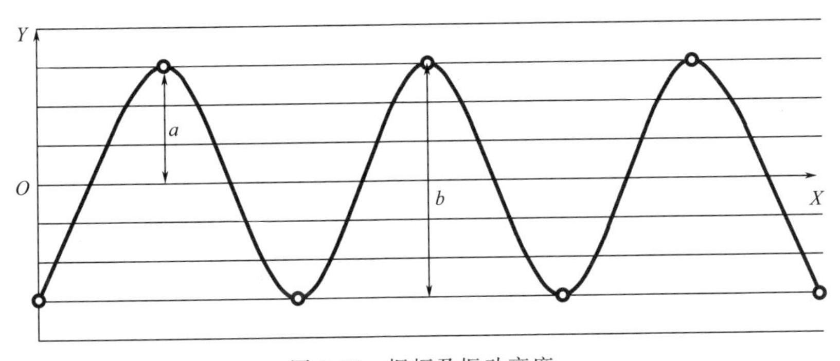

图 3-30 振幅及振动高度

X—时间；Y—振动高度；a—振幅 1.5mm；b—振动高度 3mm

③ 具有供水系统、喷嘴、试样夹持装置、收集槽、网栅、密封圈、盖子等结构。喷嘴应能均匀湿润试样，并封闭在透明桶或盖子内，300kPa 工作压力下水流速率约为 0.5L/min；网栅用于试样支撑，以直径为 1mm 的金属丝编织，网孔直径为（10±1）mm。典型密封结构示意图如图 3-31 所示。

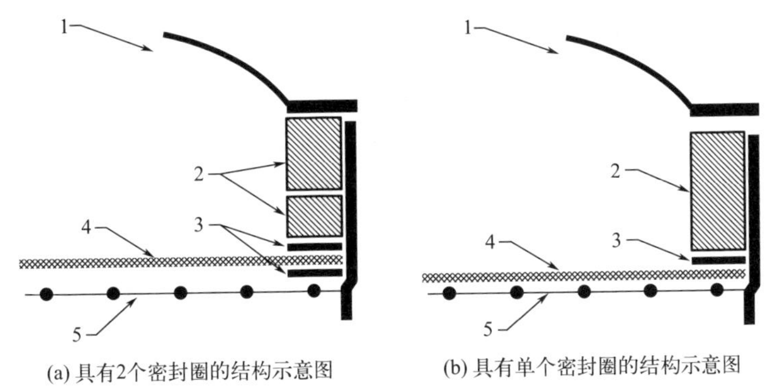

图 3-31 典型密封结构示意图

1—盖子；2—PVC 或金属环；3—橡胶密封圈；4—试样；5—网栅

（2）颗粒

颗粒材料应无黏性，在水中不聚集，基本形状为圆形，避免带有尖锐棱角的片状颗粒。

（3）滤纸

（4）高温试验箱

工作温度范围 50～110℃。

（5）试验筛

用于试验前筛选符合要求的颗粒及对通过试样的颗粒进行筛分。其余要求参见干筛法部分。

(6) 其他

天平（精度 0.01g）、秒表（精度±1s）、耐温容器（用于试样的烘干）、圆形模板、软刷、剪刀、画笔等。

3.14.5 试样

(1) 试样的规格尺寸

建议采用圆形试样，直径大小与网栅直径和筛分装置相匹配。

(2) 试样数量及取样位置

沿样品对角线或幅宽方向等距离、随机或选取特定位置取样，样品取样位置应清洁，表面无积垢及可见的损坏、折痕。试样数量一般为 5 块。

(3) 试样制备

与干筛法一样，对非织造土工织物建议采用冲裁的方式进行试样制备，条件不允许的情况下，采用圆形模板画线后再用剪刀沿画线剪裁。对织造土工织物，建议采用热切的方式进行试样制备。

一般情况下，相比网栅尺寸，土工织物试样宽度足够大。特殊应用领域，如注浆管外包覆的土工织物，其宽度尺寸较小，不足以覆盖网栅，此时可采用如下方法进行处理：

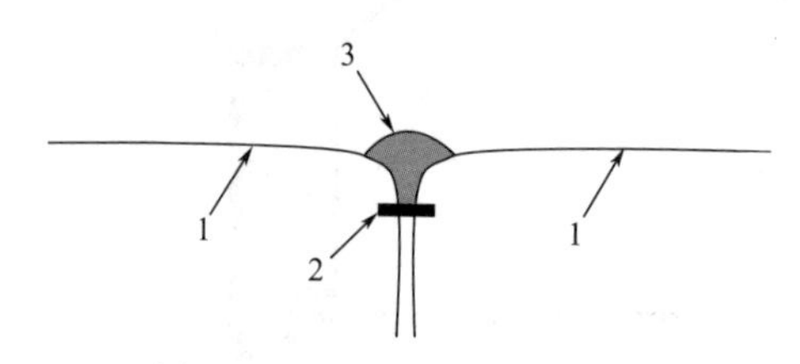

图 3-32 窄条试样组装示意图

1—窄条样品；2—螺母；3—胶黏剂

① 对宽度大于网栅直径 85% 的试样：可采用黏结强度较高的胶带进行粘接以延长试样的宽度，胶带与试样重叠部分宽（10±2）mm，试样的有效宽度至少为 160mm；

② 对宽度小于网栅直径 85% 的试样：可采用 2 个甚至多个窄条试样进行组合，组装示意图如图 3-32 所示。

3.14.6 状态调节和试验环境

湿筛法属于湿态试验，试样无需进行状态调节，但试验前需要对试样进行预处理。预处理包含两步：烘干和浸泡。

烘干：试样通常在不超过 70℃的高温试验箱中进行烘干，烘干时间以 10min 为时间间隔连续称量试样的质量差小于 0.1% 为准。经验表明，在试验温度为 60℃的条件下烘干 2～3h，可达到满意效果。

浸泡：烘干称量后、试验开始前，将试样放置于含有润湿剂的水中，如 0.1%（体积分数）的烷基苯磺酸钠水溶液，浸泡至少 12h。

3.14.7 操作步骤简述

① 配制级配良好的颗粒，步骤如下：

a. 配制颗粒的不均匀系数符合 $3 \leqslant C_u \leqslant 20$。为提高试验精度，颗粒的粒径分布满足 $d_{20} \leqslant O_{90} \leqslant d_{80}$，即图 3-33 中曲线 a 和曲线 b 之间的区域。据此确定不同粒径范围颗粒的质量分数。

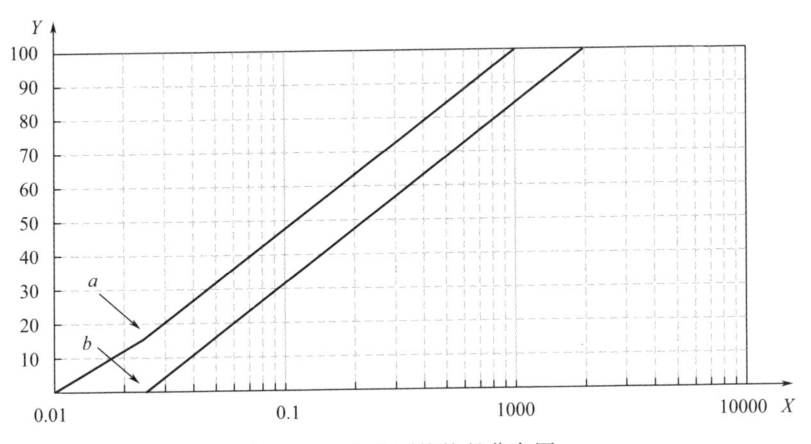

图 3-33 级配颗粒粒径分布图

X—颗粒粒径/μm；Y—累计通过率/%

b. 配制的颗粒的用量按（7.0±0.1）kg/m^2 估算。当颗粒的通过量较低时，可能会造成较大的粒径分析误差，为此可适当增加颗粒的质量。

c. 根据确定的颗粒总质量、不同粒径范围颗粒对应的质量分数，称取不同粒径范围的颗粒并混合。准确称量配制好的颗粒作为初始投放量，记为 m_t。图 3-34 给出了一个级配良好的标准砂配制实例，标准砂颗粒的 C_u 值约为 6 较为适宜。

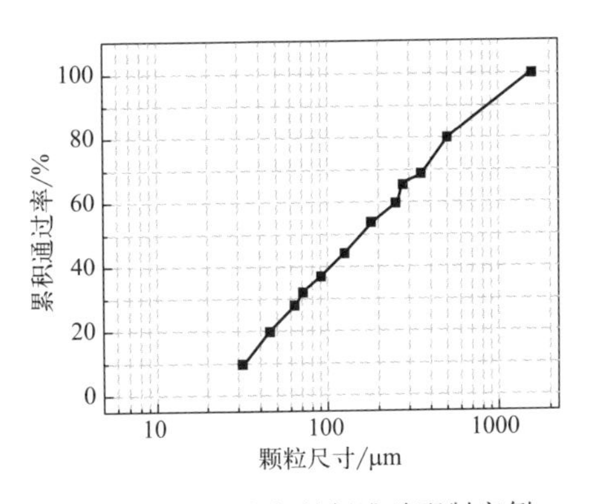

图 3-34 级配良好的标准砂配制实例

② 称量烘干后试样的质量，记为 m_s。试验过程中所有的称量均精确到 0.1g。

③ 按要求浸泡试样后取出，将其平整、无张力地夹持到夹持装置。根据仪器说明书将夹持装置安装到仪器上，确保试样水平，避免颗粒堆积到试样的某一位置。

④ 将颗粒均匀撒在试样表面，打开喷嘴开关，对整个试样均匀喷水并在整个试验过程中保持喷水。用调节阀调节水量以确保颗粒材料完全湿润，水面不得超

出颗粒，避免因积水产生小粒径颗粒漂浮等现象。

⑤ 启动筛分装置，调整振幅为 1.5mm，同时收集通过试样的颗粒材料。

⑥ 筛分 10min 后关闭筛分装置，关闭喷嘴开关。

⑦ 收集试样和未通过试样的颗粒，并放置于同一容器中。

⑧ 分别对通过试样的颗粒、试样和未通过试样的颗粒进行烘干处理，并分别进行称量，得到通过量 m_p 和未通过量与试样质量之和（m_r+m_s），其中（m_r+m_s）扣除试样的质量 m_s，得到未通过试样的颗粒质量，即未通过量 m_r。

⑨ 计算每块试样上颗粒的通过量 m_p 与未通过量 m_r 之和，如与初始投放量 m_t 之差超过 m_t 的 1%，则意味着试验过程中颗粒的质量损失过大，此时试验无效，应重新进行试验。

⑩ 重复上述操作直至完成 3 块试样的测试。

⑪ 按照公式(3-13) 计算每块试样的通过率 p_i，计算 3 块试样通过率的算术平均值 $\overline{p}$，若任一 p_i 与 $\overline{p}$ 之差超过 $\overline{p}$ 的 25%，则继续完成其余 2 块试样的测试。

$$p_i=\frac{m_p}{m_t} \tag{3-13}$$

⑫ 采用筛分法测定通过试样的颗粒的粒径分布。

3.14.8 结果计算与表示

① 对通过试样的标准颗粒进行筛分，以筛分后的标准颗粒的平均累计通过率为纵坐标，颗粒直径的对数为横坐标作图。采用作图法或计算法确定所需的 d_n。

② 被测土工织物的有效孔径 O_e 与曲线的 d_n 存在对等关系，如 $O_{90}=d_{90}$、$O_{95}=d_{95}$。

3.14.9 影响因素及注意事项

（1）水流速度

一般情况下，水流速度控制在 0.5L/min 左右，其在一定范围内对试验结果没有显著影响。但水流速度过慢会导致颗粒无法被水流带走，从而通过量减少，O_e 值降低；但水流速度过快也会在试样表面造成积水，不利于颗粒通过试样。

（2）颗粒级配

级配良好的颗粒有利于提高试验的精度，推荐的 C_u 值约为 6。

（3）试验注意事项

湿筛法的注意事项与干筛法类似，除此以外还应注意：

① 使用的颗粒材料尽量为球形颗粒，应避免带有棱角或片状的颗粒影响测试结果。

② 当采用的标准砂中含有淤泥成分或玻璃珠中混有玻璃粉末成分时，应使用

滤纸进行过滤。

③ 建议颗粒在干燥环境（如干燥器）中储存，如吸湿，可在试样烘干时一并进行处理。

④ 对宽度较窄的试样，试验报告中应给出处理方法，如采用胶带或胶黏剂拼接试样等。

⑤ 对通过试样的颗粒进行筛分时，可每次采用单个试验筛按照孔径大小顺序进行筛分，也可采用套筛方式进行筛分。采用单个试验筛方式需要更换不同孔径的试验筛进行多次筛分，而套筛方式可提高工作效率，即试验筛从上到下按孔径由大到小的顺序放置，进行一次筛分即可完成试验。但在套筛方式的筛分过程中，筛孔易被较大颗粒挡住而无法使小颗粒通过，出现这种情况应用软刷等工具处理堵塞的筛孔后继续进行筛分，直至筛分完全。

3.15 垂直渗透性

土工织物的渗透性能是其重要的水力特性之一，也是工程设计不可或缺的指标之一，特别是当土工织物在水利、交通等工程中应用时，其渗透性能尤为重要。根据工程需要和水渗透特性，土工织物的渗透性能可分为垂直渗透性和水平渗透性（也称平面渗透性能、纵向导水性能），但在实际工作中，包括产品设计、质量控制、工程设计等领域，更多关心垂直渗透性，只有当土工织物与其他材料（如排水网）复合后，其水平渗透性才和其他材料一起被考虑。为此本节重点介绍垂直渗透性，需要了解水平渗透性的读者可以参阅土工导排网 7.1 节。

土工织物的垂直渗透性的测定方法主要包括两种：无负荷法和负荷法。无负荷法可分为恒水头法、降水头法和空气流动法，其中空气流动法的原理、试验仪器、操作步骤、计算公式等与其他两种方法存在较大差异，且国内应用极少，因此本节重点介绍无负荷恒水头法和无负荷降水头法。

3.15.1 原理

达西定律（Darcy's law）是由法国水利学家 Henry-Philibert-Gaspard Darcy 在 1852～1855 年通过对均质砂土进行大量渗透试验获得的一个实验定律，其描述了饱和砂土中水的渗流速度与水力坡降之间的线性关系的规律，又称线性渗流定律，即渗流量 Q 与上下游水头差（h_2-h_1）和垂直于水流方向的截面积 A 成正比，而与渗流长度 L 成反比，如公式(3-14) 所示，其中 K 为渗透系数。

$$Q=\frac{KA(h_2-h_1)}{L} \tag{3-14}$$

当水流方向垂直于土工织物表面时，其流动基本服从达西定律。需要注意的是达西定律反映了水在岩土孔隙中低速条件下的渗流规律，当水在土工织物中流动成为紊流时，达西定律不再适用。

通过水力学已知，设渗流速度 $v=\frac{Q}{A}$，土工织物的厚度为 δ，则：

$$K_n=\frac{v}{i}=\frac{v\delta}{(h_2-h_1)}=\frac{v\delta}{\Delta h} \tag{3-15}$$

式中 K_n——垂直渗透系数，mm/s；

v——渗流速度，mm/s；

i——渗流水力梯度；

δ——土工织物的厚度，mm；

Δh——水头差，mm。

为避免样品厚度不均造成较大误差，土工织物的透水性可采用透水率表示，在层流条件下，透水率是 $\Delta h=1$ 时垂直于土工织物平面方向的渗流速度，即：

$$\Psi=\frac{v}{(h_2-h_1)}=\frac{v}{\Delta h} \tag{3-16}$$

式中 ψ——透水率，s^{-1}。

由此可得到透水率与垂直渗透系数的关系：

$$\psi=\frac{K_n}{\delta} \tag{3-17}$$

为了避免在试验中水流偏离层流进入紊流，通常会采用流速指数（在适宜范围内固定水头差）测定渗透性能。此外为降低温度对试验的影响，公式中会对温度进行修正。

常见的测试方法包括恒水头法和降水头法，两种方法分别是在系列恒水头或降水头下测定水流垂直通过单层、无负荷的土工织物的流速指数及其他渗透性能。

3.15.2 定义

（1）垂直渗透系数（coefficient of vertical permeability）

单位水力梯度下垂直于土工织物平面流动的水的流速，以 mm/s 为单位。

（2）透水率（permeable rate）

水头差为 1 时垂直于土工织物平面方向的渗流流速，以 s^{-1} 为单位。

（3）流速指数（flow velocity index）

试样两侧水头差为定值时的流速，以 mm/s 为单位，通常以 V_{Hn} 表示。

水头差一般为 50mm，也可取 100mm、150mm 等，如 V_{H50} 表示试样两侧水头差为 50mm 时的流速，V_{H100} 表示试样两侧水头差为 100mm 时的流速。

3.15.3 常用测试标准

土工织物垂直渗透性测试较为常见的方法标准如表 3-37 所示，其中 ISO 10776 和 ASTM D5493 为负荷法，ASTM D7701 和 ASTM D7880/D7880M 为土工织物袋专用渗透性能评价方法。

表 3-37 土工织物垂直渗透性测试常用的方法标准

序号	标准号	标准名称	备注
1	GB/T 15789—2016	土工布及其有关产品 无负荷时垂直渗透特性的测定	MOD ISO 11058:2010
2	SL 235—2012	土工合成材料测试规程	8 垂直渗透试验
3	JTG E50—2006	路工程土工合成材料试验规程	T 1141—2006 垂直渗透性能试验(恒水头法)
4	ISO 11058:2019	Geotextiles and geotextile-related products-Determination of water permeability characteristics normal to the plane, without load	
5	ISO 10776:2012	Geotextiles and geotextile-related products-Determination of water permeability characteristics normal to the plane, under load	负荷法
6	ASTM D4491/D4491M-22	Standard test methods for water permeability of geotextiles by permittivity	
7	ASTM D5493-23	Standard test methods for permittivity of geotextiles under load	负荷法
8	ASTM D7701-11(已于 2020.07.01 废止)	Standard test method for determining the flow rate of water and suspended solids from a geotextile bag	土工织物袋专用渗透性能评价方法
9	ASTM D7880/D7880M-22	Standard test method for determining flow rate of water and suspended solids retention from a closed geosynthetic bag	

3.15.4 测试仪器

（1）恒水头法垂直渗透仪

恒水头法垂直渗透仪依据仪器结构可分为三种：水平式、立式和开放式，如图 3-35 所示。

恒水头法垂直渗透仪在结构设计上存在一定的差异，但无论哪种设计，都应

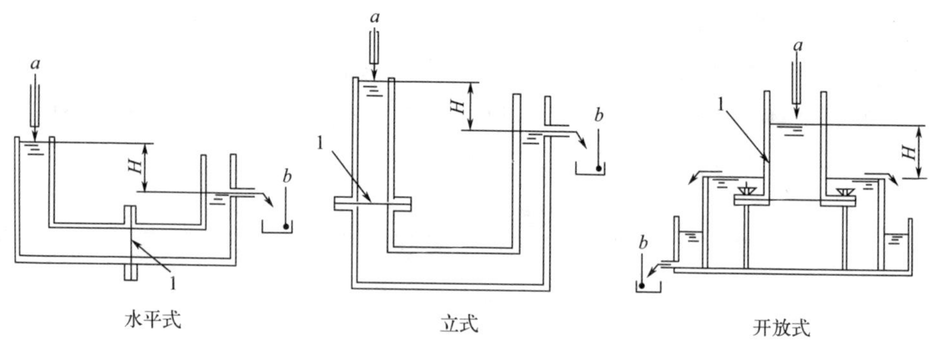

图 3-35　恒水头法垂直渗透仪示意图

a—进水；b—出水收集；1—试样；H—水头差

该能够保持至少 70mm 的恒定水头差。为了实现在同一台仪器上进行恒水头法试验和降水头法试验，仪器的结构设计应保证水头差至少为 250mm。试样夹持位置的设计应保证可以观察到试样表面是否存在气泡。为避免边界效应给试验结果带来显著影响，仪器的过水内径不宜过小，至少为 25mm，建议大于 50mm；试样两侧仪器的过水内径相同且在 2 倍内径范围内保持不变，设计时应避免其突变。水供给系统可保证水温在 18～22℃，配有消泡装置或静水槽以避免试样截留气泡导致的试验误差。此外根据水质情况可配置过滤装置和除氧装置。

为避免试样显著变形，可放置金属丝网格、筛网或微孔板等作为试样支撑。

（2）降水头法垂直渗透仪

较为常见的仪器有重力传感器法垂直渗透仪和压力计法垂直渗透仪，示意图如图 3-36 所示。

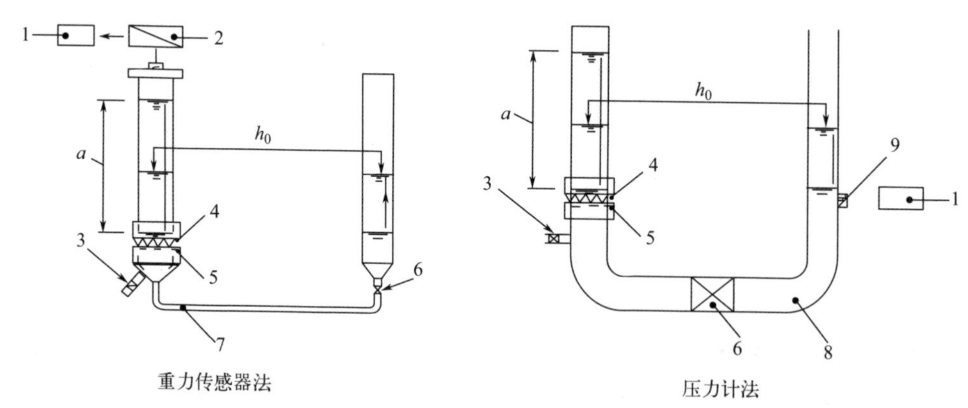

图 3-36　降水头法垂直渗透仪示意图

1—模拟记录仪或计算机；2—重力传感器；3—释放阀；4—试样；5—支撑网格；6—主阀；7—柔性连接管；8—刚性连接管；9—压力计；a—初始水平面差

无论哪种结构设计，降水头法垂直渗透仪应该能达到至少 250mm 的水头差，其他要求与恒水头法测试仪器要求一致。

（3）溶解氧测定装置

可采用商品化溶解氧测定仪，要求可参考 GB/T 7489。也可采用市售化学试剂盒进行测定。

（4）秒表

精度 0.1s。

（5）温度计

精度 0.2℃。

（6）量筒

根据实际情况选择容量适宜的量筒，精度为量程的 1%。

（7）水头变化测定装置

可记录水头随时间的变化，水头精度 3%，时间精度 0.1s。

3.15.5 试样

（1）试样的规格尺寸

试样为圆形，直径与仪器的过水内径相匹配。

（2）试样数量及取样位置

沿样品对角线或幅宽方向等距离、随机或选取特定位置取样，样品的取样位置应清洁，表面无积垢及可见的损坏、折痕。试样数量一般为 5 个。对多片叠加试验，一般制备 5 组试样。

（3）试样制备

与其试验要求类似，对非织造土工织物建议采用冲裁的方式进行试样制备，条件不允许的情况下，采用圆形模板画线后再用剪刀沿画线剪裁。对织造土工织物，建议采用热切的方式进行试样制备。

3.15.6 状态调节和试验环境

垂直渗透试验的试样无需进行状态调节，但需要对试样进行浸泡预处理（详见表 3-38）。

由于试验在水中进行，因此试验过程中对环境条件无严格要求，但对水温有明确的要求（详见表 3-38）。

3.15.7 试验条件的选择

各标准对试验条件的规定略有不同，如表 3-38 所示。

表 3-38　不同测试标准要求的试样和试验条件对比

试样及试验条件	GB/T 15789—2016	SL 235—2012	JTG E50—2006	ISO 11058:2019	ASTM D4491/D4491M-22
试样浸泡要求	体积分数为0.1%的烷基苯磺酸钠的水溶液，浸泡时间≥12h	充分饱和	含润湿剂（体积分数0.1%的烷基苯磺酸钠）的水，浸泡时间≥12h，直至饱和并赶走气泡	体积分数为0.1%的非离子表面活性剂的水中，浸泡时间≥12h	室温脱气水，浸泡2h
水	脱气水 温度：18～22℃ 含氧量：≤10mg/kg	无杂质脱气水或蒸馏水	脱气蒸馏水或脱气经过过滤的水 温度：18～22℃ 含氧量：≤10mg/kg	脱气水 温度：18～22℃ 含氧量：≤10mg/kg	脱气水 温度：(21±2)℃ 含氧量：≤6×10⁻⁶
恒水头法水头差	(70±5)mm	无规定	(70±5)mm	(70±5)mm	50mm
最大水头及测量精度	≥250mm，精确到1mm	1～150mm，精确到1mm	≥250mm，精确到0.2mm	≥250mm	≥150mm（降水头法）
收集时间	≥30s，精确到0.1s	≥10s，精度未规定	≥30s，精确到0.1s	≥30s，精确到1s	未规定
收集水量	≥1000mL，精确到10mL	≥100mL，精度未规定	≥1000mL，精确到10mL	≥1000mL，精确到10mL	未规定 流量计精度为测量值1%
流速	实际流速为最小时间间隔15s的3个连续读数的平均值	流速与水力梯度关系曲线，取其线性范围的试验结果	实际流速为最小时间间隔15s的3个连续读数的平均值	实际流速为最小时间间隔15s的3个连续读数的平均值	每个试样至少取5次，取平均值

3.15.8　操作步骤简述

（1）恒水头法

① 将试样浸泡于含有润湿剂的水中，轻轻搅动驱走水中空气。

② 将饱和的试样放置在渗透仪中，检查所有连接点是否漏水。

③ 向仪器中注水使两侧水头差达到50mm。停止供水，若水头5min内保持平衡，则可开始试验；若无法在5min内保持平衡，则检查仪器中是否有隐藏的空气，排出气泡后重新实施本步骤。

④ 调节阀门至适宜的水流速度，使水头差达到标准要求的试验最大水头差值，并记录此值。待水头稳定后，用量筒收集一定时间内透过试样的渗透水，并记录时间和水量。

⑤ 分别在标准或约定的其他水头差下重复以上步骤，通常采用的水头差为最大水头差的80％、60％、40％、20％。

⑥ 记录水温，精确到0.2℃。

⑦ 重复上述操作直至完成全部试样的测定。

（2）降水头法

① 在试验开始阶段与恒水头法步骤相同，即在开始阶段执行3.15.8①到3.15.8③步骤，其余步骤如下。

② 关闭阀门，向仪器中的降水筒注水，使水头达到标准中要求的最大值以上。

③ 记录水温，精确至0.2℃。

④ 打开阀门，直至水头差和流速回零，停止试验。

注：对高渗透试样，由于惯性影响，在流速为零时，试样两侧的水平面高度可能不相等，此时应记录水平面高度作为参考高度来计算水头差。

⑤ 重复上述操作直至完成全部试样的测定。

3.15.9 结果计算与表示

（1）恒水头法结果计算

① 按公式(3-18)计算土工织物上水在20℃下的流速v_{20}（m/s）：

$$v_{20}=\frac{VR_T}{At} \tag{3-18}$$

式中 V——水的体积，m^3；

R_T——20℃水温的修正系数；

A——试样过水面积，m^2；

t——水的体积达到V的时间，s。

如果流速v_T直接测定，温度校正按照公式(3-19)进行：

$$v_{20}=v_TR_T \tag{3-19}$$

注：单位为mm/s的流速v_{20}同单位为L/(m^2·s)的流量q相等。

② 计算每个水头差H的流速v_{20}。用水头差H对流速v_{20}作曲线，对每个试样通过原点选择最佳拟合曲线，可以使用计算法或图解法。在一张图上绘制5个试样的v-H曲线。

③ 计算5个试样50mm或其他水头差的平均流速指数值及其变异系数值。

④ 土工织物垂直渗透系数是指单位水力梯度下，在垂直于土工织物平面流动

的水的流速，即：

$$k=\frac{v}{i}=\frac{v\delta}{H} \tag{3-20}$$

式中　k——土工织物垂直渗透系数，mm/s；

v——垂直于土工织物平面的水流速，mm/s；

i——土工织物试样两侧的水力梯度；

δ——土工织物试样厚度，mm；

H——土工织物试样两侧的水头差，mm。

土工织物的透水率可按公式(3-21) 计算：

$$\theta=\frac{v}{H} \tag{3-21}$$

式中　θ——透水率，s^{-1}；

v——垂直于土工织物平面的水流速，mm/s；

H——土工织物试样两侧的水头差，mm。

(2) 降水头法

① 在模拟图或计算机数据中间选择水平面区间，按照公式(3-22) 计算 20℃时的流速 v_{20} (m/s)：

$$v_{20}=\frac{\Delta h}{t}R_T \tag{3-22}$$

式中　Δh——时间间隔内高水平面 h_u 和低水平面 h_l 之差，m；

t——h_u 和 h_l 之间的时间间隔，s；

R_T——20℃水温的修正系数。

水头差 H 由公式(3-23) 给出：

$$H=h_u+h_l-2h_0 \tag{3-23}$$

式中　h_0——$v=0$m/s 时的水平面高度。

② 针对每个试样，沿每条曲线，至少计算 5 个点对每个水头差 H 的流速 v。

③ 计算 5 个试样 50mm 或其他水头差的平均流速指数值及其变异系数值。

3.15.10 影响因素及注意事项

(1) 样品预处理

试验前样品浸泡处理是否充分直接影响水的流速。

(2) 水力梯度

水力梯度是两个测试点之间水头差与流体流经试样路径之比，水力梯度越大，流速越高，而达西定律仅适用于流速较低的层流流动，所以试验要通过流速调节水力梯度，满足达西定律层流流动要求，同时蓄水池水位精度直接影响水力梯度大小。

（3）水温

试验水温高低会影响流体的流动状态，温度修正仅与层流有关，建议试验水温尽可能接近20℃，减少与不适合的修正因子相关的不确定度。

（4）试样夹持装置密封

夹持装置密封、无渗透，保证水流全部从试样表面垂直通过。

（5）水的清洁程度

水中的悬浮颗粒、含氧量都会影响水流的流动状态，所以试验水要脱气并保证杂质含量在较低水平（肉眼不可见）。

（6）试验注意事项

① 试验前，样品要足够润湿达到饱和状态。

② 保证蓄水池水位刻度精确。

③ 严格控制试验用水的温度和清洁度。

④ 夹持试样时注意密封，避免有气泡产生。

3.16 耐化学物质性能

无论是土工织物还是其他土工合成材料，在实际应用中，都不可避免地和各种化学物质接触。通常情况下，聚烯烃类土工合成材料具有良好的耐化学物质性能，如聚乙烯土工膜、聚丙烯土工织物、聚丙烯土工格栅、聚乙烯土工格室等，但部分土工合成材料的耐化学物质性能也存在一定问题，如聚酯土工织物等，这些产品在与酸、碱、盐等化学物质接触时会出现不同程度的性能下降。为此需要设计不同的耐化学物质的试验，以评价土工合成材料的耐化学物质性能。由于各类试验在方法技术上基本一致，因此本节虽然设置在土工织物一章中，但介绍了各种土工合成材料的耐化学物质性能试验。

3.16.1 原理

将土工合成材料浸泡于一定温度和浓度的化学物质溶液（如酸、碱、盐溶液）中，测定浸泡前后或不同浸泡环境（如化学物质环境和水环境）下土工合成材料的特定性能，计算该性能的变化率或保持率来评价土工合成材料的耐化学物质性能。

3.16.2 常用测试标准

目前国内外与土工合成材料相关的耐化学物质性能试验的方法标准较多，见表3-39，其中JG/T 193—2006的耐久性将在GCL一章中介绍。

表 3-39 土工合成材料耐化学物质性能试验的方法标准

序号	标准号	标准名称	备注
1	GB/T 17632—1998	土工布及其有关产品　抗酸、碱液性能的试验方法	参照 ISO/DTR 12960:1998
2	GB/T 11547—2008	塑料　耐液体化学试剂性能的测定	塑料通用方法
3	JG/T 193—2006	钠基膨润土防水毯	5.13 膨润土耐久性
4	JTG E50—2006	公路工程土工合成材料试验规程	T 1162—2006 抗酸、碱液性能试验
5	ISO 12960:2020	Geotextiles and geotextile-related products-Screening test method for determining the resistance to acid and alkaline liquids	土工织物及其有关产品
6	ISO 175:2010	Plastics-Methods of test for the determination of the effects of immersion in liquid chemicals	塑料通用方法
7	ASTM D5322-23	Standard practice for laboratory immersion procedures for evaluating the chemical resistance of geosynthetics to liquids	土工合成材料
8	ASTM D5747/D5747M-21	Standard practice for tests to evaluate the chemical resistance of geomembranes to liquids	土工膜
9	ASTM D6213-17	Standard practice for tests to evaluate the chemical resistance of geogrids to liquids	土工格栅
10	ASTM D6388-18	Standard practice for tests to evaluate the chemical resistance of geonets to liquids	土工网
11	ASTM D6389-23	Standard practice for tests to evaluate the chemical resistance of geotextiles to liquids	土工织物

3.16.3 测试仪器

（1）高温试验箱

温度范围与试验所需温度相匹配，精度一般达到±2℃。当采用的化学试剂属于易燃易爆品时，建议采用具有防爆功能的高温试验箱。

（2）浸泡容器

一般采用玻璃容器，如烧杯，其容量大小的确定以能容纳试样质量 30 倍的溶液且液面高于试样至少 10mm 为准。为避免溶液中水分挥发引起浓度的变化，也可采用具塞瓶。

（3）试样架

能够使试样充分接触化学试剂且彼此间不接触。

3.16.4 试样

试样的规格尺寸与其他待测性能要求一致。

3.16.5 状态调节和试验环境

状态调节与试验环境与其他待测性能要求一致。

3.16.6 试验条件的选择

土工合成材料在实际应用中，会与不同种类的化学物质相接触，这些化学物质的腐蚀性和浓度也各不相同，在部分应用领域中，土工合成材料接触的化学物质成分及其浓度较为明确，如盐碱地、水泥、混凝土、矿山堆浸池等，但也有部分应用领域中土工合成材料接触的化学物质成分较为复杂且浓度不明确，如垃圾填埋场等。因此评价土工合成材料耐化学物质性能采用的化学试剂及其浓度应根据实际情况确定。常见浸泡用化学试剂及其浓度见表 3-40。

浸泡时间和浸泡温度也随标准、实际使用环境而定，见表 3-40。

3.16.7 操作步骤简述

① 根据商定性能测试的需要进行试样制备，考虑到土工合成材料的均匀性，建议用于浸泡前后测试的试样取样位置沿生产方向且尽可能接近。

② 按照标准规定或商定配制浸泡试剂，并按照规定或商定的浸泡温度浸泡试样，需要对比不同浸泡环境（如水）的影响时，将对比试样浸泡在相同温度的水中；浸泡试剂的质量一般为试样的 30 倍，且液面高于试样至少 10mm。

③ 至规定或商定的浸泡时间后取出试样，根据标准要求立即进行性能测定或干燥后进行性能测定。

④ 对试样进行状态调节，然后进行性能测定。建议用于浸泡前后或不同浸泡环境测试的试样在同一时间进行性能测定，但在浸泡期间应妥善保存无需浸泡的试样，避免由于老化导致的性能变化。

3.16.8 结果计算与表示

计算特定性能的变化率或保持率（见 2.20.9 节）。

必要时，可以绘制性能随时间变化曲线。

表 3-40　常见化学试剂及其浓度、浸泡温度及时间

序号	标准号	浸泡试剂名称	浸泡试剂浓度	浸泡温度	浸泡时间	推荐的性能测定
1	GB/T 17632—1998 ISO 12960:2020 JTG E50—2006	硫酸	0.025mol/L	(60±1)℃	3d	表观检查、质量、尺寸、拉伸性能、显微镜检查
		氢氧化钙	饱和悬浮液			
2	GB/T 11547—2008 ISO 175:2010	多种试剂	不同质量分数	优选(23±2)℃和(70±2)℃ 其他推荐温度：0℃、20℃、27℃、40℃、55℃、85℃、95℃、100℃、125℃、150℃ 允许偏差：不超过100℃时为±2℃；100℃以上时为±3℃	短期试验:24h 标准试验:1周 长期试验:16周 也可选择其他时间：1h、2h、4h、8h、16h、24h、48h、96h、168h、2周、4周、8周、16周、26周、52周、78周、2年、3年、4年、5年	—
3	ASTM D5322-23	实际工程中获取的废液、渗滤液或实验室配制的渗滤液；化学试剂、燃油等	—	(23±2)℃、(50±2)℃或其他商定温度	1个月、2个月、3个月、4个月或其他商定的时间	—
4	ASTM D5747/D5747M-21	实际工程中获取的废液、渗滤液或实验室配制的渗滤液；化学试剂、燃油等	—	(23±2)℃、(50±2)℃或其他商定温度	1个月、2个月、3个月、4个月或其他商定的时间	质量、尺寸、挥发损失、外观检查、拉伸性能、撕裂性能、抗穿刺性能、2%正割模量、硬度、可抽提物含量、密度、OIT、NCTL、焊缝性能等

续表

序号	标准号	浸泡试剂名称	浸泡试剂浓度	浸泡温度	浸泡时间	推荐的性能测定
5	ASTM D6213-17	实际工程中获取的废液、渗滤液或实验室配制的渗滤液；化学试剂、燃油等	—	(23±2)℃、(50±2)℃或其他商定温度	1个月、2个月、3个月、4个月或其他商定的时间	外观检查、单肋拉伸试验、宽条拉伸试验、熔融温度、熔体流动速率、黏度(聚酯)
6	ASTM D6388-18	实际工程中获取的废液、渗滤液或实验室配制的渗滤液；化学试剂、燃油等	—	(23±2)℃、(50±2)℃或其他商定温度	1个月、2个月、3个月、4个月或其他商定的时间	宽条拉伸试验、熔体流动速率、OIT
7	ASTM D6389-23	—	—	—	—	握持拉伸试验、顶破试验、梯形撕裂试验、宽条拉伸试验、等效孔径、渗透性能、厚度、单位面积质量、OIT、熔体流动速率、黏度、端羧基

3.16.9 影响因素及注意事项

（1）浸泡温度

一般情况下浸泡温度升高，土工合成材料的性能下降程度提高，即特定性能的变化率增高或保持率下降。

（2）试剂浓度

一般情况下试剂浓度提高，土工合成材料的性能下降程度提高，即特定性能的变化率增高或保持率下降。

（3）浸泡时间

一般情况下浸泡时间延长，土工合成材料的性能下降程度提高，即特定性能的变化率增高或保持率下降。

（4）试验注意事项

本类试验中需要注意的事项包括：

① 做好防护，防止化学试剂造成人身伤害；

② 一般情况下，建议浸泡前进行试样制备，否则相关方应商定浸泡前还是浸泡后进行试样制备，两种方式可能导致试验结果存在一定差异。

参考文献

[1] 刘宗耀，等．土工合成材料工程应用手册［M］．2版．北京：中国建筑工业出版社，2000.

[2] 徐超，邢皓枫．土工合成材料［M］．北京：机械工业出版社，2010.

[3] GB/T 17639—2008. 土工合成材料　长丝纺粘针刺非织造土工布．

[4] GB/T 13762—2009. 土工合成材料　土工布及土工布有关产品单位面积质量的测定方法．

[5] ASTM D5261-10（2018）. Standard Test Method for Measuring Mass per Unit Area of Geotextiles.

[6] ISO 9864：2005. Geosynthetics-Test Method for the Determination of Mass per Unit Area of Geotextiles and Geotextile-Related Products.

[7] GB/T 13759—2009. 土工合成材料　术语和定义．

[8] ISO 10381-1：2015 Geosynthetics-Part 1：Terms and Definitions.

[9] GB/T 17638—2017. 土工合成材料　短纤针刺非织造土工布．

[10] GB/T 17640—2008. 土工合成材料　长丝机织土工布．

[11] GB/T 17641—2017. 土工合成材料　裂膜丝机织土工布．

[12] GB/T 17642—2008. 土工合成材料　非织造布复合土工膜．

[13] GB/T 17690—1999. 土工合成材料　塑料扁丝编织土工布．

[14] GB/T 18887—2002. 土工合成材料　机织/非织造复合土工布．

[15] GB/T 35752—2017. 经编复合土工织物．

[16] CJ/T 430—2013. 垃圾填埋场用非织造土工布．

[17] JT/T 514—2004. 公路工程土工合成材料　有纺土工织物．

[18] JT/T 519—2004. 公路工程土工合成材料　长丝纺粘针刺非织造土工布．

[19] JT/T 520—2004. 公路工程土工合成材料　短纤针刺非织造土工布．

[20] JT/T 667—2006. 公路工程土工合成材料　无纺土工织物 .

[21] JT/T 992.1—2015. 公路工程土工合成材料　土工布　第 1 部分：聚丙烯短纤针刺非织造土工布 .

[22] JT/T 992.2—2017. 公路工程土工合成材料　土工布　第 2 部分：聚酯玻纤非织造土工布 .

[23] EN 13249：2016. Geotextiles and Geotextile-Related Products-Characteristics Required for Use in the Construction of Roads and Other Trafficked Areas (Excluding Railways and Asphalt Inclusion).

[24] EN 13250：2016. Geotextiles and Geotextile-Related Products-Characteristics Required for Use in the Construction of Railways.

[25] EN 13251：2016. Geotextiles and Geotextile-Related Products-Characteristics Required for Use in Earthworks，Foundations and Retaining Structures.

[26] EN 13252：2016. Geotextiles and Geotextile-Related Products-Characteristics Required for Use in Drainage Systems.

[27] EN 13253：2016. Geotextiles and Geotextile-Related Products-Characteristics Required for Use in Erosion Control Works (Coastal Protection，Bank Revetments).

[28] EN 13254：2016. Geotextiles and Geotextile-Related Products-Characteristics Required for Use in the Construction of Reservoirs and Dams.

[29] EN 13255：2016. Geotextiles and Geotextile-Related Products-Characteristics Required for Use in the Construction of Canals.

[30] EN 13256-2016. Geotextiles and Geotextile-Related Products-Characteristics Required for Use in the Construction of Tunnels and Underground Structures.

[31] EN 13257：2016. Geotextiles and Geotextile-Related Products-Characteristics Required for Use in Solid Waste Disposals.

[32] EN 15381：2016. Geotextiles and Geotextile-Related Products-Characteristics Required for Use in Liquid Waste Containment Projects.

[33] EN 15381：2008. Geotextiles and Geotextile-Related Products-Characteristics Required for Use in Pavements and Asphalt Overlays.

[34] GRI-GT 12(a)—2016. Test Methods and Properties for Nonwoven Geotextiles Used as Protection (or Cushioning) Materials (ASTM).

[35] GRI-GT 12(b)—2016. Test Methods and Properties for Nonwoven Geotextiles Used as Protection (or Cushioning) Materials (ISO).

[36] GRI-GT 13(a)—2017. Test Methods and Properties for Geotextiles Used as Separation Between Subgrade Soil and Aggregate (ASTM).

[37] GRI-GT 13(b)—2012. Test Methods and Properties for Geotextiles Used as Separation Between Subgrade Soil and Aggregate (ISO).

[38] GRI-GT 16—2021. Test Methods，Properties and Frequencies for Geotextile Grout Filled Mattresses (GGFM).

[39] ASTM D6707/D6707M-06 (2019). Standard Specification for Circular-Knit Geotextile for Use in Subsurface Drainage Applications.

[40] GB/T 13760—2009. 土工合成材料　取样和试样制备 .

[41] SL 235—2012. 土工合成材料测试规程 .

[42] JTG E50—2006. 公路工程土工合成材料试验规程 .

[43] ISO 9862：2005. Geosynthetics-Sampling and Preparation of Test Specimens.

[44] EN ISO 9862：2005. Geosynthetics-Sampling and Preparation of Test Specimens.
[45] ASTM D4354-12（2020）. Standard Practice for Sampling of Geosynthetics and Rolled Erosion Control Products（RECPs）for Testing.
[46] GB/T 6529—2008. 纺织品 调湿和试验用标准大气.
[47] ISO 139：2005/Amd 1：2011. Textiles-Standard Atmospheres for Conditioning and Testing Amendment 1.
[48] ASTM D1776/D1776M-20. Standard Practice for Conditioning and Testing Textiles.
[49] GB/T 13761.1—2022. 土工合成材料 规定压力下厚度的测定 第1部分：单层产品.
[50] ISO 9863-1：2016. Geosynthetics-Determination of Thickness at Specified Pressures-Part 1：Single Layers.
[51] ISO 9863-1：2016/Amd 1：2019. Geosynthetics-Determination of Thickness at Specified Pressures-Part 1：Single Layers—Amendment 1.
[52] EN ISO 9863-1：2016. Geosynthetics-Determination of Thickness at Specified Pressures-Part 1：Single Layers（ISO 9863-1：2016）.
[53] EN ISO 9863-1：2016/A1：2019. Geosynthetics-Determination of Thickness at Specified Pressures-Part 1：Single Layers—Amendment 1（ISO 9863-1：2016/Amd 1：2019）.
[54] ASTM D5199-12（2019）. Standard Test Method for Measuring the Nominal Thickness of Geosynthetics.
[55] GB/T 15788—2017. 土工合成材料 宽条拉伸试验方法.
[56] ISO 10319：2015. Geosynthetics-Wide-Width Tensile Test.
[57] ASTM D4595/D4595M-23. Standard Test Method for Tensile Properties of Geotextiles by the Wide-Width Method.
[58] GB/T 24218.18—2014. 纺织品 非织造布试验方法 第18部分：断裂强力和断裂伸长率的测定（抓样法）.
[59] GB/T 3923.2—2013. 纺织品 织物拉伸性能 第2部分：断裂强力的测定（抓样法）.
[60] ISO 9073-18：2023. Nonwovens-Test Methods-Part 18：Determination of Tensile Strength and Elongation at Break Using the Grab Tensile Test.
[61] ISO 13934-2：2014. Textiles-Tensile Properties of Fabrics-Part 2：Determination of Maximum Force Using the Grab Method.
[62] ASTM D4632/D4632M-15a（2023）. Standard Test Method for Grab Breaking Load and Elongation of Geotextiles.
[63] ASTM D5034-21. Standard Test Method for Breaking Strength and Elongation of Textile Fabrics（Grab Test）.
[64] GB/T 16989—2013. 土工合成材料 接头/接缝宽条拉伸试验方法.
[65] ISO 10321：2008. Geosynthetics-Tensile Test for Joints/Seams by Wide-Width Strip Method.
[66] ASTM D4884/D4884M-22. Standard Test Method for Strength of Sewn or Bonded Seams of Geotextiles.
[67] GB/T 13763—2010. 土工合成材料 梯形法撕破强力的测定.
[68] ISO 9073-4：2021. Nonwovens-Test Methods-Part 4：Determination of Tear Resistance by the Trapezoid Procedure.
[69] ASTM D4533/D4533M-15（2023）. Standard Test Method for Trapezoid Tearing Strength of Geotex-

tiles.
[70] Murphy V P, Koerner R M. CBR Strength (Pmaetnre) of Gemqnthctles [J]. Geotechnical Testing Journal, 1988, 11 (3): 167-172.
[71] GB/T 14800—2010. 土工合成材料 静态顶破试验 (CBR 法).
[72] ISO 12236: 2006. Geosynthetics-Static Puncture Test (CBR Test).
[73] ASTM D6241-22a. Standard Test Method for Measuring Static Puncture Strength of Geotextiles and Geotextile-Related Products Using a 50mm Probe.
[74] GB/T 19976—2005. 纺织品 顶破强力的测定 钢球法.
[75] ISO 3303-1: 2020. Rubber-or Plastics-Coated Fabrics-Determination of Bursting Strength-Part 1: Steel-Ball Method.
[76] ISO 9073-5: 2008. Textiles-Test Methods for Nonwovens-Part 5: Determination of Resistance to Mechanical Penetration (Ball Burst Procedure).
[77] ASTM D3787-16 (2020). Standard Test Method for Bursting Strength of Textiles-Constant-Rate-of-Traverse (CRT) Ball Burst Test.
[78] ISO 13433: 2006. Geosynthetics-Dynamic Perforation Test (Cone Drop Test).
[79] GB/T 50123—2019. 土工试验方法标准.
[80] JTG 3430—2020. 公路土工试验规程.
[81] GB/T 14799—2005. 土工布及其有关产品 有效孔径的测定 干筛法.
[82] ASTM D4751-21a. Standard Test Method for Determination Apprarent Opening Size of a Geotextile.
[83] DZ/T 0118—1994 实验室用标准筛振筛机技术条件.
[84] GB/T 6005—2008. 试验筛 金属丝编织网、穿孔板和电成型薄板 筛孔的基本尺寸.
[85] GB/T 17630—1998. 土工布及其有关产品 动态穿孔试验 落锥法.
[86] GB/T 17634—2019. 土工布及其有关产品 有效孔径的测定 湿筛法.
[87] ISO 12956: 2019. Geotextiles and Geotextile-Related Products-Determination of the Characteristic Opening Size.
[88] GB/T 15789—2016. 土工布及其有关产品 无负荷时垂直渗透特性的测定.
[89] GB/T 19979.2—2006. 土工合成材料 防渗性能 第 2 部分: 渗透系数的测定.
[90] ISO 11058: 2019. Geotextiles and Geotextile-Related Products-Determination of Water Permeability Characteristics Normal to the Plane, Without Load.
[91] ISO 10776: 2012. Geotextiles and Geotextile-Related Products-Determination of Water Permeability Characteristics Normal to the Plane, Under Load.
[92] ASTM D4491/D4491M-22. Standard Test Methods for Water Permeability of Geotextiles by Permittivity.
[93] ASTM D5493-2006-23. Standard Test Methods for Permittivity of Geotextiles Under Load.
[94] ASTM D7701-11. Standard Test Method for Determining the Flow Rate of Water and Suspended Solids from a Geotextile Bag.
[95] ASTM D7880/D7880M-23. Standard Test Method for Determining Flow Rate of Water and Suspended Solids Retention from a Closed Geosynthetic Bag.

第4章 土工格栅

土工格栅通常是指由规则的网状抗拉条带形成的用于加筋的土工合成材料，其具有质量轻、强度高、韧性好和耐久性强等优点，被广泛应用于铁路、公路、水利及各种建筑物的地基处理工程中。

最早的土工格栅产品被称为聚合物网格，是 Brian Mercer 博士发明的，并在20世纪50年代以英国 Netlon 公司的名义申请了专利，该专利采用熔融塑料挤出网格，而非编织聚合物纤维。最初的产品看起来与渔网类似，强度略低，但依然在市政工程等许多领域受到欢迎。之后经过多年的不断改进，Brian Mercer 博士在20世纪70年代通过“Tensar 工艺”发明了通过冲压、拉伸生产的土工格栅产品。1978年，Brian Mercer 博士申请了第一个整体拉伸取向聚合物网格的专利，称之为“Tensar”。剑桥大学知名的岩土工程专家 Peter Wroth 教授将这种 Tensar 网格命名为“Geogrid（土工格栅）”，此后“Geogrid（土工格栅）”被广泛接受和使用。随着全球各类市政工程建设的不断推进，土工格栅的应用也很快被推广到欧洲、北美洲、亚洲等地区。我国从20世纪90年代初期开始将土工格栅用于道路路基和建筑物地基的加固。目前土工格栅在各类工程中主要起到加筋、增强和加固等作用，包括加固软弱地基以及道路路基与路面、修筑高路堤、边坡防护、修建加筋土挡墙等。

土工格栅可按下列不同的方法进行分类。

① 土工格栅按照其材质可分为塑料土工格栅、钢塑复合土工格栅、玻璃纤维土工格栅和聚酯经编土工格栅等，其中塑料土工格栅还可分为聚乙烯土工格栅、聚丙烯土工格栅和聚酯土工格栅。此外一些特殊领域还有玄武岩纤维土工格栅。

② 土工格栅按照其制造工艺可分为拉伸土工格栅、编织土工格栅、焊接土工格栅和注塑土工格栅，其中拉伸土工格栅还可以分为单向拉伸土工格栅、双向拉伸土工格栅和多向拉伸土工格栅。

③ 土工格栅按照其网孔结构可分为均匀网孔结构土工格栅和不均匀网孔结构土工格栅。

④ 土工格栅按照其拉伸强度可分为不同的规格，如单向土工格栅 TGDG35、TGDG50、TGDG80、TGDG120、TGDG160、TGDG200 等，双向土工格栅 TGSG1515、TGSG2020、TGSG3030、TGSG3535、TGSG4040、TGSG4545、TGSG5050 等。

相比土工膜、土工织物，土工格栅的产品标准和规范较少，国外主要标准体系中几乎没有相应的产品标准或规范，国内相关标准见表 4-1。

表 4-1　土工格栅主要产品标准与规范

序号	标准号	标准名称	备注
1	GB/T 17689—2008	土工合成材料　塑料土工格栅	
2	GB/T 21825—2008	玻璃纤维土工格栅	
3	QB/T 5303—2018	土工合成材料　四向拉伸塑料土工格栅	
4	JT/T 480—2002	交通工程土工合成材料　土工格栅	2022.9.9 作废
5	JT/T 776.3—2010	公路工程　玄武岩纤维及其制品　第 3 部分:玄武岩纤维土工格栅	
6	JT/T 925.1—2014	公路工程土工合成材料　土工格栅 第 1 部分:钢塑格栅	2022.9.9 作废
7	JT/T 925.3—2018	公路工程土工合成材料　土工格栅 第 3 部分:纤塑格栅	2022.9.9 作废
8	JT/T 1432.1—2022	公路工程土工合成材料　第 1 部分:土工格栅	代替本表第 4、6、7 项标准

各类产品标准、规范及文献资料涉及的土工格栅性能测试参数主要包括：

① 规格尺寸：宽度、长度及其偏差、网眼尺寸及目数、肋/条带尺寸及其偏差等。

② 拉伸性能：拉伸屈服强度、标称拉伸强度、标称伸长率、2%伸长率时的拉伸强度、5%伸长率时的拉伸强度。

③ 接缝强度。

④ 蠕变特性。

⑤ 密度。

⑥ 熔体流动速率。

⑦ 炭黑含量。

⑧ 炭黑分散度。

⑨ 氧化诱导时间。

⑩ 热氧老化性能（耐高温性能）。

⑪ 氙弧灯老化性能。

⑫ 荧光紫外灯老化性能。

⑬ 微生物降解性能。

注：仅适用于特殊应用领域。

⑭ 耐化学品性能。

注：仅适用于特殊应用领域。

⑮ 连接性能。

⑯ 抗冻性能。

注：仅适用于寒冷地区应用的土工格栅。

⑰ 碱金属氧化物含量。

注：仅适用于含玻璃纤维的土工格栅。

部分土工格栅性能参数的测试方法与其他土工合成材料的测试方法是相同的，如密度、熔体流动速率、炭黑含量及其分散度、氧化诱导时间和各类老化试验等与土工膜基本相同，耐化学品性能的测试方法与土工织物类似，因此本章仅介绍土工格栅专用的测试方法。

4.1 试样制备

与其他土工合成材料一样，试样制备是土工格栅性能测试的重要环节，直接影响测试结果的准确度和可重复性。土工格栅的试样制备主要采用剪裁的方法，但相比较其他土工合成材料的试样制备，土工格栅的试样制备较为复杂。塑料土工格栅的原材料的试样制备方法与土工膜一致，可参见第 2 章土工膜。

4.1.1 相关标准

土工格栅的取样和试样制备的标准与土工织物的基本相同，参见表 3-2。土工格栅专用的试样制备标准分布在相关的产品标准或方法标准中，在随后的章节中将予以介绍。

4.1.2 取样和试样制备部位的选择

土工格栅取样和试样制备部位选择的基本原则与土工膜、土工织物一致。但由于土工格栅属于具有特殊结构的产品，因此取样和试样制备有特殊性，特别是拉伸性能和蠕变性能测试的试样，这些将在后续章节中介绍。

4.2 状态调节与试验环境

4.2.1 定义

状态调节/调湿与试验环境相关定义与2.2节和3.2节一致。

4.2.2 意义

与土工膜、土工织物类似，土工格栅的测试结果也会受到状态调节与试验环境等条件的影响。对聚烯烃类（如聚乙烯、聚丙烯）土工格栅，其测试结果主要受到温度因素的影响，而对于聚酯类、玻璃纤维类、编织类土工格栅，其测试结果不仅受到温度的影响，还会受到相对湿度的影响。状态调节与试验环境对塑料类土工格栅的影响可参见2.2节，对含纤维的土工格栅的影响可参见3.2节。土工格栅涉及的聚合物原料品种和形态较多，对温度和相对湿度的敏感性差异较大，如果认为某种土工格栅性能受环境条件影响不显著，也可以不进行状态调节/调湿，但仍应记录实验室条件及放置时间等信息。无论哪种土工格栅，严格控制状态调节的温度、相对湿度和时间以及试验环境，有利于提高测试结果的重复性。

4.2.3 相关标准

土工格栅涉及的状态调节和试验环境的标准较多：

① 当对土工格栅的密度、熔体流动速率、炭黑含量及其分散度、氧化诱导时间等进行测定时，其状态调节和试验环境的要求与土工膜是一致的；

② 当采用与土工织物相同的标准进行性能测定时（如GB/T 15788），其状态调节和试验环境的要求与土工织物的一致；

③ 当对土工格栅专用性能进行测定时，其要求参见相关标准。

一般情况下，土工格栅的试验环境与状态调节环境条件一致，但由于采用的标准不同，同一产品采用不同标准进行试验时，可能存在环境条件不一样的情况。

与土工织物类似，土工格栅有时候需要进行湿态试验，湿态试验的处理方法与土工织物基本一致。

4.3 拉伸性能

土工格栅的拉伸试验包括静态拉伸试验和拉伸蠕变试验。通常所说的拉伸性能是指静态拉伸试验所获得的性能。

拉伸性能（静态）是评价塑料土工格栅产品质量的重要参数之一，拉伸强度和最大负荷下伸长率等参数及其他指标都是各项工程设计中需要考虑的重要因素。土工格栅作为一种土工合成材料，已经广泛应用于各类土木工程中，起到增强、加固等作用。土工格栅埋入土体中后，土体嵌入格栅的网孔中。土体与格栅表面的摩擦及其受拉时节点的被动阻抗作用，限制了土体颗粒的侧向位移，这使格栅与土体共同构成了一个复合体系，增加了土体的稳定性，从而起到加固、增强等作用。为此，土工格栅应具有较高的拉伸强度，否则无法起到固定土体、加筋增强的作用。

土工格栅在生产加工时受到一定程度的牵伸，特别是高分子材质的土工格栅，通过单向或双向的牵伸会使高分子链沿受力方向取向，从而使土工格栅在该方向上具有较高的拉伸强度，但伸长率会有一定程度的降低。高分子链的取向度与牵伸程度成正比，随着牵伸程度的提高，高分子链的取向度也会不断提高，当牵伸程度达到一定程度或者说高分子链取向度达到一定程度后，土工格栅沿牵伸方向的拉伸强度会显著提高而伸长率大幅度降低，此时高分子链在取向方向上的运动受到极大的限制，高分子链的蠕变性能会显著劣化，在实际应用中体现为受力不久后就发生断裂，从而造成工程事故。因此在土工格栅产品开发和生产中，一方面可以通过适当牵伸提高土工格栅的拉伸强度，另一方面还要避免过度牵伸导致拉伸蠕变性能大幅度受损。因此在产品设计、生产、质量控制等方面都应综合考虑两方面的需求，否则将会给工程质量带来极大的安全隐患。本节和下一节分别介绍塑料土工格栅和玻璃纤维土工格栅拉伸试验（静态）方法，4.5 节重点介绍拉伸蠕变性能的评价方法。

4.3.1 原理

沿土工格栅试样纵向主轴方向以恒速拉伸直到试样的肋条与节点的结合点发生断裂，测量在这一过程中试样发生断裂时受到的最大拉伸力和特定伸长率下试样承受的拉伸力值。

土工格栅拉伸性能的测试方法根据试样的不同可分为单肋法和多肋法，有些标准也将其称为窄条法和宽条法。受加工工艺的影响，土工格栅不同肋条间的性能存在一定差异，因此采用单肋法获得的拉伸强度和伸长率也可能存在显著差异，无法真实反映样品的实际情况。目前塑料土工格栅产品标准多采用多肋法或规定多肋法为仲裁方法，而编织土工格栅、焊接土工格栅和注塑土工格栅产品标准则较多采用单肋法。单肋法和多肋法的测试结果并不具有可比性，也不存在固定的比例关系。当标准的要求不明确时，建议在设备和样品允许的情况下，尽量采用多肋法进行拉伸性能的测试。

4.3.2 定义

（1）拉伸强度（tensile strength）

在规定的试验方法和条件下，土工格栅单位宽度试样在外力作用下承受的首个峰值拉力，通常以 T 表示，以 kN/m 为单位。

（2）标称拉伸强度（nominal tensile strength）

相应规格产品要求的最小强度值，通常以 T_{nom} 表示。

（3）标称伸长率（nominal elongation）

拉伸应力达到标称强度时的应变，通常以 ε 表示。

4.3.3 常用测试标准

土工格栅相关的主要拉伸性能测试的标准如表 4-2 所示，其中第 1～5 项属于土工格栅专用的拉伸标准，也是介绍的重点，第 6～8 项属于可参照实施的标准，已经在土工织物一章详细介绍过，此处仅做简单介绍，感兴趣的读者可以参考相应的章节。

表 4-2 土工格栅拉伸性能常用测试的标准

序号	标准号	标准名称	备注
1	GB/T 15788—2017	土工合成材料　宽条拉伸试验方法	MOD ISO 10319:2015
2	GB/T 17689—2008	土工合成材料　塑料土工格栅	6.5 力学性能
3	GB/T 21825—2008	玻璃纤维土工格栅	附录 B
4	JT/T 1432.1—2022	公路工程土工合成材料　第 1 部分:土工格栅	附录 D 和附录 E
5	SL 235—2012	土工合成材料测试规程	22 土工格栅拉伸试验
6	JTG E50—2006	公路工程土工合成材料试验规程	T 1121—2006 宽条拉伸试验
7	ISO 10319:2015	Geosynthetics-Wide-width tensile test	
8	ASTM D6637/D6637M-15	Standard test method for determining tensile properties of geogrids by the single or multi-rib tensile method	

4.3.4 测试仪器

土工格栅拉伸性能测试采用能够以恒定速率在垂直方向运动的材料试验机，同时配以适当的力传感器、形变测量装置（如引伸计）及试样夹具。

理论上，可以采用同一台负荷和量程适宜的材料试验机进行土工膜、土工织物、土工格栅等多种土工合成材料的拉伸性能测试，但实际上同时生产或检测多种土工合成材料的实验室，通常会采用两台甚至多台材料试验机分别对不同产品进行测试，原因已经在土工织物拉伸性能章节中论述清楚了。

土工格栅拉伸试验的夹具设计非常重要，为了避免夹持不当影响测试结果，土工格栅拉伸试验应选用特制的夹具。图 4-1 给出了 2 种适用于土工格栅拉伸性能测试的夹具示意图。此外要求夹具具有足够的宽度，以保证可将试样整体夹持于夹具之内。钳口表面采用适当措施以避免试样出现滑移或损伤。如果使用压缩式夹具会出现过多试样夹持断裂或滑移的情况，可采用绞盘式夹具。

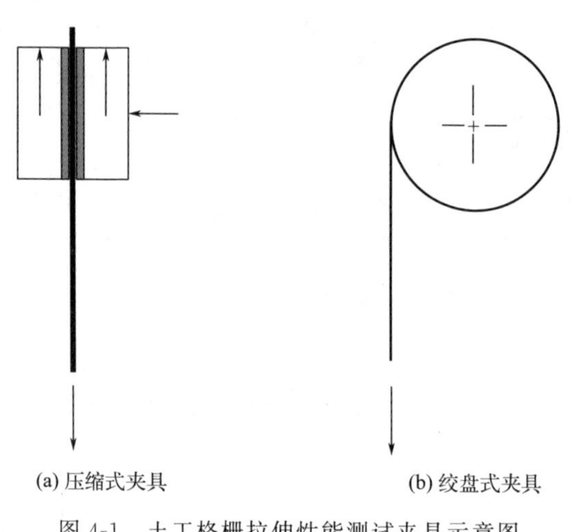

图 4-1　土工格栅拉伸性能测试夹具示意图

4.3.5　试样

（1）试样的规格尺寸及数量

不同标准对单肋法和多肋法试样的规格尺寸及数量的要求有所不同，详见表 4-3、图 4-2 和图 4-3。对需要同时进行试验的情况，裁取的试样长度为规定长度的 2 倍，并从中部剪裁为 2 个试样，分别进行干态试验和湿态试验。

（2）试样制备和取样位置

土工格栅一般采用剪裁的方法进行试样制备，专用剪刀更有利于试样的制备。

土工格栅取样应避开宽度两侧边缘区域和外卷两层试样，这主要是由于：

① 土工格栅的加工工艺可能对其两侧最外肋条的性能有一定影响；

② 土工格栅在运输、贮存过程中，整卷最外层和边缘的肋条易受到刮擦、磨损。

不同标准对土工格栅的取样位置及方式的要求有所不同，详见表 4-4。此外，制样时应避免在含有污渍、折痕、刮擦、孔洞和其他破损的位置取样。对需要剪断试样两侧多余肋条的情况，裁取样品时保留多余的肋条，测试前再将其剪断。

表 4-3　土工格栅拉伸试样规格尺寸及数量

序号	标准号	格栅类型	单肋法/窄条法			多肋法/宽条法			备注
			试样宽度	试样长度	试样数量	试样宽度	试样长度	试样数量	
1	GB/T 15788—2017 和 ISO 10319：2015	单向格栅	无单肋法/窄条法			≥200mm，且当横向节距：①＜75mm，至少4个完整单元；②≥75～＜120mm，至少2个完整单元；③≥120mm，1个完整单元	长度足够确保节距≥100mm，且裁断点至边缘节点至少10mm，长度方向至少包含1排节点（夹持点除外）	5个	
		双向和四向格栅						横纵两向各5个	双向格栅
		三向格栅				≥200mm	长度足够确保节距≥100mm	横纵两向各5个	未明确第3向是否需要试样
2	GB/T 17689—2008	单向格栅	取3个肋，剪断两侧2肋	保留纵向3个节点	10个	有效宽度：≥200mm剪断两侧2肋	保留纵向3个节点	5个	仲裁试验：多肋法
		双向格栅	取1个肋	≥100mm且至少包含2个完整单元	横纵两向各10个	有效宽度：≥200mm	≥100mm且至少包含2个完整单元	横纵两向各5个	
3	GB/T 21825—2008	未规定	取1个肋	350mm	经纬两向各5个	无多肋法/宽条法			

续表

序号	标准号	格栅类型	单肋法/窄条法			多肋法/宽条法			备注
			试样宽度	试样长度	试样数量	试样宽度	试样长度	试样数量	
4	JT/T 1432.1—2022	单向格栅	取3个肋，剪断两侧2肋	≥300mm且至少包含3个节点，裁断点至边缘节点至少20mm	10个	≥200mm，且当横向节距：①<75mm，至少4个完整单元；②≥75～<120mm，至少2个完整单元；③≥120mm，1个完整单元	≥300mm，至少3个节点	5个	塑料土工格栅采用宽条法（附录D），其他土工格栅采用窄条法（附录E）
		双向格栅	取1个肋		横纵两向各10个			横纵两向各5个	
5	SL 235—2012	单向和双向格栅	未规定	≥100mm且至少包含2个完整单元	至少5个	未规定	≥100mm且至少包含2个完整单元	至少5个	
6	JTG E50—2006	单向和双向格栅	未规定	足够长，除夹持节点外，应至少包含1个节点	横纵两向至少5个	≥200mm，且当横向节距≥75mm时，宽度方向至少包含2个完整单元	足够长，除夹持节点外，应至少包含1排节点	横纵两向至少5个	
7	ASTM D6637/D6637M-15	单向格栅	取3个肋，剪断两侧2肋	至少包含3个节点或≥300mm	—	≥200mm且包含5个肋	≥300mm或包含三排节点（两个单元格）	5	试样数量的确定参考土工膜一章的2.6.5节(1)
		双向格栅	取1个肋		—	≥200mm且包含5个肋	≥300mm或包含三排节点（两个单元格）	横纵两向各5个	
		多向格栅	取1个肋		—	≥200mm且包含5个肋	≥300mm或包含三排节点（两个单元格）	每个方向5个	

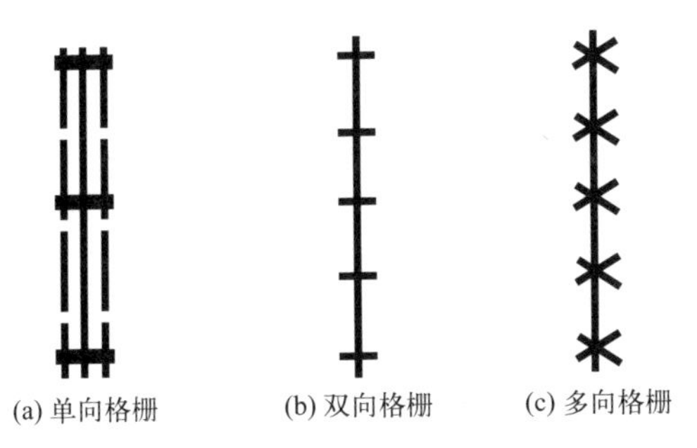

(a) 单向格栅　(b) 双向格栅　(c) 多向格栅

图 4-2　单肋法典型试样规格尺寸示意图

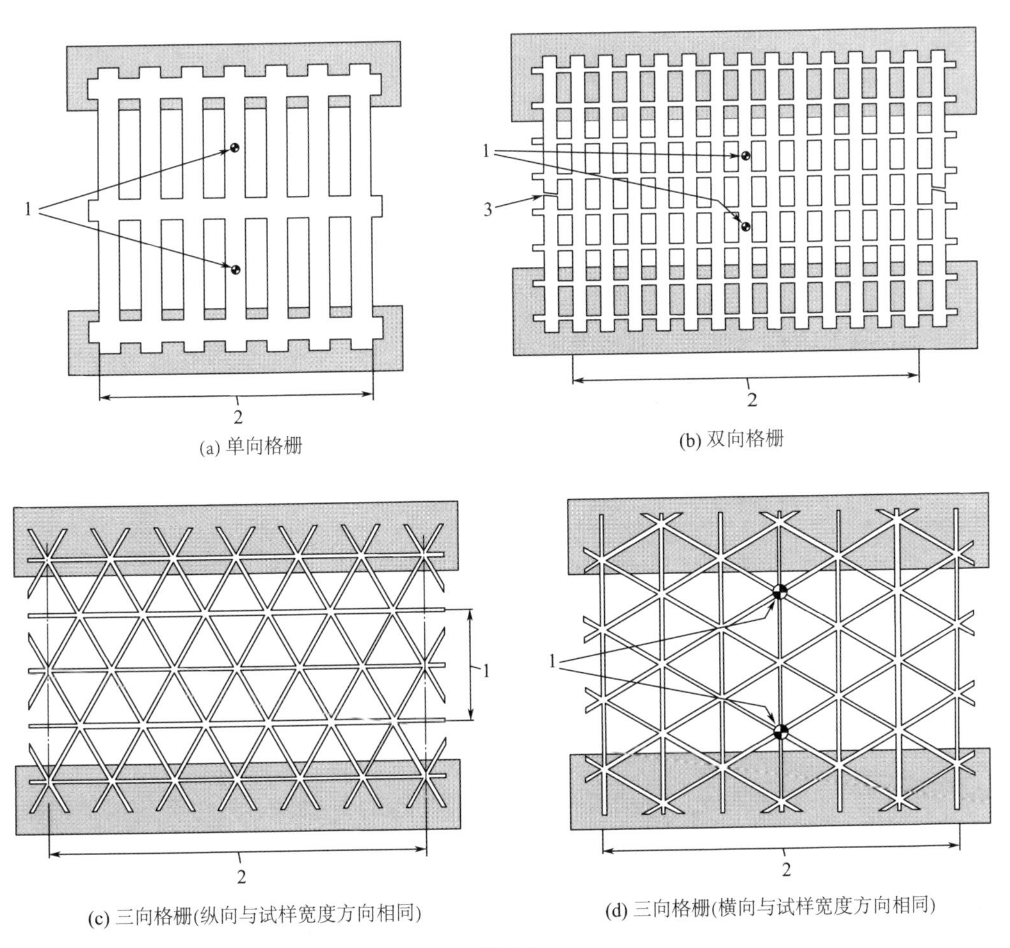

(a) 单向格栅　(b) 双向格栅

(c) 三向格栅(纵向与试样宽度方向相同)　(d) 三向格栅(横向与试样宽度方向相同)

图 4-3

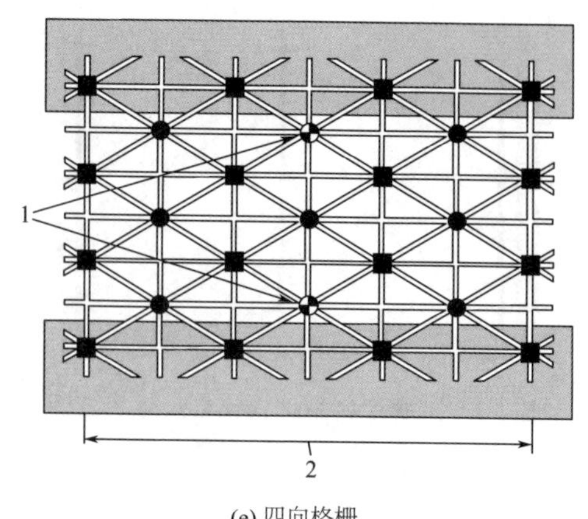

(e) 四向格栅

图 4-3　多肋法典型试样规格尺寸示意图

1—标距/隔距参照点（不同标准对此点要求不同）；2—试样宽度或受力单元个数；3—试样剪断部位

表 4-4　土工格栅取样位置及方式

序号	标准号	取样位置	取样方式
1	GB/T 15788—2017 和 ISO 10319:2015	按照 GB/T 13760 或 ISO 9862，距样品边缘不应小于 100mm	等间距（均匀）取样
2	GB/T 17689—2008	去除整卷格栅最外的两根肋条	等间距（均匀）取样
3	GB/T 21825—2008	任何两个试样不属于同一根经纱或纬纱	
4	JT/T 1432.1—2022	未规定	未规定
5	SL 235—2012	距样品边缘不应小于 100mm	梯形取样法
6	JTG E50—2006	距样品边缘不应小于 10cm	避免两个以上试样处于相同的横向或纵向位置
7	ASTM D6637/D6637M-15	距边缘距离不应小于 10cm	等间距（均匀）取样

4.3.6　状态调节和试验环境

塑料类土工格栅与土工膜的拉伸性能具有显著的温敏性，其他类的土工格栅可能具有不同程度的湿敏性。表 4-5 列出了不同标准的状态调节和试验环境条件。

4.3.7　试验条件的选择

（1）标距/隔距

不同标准对初始标距/隔距及其在试验过程中变化的测量规定略有不同，详见表 4-6。标距/隔距的测量主要采用两种方式：

表 4-5　土工格栅拉伸试验对状态调节与试验环境的要求

序号	标准号	状态调节							试验环境
		干态试验			湿态试验				
		温度/℃	相对湿度/%	时间/h	温度/℃	浸泡介质	浸泡时间	浸泡后取出	
1	GB/T 15788—2017 和 ISO 10319:2015	20±2	65±4	称量间隔 2h，质量增量≤0.25%	20±2	三级水①	≥24h	取出后 3min 内进行试验	与干态调节环境条件相同
		其他条件可由相关方商定							
2	GB/T 17689—2008	20±2	未规定	≥24	未规定				与干态调节环境条件相同
3	GB/T 21825—2008	23±2	50±10	伸裁试验 4h 非伸裁试验 1h	未规定				与干态调节环境条件相同
4	JT/T 1432.1—2022	20±2	未规定	≥4	未规定				与干态调节环境条件相同
5	SL 235—2012①	20±2	60±10	24	未规定	未规定	未规定	取出后 10min 内进行试验	与干态调节环境条件相同
6	JTG E50—2006②	23±2	未规定	≥4	20±2	蒸馏水③	试样完全润湿或≥24h	取出后 3min 内进行试验	与干态调节环境条件相同
7	ASTM D6637/D6637M-15	21±2	50～70	称量间隔 2h，质量增量≤0.1%	21±2	蒸馏水③	≥2h;延长浸泡时间对性能无显著影响的≥2min	未规定	与干态调节环境条件相同

① 该标准 22 章土工格栅拉伸试验中未规定状态调节和试验环境，表格中的条件是该标准的整体要求。

② 该标准仅对塑料土工格栅的状态调节和试验环境进行了规定。

③ 可加入非离子润湿剂。

① 不使用引伸计时，以土工格栅试样夹具夹持点间距离为初始标距/隔距，以试验机的横梁位移形式记录其变化，不同标准对此描述有所不同，但由于夹具都是夹持在试样长度方向两端的节点上，因此无论是两端节点间的距离、夹具夹持点间距离、夹具间距离、名义夹持长度等，实质是一致的。

② 使用引伸计时，以引伸计的间距为初始标距/隔距，并以引伸计测量其变化。由于很多标准规定的试验速度与初始标距/隔距相关，因此隔距的不同不仅影响土工格栅的应变，而且可能影响速度的选择导致强度结果不同。

（2）拉伸速度

土工格栅在进行拉伸性能测试时，拉伸速度通常根据试样两端夹持点间距离进行计算，因此拉伸速度并不是一个固定值，当然也有少数标准为固定值，详见表 4-6。

表 4-6　土工格栅拉伸试验条件的选择

序号	标准号	单肋法/窄条法		多肋法/宽条法		备注
		初始标距/隔距/mm	试验速度/(mm/min)	初始标距/隔距/mm	试验速度/(mm/min)	
1	GB/T 15788—2017 ISO 10319:2015	无单肋法/窄条法		标记点间距至少为 60mm 且应被至少 1 个节点或交叉组织间隔（标记点位于肋条中间）	伸长率>5%：隔距长度的(20±5)%； 伸长率≤5%：使试样平均断裂时间为(30±5)s	
2	GB/T 17689—2008	夹持点间距离	夹具间距离的 20%	夹持点间距离	夹具间距离的 20%	
3	GB/T 21825—2008	200±1	100	无多肋法/宽条法		
4	JT/T 1432.1—2022	参考标记点间距离/夹具间距离	伸长率>5%：隔距长度的(20±5)%； 伸长率≤5%：使试样平均断裂时间为(30±5)s	参考标记点间距离/夹具间距离	伸长率>5%：隔距长度的(20±5)%； 伸长率≤5%：使试样平均断裂时间为(30±5)s	
5	SL 235—2012	计量长度（规定不明确）	计量长度的 20%	计量长度（规定不明确）	计量长度的 20%	
6	JTG E50—2006	参考标记点间距离	名义夹持长度的(20±1)%	参考标记点间距离	名义夹持长度的(20±1)%	
7	ASTM D6637/D6637M-15	节点间距离或(200±3)mm，选两者中较大的为标距	标距的(10±3)%	节点间距离或(200±3)mm，选两者中较大的为标距	标距的(10±3)%	

4.3.8 操作步骤简述

① 将试样夹持在试验机的夹具中，一般情况下夹持点为试样长度方向两端的节点。夹持力大小适宜，既要避免试样在拉伸过程中滑脱，也要避免试样被夹具破坏。

② 根据标准的要求确定是否安装引伸计，引伸计固定在土工格栅肋条的中间部位，且至少有一个节点位于两引伸计之间，引伸计的隔距与标准规定的隔距相等。

③ 根据标准的要求施加预应力，然后按照规定设置拉伸速度进行拉伸直至试样断裂或达到规定值（如伸长率为2%、5%等），记录拉伸过程中试样的负荷和伸长。

④ 重复上述操作直至完成所有试样的测试。对以下情况，结果应予以剔除，重新取一试样进行试验：

a. 试样在夹具中发生显著滑移甚至滑脱；

b. 试样在距离夹具钳口位置或贴近钳口发生断裂；

c. 存在明显的偶然缺陷；

d. 单个试验结果低于平均值的20%。

对于b.，有时候可能是由于试样的薄弱部位正好位于钳口附近造成的，对这种情况结果应予以保留。为了尽量避免试样在钳口附近断裂，可以采取必要的措施，这些措施可参见3.5.8节。

4.3.9 结果计算与表示

（1）拉伸强度

按公式(4-1）计算拉伸强度：

$$T=\frac{fN}{nL} \tag{4-1}$$

式中 T——拉伸强度，kN/m；

f——试样的拉力值，kN；

N——样品宽度上的肋数；

n——试样的肋数；

L——样品宽度，m。

（2）标称伸长率

按公式(4-2）计算标称伸长率：

$$\varepsilon=\frac{\Delta G}{G_0}\times 100 \tag{4-2}$$

式中　ε——标称伸长率，%；

ΔG——达到标称强度时夹具的行程，mm；

G_0——试样在预拉力状态下初始标距，mm。

（3）按公式(4-3) 计算伸长率 2%、5%时的拉伸强度：

$$T_{2\%,5\%}=\frac{f_{2\%,5\%}N}{nL} \tag{4-3}$$

式中　$T_{2\%,5\%}$——对应 2%、5%伸长率时拉伸强度，kN/m；

$f_{2\%,5\%}$——对应 2%、5%伸长率时试样的拉力值，kN；

N——样品宽度上的肋数；

n——试样的肋数；

L——样品宽度，m。

4.3.10 影响因素及注意事项

（1）温度和相对湿度

温度和相对湿度对土工格栅的影响及其程度主要取决于原材料对温度和相对湿度的敏感性。

塑料土工格栅和聚酯经编土工格栅具有显著的温敏性，温度升高，土工格栅的拉伸强度降低，因此实验室应对环境温度予以监控。需要注意的是土工格栅与土工膜的试验温度不同，土工格栅的试验温度一般控制在 (20±2)℃，而土工膜则为 (23±2)℃。因此对同时生产或检测土工膜和塑料土工格栅的企业实验室和检测中心，应在不同实验室或同一实验室不同控温时间段进行检测。钢塑复合土工格栅、玻璃纤维土工格栅和玄武岩纤维土工格栅对温度的敏感性较前两类土工格栅弱，但条件允许的情况下，还是建议在恒温条件下进行试验。

聚烯烃类土工格栅对相对湿度的敏感性并不显著，但聚酯类土工格栅（包括各类加工方式的土工格栅）的相对湿度敏感性较为明显，一般情况下，吸湿后土工格栅的拉伸强度有所降低。玻璃纤维土工格栅和玄武岩纤维土工格栅也具有一定的相对湿度敏感性。

（2）拉伸速度

土工格栅拉伸速度通常根据试样两端夹持点间距离进行计算，而夹持点间距离通常还与土工格栅的节点间间距相关。不同土工格栅的节点间间距不同，不同标准对标距的确定也不相同，因此土工格栅的拉伸速度没有一个统一、固定的数值。采用不同的拉伸速度测试土工格栅的拉伸性能，会给结果带来一定影响。

（3）牵伸工艺

土工格栅在生产加工时通过牵伸工艺使得高分子链沿受力方向发生取向，从而使土工格栅在牵伸方向上具有较高的拉伸强度。高分子链的取向度与牵伸程度成正比，随着牵伸程度的提高，高分子链的取向度也会不断提高，当牵伸程度达到一定程度或者说高分子链取向度达到一定程度后，土工格栅沿牵伸方向的拉伸强度显著提高而伸长率出现降低。

生产土工格栅时，过度的牵伸虽然可以提高拉伸强度，但会导致土工格栅的伸长率降低、蠕变性能显著劣化，从而服役寿命大幅度缩减。此外，过度的牵伸还会导致土工格栅的肋条厚度减小，降低其耐施工损伤性能。

（4）试验注意事项

土工格栅的拉伸试验对夹具的综合要求很高。测试应选择专用的夹具，稳固地夹持住土工格栅试样。防止因夹持度不够导致试样出现滑脱，或者夹持过度导致试样在夹持处发生断裂，使得试验无效。

对夹具的主要要求有 3 方面：

① 夹具需具备足够的宽度，可以把试样完整夹持住；

② 使用压缩式夹具时，需配备合适的夹持面，整个夹具要能够防止试样滑脱或者是过度夹持。此外还可以使用绞盘式夹具，即试样以近似于缠绕的方式固定在夹具上进行拉伸；

③ 夹具需连接自由旋转的接头或者万向接头，用于抵消在拉伸过程中土工格栅试样受力不均的情况，以得到更准确的测试结果。

4.4 接头/接缝拉伸试验

在土木工程中大面积铺设土工格栅时，由于单个整卷的土工格栅面积有限，铺设时会将不同卷的土工格栅拼接起来。而接头和接缝处往往成为整体结构中的薄弱点，直接影响土木工程的质量和寿命。因此评价土工格栅接头/接缝的力学性能是非常必要的。土工格栅接头/接缝拉伸试验和土工织物接头/接缝拉伸试验在技术上是一致的，其原理、定义、标准、测试仪器、操作步骤等基本相同（参见 3.8 节），只是由于试样不同导致一些试验细节上存在一定的差异。

4.4.1 原理

土工格栅接头/接缝拉伸试验的原理与土工格栅拉伸性能及土工织物接头/接缝拉伸试验（3.8 节）的原理基本相同。

将已接合的土工格栅试样稳固夹持在夹具中，以恒定的速率沿其纵向主轴方向（垂直于土工格栅结合处）对土工格栅试样进行拉伸直至试样或试样结合处发生断裂。测量在这一过程中试样发生断裂时受到的最大拉伸力值。

4.4.2 定义

（1）接头/接缝强度（joint/seam strength）

由缝合或接合两块甚至多块土工格栅所形成的连接处的最大抗拉力，以牛顿（N）或千牛（kN）为单位。

（2）接头/接缝效率（joint/seam efficiency）

土工格栅接头/接缝强度与其同方向上的拉伸强度之比，以百分数（%）为单位。

4.4.3 常用测试标准

与土工格栅接头/接缝强度相关测试的标准如表 4-7 所示。

表 4-7 土工格栅接头/接缝的拉伸测试的相关标准

序号	标准号	标准名称	备注
1	GB/T 16989—2013	土工合成材料 接头/接缝宽条拉伸试验方法	MOD ISO 10321:2008
2	JTG E50—2006	公路工程土工合成材料试验规程	T1122—2006 接头/接缝宽条拉伸试验
3	ISO 10321:2008	Geosynthetics-Tensile test for joints/seams by wide-width strip method	

4.4.4 测试仪器

对土工格栅接头/接缝强度测试仪器的要求与对土工格栅拉伸性能测试仪器的要求一致。

4.4.5 试样

（1）试样的规格尺寸及数量

土工格栅接头/接缝试样宽度至少为 200mm，一般包含不少于 5 个拉伸单元，试样长度大于接头/接缝宽度与 100mm 之和。接头/接缝与两端夹具间至少各有一排节点，试样的肋条与测试拉伸强度的土工格栅试样的肋条在同一方向上。

接头/接缝试样的数量至少为 5 个。

（2）试样制备和取样位置

制备试样的基本原则与之前土工格栅拉伸性能一节中所述一致：裁取时应避开整卷土工格栅边缘的区域；同时注意土工格栅外观完好，要避免含有污渍、折痕、刮擦、孔洞和其他破损的部分。

土工格栅接头/接缝试样的制备方法如图 4-4 所示。首先将一段土工格栅的一端与另一段土工格栅的一端重叠，然后将一根金属粗针依次穿过上下交叉的肋条之间。

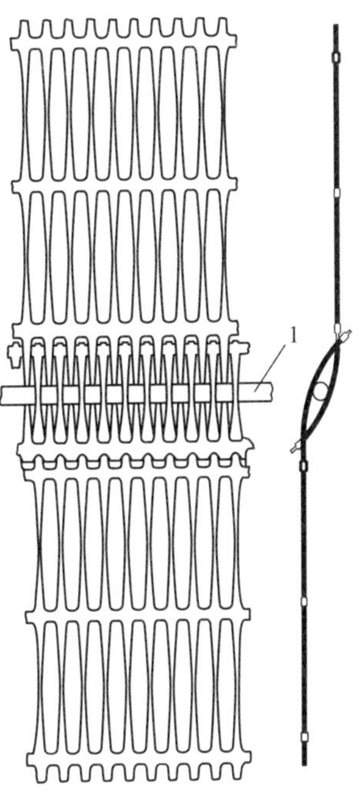

图 4-4 土工格栅接头/接缝试样制备示意图

1—粗针

4.4.6 状态调节和试验环境

一般情况下，土工格栅接头/接缝拉伸试样在温度 (20±2)℃、相对湿度 (65+4)%条件下进行状态调节和试验，可参见表 3-26。

4.4.7 试验条件的选择

土工格栅接头/接缝拉伸试验的拉伸速度的选择与土工格栅拉伸试验一致，详见 4.3 节。

4.4.8 操作步骤简述

将试样放入夹钳中心位置，试样长度方向与受力方向平行。开启拉伸试验机，直至试样本身断裂，记录试验过程中最大负荷及试样断裂形式，参见 3.8.8 节。

4.4.9 结果计算与表示

(1) 接头/接缝强度

按公式(4-4) 计算接头/接缝强度：

$$T_{j/s\,max}=\frac{F_{max}N_m}{n_s} \tag{4-4}$$

式中 $T_{j/s\,max}$——接头/接缝强度，kN/m；

F_{max}——最大负荷，kN；

N_m——样品 1m 宽内的平均拉伸单元数；

n_s——试样的拉伸单元数。

(2) 接头/接缝效率

按公式(4-5) 计算接头/接缝效率：

$$\xi_{j/s}=\frac{\overline{T}_{j/s}}{\overline{T}_{max}}\times 100 \tag{4-5}$$

式中 $\xi_{j/s}$——接头/接缝效率,%。

$\overline{T}_{j/s}$——接头/接缝强度的平均值，kN/m；

$\overline{T}_{max}$——土工织物宽条拉伸强度的平均值，kN/m。

4.4.10 影响因素及注意事项

土工格栅接头/接缝拉伸试验的影响因素及注意事项与土工格栅拉伸试验基本一致。

4.5 蠕变性能

蠕变是指在一定的温度和恒定的应力（通常远低于材料的屈服应力）作用下，材料的形变随时间的延长而逐渐增大的现象。很多固体材料都有蠕变行为，然而与金属材料、岩石、陶瓷等低分子固体材料相比，高分子材料因其黏弹性导致蠕变现象更为严重，从而蠕变破坏也成为影响高分子材料寿命的重要因素之一。

土工格栅的用途之一是作为增强材料应用于水坝、防洪堤、挡墙、公路等工程中，起到加筋、固定土体的作用，其在使用过程中会长期受到较为稳定的拉应力作用，这导致了土工格栅的使用过程为一个长期蠕变的过程，存在蠕变破坏的风险，特别是塑料土工格栅。如果土工格栅的蠕变性能不佳，则可能出现以下问题：

① 土工格栅的形变能力过大，易在外力作用下产生形变，导致形变量超过预期值则不能发挥其预期固定土体的作用；

② 土工格栅的形变能力过小（如过度牵伸引起高分子取向度过大导致的形变能力显著下降），则在外部应力作用下，产品无法通过微小形变抵消外部应力的作用，从而导致分子链断裂，格栅产品提前破坏，导致土体失稳坍塌。

这两种情况的出现都会严重影响工程质量，特别是第 2 种情况，会给工程带来极大的安全隐患。因此，土工格栅的蠕变性能是评价土工格栅质量优劣的重要指标，同时对土木工程的安全性具有重要意义。

4.5.1 原理

图 4-5 为材料在蠕变过程中形变随时间变化的典型曲线图。从图中可以看出材料在发生蠕变的过程中，随着时间的增加，形变的速度会发生变化，整条曲线可以依次分为 3 个区域。Ⅰ区为材料发生蠕变的初始阶段，在这一区域内形变随时间变化很快，但随着时间的延长，蠕变速率逐渐减小，因此也称为减速阶段。随后材料进入第Ⅱ区，这一区域内材料的形变继续保持增长，但是增长速度十分缓慢，持续的时间较长。这一阶段材料的蠕变速率变化较小，曲线较为平坦，因此这一区域又称为恒速阶段或稳态蠕变阶段。最后一个阶段为第Ⅲ阶段，在这一阶段材料形变的速度开始明显加快，且随着时间的增加，蠕变速率呈加速上升趋

势，直至材料发生断裂，这一阶段也称为加速蠕变阶段。

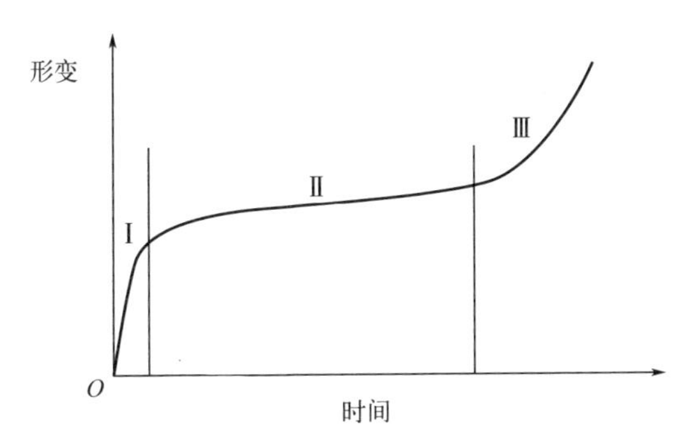

图 4-5 材料在蠕变过程中时间-形变曲线

材料在蠕变过程中受到的应力越大，蠕变的总时间越短；应力越小，蠕变的总时间越长。但是通常材料都有一个最小应力值，当材料所受应力低于该值时不论经历多长时间也不会破坏，或者说蠕变时间无限长（相当于图 4-5 中Ⅱ区），这个应力值称为该材料的长期强度。土工格栅蠕变性能的测试就是依据这个原理，找到接近这样的一个最小应力值，使得土工格栅样品在很长时间内能够保持稳定，不发生断裂或较大的形变。

在进行土工格栅的蠕变性能测试时，为了缩短试验时间，还应用了时温等效原理，即分别在不同温度和不同负荷下测定土工格栅达到相应形变量的时间，再利用时温等效转换关系，将高温下的数据转换为设计温度下的数据，然后外推得到土工格栅的长期蠕变性能。

4.5.2 定义

（1）名义标距长度（nominal gauge length）

未施加预张力时，试样拉伸负荷方向上两标记参考点之间的初始距离。

（2）拉伸蠕变（tensile creep）

在恒定的拉伸应力下，试样随时间变化产生的形变。

（3）拉伸蠕变断裂（tensile creep rupture）

在小于拉伸强度的恒定拉伸应力下，试样的拉伸破坏。

（4）拉伸蠕变负荷（tensile creep load）

施加在试样上每单位宽度的恒定静负荷。

（5）加载时间（loading time）

施加拉伸蠕变负荷至规定值所需的时间。

（6）蠕变时间（creep time）

从加载时间结束到试验结束所经过的时间。

(7) 蠕变断裂时间(creep rupture time)

从加载时间结束起直到试样发生拉伸蠕变断裂所经过的时间。

4.5.3 常用测试标准

表4-8列出了与测试塑料土工格栅蠕变性能相关的标准,其中QB/T 2854是土工格栅蠕变性能测试的专用标准,其余标准则为土工合成材料(如土工织物)共用的蠕变试验标准。各种标准试验的基本原理是一致的,即都是根据高分子材料蠕变特点及时温等效原理设计试验。土工织物的蠕变试验可参考本节进行。

表4-8 与测试塑料土工格栅蠕变性能相关的标准

序号	标准号	标准名称	备注
1	QB/T 2854—2007	塑料土工格栅蠕变试验和评价方法	
2	GB/T 17637—1998	土工布及其有关产品拉伸蠕变和拉伸蠕变断裂性能的测定	IDT ISO/FDIS 13431:1998
3	JTG E50—2006	公路工程土工合成材料试验规程	T 1131—2006 拉伸蠕变与拉伸蠕变断裂性能试验
4	ISO 13431:1999	Geotextiles and geotextile-related products-Determination of tensile creep and creep rupture behaviour	
5	ASTM D5262-21	Standard test method for determining the unconfined tension creep and creep rupture behavior of planar geosynthetics used for reinforcement purposes	
6	ASTM D6992-16(2013)	Standard test method for accelerated tensile creep and creep-rupture of geosynthetic materials based on time-temperature superposition using the stepped isothermal method	

4.5.4 测试仪器

测试仪器主要包括5部分:夹具、加载系统、形变测量系统、计时系统和温湿度控制系统。高分子材料的蠕变是一个较为漫长的过程,其蠕变过程中材料的形变相对短期试验来说是很小的,因此对形变测量仪器的精度和夹具的稳定性要求都较高;与此同时高分子材料通常具有较高的温度敏感性,温度的波动会导致形变测量的误差增大,因此蠕变试验对环境温度控制的要求也相对较高;此外由于是长周期试验,对加载系统的稳定性要求也比较高。

（1）夹具

土工格栅拉伸蠕变试验用夹具的设计和总体要求与土工格栅拉伸试验夹具基本一致。与短期试验不同，试样在长期夹持过程中：

① 有可能在厚度方向产生永久性形变，从而导致夹持力下降，使试样出现微小滑移甚至滑脱的情况；

② 夹持过度可能导致试样被夹持部分提前破坏；

③ 需要最大限度地确保试样每根肋条受力均匀，以免导致试样发生不均匀形变，增大形变测量的误差。因此夹具设计异常重要，合理的夹具设计及制造是确保土工格栅蠕变试验成功的重要因素之一。

（2）加载系统

常见的加载系统有以下几种加载方式：

① 采用砝码（或重锤）直接或通过滑轮变向后加载在试样夹具上；

② 采用砝码（或重锤）并通过杠杆系统加载在试样夹具上；

③ 采用机械液压或气压系统施加负荷；

④ 采用传感器施加负荷。

其中第1种加载方式更适用于土工格栅及其他土工合成材料的蠕变试验。

每次试验前应校验加载系统以确认负荷精确施加到试样上。在使用非恒载的加载系统（除方式①以外的加载方式）时，应保证拉伸蠕变负荷是恒定的，精度保持在±1%精度内。杠杆系统的角度应保持恒定、气压或液压应保持稳定、传感器的精度能长期保证等，使施加的负荷维持不变。

加载系统应具有对试样施加预张力的能力，且加载方便、迅速。整个加载过程应稳定、流畅，负荷不应出现明显波动，恒定在±1%。

加载框架的设计和制造应保证框架具有足够的刚性，且保证试样断裂不对相邻加载框架造成影响。此外加载框架还应具备减振系统保证与外部振动隔离，以防止外部振动对蠕变试验产生不利影响，如形变曲线受振动影响发生抖动或突变。

（3）形变测量系统

形变测量系统可采用包括机械式、电子式或光学式引伸计等多种尺寸测量仪。测量仪的读数可采用人为读数的方式，但自动测量并记录的方式更有利于蠕变试验的开展。形变测量可按规定的时间间隔进行，也可连续测量并记录。

由于形变是蠕变试验的核心数据，因此形变测量系统读数的精度、重现性和长期稳定性也是蠕变试验是否成功的重要因素之一，一般情况下测量精度应达到标记长度的±0.1%。

（4）计时系统

一般采用自动计时方式。无论哪种计时方式，计时系统都应具有长期稳定性，并能在发生蠕变断裂时自动记录断裂时间。

（5）温湿度控制系统

高分子材料具有明显的温敏性，部分材料还具有明显的湿敏性，因此蠕变试验对温湿度控制系统的要求较高。一般情况下，蠕变试验的温湿度控制系统应确保温度控制达到±2℃，相对湿度控制达到±10%。

温湿度控制系统可以采用试验箱的小环境方式，也可采用控温控湿房间的大环境方式。小环境方式较容易实现，成本低且环境温湿度相对稳定，但同期可进行的试验量有限、样品形变行程有限；大环境方式温湿度控制难度较大且投资成本较高，但同期可进行的试验量较大、样品形变行程较大，更适合需要同期进行大量和多样品种类试验的实验室。

（6）软件

有条件的情况下，可自行开发测试装置的自动控制和记录系统软件，还可以开发数据处理软件。

4.5.5 试样

（1）试样的规格尺寸

土工格栅蠕变试样尺寸是根据样品的规格和设备的实际情况确定的，因此蠕变试验的试样尺寸并非固定的，见表4-9。为了保证夹具稳固地夹持蠕变试样，可以适当增加试样宽度，适度增加试样长度，可加大初始标距，有助于提高蠕变试样形变测量的精度。

表4-9 土工格栅蠕变试样尺寸

序号	测试标准	试样宽度	试样长度	标距
1	QB/T 2854—2007	5根肋条宽，切断外侧两根肋条，即3根肋条	不小于5m	至少包含两个完整单元
2	GB/T 17637—1998	不少于3个完整单元	保证标记参考点与夹持器的距离不小于20mm	至少包含两个完整单元
3	JTG E50—2006	不少于3个完整单元	保证标记参考点与夹持器的距离不小于20mm	至少包含两个完整单元
4	ISO 13431:1999	至少3根肋条	保证标记参考点与夹持器的距离不小于20mm	至少包含两个完整单元
5	ASTM D5262-21	至少3根肋条	至少包含三个孔	包含两个完整单元

（2）试样制备和取样位置

土工格栅蠕变试验的试样制备与其拉伸试验基本一致。需要特别注意的是由于土工格栅不同肋条之间可能存在的差异性，蠕变试样和相应测试拉伸性能的试样应在相同的肋条上进行截取，以保证蠕变试验的准确性。

蠕变试验所需的试样数量较多，具体数量需要根据试验方案确定。一般选择 4 个测试温度，每个温度下至少选择 4 个不同的测试荷载比，每个荷载比下至少 1 个试样，相邻温度至少应有 2 个相同的测试荷载比。蠕变试验过程中，由于经验不足、对未知样品长期性能的了解有限、高分子材料试验的多分散性、偶然缺陷的存在、夹持不良等原因，可能会导致破坏的提前出现，因此应制备比试验方案或标准要求更多的试样，且未经试验的试样应妥善保存以避免失效。

4.5.6 状态调节和试验环境

蠕变试验温度的设定应考虑土工格栅的实际应用温度，并经相关方协商达成一致后确定。为了表征土工格栅在实际应用温度范围内蠕变性能的变化，以及利用时温等效原理推算设计温度、设计年限下的允许强度，一般在多个温度下进行蠕变试验。合理设定温度间隔，可有效地反映出土工格栅在不同温度下的蠕变性能。无特殊要求的情况下，可参考表 4-10 进行状态调节和设定试验环境条件。

表 4-10 土工格栅蠕变试验对状态调节和试验环境的要求

序号	标准号	状态调节			试验环境		备注
		温度/℃	相对湿度/%	时间/h	试验温度/℃	相对湿度/%	
1	QB/T 2854—2007	与试验温度一致	未规定	≥12	10、20、30、40、50±2	未规定	
2	GB/T 17637—1998 ISO 13431:1999	与试验温度一致	与试验相对湿度一致	称量间隔 2h，质量增量≤0.25%	20±2	65±4	按照 GB/T 6529 进行
3	JTG E50—2006	与试验温度一致	与试验相对湿度一致	24	商定的温度±2	商定的相对湿度±5	按照 ISO 554 进行
4	ASTM D5262-21	与试验温度一致	与试验相对湿度一致	称量间隔 2h，质量增量≤0.2%	10、20、30、40、50、60±2.0	50～75	

4.5.7 试验荷载比的选择

在蠕变试验中，对土工格栅试样施加的预张力按照平均拉伸强度的百分比来表示。试验荷载比的选取是蠕变试验中关键的一步。荷载比的选取或经相关方协商确定或由设计方提供。不同的标准对荷载比的选取推荐了相应的范围，详见表 4-11。蠕变试验可分为两种情况：拉伸蠕变和拉伸蠕变断裂。与之相关的荷载比的选取要求见表 4-12。

表 4-11　不同标准规定的对蠕变试样施加的荷载比、预张力、负荷加载时间和记录时间

序号	测试标准		荷载比/%	预张力	全部负荷加载时间	记录时间
1	QB/T 2584—2007	拉伸蠕变	可参考表 4-12	拉伸强度的 1%	未规定	未规定
		蠕变断裂				
2	GB/T 17637—1998	拉伸蠕变	5、10、20、30、40、50、60	拉伸强度的 1%	60s 以内	1、2、4、8、15、30、60min；2、4、8、24h；3、7、14、21、42d
		蠕变断裂	50%～90%范围内选择 4 挡负荷	未规定		记录断裂时间
3	JTG E50—2006	拉伸蠕变	10%～60%范围内选择 4 挡负荷	拉伸强度的 1%	60s 以内	1、2、4、8、15、30、60min；2、4、8、24h；3、7、14、21、42d
		蠕变断裂	30%～90%范围内选择 4 挡负荷			记录断裂时间
4	ISO 13431：1999	拉伸蠕变	5、10、20、30、40、50、60	未规定	60s 以内	1、2、4、8、15、30、60min；2、4、8、24h；3、7、14、21、42d
		蠕变断裂	50%～90%范围内选择 4 挡负荷			记录断裂时间
5	ASTM D5262-21	拉伸蠕变	20～80	45N(拉伸强度≤17.5kN/m)；1.25%拉伸强度(≤300N；拉伸强度>17.5kN/m)	保证应变速率为(10±3)%/min	1、2、6、10、30min；1、2、5、10、30、100、200、500、1000h
		蠕变断裂	30～90			以 500h 为间隔至试样断裂

表 4-12　蠕变试验中施加的荷载比

聚合物	温度/℃	确定达到 10%应变时的蠕变荷载比(P/T_{av})/%	确定达到断裂时的蠕变荷载比(P/T_{av})/%
高密度聚乙烯	10	45～60	50～65
	20	40～55	45～60
	30	35～50	40～55
	40	30～45	35～50
	50	25～40	30～45

续表

聚合物	温度/℃	确定达到10%应变时的蠕变荷载比(P/T_{av})/%	确定达到断裂时的蠕变荷载比(P/T_{av})/%
聚丙烯	10	30～60	35～65
	20	25～55	30～60
	30	20～50	25～55
	40	15～45	20～50
	50	10～40	15～45

4.5.8 操作步骤简述

① 在蠕变试样上选取两点作为初始标距，标距的长度应至少包含两个完整的单元。条件允许的情况下建议增加初始标距的长度，从而提高测量形变的精度。标记初始标距，将蠕变试样分别在预设的蠕变试验条件下进行状态调节。

② 将蠕变试样的两端夹持于设备的上下夹具之间。试样夹持过程应确保试样夹持牢固，所有肋条受力均匀，保证试样的纵轴和上下夹具中心线重合。

③ 施加预张力，使蠕变试样绷直，以便测量初始标距的长度，同时还可进一步判断蠕变试样的所有肋条是否受力均匀，根据实际情况进行适当调整。预张力大小的设置见表4-11，当没有规定时，可以参考表中其他标准的规定。

④ 根据所选的荷载比对蠕变试样施加全部负荷。施加负荷的过程应确保平稳、迅速。对施加负荷的时间要求见表4-11。

⑤ 全部负荷施加完成后试验计时开始。根据标准规定的时间间隔记录下蠕变试样的形变，直到试样达到失效形变或发生断裂为止。如果条件允许，推荐使用可以连续记录蠕变试样形变的仪器。

⑥ 在形变测量的过程中，可以根据试样实际状况适当增减测量的频率。可参考图4-5中描述的三个区域。如当试样处于形变发生较快的Ⅰ、Ⅲ区时，可以适当增加测量的频率，准确记录下试样的形变；当试样处于相对稳定的Ⅱ区时，可减少测量的频率。当试样快要达到失效形变时，也可适当增加测量的频率，确保准确记录试样达到失效形变的时间。

⑦ 出现以下情况时，判定试验无效：

a. 出现瞬间温度波动较大的情况；

b. 试样失效前从夹具中滑脱；

c. 试样在夹持处断裂；

d. 试样断裂处有缺陷；

e. 其他可能导致试验失效的异常情况。

4.5.9 结果计算与表示

当进行高温蠕变试验时，根据时温等效原理，可将高温数据转换为低温数据。

① 首先将不同温度不同荷载比失效形变对应的时间列表，如表 4-13 所示。

表 4-13 不同温度不同荷载比失效形变对应的时间

P/T_{av}	达到失效形变(如 10%)的时间 $t_{10\%}$/h							
	A_1	A_2	A_3	A_4	A_5	A_6	A_7	A_8
20℃	t_1	t_2	t_3	t_4				
40℃			t_5	t_6	t_7	t_8		
50℃					t_9	t_{10}	t_{11}	t_{12}

② 将高温数据转化为设计温度数据。按照公式(4-6)～(4-8) 计算转换因子，以设计温度为 20℃为例，按照表 4-14 所示进行转换。

$$SF_{40\to 20}=\frac{\frac{t_3}{t_5}+\frac{t_4}{t_6}}{2} \tag{4-6}$$

$$SF_{50\to 40}=\frac{\frac{t_7}{t_9}+\frac{t_8}{t_{10}}}{2} \tag{4-7}$$

$$SF_{50\to 20}=SF_{50\to 40}\times SF_{40\to 20} \tag{4-8}$$

表 4-14 设计温度为 20℃不同荷载比失效形变对应的时间

P/T_{av}	达到失效形变(如 10%)的时间 $t_{10\%}$/h							
	A_1	A_2	A_3	A_4	A_5	A_6	A_7	A_8
20℃	t_1	t_2	t_3	t_4				
40℃			$t_5\times SF_{40\to 20}$	$t_6\times SF_{40\to 20}$	$t_7\times SF_{40\to 20}$	$t_8\times SF_{40\to 20}$		
50℃					$t_9\times SF_{50\to 20}$	$t_{10}\times SF_{50\to 20}$	$t_{11}\times SF_{50\to 20}$	$t_{12}\times SF_{50\to 20}$

③ 数据外推及计算。以荷载比的对数值为横坐标，以表 4-14 获得时间的对数值为纵坐标进行线性回归，绘制一条直线。直线外推至设计年限所对应的值即为达到失效形变（如 10%或断裂）的荷载值，表示为 $\lg(P/T_{av})_{10\%}$ 或 $\lg(P/T_{av})_{rup}$，从而获得荷载比 $(P/T_{av})_{10\%}$ 或 $(P/T_{av})_{rup}$。

据此可以按照公式(4-9) 和 (4-10) 计算容许负荷（蠕变强度）P_{all} 及设计年限中达到失效形变的负荷的 95%置信下限值 $T_{95\%}$。

$$P_{all}=T_{95\%}\times\left(\frac{P}{T_{av}}\right)_{10\%} \quad 或 \quad P_{all}=T_{95\%}\times\left(\frac{P}{T_{av}}\right)_{rup} \tag{4-9}$$

$$T_{95\%}=T_{av}-\frac{t_{0.95}}{\sqrt{n}}\times s \tag{4-10}$$

式中 P_{all}——蠕变强度，kN/m；

P/T_{av}——荷载比，无量纲；

T_{av}——拉伸强度测量值的算术平均值，kN/m；

$T_{95\%}$——拉伸强度的 95%置信下限值，kN/m；

n——样本个数，无量纲；

$t_{0.95}$——95%置信下的 t 分布系数（$n=5$ 时，$t_{0.95}=0.953$）；

s——标准差，kN/m。

4.5.10 影响因素及注意事项

（1）温度

土工格栅的蠕变速率会显著受温度的影响。温度的提高会导致高分子链运动能力加强，高分子链的伸展和滑移加快，蠕变速率明显提高，土工格栅的拉伸蠕变增加；反之拉伸蠕变降低。为此蠕变试验只有在温度受控的环境中进行，才能得到准确的试验结果。

（2）相对湿度

聚烯烃类土工格栅对相对湿度不敏感，因此蠕变试验时可以不进行相对湿度的控制。但对包含湿敏材料的土工格栅来说，相对湿度的影响不可忽略。不同材料的湿敏特性不同，其受相对湿度的影响程度和影响趋势也会有所不同。

（3）夹具

蠕变试验周期长，夹具需长时间承受较大的负荷。因此蠕变试验应选择专用的夹具，稳固地夹持住蠕变试样。防止因夹持力度不够出现试样滑脱，或者夹持过度导致试样在夹持处发生断裂的情况，导致试验无效。

（4）荷载比

荷载比的选取范围和大小应根据不同土工格栅样品的实际情况调整，为了确保蠕变试验的顺利进行以及后期数据处理时结果可靠，荷载比的选取应注意以下几点：

① 荷载比选取范围适中。若选取的荷载比过大，则土工格栅试样蠕变速率过大，这会导致高分子链在Ⅰ阶段（图 4-5）被破坏，无法进入Ⅱ阶段，从而不能获得足够的蠕变数据，无法准确反映出土工格栅样品的蠕变性能。若选取的荷载比过小，则蠕变速率降低，导致蠕变试验周期过长。因此荷载比的选取范围适中既可以保证试验结果的精度又可以使试验的时间成本最低。

② 荷载比的选取应保证蠕变试验完成后得到的数据点平均分布在每个对数周期内，从而有助于在后期数据处理时提高线性拟合的精度。

③ 在不同的温度下进行蠕变试验时，相邻温度下至少应该有 2 个相同的测试

荷载比，从而有利于提高不同温度之间数据转换的精度。

此外，在条件允许的情况下，可适当增加荷载比的数量，并在每个荷载比下进行多个试样的蠕变测试，这不仅可以提高数据处理时线性拟合的精度，还可弥补试验出现无效情况时的损失。但荷载比的数量也不宜过多，否则会增加不必要的试验成本。

（5）牵伸工艺

土工格栅的牵伸工艺在提高拉伸强度的同时，也会使高分子链在取向方向上的运动受到极大的限制，导致高分子链的蠕变性能显著劣化，使其在实际应用中表现为受力不久后就发生断裂，从而造成工程事故。因此在土工格栅产品开发和生产中，一方面应通过适当牵伸提高土工格栅的拉伸强度，另一方面还要避免过度牵伸导致其蠕变性能大幅度受损。

参考文献

[1] 刘宗耀，等. 土工合成材料工程应用手册 [M]. 2版. 北京：中国建筑工业出版社，2000.

[2] 徐超，邢皓枫. 土工合成材料 [M]. 北京：机械工业出版社，2010.

[3] GB/T 21825—2008. 玻璃纤维土工格栅.

[4] QB/T 5303—2018. 土工合成材料　四向拉伸塑料土工格栅.

[5] JT/T 480—2002. 交通工程土工合成材料　土工格栅.

[6] JT/T 776.3—2010. 公路工程　玄武岩纤维及其制品　第3部分：玄武岩纤维土工格栅.

[7] JT/T 925.1—2014. 公路工程土工合成材料　土工格栅　第1部分：钢塑格栅.

[8] JT/T 925.3—2018. 公路工程土工合成材料　土工格栅　第3部分：纤塑格栅.

[9] JT/T 1432.1—2022. 公路工程土工合成材料　第1部分：土工格栅.

[10] GB/T 15788—2017. 土工合成材料　宽条拉伸试验方法.

[11] GB/T 17689—2008. 土工合成材料　塑料土工格栅.

[12] SL 235—2012. 土工合成材料测试规程.

[13] JTG E50—2006. 公路工程土工合成材料试验规程.

[14] ISO 10319：2015. Geosynthetics-Wide-Width Tensile Test.

[15] ASTM D6637/D6637M-15. Standard Test Method for Determining Tensile Properties of Geogrids by the Single or Multi-Rib Tensile Method.

[16] GB/T 16989—2013. 土工合成材料　接头/接缝宽条拉伸试验方法.

[17] ISO 10321：2008. Geosynthetics-Tensile Test for Joints/Seams by Wide-Width Strip Method.

[18] QB/T 2854—2007. 塑料土工格栅蠕变试验和评价方法.

[19] GB/T 17637—1998. 土工布及其有关产品拉伸蠕变和拉伸蠕变断裂性能的测定.

[20] ISO 13431：1999. Geotextiles and Geotextile-Related Products-Determination of Tensile Creep and Creep Rupture Behaviour.

[21] ASTM D5262-21. Standard Test Method for Determining the Unconfined Tension Creep and Creep Rupture Behavior of Geosynthetics.

[22] ASTM D6992-16. Standard Test Method for Accelerated Tensile Creep and Creep-Rupture of Geosynthetic Materials Based on Time-Temperature Superposition Using the Stepped Isothermal Method.

第 5 章
土工格室

土工格室（geocells）是一类由高分子聚合物条带通过各种工艺连接，展开后呈蜂窝立体网格结构的土工合成材料。土工格室在使用过程中通常会完全展开，再在格室单元中填充砂、石和土等填料，以在工程中起加筋作用。

土工格室具有以下独特的优势：

① 较高的侧向限制和防滑能力。土工格室利用三维侧限原理，约束由竖向荷载而产生的侧向形变，可以大幅提高软质、松散填充材料的承载能力，有效增强路基的承载能力和分散荷载作用。

② 工程适用性强。通过改变格室的高度、尺寸和焊接方式可以满足不同的工程需要。

③ 耐化学腐蚀性好。塑料土工格室通常由聚乙烯、聚丙烯、聚酯等高分子材料组成，具有材质轻、耐磨损、耐腐蚀等特点。

④ 伸缩自如、运输方便、便于施工。

目前土工格室已经广泛应用于软基处理、沙漠筑路、填挖路段、防止桥头跳车、护坡和堤坝等工程。此外，随着我国公路、铁路、水利等大型基础设施的大规模建设，大量边坡需要进行防护。而土工格室一方面可以对土体侧向约束，起到固土的作用，为植物生长提供支撑；另一方面能够改变坡面雨水的流径，减弱雨水对坡面的冲刷。因此土工格室在近年来的边坡生态防护中也得到了广泛的应用。

早期的土工格室种类较单一，主要是以聚乙烯树脂为原料，添加必要的助剂后制成条带，再将条带以超声波焊接在一起。随着技术的进步，以聚丙烯、聚酯等为原料的塑料土工格室也大量使用，条带连接型式也更加多种多样，除焊接型外，还有注塑型、螺栓铆接型、U 形插件插接型等。此外，塑料土工格室条带表面常常还会采用压花、加糙等方式增加摩擦力，或者在其上面打孔以起到排水作用。

目前国内外土工格室的产品标准和规范较少（见表 5-1），其中 GB/T 19274—2003 已经实施了 20 年，已不能适应产品的发展，目前正在修订中；GRI GS 15 仅限于 HDPE 土工格室条带。此外对国内土工格室行业影响较大的标准还有中国铁路总公司的企业标准和相关协会制定的团体标准。

表 5-1　土工格室主要相关标准与规范

序号	标准号	标准名称	备注
1	GB/T 19274—2003	土工合成材料　塑料土工格室	修订计划：20220683-T-607
2	GRI GS 15—2016	Standard specification for "test methods, test properties, and testing frequencies for geocells made from high density polyethylene (hdpe) stripes	HDPE 土工格室条带
3	Q/CR 549.1—2016	铁路工程土工合成材料　第 1 部分：土工格室	中国铁路总公司企业标准
4	T/CECS G:D23-01—2023	公路路基土工格室应用技术规程	中国工程建设标准化协会团体标准

各类产品标准、规范及文献资料涉及的土工格室性能测试参数主要包括两大类：条带性能和节点性能。

土工格室的条带性能主要包括：

① 规格尺寸；

② 炭黑含量及其分散度；

③ 氧化诱导时间；

④ 维卡软化温度；

⑤ 低温脆化温度；

⑥ 拉伸性能；

⑦ 撕裂性能；

⑧ 抗穿刺性能；

⑨ 环境应力开裂性能；

⑩ 热氧老化性能（耐高温性能）；

⑪ 氙弧灯老化性能；

⑫ 荧光紫外灯老化性能；

⑬ 耐化学物质性能（耐酸碱性能及耐其他化学物质性能）。

土工格室的节点性能主要包括：

① 拉伸剪切性能；

② 剥离性能；

③ 对拉性能；

④ 局部过载性能。

土工格室条带的性能测试与土工膜、土工格栅类似，读者可参考本书相关章节，本节重点介绍土工格室的节点相关性能的测试方法。

5.1 试样制备

与其他土工合成材料以卷的形式供货不同，土工格室以条带形式供货，因此样品无法按照土工膜等成卷的产品那样确定取样和试样制备的部位。一般情况下，土工格室条带性能测试沿条带长度方向以随机或等间距方式确定试样制备部位，避开边缘部位，节点性能测试可随机选取节点或根据产品特性确定。由于目前土工格室的品种以塑料土工格室为主，因此条带的试样制备方法与土工膜的试样制备方法一致，可参考第 2 章土工膜。

5.2 状态调节和试验环境

与试样制备类似，土工格室条带性能测定的状态调节和试验环境与土工膜一致，读者可参照第 2 章，节点性能测定的状态调节与试验环境见 5.3.6 节。

5.3 拉伸剪切性能

土工格室在工程中可以起加筋的作用，但其节点可能成为其整体强度上的薄弱点，据不完全统计，在实际工程应用中土工格室发生破坏往往是在节点上，因此测定其节点强度对产品质量控制、保证工程质量是非常重要的。

节点部位的相关性能主要包括拉伸剪切性能、剥离性能、对拉性能和局部过载性能，这 4 种性能测试与评价方法都是根据土工格室节点在工程应用中可能受到的应力模式而设计的，属于模拟试验。这 4 种试验具有一定的共性，也各有不同，本节介绍拉伸剪切性能，后续章节将逐一介绍其他几个性能。

5.3.1 原理

使土工格室试样的节点部位处于拉伸剪切状态，以恒定速度对其进行拉伸直至试样破坏。

如图 5-1 所示，首先是从土工格室条带上切割出 X 形样品，节点即“X”的中心；再用适宜的工具将“X”的左上条带和右下条带切割或裁剪至节点附近。将未切割或裁剪的两个条带分别夹持在材料试验机的上、下夹具中，拉伸力的轴线与试样两条带结合线重合从而使节点处于拉伸剪切状态，以恒定的试验速度拉伸试样直至节点或试样本体发生破坏，记录试验过程中最大负荷（拉伸剪切强力）。

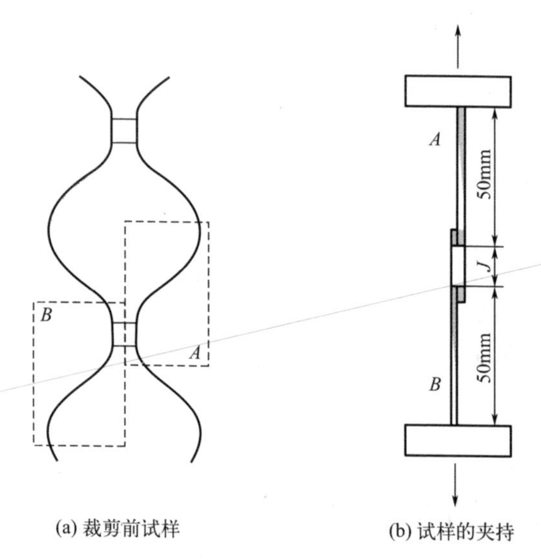

图 5-1　土工格室拉伸剪切试验原理示意图（J 为节点长度）

5.3.2 定义

（1）节点（junction）

一组土工格室结构中由两个条带相连所形成的格室单元连接处的点、线或面。

（2）标称尺寸（nominal size）

土工格室标称尺寸包括根据相关规定展开时沿条带方向相邻节点间较大距离 L_c，较小距离 B_c。

（3）拉伸剪切强力（tensile shear force）

拉伸剪切试验过程中的最大负荷，以 F_{ts} 表示，单位为千牛（kN）。

5.3.3 常用测试标准

目前土工格室节点性能测试的相关标准仅有 ISO 13426-1：2019。相关的国家标准正在制定中（计划号：20220683-T-607），预计 2024 年发布实施。

5.3.4 测试仪器

土工格室节点拉伸剪切性能采用能够以恒定速度在垂直方向运动的材料试验机，同时配以适当的力传感器及试样夹具。

理论上可以采用同一台量程适宜的材料试验机进行土工膜、土工织物、土工格栅、土工格室（条带和节点）等多种土工合成材料的拉伸（剪切）性能测试，但实际上同时生产或检测多种土工合成材料的实验室，通常会采用至少两台甚至多台材料试验机（详见 3.5 节）。

此外，土工格室节点拉伸剪切性能试验用夹具的夹持面宽度应与土工格室试样高度匹配，以容纳试样的整个宽度，并采取适宜的措施（如使用压紧式钳口）以防止试样滑脱或在钳口处损坏。

5.3.5 试样

（1）试样的规格尺寸

试样的规格如图 5-1 所示，试样的宽度与土工格室产品的高度相同，待夹持条带的长度以保证夹具和节点间距离为 50mm 为宜。

（2）试样数量及取样位置

条件允许的情况下，可在土工格室展开后以梯形取样的方式进行取样；也可采用随机的方式取样或根据工艺特点选定节点位置。每组试样数量至少为 5 个。如果节点为非对称结构，则应根据土工格室的展开方向，分别按照不同方向取样。

（3）试样制备

一般采用切割或剪裁的方式进行试样制备。

5.3.6 状态调节与试验环境

由于目前土工格室以塑料土工格室为主，因此正在制定的国家标准采用了塑料制品的通用状态调节和试验环境条件，即温度（23±2）℃、相对湿度（50±10）%，同时规定了状态调节时间不少于 24h。ISO 13426-1：2019 则采用了温度（20±2）℃、相对湿度（65±5）%，未规定状态调节时间。需要注意的是，由于土工格室节点部位厚度较大，因此可根据产品特点适当延长或缩短状态调节时间。

5.3.7 试验条件的选择

一般情况下，试验速度为 20mm/min。

5.3.8 操作步骤简述

① 如图 5-1(b) 所示，将试样的两个条带分别夹持在材料试验机的上、下夹具上，夹具钳口之间的距离应为（50mm＋节点长度＋50mm），误差不超过±3mm，拉伸负荷轴线应与两个条带结合面尽可能重合。

② 按照规定的试验速度拉伸试样，直到试样节点位置或本体破坏，记录试验

过程中的最大负荷值。

③ 重复上述操作，直至完成全部试样的测试。

④ 试验过程中及试验结束后，应对试样进行观察以决定是否舍弃或保留某测试结果：

a. 当破坏仅是由于试样中随机分布的缺陷造成的，则应保留测试结果；

b. 当破坏是由在夹具钳口附近区域内的应力集中导致的，即破坏的原因是钳口阻止了试样在施加负荷过程中的横向收缩，且这种破坏不可避免，则可认为这种情况是一种特定的试验方法，结果也应保留；

c. 当破坏发生在距离钳口 5mm 内，且其结果低于所有其他测试结果平均值的 50%，结果通常应予以舍去。

当出现以下情况时，可以采取必要的预防措施，以最大程度地降低钳口对试样带来的损伤。

① 超过 25%的试样破坏总是发生在距离钳口 5mm 内；

② 钳口附近发生的破坏是夹具造成的；

③ 试验过程中试样在夹具中打滑。

这些措施包括：

① 设计更为合理的夹具及其夹持方式，如设计夹具夹持面表面结构、钳口倒角等；

② 采用气动夹具使夹持力更为均匀；

③ 在夹具中增加弹性衬垫，如橡胶垫；

④ 在试样被夹持部位喷涂适宜的性能保护涂层；

⑤ 其他适宜的方法。

5.3.9 结果计算与表示

以单个试样拉伸过程中的最大负荷值作为单个试样的拉伸剪切强力，以 5 个试样拉伸剪切强力的算术平均值作为结果，以千牛（kN）为单位，结果保留 3 位有效数字。

如需要报告相应的位移，单位为毫米（mm），保留 1 位小数。

5.3.10 影响因素及注意事项

（1）试验温度

与其他塑料制品（如土工膜）类似，一般情况下，试验温度升高，拉伸剪切强力下降，反之则提高。

（2）相对湿度

相对湿度对聚乙烯、聚丙烯类的塑料格室没有显著影响，因此这一类的土工格室试验时也可以不控制相对湿度，但建议记录试验时相对湿度。对材质为聚酯等湿敏度相对较高的土工格室，相对湿度的提高可能会导致节点拉伸剪切强力的下降。

（3）试验速度

与其他塑料制品（如土工膜）类似，一般情况下，试验速度提高，拉伸剪切强力有所提高，反之则下降，具体原因可参见土工膜拉伸强度测试章节。

（4）影响因素

① 试样的夹持确保拉伸负荷轴线与两个条带结合面尽可能重合；

② 试样的夹持确保节点位于上、下夹具间中点位置；

③ 高度、厚度或结构不同试样的节点拉伸剪切强力结果不具有可比性；

④ 对生产企业的质量控制实验室，当夹具小于土工格室高度时，可采用一半高度（或其他比例高度）的试样进行试验，但应与采用原高度试样的试验进行比对，以获取特定产品的数据比例；

⑤ 当试样的破坏不发生在试样节点位置（即破坏发生在条带部位），结果应注明“本体断裂”，“本体断裂”代表节点的质量好，但此时的拉伸剪切强力数值仅供参考，不具有可比性；

⑥ 对某些类型的节点，如插接型节点不能进行拉伸剪切试验。

5.4 剥离性能

5.4.1 原理

使土工格室试样的节点部位处于T形剥离状态，以恒定速度对其进行拉伸直至试样破坏。

如图5-2所示，首先是从土工格室条带上切割出X形样品，再用适宜的工具将“X”同一侧的条带切割或裁剪至节点附近。将未切割或裁剪的两个条带分别夹持在材料试验机的上、下夹具中，拉伸力的方向应与条带连接形成的节点方向垂直或接近垂直，从而使节点处于剥离状态，以恒定的试验速度拉伸试样直至节点或试样本体发生破坏，记录试验过程中最大负荷即为剥离强力。

5.4.2 定义

（1）剥离强力

剥离试验过程中的最大负荷，单位为千牛（kN）。

（2）平均剥离力

剥离试验过程中负荷的平均值，单位为千牛（kN）。

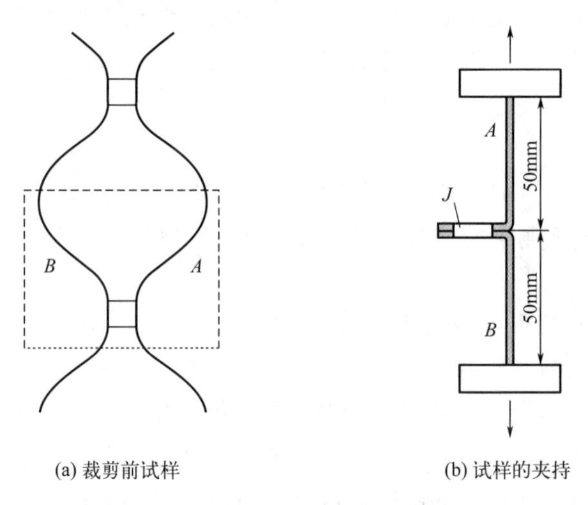

图 5-2　土工格室节点剥离试验原理示意图（J 为节点）

（3）其他定义

其他相关定义可见 5.3.2 节。

5.4.3　常用测试标准

土工格室节点剥离性能的常用测试标准与节点拉伸剪切试验相同，见 5.3.3 节。

5.4.4　测试仪器

土工格室节点剥离性能适用的仪器与节点拉伸剪切试验相同，见 5.3.4 节。

5.4.5　试样

（1）试样的规格尺寸

试样的规格如图 5-2 所示，试样的宽度与土工格室的高度相同，待夹持条带的长度以保证夹具间距离为 100mm 为宜。

（2）试样数量及取样位置

剥离试验的试样数量及取样位置与拉伸剪切试验一致，见 5.3.5 节。

对于具有非对称节点的产品，应根据条带连接的结构特点选择夹持的条带。

（3）试样制备

一般采用切割或剪裁的方式进行试样制备。

5.4.6　状态调节和试验环境

状态调节与试验环境与拉伸剪切试验一致，见 5.3.6 节。

5.4.7 试验条件的选择

一般情况下，试验速度为 20mm/min，也有标准选择 50mm/min 的试验速度。

5.4.8 操作步骤简述

① 如图 5-2(b) 所示，将试样的两个条带分别夹持在材料试验机的上、下夹具上，夹具钳口之间的距离约为 100mm，误差不超过±3mm；

② 按照规定的试验速度拉伸试样，直到试样节点完全剥开或本体破坏，记录试验过程中的最大负荷值，对需要测定平均剥离力的情况，应记录剥离力-位移曲线；

③ 重复上述操作，直至完成全部试样的测试；

④ 对试验结果的处理和钳口应力集中等导致的试样破坏对应的保护措施见 5.3.8 节。

5.4.9 结果计算与表示

(1) 剥离强力

以单个试样拉伸过程中的最大负荷值作为单个试样的剥离强力，以 5 个试样剥离强力的算术平均值作为结果，以千牛（kN）为单位，结果保留 3 位有效数字。

如需要报告相应的位移，单位为毫米（mm），保留 1 位小数。

(2) 平均剥离力

根据剥离力-位移曲线确定，也可借助计算机获得，具体方法可参见 7.8 节。

5.4.10 影响因素及注意事项

(1) 试验温度和相对湿度

试验温度和相对湿度对剥离性能的影响与对节点拉伸剪切性能的影响一致，见 5.3.10 节的介绍。

(2) 试验速度

一般情况下，试验速度提高，剥离强力有所提高，反之则下降，但剥离强力与节点的破坏形式也有关。当条带连接力很低、节点易发生完全剥离时，提高试验速度也不能明显增大剥离强力。

(3) 影响因素

① 部分影响因素与节点拉伸剪切试验一致，见 5.3.10（4）的②～⑤；

② 对某些类型的节点，如插接型节点无法进行节点剥离试验。

5.5 节点对拉性能

5.5.1 原理

使土工格室试样的节点张开一定角度，然后以恒定速度对其进行拉伸直至试样破坏。

如图 5-3(a) 所示，对拉试验首先是从土工格室条带上切割出 X 形样品，节点即“X”的中心。再如图 5-3(b) 所示把“X”的四脚分别以一特定角度张开安装在材料试验机的特殊夹具中，再以恒定的对拉速度进行拉伸，直到节点发生拉伸断裂破坏为止，测量并记录节点破坏的最大负荷。由于土工格室的方向性，因此对拉试验通常包括两种夹持方式。

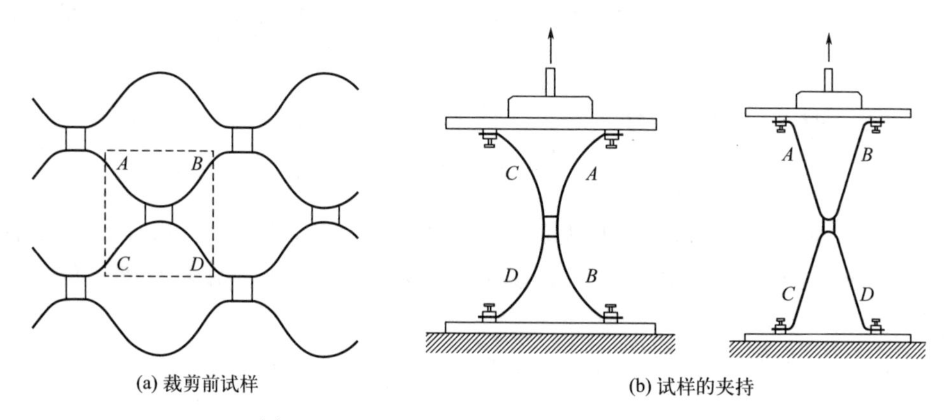

图 5-3　土工格室节点对拉试验原理示意图

5.5.2 定义

（1）对拉强力

对拉试验过程中单位展开宽度的最大负荷，单位为千牛（kN）。

（2）其他定义

其他相关定义可见 5.3.2 节。

5.5.3 常用测试标准

节点对拉性能的常用测试标准与节点拉伸剪切试验相同，见 5.3.3 节。

5.5.4 测试仪器

土工格室节点对拉性能测试采用与节点拉伸剪切试验相同的材料试验机，即能够以恒定速度在垂直方向运动的材料试验机，同时配以适当的力传感器。

对拉试验的夹具与其他节点试验夹具有较大不同，需要定制，其上、下夹具的间距应可调，以满足“X”的各脚张开的指定角度。上夹具夹持中点与下夹具夹持中点的连线应与负荷轴线相重合。

5.5.5 试样

（1）试样的规格尺寸

节点对拉试验的试样尺寸并无明确规定，如图 5-3 所示通常应使节点按照使用时张开的角度张开，试样的宽度与格室的高度相同，待夹持条带的长度以保证材料试验机的横梁间距离为 L_c 的 1 倍到 1.5 倍为宜。

（2）试样数量及取样位置

对拉试验的试样数量及取样位置见 5.3.5（2）。对拉试验应分别测试节点两侧的各 5 个试样。

（3）试样制备

一般采用切割或剪裁的方式进行试样制备。

5.5.6 状态调节和试验环境

状态调节和试验环境详见 5.3.6 节。

5.5.7 试验条件的选择

一般情况下，试验速度为 20mm/min。

5.5.8 操作步骤简述

① 如图 5-3(b) 所示，调节材料试验机的特制夹具间距，使节点间张开角度与应用时的张开角度一致，将试样的条带四脚分别夹持在上、下夹具上，横梁间距离为 L_c 的 1 倍到 1.5 倍为宜。

② 按照规定的试验速度拉伸试样，直到试样节点发生破坏或本体破坏，记录试验过程中的最大负荷值。

③ 重复上述操作，直至完成全部试样的测试。

④ 对试验结果的处理和钳口应力集中等导致的试样破坏对应的保护措施见 5.3.8 节。

5.5.9 结果计算与表示

以单个试样对拉试验过程中的最大负荷值作为单个试样的对拉强力，计算 5 个试样的平均值 F_{max}。

按照公式(5-1) 计算节点的对拉强力。

$$F_{split}=F_{max}\times n_j \tag{5-1}$$

式中 F_{split}——对拉强力，kN；

F_{max}——试验过程中最大负荷的平均值，kN；

n_j——根据生产厂家的建议展开至标称土工格室尺寸时产品宽度为 1 m 内的最小节点数。

对拉强力结果保留 3 位有效数字。

如需要报告相应的位移，单位为毫米（mm），保留 1 位小数。

5.5.10 影响因素及注意事项

(1) 试验温度、相对湿度和试验速度

试验温度、相对湿度和试验速度对对拉强力的影响与对拉伸剪切性能的影响类似，见 5.3.10 中（1）、(2) 和（3）。

(2) 节点张开角度的影响

在节点对拉试验中，各脚张开的角度通常应与土工格室实际应用时张开的角度相一致，张开角度不同，得到的测试结果也有差异。不同张开角度，节点受力形式也不同，结果不能进行比较。

受夹具限制，国内一些标准规定进行对拉性能测试节点的张开角度为 0°，即将节点一侧条带分开后合并放在夹具中夹住，如图 5-3(b) 最右侧图所示，其试验速度也常规定为 50mm/min，因此在测试节点对拉性能时应对测试标准给予关注。

(3) 试样尺寸

对于不同的节点类型，统一规定对拉性能试验的试样尺寸存在难度。当试验速度一定时，试样条带的长度差异会造成节点，所受的应力速率不同，从而影响节点对拉强力值的大小。

(4) 注意事项

① 试样的夹持确保节点位于上、下横梁间中点位置；

② 部分影响因素与节点拉伸剪切试验一致，见 5.3.10 (4) 的②～⑤；

③ 应注意节点对拉的方向性并在结果中注明，不同方向的对拉强力结果不可比。

5.6 局部过载性能

5.6.1 原理

使土工格室节点试样张开一定角度，并在紧靠节点位置放置一固定锚点，节点在受到材料试验机恒定速度拉力的同时在反方向上还受到固定锚点产生的负荷阻止节点运动，从而使节点发生破坏。

如图 5-4(a) 所示，局部过载试验首先是从土工格室条带上切割出 X 形样品，再如图 5-4(b) 所示，把一根直径为 10mm 的光滑钢棒或其他可模拟真实固定锚点的物体放在节点上方并穿过节点，同时将其固定在材料试验机的基座上，“X”的两脚以一特定角度安装在材料试验机的特制夹具中，再以恒定的拉伸速度测试样品，直到固定锚点使节点处发生破坏，测量并记录最大抗拉强力。

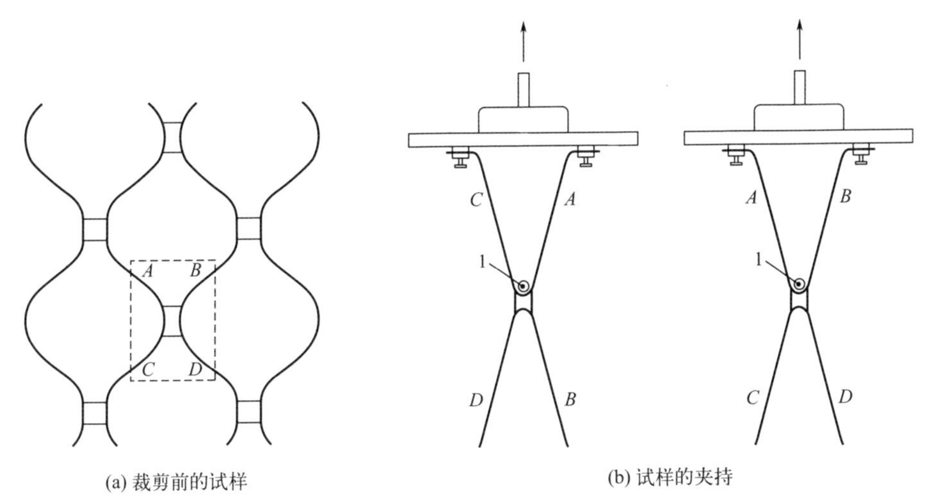

(a) 裁剪前的试样

(b) 试样的夹持

图 5-4 土工格室局部过载试验原理示意图

1—固定钢棒

5.6.2 定义

(1) 局部过载强力

局部过载试验过程中最大负荷值，单位为千牛（kN）。

(2) 其他定义

其他相关定义可见 5.3.2 节。

5.6.3 常用测试标准

局部过载性能的常用测试标准与节点拉伸剪切试验相同，见 5.3.3 节。

5.6.4 测试仪器

土工格室节点局部过载试验采用与节点拉伸剪切试验相同的材料试验机，即能够以恒定速度在垂直方向运动的材料试验机，同时配以适当的力传感器。

与对拉试验类似，局部过载试验需采用特制的夹具，此外还需要配备光滑钢棒或其他可模拟固定锚点的物体，其直径为 10mm，长度应超过土工格室节点高度，并具有足够的刚度，以免在测试时发生形变。

5.6.5 试样

（1）试样的规格尺寸

节点局部过载试验的试样尺寸并无明确规定，如图 5-4 所示通常应使节点按照使用时张开的角度张开，试样的宽度与格室的高度相同，待夹持条带的长度以 L_c 的 0.5 到 0.8 之间为宜。

（2）试样数量及取样位置

局部过载试验的试样数量及取样位置见 5.3.5（2），与节点对拉试验相同，局部过载试验也应分别测试节点两侧的各 5 个试样。

（3）试样制备

一般采用切割或剪裁的方式进行试样制备。

5.6.6 状态调节和试验环境

状态调节和试验环境详见 5.3.6 节。

5.6.7 试验条件的选择

一般情况下，试验速度为 20mm/min。

5.6.8 操作步骤简述

① 如图 5-4(b) 所示，首先把一根直径为 10mm 的光滑钢棒或其他可模拟真实固定锚点的物体放在节点上方并穿过节点，同时将其固定在材料试验的基座上。再调节材料试验机上特制夹具间距，使节点间张开角度与应用时的张开角度一致，将试样的条带两脚夹持在特制夹具上，按照规定的试验速度拉伸试样，直到试样节点发生破坏，记录试验过程中的最大负荷值。

② 重复上述操作，直至完成全部试样的测试。

③ 对试验结果的处理和钳口应力集中等导致的试样破坏对应的保护措施见 5.3.8 节。

5.6.9 结果计算与表示

以单个试样拉伸过程中的最大负荷值作为单个试样的局部过载强力，以 5 个试样局部过载强力的算术平均值作为结果，以千牛（kN）为单位，结果保留 3 位有效数字。

如需要报告相应的位移，单位为毫米（mm），保留 1 位小数。

5.6.10 影响因素及注意事项

(1) 试验温度、相对湿度

试验温度和相对湿度对局部过载强力的影响见5.3.10中(1)和(2)。

(2) 注意事项

与对拉试验的注意事项基本相同。

参考文献

[1] ISO 13426-1：2019. Geotextiles and Geotextile-Related Products-Strength of Internal Structural Junctions-Part 1：Geocells.

[2] 20220683-T-607. 土工合成材料 内部节点强度的测定 第1部分：土工格室.

第6章 膨润土防水毯（GCL）

膨润土防水毯（geosynthetics clay liner，缩写为GCL），也称土工黏土衬垫或黏土土工复合阻隔材料。2000年10月在意大利米兰，ISO/TC 221和CEN/TC 189两个标准化技术委员会曾联合召开会议，以土工合成阻隔材料（geosynthetics barriers）对其命名，但目前国内行业仍然习惯将其称为膨润土防水毯或GCL。

ASTM D4439—2023b《土工合成材料名词和术语》中把GCL描述成一种把膨润土固定在一层或几层土工合成材料上的复合防渗材料，具体地说，GCL是在生产过程中将具有高膨胀性的膨润土填充在土工织物或土工膜中间，然后通过针刺、缝合、黏结等方式将其结合在一起，起到防渗阻隔作用的一类产品。

GCL的防渗性能主要来源于膨润土。膨润土是一种以蒙脱石类矿物为主要组分的黏土矿物。优质的膨润土经过水化作用，其体积持续膨胀，从而具有很好的防渗性，阻止液体或气体透过，起到防渗作用。但膨润土遇水后剪切强度极低，层间极容易产生相对滑动，为克服这个缺点，常采用缝合或针刺的方法将土工织物覆盖层、承载层与膨润土中间层固定在一起，也可使用黏结剂把膨润土和土工合成材料胶结在一起。经过与其他材料的复合，吸水膨胀后的膨润土在上下层土工合成材料的限制作用下，可以形成均匀且密实的胶体防水层，这使GCL在具有优异防渗性能的同时还具有良好的结构稳定性。

目前GCL已经广泛应用在人工湖泊、垃圾填埋场、地下车库、楼顶花园、水池、油库及化学品堆场等工程中。GCL的厚度一般为7～10mm，遇水膨胀后可增大到原有厚度的4～5倍，渗透系数约为10^{-10}～10^{-8}cm/s，与黏土、沥青、混凝土、土工膜等其他防渗材料相比，GCL具有其独特的优势，主要表现在以下几方面：

① 柔性好，能较好地适应地形的变化和不均匀沉降。

② 膨润土层吸水后其厚度增加数倍，同时又受包覆的土工合成材料保护，不

易被外物顶破、刺透或碎裂从而导致失效，对铺设场地条件的要求较低。

③ 与管道或建筑物周边连接时施工简便，且接缝处的密封性也容易得到保证。

④ 具有较好的界面摩擦特性。

⑤ 易于运输和安装，其防渗性能不会因干湿和冻融反复循环而降低，且对存在的较小漏点（自身的或周边的）可因膨润土的迁移、膨胀而被封堵。

⑥ 与传统的压实黏土层相比，GCL 兼具价格低廉、比压实黏土层所占体积小的优点，在垃圾填埋场应用时可显著节省空间以容纳废料。

正是由于 GCL 具有上述优点，美国国家环境保护局（EPA）于 1993 年将 GCL 纳入《固体废料处理实施准则》推荐使用的防渗材料。

然而，GCL 本身也存在一些缺点，限制了其在某些场合的使用：

① 非加筋型 GCL 的膨润土水化后剪切强度很低。

② 铺设和操作时膨润土容易流失。

③ 若未预先水化，膨润土很可能会与废料发生化学反应，增大废液渗透性从而降低了其防渗性能。

④ 当缺少适当覆盖物保护时，GCL 容易产生干缩。

为此，GCL 仅在防渗要求较低的场合（如部分防水工程）单独使用，在防渗等级要求较高的场合（如垃圾填埋场），GCL 通常与土工膜或压实黏土层组合使用，从而发挥更佳的防渗性能。

GCL 可按下列不同的方法进行分类：

① GCL 按其是否增强可分为加筋型 GCL（reinforced GCL）和非加筋型（nonreinforced GCL）两类，其中加筋型 GCL 是指用通过针刺或缝合等可以提高产品力学性能的方式生产的 GCL，反之则为非加筋型 GCL，如将膨润土黏附在土工膜表面生产的 GCL。

② GCL 按其复合的土工合成材料的不同可分为：土工织物类 GCL、土工膜/塑料薄膜类 GCL 和聚合物涂覆土工织物类 GCL 等。土工织物类 GCL 是指覆盖层和承载层均采用土工织物来夹持膨润土的 GCL，可通过针刺或缝制工艺进行结构上的加筋增强，这类 GCL 最为常见，应用也最为广泛。土工膜/塑料薄膜类 GCL 是指在土工织物类 GCL 的两层中间或外面附一层土工膜或塑料薄膜，这类产品也可通过针刺加筋增强，而非加筋产品则常把膨润土直接黏附在土工膜上，在对防渗性能要求特别高的场合常使用该类产品。聚合物涂覆土工织物类 GCL 通常是使用土工织物作为覆盖层和承载层来夹持膨润土，同时又用聚合物（常用沥青）来涂覆其中一层土工织物，以此来降低渗透系数和减小渗流量，该类产品也可通过针刺或缝制进行结构加筋增强。

③ GCL 按其使用的膨润土吸附离子的不同可分为钠基膨润土型 GCL、钙基

膨润土型 GCL 和氢（铝）基膨润土型 GCL。相比于其他离子基膨润土，钠基膨润土具有更为优异的膨胀性，膨胀倍率最大，遇水后其体积可以膨胀到原来的 15～17 倍，是 GCL 最常用的膨润土品种，同时钠基膨润土型 GCL 的应用也是最为广泛的。

④ GCL 按其生产工艺和复合的土工合成材料可分为针刺法钠基膨润土防水毯（GCL-NP）、针刺覆膜法钠基膨润土防水毯（GCL-OF）和胶黏法钠基膨润土防水毯（GCL-AH）。

⑤ GCL 按其单位面积质量可分为 4000g/m^2、4500g/m^2、5000g/m^2 等规格。一般情况下单位面积质量越高，防渗性能越好。在防渗性能要求较高的场合，如垃圾填埋场等工程，一般选用单位面积质量 4500g/m^2 及以上规格的产品，以确保工程的防渗质量。

与土工膜和土工织物相比，国内外 GCL 和膨润土相关的产品标准和规范不是很多，表 6-1 列出了应用于土工合成材料行业的 GCL 及膨润土的主要产品标准与规范。

表 6-1　GCL 及膨润土的主要产品标准与规范

序号	标准号	标准名称	备注
1	JG/T 193—2006	钠基膨润土防水毯	
2	GB/T 20973—2007	膨润土	最新版为 2020，但多数产品标准仍采用 2007 版的方法
3	CJJ 113—2007	生活垃圾卫生填埋场防渗系统工程技术规范	4.4 膨润土防水毯（GCL）
4	GRI GCL3—2019	Standard specification for "test methods, required properties, and testing frequencies of geosynthetic clay liners (GCLs)	
5	ASTM D5889/D5889M-18(2022)	Standard practice for quality control of geosynthetic clay liners	
6	ASTM D6495/D6495M-18(2022)	Standard guide for acceptance testing requirements for geosynthetic clay liners	
7	GB/T 35470—2017	轨道交通工程用天然钠基膨润土防水毯	
8	JC/T 2054—2020	天然钠基膨润土防渗衬垫	
9	FZ/T 64036—2013	钠基膨润土复合防水衬垫	

GCL 属于由膨润土、土工织物、土工膜等组成的复合材料，因此其性能测试按照检测对象的不同可分为膨润土性能测试、膨润土复合的其他材料（如土工织

物、土工膜等）性能测试、GCL整体性能测试，不同检测对象的测试项目不尽相同。

土工织物和土工膜等产品的测试方法在前面章节中已详细阐述，本章主要针对膨润土性能和GCL整体性能进行介绍。

膨润土性能主要包括：

① 单位面积质量；

② 含水率；

③ 膨胀指数；

④ 滤失量；

⑤ 耐化学物质性能；

⑥ 吸蓝量。

GCL整体性能主要包括：

① 单位面积质量；

② 拉伸性能；

③ 剥离强度；

④ 渗透性能；

⑤ 耐静水压；

⑥ 直剪摩擦性能。

6.1 试样预处理、制备及状态调节

6.1.1 相关标准

GCL没有专门的试样预处理及制备标准，其试样预处理及制备主要是按照产品标准相关要求或通用试样制备标准进行的，通用的试样制备标准参见3.1节。

6.1.2 试样预处理

GCL的试样预处理与其他土工材料有所不同。由于GCL中夹持着膨润土粉末，直接裁剪试样易造成膨润土粉末的撒漏损失，显著影响某些项目检测的结果，因此常需要对GCL试样进行水化预处理。尽管GCL试样制备前的水化预处理异常重要，但仅有少数标准对这一步骤做出了具体规定或描述，很多标准忽略了这一步骤。

一般情况下，直接采用膨润土进行试验的试样无需进行水化预处理，直接采用GCL进行试验的试样是否需要水化预处理则根据以下原则进行确定：

① 缺少水化预处理是否对试验结果有影响；

② 实际应用情况。

表 6-2 列出了不同性能对水化预处理的需求。此外，基于同样的原因，在 GCL 样品送检或运输过程中，为了避免或尽量减少膨润土的损失，建议对样品进行封边处理。

表 6-2 GCL 不同性能试样制备对水化预处理的要求

序号	测试项目	试样	是否需要水化预处理
1	膨润土吸蓝量	膨润土粉末	×
2	膨润土膨胀指数	膨润土粉末	×
3	膨润土滤失量	膨润土粉末	×
4	膨润土耐久性	膨润土粉末	×
5	膨润土含水率	膨润土粉末	×
6	GCL 单位面积质量	GCL 试样	√
7	膨润土单位面积质量	GCL 试样	√
8	GCL 拉伸强度及伸长率	GCL 试样	○
9	GCL 剥离强度	GCL 试样	○
10	GCL 渗透性能	GCL 试样	√
11	GCL 耐静水压	GCL 试样	√
12	GCL 剪切性能	GCL 试样	○
13	GCL 与其他材料的摩擦系数	GCL 试样	○

注：√表示应水化预处理，×表示不应水化预处理，○表示可选。

水化预处理的方法如下：

① 在 GCL 样品上按所需试样的尺寸画线标记。

② 在标记线附近喷洒少量水。

③ 待标记线附近的膨润土充分水化膨胀后，再沿标记线小心裁剪试样。

6.1.3 试样裁取部位

GCL 试样裁取部位的确定原则上与土工织物的取样一致（详见 3.1.2 节）。试样应在沿生产方向（即长度方向）距端部至少 200mm 裁取，一般情况下尽量避免裁取每卷的最外两层；沿宽度方向则应在距边缘至少 100mm 处裁取。取样时可沿宽度方向随机选取或均匀选取，具体选用哪种方式，可根据标准要求或产品特点进行选取。有条件时，尽可能沿对角线方向进行同一性能测试试样的裁取（如图 6-1 所示），以充分裁取到有代表性的试样来衡量产品质量。

通常应避开表面不平整、厚度不均匀、针刺不匀称、有破洞或有残留断针、

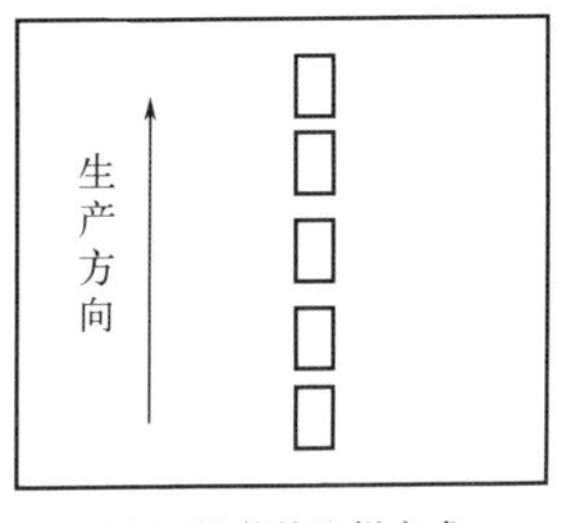

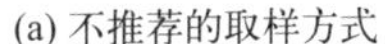
(a) 不推荐的取样方式

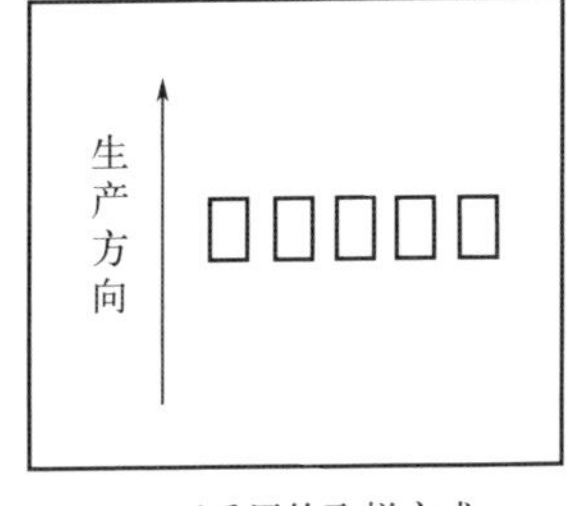

(b) 可采用的取样方式

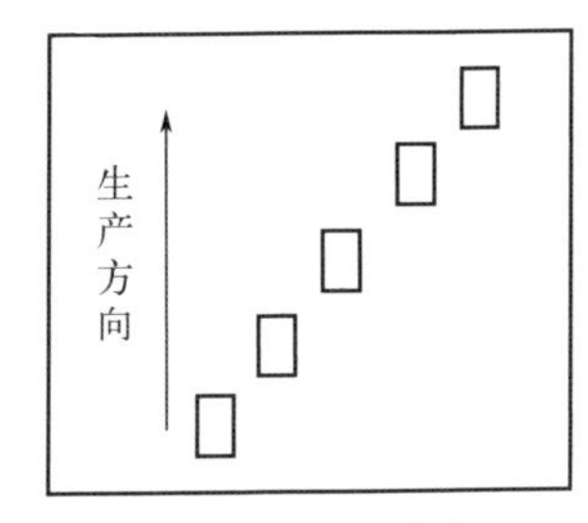

(c) 推荐的取样方式

图 6-1　GCL 样品取样示意图

膨润土有显著损失等缺陷的部位进行试样制备。若需要特定考核缺陷部位性能时，应由有关方面协商确定。

对膨润土进行性能测试时，如果有可能，建议采用未填充到 GCL 的膨润土原材料样品。对无法获得原料的情况，尽量从 GCL 样品中间部位取样以避免边缘膨润土受到污染或其他不良影响。

对 GCL 的土工织物、土工膜等部分进行测试时，尽可能选择同批次的未经复合的样品，这主要是由于与膨润土复合的土工织物、土工膜在复合及剥离过程中会受到一定程度的损伤，性能也会不同程度降低。无法获得未经复合的样品时，应尽可能地小心剥离，最大程度地降低对样品的损伤。无论是哪种方法获得的样品，都应该在试验记录中对样品的来源予以说明。

6.1.4　试样制备方法

除采用膨润土样品进行的试验外，GCL 通常采用冲裁或剪裁两种方法进行试样的制备。鉴于土工膜类 GCL 较为少见，一般情况下，GCL 试样制备方法与土工织物基本一致（详见 3.1.3 节）。无论选用哪种试样制备方法，在制样过程中及制样后应尽量保护好试样，使其物理状态不发生较大的变化，特别是尽量避免膨润土的损失。试样制备所需的冲裁工具、剪裁工具和对方向性的要求也与土工织物的相关要求一致（详见 3.1.4 节）。

6.1.5　状态调节和试验环境

多数产品标准未对 GCL 的状态调节和试验环境进行规定，也没有专门针对 GCL 状态调节和试验环境的标准。对膨润土试样，由于在试验前一般对其进行烘干处理，因此基本不需要进行状态调节，试验环境与具体试验方法相关。对 GCL 整体试验，其状态调节和试验环境的要求与土工织物的要求基本一致（详见 3.2 节）。

6.2 单位面积质量及膨润土含水率

GCL 单位面积质量、膨润土单位面积质量和膨润土含水率是 GCL 的三项基本性能，是 GCL 质量控制的重要手段，也是工程设计和选材的重要依据。GCL 单位面积质量体现了 GCL 中膨润土的质量分数，膨润土单位面积质量则直接表征了 GCL 产品中膨润土的质量，这两个指标都从一定程度上体现了 GCL 的防渗性能。单位面积质量较低的 GCL 的膨润土含量相对较低，不能有效地起到防渗作用，特别是当 GCL 单位面积质量小于 4000g/m^2 时，其渗透系数很难达到实际应用的要求，为此多数标准要求 GCL 单位面积质量应高于 4000g/m^2，部分防渗等级较高的场合要求 GCL 单位面积质量高于 4500g/m^2。膨润土含水率一定程度上体现了膨润土后续吸水膨胀的能力，含水率过高意味着其后续吸水能力降低，也就是 GCL 进--步膨胀能力下降，从而使 GCL 的防渗作用有所降低。

6.2.1 原理

沿 GCL 样品对角线方向均匀或随机制备已知尺寸的正方形或圆形试样，烘干其中的水分后称量试样净质量，测量试样尺寸并计算其面积，计算该试样质量与其面积之比即为单位面积质量。

6.2.2 定义

（1）GCL 单位面积质量（mass per unit area of GCL）

给定尺寸的 GCL 试样质量与其面积之比，单位为克每平方米（g/m^2）。

（2）膨润土单位面积质量（mass per unit area of bentonite）

给定尺寸的 GCL 试样质量与复合的土工合成材料标称质量之差与 GCL 试样面积之比，单位为克每平方米（g/m^2）。

6.2.3 常用测试标准

GCL 单位面积质量常用的测试标准如表 6-3 所示，其中第 2、3、5 和 6 项主要针对与土工织物复合的 GCL，可参考使用（详见 3.4 节）。

表 6-3 GCL 单位面积质量常用的测试标准

序号	标准号	标准名称	备注
1	JG/T 193—2006	钠基膨润土防水毯	5.4 膨润土防水毯单位面积质量
2	SL 235—2012	土工合成材料测试规程	4 单位面积质量测定

续表

序号	标准号	标准名称	备注
3	JTG E50—2006	公路工程土工合成材料试验规程	T 1111—2006 单位面积质量测定
4	ASTM D5993-18(2022)	Standard test method for measuring mass per unit of geosynthetic clay liners	
5	GB/T 13762—2009	土工合成材料 土工布及土工布有关产品单位面积质量的测定方法	MOD ISO 9864:2005
6	ISO 9864:2005	Geosynthetics-Test method for the determination of mass per unit area of geotextiles and geotextile-related products	

6.2.4 测试仪器

（1）试验箱

能够控制温度恒定（100～120℃为宜）的试验箱。本方法对试验箱温度精度要求较低，一般为±5℃。可以制热的试验箱品种较多，部分标准推荐使用带有强制空气循环的试验箱，这主要是为了加强空气流动尽快带走试样中的水分。实验室可以采用各种适宜的试验箱，包括高温试验箱、高低温试验箱、老化试验箱、真空干燥箱、带排风的微波炉（功率至少700W且功率可控）。为方便读者选择，将我国试验箱相关标准列于表6-4。

表6-4 试验箱相关标准

序号	标准号	标准名称	备注
1	GB/T 10590—2006	高低温/低气压试验箱技术条件	
2	GB/T 10591—2006	高温/低气压试验箱技术条件	
3	GB/T 10592—2023	高低温试验箱技术条件	
4	GB/T 11158—2008	高温试验箱技术条件	
5	GB/T 29251—2012	真空干燥箱	
6	GB/T 30435—2013	电热干燥箱及电热鼓风干燥箱	
7	HG/T 5229—2017	热空气老化箱	化工行业标准

（2）称量仪器

推荐采用电子天平或电子秤称。与其他土工合成材料相比，GCL质量偏大，为此天平量程应足以称量试样质量。不同标准的试样尺寸不同，因此对量程的需要不同，相应的精度要求也不同。根据试样尺寸和质量选择电子天平或电子秤的量程和精度，详见表6-5。

表 6-5　电子天平和电子秤量程及精度的要求

序号	量程/g	精度要求/g	适用标准
1	≤200	0.01	SL 235—2012、JTG E50—2006、ASTM D5993-18(2022)
2	200～2000	0.1	JG/T 193—2006、SL 235—2012、JTG E50—2006、ASTM D5993-18(2022)
3	>2000	1	JG/T 193—2006

(3) 量具

通常采用钢直尺，最小分度值为 1mm。尺寸较小的试样也可使用游标卡尺，尺寸较大的试样也可使用最小分度值为 1mm 的钢卷尺。

(4) 容器

试样在试验箱中烘干或在天平上称重时应放置在适宜的容器中以避免膨润土的损失。推荐使用搪瓷或金属托盘盛装试样。

6.2.5　试样

(1) 试样的规格尺寸

试样可以是正方形或是圆形，绝大多数标准推荐的试样面积为 $10000mm^2$ ($100cm^2$)，即边长为 100mm 的正方形或直径约为 113mm 的圆形试样。少数标准规定使用尺寸较大的试样，如 JG/T 193—2006 使用 500mm×500mm 的试样。使用较大的试样可以减小由于样品的不均匀带来的误差，使测试结果更接近样品的真实性能，但也增加了测试过程中操作上的不便，对测试仪器的要求也更高。

(2) 试样数量及取样位置

试样数量一般为 5 个，当试验结果数据比较分散时，可适当增加试样数量。试样的取样位置可参考第 3 章相关内容。

(3) 试样制备

制备试样时应按照 6.1.2 节对试样边缘进行水化预处理。推荐使用矩形或圆形裁刀冲裁制样。不具备冲裁的条件时，也可使用剪刀或裁纸刀沿标记线小心裁剪试样，但应保证试样的形状规则，以避免试样形状不规则带来的误差。

6.2.6　状态调节和试验环境

由于 GCL 的尺寸及质量测定前需要进行烘干处理，因此 GCL 试样可以不进行状态调节。当需要进行含水率测试时，可参考土工织物的状态调节条件进行。试验环境可按照相应产品标准的规定进行调节，没有规定时，可参考土工织物的试验环境进行试验（详见 3.2 节）。

6.2.7 试验条件的选择

（1）烘干温度

烘干温度一般为100～120℃。虽然不同标准规定的烘干温度略有不同，如JG/T 193—2006的烘干温度为（105±5)℃，ASTM D5993-18（2022）为（110±5)℃，但这两种烘干温度并没有本质差别。部分标准未对烘干温度进行规定，可参考上述两个标准执行。

（2）烘干时间

烘干时间没有具体的规定，应以将试样和容器烘干至恒重为原则，即连续两次（一般情况下，时间间隔不少于1h）烘干称量的质量差不大于试样和容器质量的1%，则认为试样和容器已经烘干至恒重。

6.2.8 操作步骤简述

① 称量试样的质量，记为m_{i}。

② 清洁容器，放入试验箱中烘干至恒重，冷却后称量其质量，记为m_{con}。

③ 将试样放入容器中，放入试验箱中烘干至恒重，冷却后称量其质量，记为$m_{gcl+con}$。

④ 测量试样的边长或直径，计算得到试样面积A。

6.2.9 结果计算与表示

（1）GCL单位面积质量

按照公式(6-1）计算每一个GCL试样的单位面积质量，计算多个试样的算术平均值，根据不同标准的要求结果修约至1g/m² 或0.1 g/m²。

$$M_{gcl}=\frac{m_{gcl}}{A}=\frac{m_{gcl+con}-m_{con}}{A} \tag{6-1}$$

式中 M_{gcl}——GCL的单位面积质量，g/m²；

m_{gcl}——烘干后GCL试样的质量，g；

m_{con}——容器的质量，g；

$m_{gcl+con}$——烘干后GCL试样和容器的总质量，g；

A——试样的面积，m²。

（2）GCL中膨润土单位面积质量

按照公式(6-2）计算每一个GCL试样中膨润土单位面积质量，计算多个试样的算术平均值，根据不同标准的要求结果修约至1g/m² 或0.1 g/m²。

$$M_{clay}=\frac{m_{clay}}{A}=\frac{m_{gcl}-m_{s}}{A}=\frac{m_{gcl+con}-m_{con}-m_{s}}{A} \tag{6-2}$$

式中 M_{clay}——膨润土单位面积质量，g/m^2；

m_{clay}——烘干后 GCL 试样中膨润土的质量，g；

m_s——GCL 试样中土工织物或其他土工合成材料的质量，由生产商提供的土工织物或其他土工合成材料的标称单位面积质量计算得到，g。

（3）膨润土含水率

按照公式(6-3）计算膨润土含水率。

$$w_{clay}=\frac{m_i-m_{gcl}}{AM_{clay}}=\frac{m_i-(m_{gcl+con}-m_{con})}{AM_{clay}} \tag{6-3}$$

式中 w_{clay}——膨润土的含水率,%；

m_i——GCL 试样的初始质量，g。

6.2.10 标准对比

目前国内主要采用 JG/T 193—2006 和 ASTM D5993-18（2022）对 GCL 单位面积质量进行测试，为此给出了这 2 个标准的主要技术差异供读者参考，见表 6-6。

表 6-6 JG/T 193—2006 与 ASTM D5993-18（2022）的主要技术差异

序号	项目	JG/T 193—2006	ASTM D5993-18(2022)
1	样品尺寸	500mm×500mm	最小 100mm×100mm
2	状态调节	无要求	称量间隔 2h,质量增量≤0.1%
3	烘干温度	105℃±5℃	110℃±5℃
4	烘干时间	至恒重	推荐 12～16h
5	测量尺寸精度	1mm	$0.01m^2$
6	质量称量精度	1g	0.01g
7	结果精度	$1g/m^2$	$0.1g/m^2$
8	膨润土单位面积质量和膨润土含水率	不含	包含

6.2.11 影响因素及注意事项

（1）试样数量及取样位置

试样数量及取样位置对 GCL 的影响与对土工织物基本一致。

（2）烘干温度和时间

烘干温度和时间主要影响试样烘干后的质量，烘干温度过低或时间过短，会使试样中水分无法完全脱除，从而导致烘干后试样质量偏高，进一步导致结果偏高。

烘干温度一般为 100～120℃，在这个温度范围内，温度高低对试验结果的影响不显著。

烘干时间的长短与复合的材料品种、试样尺寸、试验箱类型和容量等因素有关，一般情况下，烘干12～16h可达到恒重的目的。如果试样含水率较高，可适当延长烘干时间。对样品情况和试验箱较为熟悉时，可根据以往的经验确定烘干时间，不必对每一个试样都进行反复恒重操作，以节约能源、提高工作效率。

（3）试验注意事项

① 试验过程中任何导致膨润土损失的操作都可能对试验结果造成影响，这些包括：

a. 制样过程中膨润土的掉落；

b. 水化后的膨润土极易黏附在裁刀或工作台面上，造成质量损失，应注意在裁刀内掉落的膨润土都应保留，跟试样一起进行质量称量；

c. 在裁剪试样时，如果无法判断掉落的膨润土属于试样还是属于丢弃部分，则将这部分膨润土收集称重，将其质量的一半加入试样中参与计算。

② 使用微波炉烘干时，不应使用金属容器。

③ 需要进行含水率测定时，在试样制备前不应进行水化预处理，否则会人为增大 m_i 值，造成测试结果大于真实值。

6.3 膨胀指数

膨润土是一种以蒙脱石类矿物为主要组分的黏土矿物，具有很强的阳离子交换性、膨胀性、吸附性、分散性、黏结性、胶体性和悬浮性。在实验室环境条件下，一个膨润土颗粒遇水膨胀后，膨胀倍率最高可达其自身体积的30倍。

膨润土是GCL的重要组成部分。GCL之所以可以阻隔水、渗滤液等流体通过，完全是通过膨润土的膨胀实现的，因此膨润土的品质和膨胀性能直接影响GCL的阻隔防渗性能，不同品种的膨润土的吸水膨胀性能存在显著的差异，膨胀指数、膨胀容和吸水率都是评价膨润土在水中膨胀能力的重要手段，而土工合成材料行业常习惯采用膨胀指数这一参数。

6.3.1 原理

蒙脱石由结晶矿物构成，属单斜晶系，与层状硅酸盐密切相关，其结构示意图如图6-2所示，理论化学式为 $Na_x(H_2O)_4\{Al_2[Al_xSi_{4-x}O_{10}](OH)_2\}$。蒙脱石的结构单元是由两层硅氧四面体 $[SiO_4]^{4-}$ 和在其中间的一层铝氧八面体 $[AlO_2(OH)_4]^{9-}$ 组成。在四面体晶片中，各四面体在同一平面上以三个角顶彼此相连，构成具有六方对称的网格，第四个角顶指向结构层中央。四面体和八面体靠共用四面体顶端的氧原子连接，沿 c 轴方向重叠。

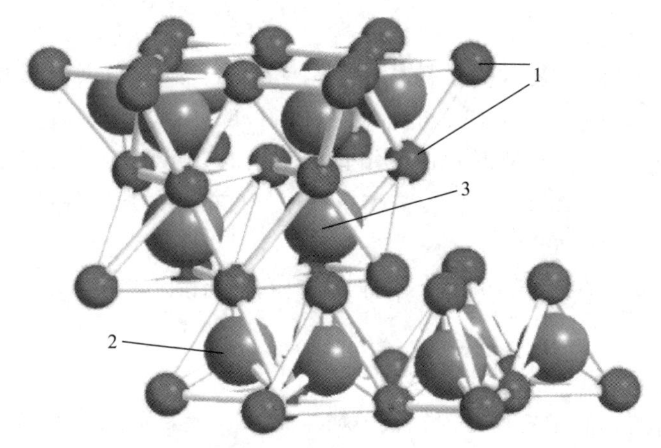

图 6-2　蒙脱石结构示意图

1—氧原子；2—硅原子；3—铝原子

由于蒙脱石的晶层之间结合力很小，水和其他极性分子容易进入晶层中，因而 *c* 轴方向上结构层的距离具有可变性。若蒙脱石中不存在置换离子，则理论上正负电平衡。但实际上，蒙脱石晶体结构中硅氧四面体中的 Si^{4+} 部分被 Al^{3+}、P^{5+} 置换，铝氧八面体中的 Al^{3+} 部分被 Mg^{2+}、Fe^{3+}、Zn^{2+} 等置换，这种结构内的类质同晶置换使单位晶胞中有剩余的负电荷，过剩的负电荷通过层间吸附的 Na^{+}、Ca^{2+} 等阳离子来补偿，使电价达到平衡。而吸附的阳离子又可以被其他的阳离子所置换。同时阳离子都会水化，蒙脱石单位晶层间就吸附了水化阳离子，因此随水量增加而膨胀，使得膨润土具有良好的膨胀性。

根据蒙脱石吸附离子的不同，膨润土可分为钠基膨润土、钙基膨润土、氢（铝）基膨润土等种类。钠基膨润土单位晶层间结合力较弱，而钠离子半径小、离子价低，所以水更容易进入单位晶层间，引起晶格膨胀，因此钠基膨润土具有更好的吸水膨胀性。图 6-3 为钠基膨润土膨胀原理示意图。

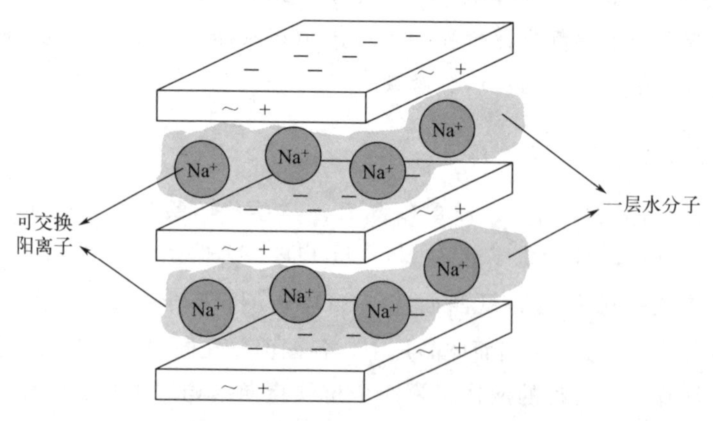

图 6-3　钠基膨润土膨胀原理示意图

6.3.2 定义

膨胀指数（swell index）：2g 膨润土试样在 100mL 去离子水中经过 24h 水化后的体积。

6.3.3 常用测试标准

与膨润土膨胀指数相关的主要标准如表 6-7 所示。

表 6-7 膨润土膨胀指数测试常用标准

序号	标准号	标准名称	备注
1	ASTM D5890-19	Standard test method for swell index of clay mineral component of geosynthetic clay liners	
2	JG/T 193—2006	钠基膨润土防水毯	5.5 膨润土膨胀指数
3	GB/T 20973—2007	膨润土	6.7 膨胀容的测定（该标准最新版为 2020 版，但国内多数产品标准仍采用 2007 版的方法）

6.3.4 测试仪器

（1）试验箱

对试验箱的要求与 6.2 节一致。

（2）天平

精度为±0.01g，推荐使用电子天平。

（3）试验筛

200 目和 100 目试验筛。

（4）容器

用于放置膨润土试样，应具有耐腐蚀、耐热、耐反复加热冷却、耐弱酸碱、易清洁的性能。如果采用微波炉作为烘干仪器，容器应可微波加热。

（5）其他

100mL 量筒（具塞量筒更佳）、干燥器、研钵和研棒、量勺、玻璃棒、温度计等常用实验室器皿。

6.3.5 试样

从 GCL 中取出质量足够 2 个试样进行试验的膨润土。

6.3.6 状态调节和试验环境

由于膨润土膨胀指数测定前需要烘干处理，因此试样可以不进行状态调节，但对已经烘干的膨润土，应存储在干燥器等干燥环境中备用。

国内相关标准也都没有明确试验环境的要求，这主要是由于相对湿度和室温范围内的温度变化对膨胀指数没有显著影响，因此一般的实验室环境都可以进行膨胀指数的测定，也可以参考 ASTM 中规定的实验室环境，即温度为（21±2)℃、相对湿度为 50%～70%。无论采用哪种环境，都建议对实验室温度和相对湿度予以记录。

6.3.7 试验条件的选择

（1）烘干温度

烘干温度一般为（105±5)℃。

（2）烘干时间

烘干时间没有具体的规定，应以将试样和容器烘干至恒重为原则，即连续两次（一般情况下，时间间隔不少于 1h）烘干称量的质量差不大于试样和容器质量的 1%，则认为试样和容器已经烘干至恒重。

6.3.8 操作步骤简述

① 在研钵中研磨膨润土试样，用试验筛筛分。不同标准的筛分要求不同，见表 6-8。

表 6-8 不同标准的筛分要求

序号	标准号	膨润土筛分要求	备注
1	ASTM D5890-19	100 目试验筛过筛率 100%，200 目试验筛过筛率 65%	
2	JG/T 193—2006	通过 200 目试验筛	

② 将过筛后的膨润土试样放入干燥的容器中，放入规定温度的试验箱中烘干至恒重，放入干燥器中冷却至室温，备用。

③ 在 100mL 量筒中倒入 90mL 去离子水。

④ 用容器和天平精确称取（2.00±0.01)g 烘干后的膨润土。

⑤ 使用量勺分次向量筒中加入膨润土试样，每次在约 30s 内加入不超过 0.1g 的膨润土试样，膨润土尽可能均匀撒在水面上以避免结块，待添加的膨润土试样充分润湿沉降至量筒底部后再次添加，两次添加的时间间隔不少于 10min，可轻微晃动量筒避免试样中夹杂空气。重复上述操作，直至将全部试样加入量筒中。

⑥ 用玻璃棒小心地把附着在量筒壁上的膨润土粒拨至水中，然后将量筒中的

水加至 100mL 刻度线。

⑦ 全部膨润土试样添加完毕后用玻璃塞塞住量筒，2h 后仔细观察，若发现量筒底部沉淀物中夹杂有空气导致部分膨润土与水隔离，则以 45°角缓慢旋转量筒，直到除去显著的空气气泡。

⑧ 静置 16h，读取沉淀物界面的刻度值，精确至 0.5mL。

⑨ 继续静置 4h 后，读取沉淀物界面的刻度值，若膨润土仍存在明显的膨胀，则再静置 4h 后读数，直至无明显膨胀。

⑩ 试验结束前，将温度计插入沉淀物中，读取温度值，准确至 0.5℃。

⑪ 重复上述操作，完成两次平行试验。两次平行试验结果差异一般不超过 2mL，否则应重新进行试验。

6.3.9 结果计算与表示

以两次测定读数的平均值作为膨润土的膨胀指数，单位为 mL，精确至 0.5mL。

6.3.10 影响因素及注意事项

(1) 烘干温度和时间

烘干温度和时间主要影响试样烘干后的质量，烘干温度过低或时间过短，会使试样中水分无法完全烘干导致膨润土的吸水膨胀能力下降，导致结果偏低。

烘干时间的长短与膨润土品种、试验箱类型和容量等因素有关，一般情况下，烘干 12～16h 可达到恒重的目的。如果试样含水率较高，可适当延长烘干时间。如果对试样干燥的充分性有疑问，应继续干燥，直到两个连续烘干周期（大于 1h）的质量变化小于 0.1%。在这种情况下，应验证过度干燥是否影响膨润土的吸水膨胀能力，可以通过比较在第一干燥期（如 12～16h）干燥的膨润土的膨胀指数和干燥更长时间的膨润土的膨胀指数来进行。

(2) 膨润土的细度

膨润土的细度直接影响膨胀指数的测试结果。在本方法的试验条件下膨润土颗粒过大则可能导致试验结果偏低。因此膨润土试样应经过研磨和试验筛筛分。

(3) 试验注意事项

① 采用具塞量筒可提高试验结果的重现性，这主要是由于空气中的二氧化碳等会不断地溶解到蒸馏水中与膨润土发生化学反应，从而造成测试结果偏低。

② 当使用微波炉干燥试样时，建议微波炉法和常规试验箱法所得的测试结果进行对比，以证明微波炉对试样产生的过度干燥可能不会改变膨润土的吸水膨胀能力，不应使用金属容器。

③ 在试样转移及向水中添加的过程中，应尽量避免膨润土的损失，否则会导致试验结果偏低。

6.4 滤失量

滤失量的概念源于水基钻井液。钻井液是钻探过程中，在钻井内使用的一种循环冲洗介质。在压差作用下，水基钻井液的部分水会向井壁岩石的裂隙或孔隙中渗透，这种现象叫做滤失。水量滤失的多少就叫做滤失量，也就是失水量，即水基钻井液滤液进入地层的多少。

膨润土是水基钻井液的主要成分之一，随着滤失作用的发生，水基钻井液中的膨润土等固相颗粒可以在井壁形成滤饼，从而封闭和稳定井壁，阻止滤失的进一步发生。

膨润土在 GCL 中的作用与在水基钻井液中类似，当膨润土遇水膨胀后可以紧密附着在 GCL 的土工织物一侧，形成滤饼，阻止滤液或其他流体流过，起到阻隔作用，而 GCL 滤失量的大小则表征了膨润土造壁能力的优劣。滤失量越小，代表膨润土质量越好，越容易在土工织物一侧聚集造壁形成滤饼，阻止滤液滤出。

6.4.1 原理

将一定量的膨润土制成悬浮液，用滤杯和滤纸模拟悬浮液在实际中的使用环境，记录在一定压力和一定时间内，悬浮液能够滤出的滤液体积。

6.4.2 定义

滤失量（fluid loss）：试验过程中通过膨润土所形成的滤饼的滤液体积。

6.4.3 常用测试标准

膨润土滤失量常用测试标准如表 6-9 所示。

表 6-9 膨润土滤失量常用测试标准

序号	标准号	标准名称	备注
1	GB/T 5005—2010	钻井液材料规范	GB/T 20973—2020 的引用标准
2	JC/T 593—1995	膨润土试验方法	已作废，由 GB/T 20973 替代，但部分产品标准仍有引用
3	ASTM D5891/D5891M-19	Standard test method for fluid loss of clay component of geosynthetic clay liners	

6.4.4 测试仪器

（1）滤失仪

低温低压（市售也常称中压）滤失量测定仪，简称滤失仪，其工作主体是一个内径为76.2mm，高度至少为64mm的筒状滤杯，此杯由耐强碱溶液的材料制成，加压介质（通常用压缩空气）可方便地从其顶部进入和放掉。装配时在滤杯下部底座上铺一张直径为90mm的滤纸，过滤面积为（4580±60）mm^2。滤失仪的工作压力约为700kPa。

按滤杯数量的不同，滤失仪可分为单联滤失仪和多联滤失仪。与单联滤失仪相比，多联滤失仪可同时获得多个平行结果。

（2）计时器

秒表或其他适宜的计时装置，2个。

（3）搅拌器

搅拌器的作用是使膨润土在去离子水中形成分散均匀的悬浮液，部分标准没有明确对搅拌器的要求。推荐采用转速（11000±300）r/min、带有直径约25mm的单个波纹状叶轮的搅拌器。也可用其他种类的搅拌工具代替，但应根据搅拌后的情况适当调整搅拌时间。

搅拌器应配有搅拌容器。国内多数标准没有对容器的形状和大小进行规定，ASTM D5891/D5891M-19提供了一个可参考的锥形容器，其深度约为180mm、顶部内径约为97mm、底部内径约为70mm。目前尚无研究表明采用不同容器是否会给结果带来显著影响。

（4）天平

推荐采用量程100g、精度±0.01g的电子天平。

（5）试验箱

试验箱的要求与6.2节一致。

（6）量筒

10mL和500mL量筒各一个。

滤失仪和量筒的组装示意图如图6-4所示。

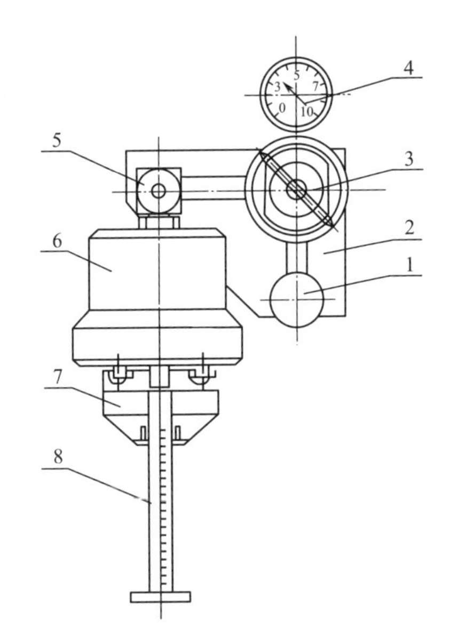

图6-4 滤失仪和量筒的组装示意图

1—气源总体部件；2—安装板；3—减压阀；4—压力表；5—放空阀；6—滤杯；7—挂架；8—量筒

（7）试验筛

参见6.3.4节。

（8）刮刀

6.4.5 状态调节和试验环境

一般情况下，膨润土试样可不进行状态调节，特别是需要进行烘干的情况。滤失量对环境温湿度的依赖性并不强，但依然有部分标准对环境条件提出了要求，如 ASTM D5891/D5891M-19 要求的试验环境温度为（21±2）℃，相对湿度为50%～70%。

6.4.6 试样

从 GCL 样品中取出足够质量的膨润土备用。

6.4.7 试验条件的选择

（1）试验压力

不同标准规定的试验压力大体相同，造成微小差异的原因主要是公制单位与英制单位的换算。

（2）悬浮液试验温度

各标准规定的滤失量试验压力和悬浮液试验温度如表 6-10 所示，为保证试验期间的温度恒定，可采用适宜的恒温装置，如恒温水浴锅。由于室温的概念较为模糊，因此建议采用室温进行试验时，记录试验时的环境温度。

表 6-10 滤失量试验条件

序号	标准号	悬浮液试验温度/℃	压力	备注
1	GB/T 5005—2010	25±1	(690±35)kPa	
2	JC/T 593—1995	室温	(700±35)kPa	已作废，由 GB/T 20973 替代，但部分产品标准仍有引用
3	ASTM D5891/D5891M-19	21±2	100psi(约689.6kPa)	放置温度为实验室环境温度

6.4.8 操作步骤简述

（1）筛分

必要时对膨润土进行筛分，筛分方法参见 6.3.8 节和表 6-8。是否需要筛分可根据标准要求或相关方的商定进行。

（2）干燥

必要时对膨润土进行干燥，干燥方法参见 6.3.8 节。同样是否需要干燥可根据标准要求或相关方的商定进行。

（3）配制悬浮液

① 将（22.50±0.01）g膨润土粉末加入（350±5）mL去离子水中，制成悬浮液。添加过程中开启搅拌器，边搅拌边缓慢把膨润土撒到水中，时间不少于30s。

② 搅拌（5.0±0.5）min，取下搅拌杯，用刮刀把粘在搅拌杯壁上的膨润土全部刮入悬浮液中，最后将刮刀上黏附的膨润土也混入悬浮液中。

③ 继续搅拌15min，必要时可在搅拌5min和10min后用刮刀重复②的操作。

④ 在室温或规定温度下将搅拌混合均匀的悬浮液密封放置至少16h，使其充分吸水膨胀。

（4）再次搅拌

经放置后的悬浮液在测试滤失量前用力摇晃以破坏其胶体强度，并再次用搅拌器搅拌（5.0±0.5）min，使其完全分散均匀。

（5）滤失量的测定

① 将悬浮液注入滤杯中，使其液面与滤杯顶部的距离不超过13mm，放好滤纸并安装好仪器，放置一容器在排液管下面以接收滤液。

② 关闭减压阀并调节压力调节器，以便在30s或更短的时间内使压力达到标准要求。在加压的同时启动2个计时器，其中一个设置为7.5min，另一个设置为30min。（7.5±0.1）min时，除去悬挂在排液口上的液体，将容器换成干燥的10mL量筒接收滤液。30min时，拿开量筒，关闭压力调节器并小心打开减压阀。记录从7.5min到30min所收集的滤液的体积。也可采用其他适宜或商定的时间，但应该在实验记录中注明。

③ 可以根据相关要求，记录滤饼的厚度、质量以及外观等信息。在获取滤饼时，在保证设备的所有压力已经全部释放掉的条件下小心拆开滤杯，倒掉滤液并取下滤纸，尽可能减少对滤饼的破坏。

6.4.9 结果计算与表示

滤失量按公式(6-4)进行计算。

$$FL = 2V_c \tag{6-4}$$

式中 FL——滤失量，mL；

V_c——7.5min到30min所收集的滤液体积，mL。

一般情况下，滤失量测试结果保留到小数点后一位。

6.4.10 影响因素及注意事项

（1）收集时间

目前绝大多数标准规定从7.5min到30min所收集的滤液体积的2倍为滤失

量，因此收集时间延长则滤失量增大，反之减小。

（2）环境温度

室温范围内，环境温度对膨润土的性质没有显著影响，但对过滤液体的黏度有一定影响。目前滤失量试验多采用水为介质，温度对水的黏度没有显著影响，但当水更换为其他介质时，温度的变化可能导致介质黏度发生变化，一般情况下，温度升高，介质黏度升高，GCL的滤失量减小，反之则增大。

（3）试验压力

一般情况下，试验压力升高，滤失量增大，反之则减小。

（4）预处理

烘干处理对膨润土滤失量没有显著影响。研磨和过筛处理对试验结果有一定影响，一般情况下，未经研磨过筛处理的膨润土可能由于颗粒较大导致滤失量增大。

（5）试验注意事项

① 试验前确保滤杯各部件尤其是滤网清洁干燥，也要保证密封垫圈未变形或损坏；

② 悬浮液液面与滤杯顶部的距离不宜过大，避免由于空气中的二氧化碳等不断地溶解到蒸馏水中与膨润土发生化学反应，从而造成试验误差偏大。

6.5 耐化学物质性能

广义上讲，膨润土的耐化学物质性能是指其在化学溶液中的膨胀性能（如膨胀指数和滤失量），狭义上讲，膨润土的耐化学物质性能特指其在 $CaCl_2$ 溶液中的膨胀性能。之所以要对膨润土在化学溶液中的膨胀性能进行测定，是由于在实际工程中，GCL常用来阻止某些含化学物质的液体渗漏，如垃圾填埋过程中形成的复杂化学成分的滤液、流经石油化工厂的含有化学物质的雨水等。测试膨润土在化学溶液中的膨胀性能，就是评价膨润土与含化学物质的液体接触时，是否仍然能够保持其膨胀性能起到阻止渗漏的作用。

国内部分标准将膨润土在 $CaCl_2$ 溶液中的膨胀指数称为耐久性，但严格意义上讲，这种耐久性并非真正意义上的“耐久”性能，而是膨润土的耐化学物质性能或与化学物质的相容性。

判定膨润土在某种化学溶液中膨胀性能的好坏，可以采用测定膨润土在该化学溶液中的膨胀指数或滤失量，并将其结果与膨润土在蒸馏水中正常测定的膨胀指数或滤失量的结果进行比较。

6.5.1 原理

膨润土耐久性测定原理和膨胀指数和滤失量的试验原理相同，只是将试验中的水换成了相应的化学溶液。

6.5.2 定义

（1）耐久性（durability）

2g 膨润土试样在 100mL 0.1%（质量分数）$CaCl_2$ 溶液中静置 168h 后的膨胀指数。

（2）耐化学物质性、与化学物质的相容性（chemical resistance）

膨润土试样在 0.1%（质量分数）$CaCl_2$ 溶液中的膨胀指数、滤失量、垂直渗透性能及与在水中上述性能的差异。

（3）其他定义

膨胀指数和滤失量的定义参见 6.3 节和 6.4 节。

6.5.3 常用测试标准

膨润土耐化学物质性能试验相关标准如表 6-11 所示。

表 6-11 膨润土耐化学物质性能测试相关标准

序号	标准号	标准名称	备注
1	JG/T 193—2006	钠基膨润土防水毯	5.13 膨润土耐久性
2	ASTM D6141-18(2022)	Standard guide for screening clay portion and index flux of geosynthetic clay liner(GCL) for chemical compatibility to liquids	

6.5.4 仪器设备、状态调节和试验环境

仪器设备、状态调节和试验环境等信息请参考 6.3、6.4 和其他相关章节。

6.5.5 化学物质

① 氯化钙，建议采用分析纯。

② 蒸馏水，三级水。

③ 其他化学物质由相关方商定。

6.5.6 试样

从 GCL 样品中取出足够质量的膨润土备用。

6.5.7 试验条件的选择

膨润土耐化学物质性能测试的主要试验条件包括化学试剂及浓度、静置时间、

试验环境等，详见表 6-12。

表 6-12　膨润土耐化学物质试验条件

序号	标准号	化学试剂及浓度	评价参数	静置时间/h	备注
1	JG/T 193—2006	0.1%(质量分数)$CaCl_2$ 溶液	膨胀指数	168	
2	ASTM D6141-18(2022)	土壤中加入相当于 2 倍土壤表观体积的蒸馏水形成泥浆，其他化学物质可根据实际情况确定或相关方商定	膨胀指数、滤失量、垂直渗透性能及与水中上述性能的差异	24h	

6.5.8　操作步骤简述

（1）试验准备

按照化学分析常用的方法配制 0.1%（质量分数）的 $CaCl_2$ 溶液，按照下面的方法配制泥浆：将土壤和蒸馏水按照 1∶2（表观体积比）加入适宜的容器，混合形成泥浆，加盖防止易挥发物质的损失，静置至少 24h，其间通过旋转容器的方式搅拌泥浆，静置后小心地将容器中的溶液倒入另一容器，密闭保存，必要时，可对溶液进行过滤处理。

（2）性能测定

根据需要，按照 6.3、6.4 或其他相关章节内容进行性能测定。

6.5.9　结果计算与表示

按照 6.3、6.4 或其他相关章节内容进行结果计算与表示。目前仅有极少数产品标准规定了膨润土耐化学物质性能的技术要求，绝大多数产品标准和规范都对此没有明确的要求。相关方可以通过对比膨润土在水中和特定化学溶液中的膨胀指数、滤失量、垂直渗透性能等与膨润土膨胀性能相关的差异来研究和确定特定膨润土产品的耐化学物质性能。

6.5.10　影响因素及注意事项

特定化学溶液中对膨润土的膨胀指数、滤失量、垂直渗透性能的影响因素与水中对各种性能的影响因素基本一致，注意事项也基本相同，可参见相关章节。由于国内更加关注钠基膨润土在化学物质中的膨胀指数，因此进行了不同化学溶液对钠基膨润土膨胀指数影响的研究。

（1）pH 值

为研究 pH 值对钠基膨润土膨胀指数的影响，采用蒸馏水、硫酸及氢氧化钠配制 pH 值分别为 1、3、5、9、11、13 的溶液，并测定了钠基膨润土在这些溶液中的膨胀指数，结果如图 6-5 所示。

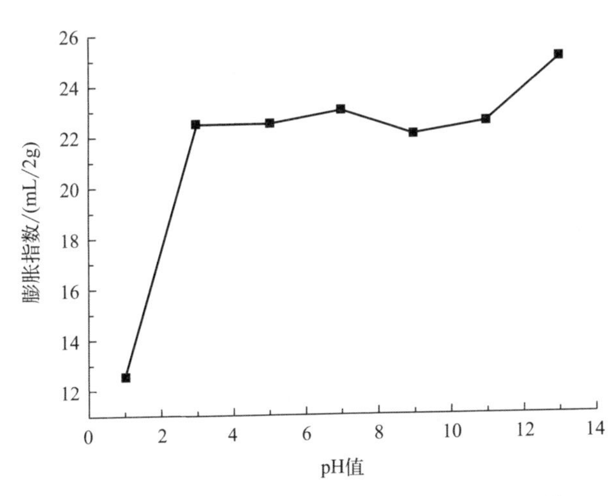

图 6-5 不同 pH 值溶液中钠基膨润土的膨胀指数

可以看出，在 pH＝1 的溶液中，钠基膨润土的膨胀指数显著低于在其他溶液中的膨胀指数，而在 pH＝3、5、9、11 溶液中的膨胀指数则与在蒸馏水中的膨胀指数没有显著差异，在 pH＝13 的溶液中膨胀指数较其他溶液稍大。这说明在一定浓度范围内的酸性溶液和碱性溶液对钠基膨润土的膨胀指数影响不大，但当 pH 小于 3 时膨胀指数明显降低。试验过程中还发现，在 pH＝1、3、13 这三种溶液中，钠基膨润土的浸润速度很快，土粒在液体表面短时间内润湿并下沉；当钠基膨润土完全膨胀后，pH＝1、3、13 三种溶液十分清澈，基本没有土粒悬浮，而其他溶液和蒸馏水中都有土粒悬浮，呈混浊状，蒸馏水最为混浊。

（2）模拟海水溶液作用下的膨胀指数试验

采用蒸馏水、氯化钠、氯化镁、无水氯化钙和硫酸钾配制了模拟海水溶液，各组分的含量如下：氯化钠 26.75g/L、氯化镁 2.25g/L、无水氯化钙 1.25g/L、硫酸钾 2.25g/L。试验结果显示，膨润土在模拟海水溶液中的膨胀指数只有 7mL/2g，这表明膨润土未发生显著膨胀，且在添加膨润土的过程中，膨润土润湿非常快，静置 24h 后溶液中也没有土粒悬浮，溶液清澈。有文献认为，这可能是盐对膨润土进行了改性，即钠、镁、钾等元素的卤化物或硫酸盐中的金属阳离子起到了平衡硅氧四面体上负电荷的作用，这些低价大半径的离子和结构单元层之间作用力较弱，从而使层间阳离子有可交换性，同时由于在层间溶液的作用下可以将其剥离、分散成更薄的单晶片，又使膨润土具有较大的比表面积，这种带电性和巨大的比表面积使其具有很强的吸附性，导致土粒遇水后很快润湿。此外多种阳离子共存，彼此间相互作用，破坏了层状硅酸盐的晶体结构，水分子难以进入晶层中，造成膨胀指数大大降低。

（3）试验注意事项

① 测试膨润土在化学溶液中的滤失量、垂直渗透性能时，需要注意化学溶液不应腐蚀仪器及相关管线等装置，否则不推荐进行该项目的测试。

② 当需要进行非室温性能测定时，应特别注意化学物质的安全性。

6.6 吸蓝量

吸蓝量最初用于黏土性能评价，这主要是由于吸蓝量与黏土的阳离子交换能力、干黏结强度和浇注速率等黏土的基本性能间存在线性关系，此外与黏土的比表面积也存在一定的关联性。20 世纪 50 年代后期，德国人曾使用亚甲基蓝溶液研究黏土的吸附特性以及吸附量与黏土品质的关系，其方法主要是将黏土加入焦磷酸钠溶液中，使黏土晶层分散，再加入过量亚甲基蓝溶液使黏土充分吸附染料，然后用高速离心机将上部清液与颗粒物分离开，以排除砂粒等物质对检验结果的干扰，最后将上清液用蒸馏水稀释到适宜浓度后用分光光度计进行测定，即可计算出黏土吸附的亚甲基蓝量。结果表明，黏土矿物中以蒙脱石为主要成分的膨润土吸附亚甲基蓝量最大，而伊利石、高岭石等黏土矿物对亚甲基蓝的吸附量很小，石英砂的吸附量极小。膨润土的主要化学成分是蒙脱石，属于黏土的一种，因此其金属阳离子吸附能力与吸蓝量密切相关，可以用吸蓝量来表征其基本性能。

20 世纪 60 年代中期，美国人采用滴定法测定膨润土的吸蓝量，之后研究人员又开发了其他方法，目前行业内测定吸蓝量的方法包括化学滴定晕圈法、氯化亚锡还原滴定法、纯样品指标标定法和分光光度计法等。尽管晕圈法还存在人为误差大等问题，但国内相关产品标准仍以引用该方法为主，因此本节主要介绍这种方法。

6.6.1 原理

在膨润土悬浊液中滴入亚甲基蓝，起初亚甲基蓝被膨润土全部吸附，悬浊液中不存在游离状态的亚甲基蓝。随着亚甲基蓝不断增加，膨润土对亚甲基蓝的吸附能力不断下降直至吸附能力达到饱和，从而悬浊液中开始出现游离的亚甲基蓝，此时将悬浊液滴在定量滤纸上，可观测滤纸上泥点周围渗出蓝绿色的晕环，代表滴定达到终点，而亚甲基蓝溶液的消耗量即为吸蓝量，因此该方法也称为晕圈法。

6.6.2 定义

吸蓝量（亚甲基蓝指数，methylene blue index，MBI）：100g 膨润土在水中

吸附饱和无水亚甲基蓝的量，以克（g）为单位。

6.6.3 常用测试标准

与 GCL 中膨润土吸蓝量测试相关的常用标准如表 6-13 所示。

表 6-13 膨润土吸蓝量测试常用标准

序号	标准号	标准名称	备注
1	JC/T 593—1995	膨润土试验方法	2.2 吸蓝量测定方法 已作废，由 GB/T 20973 替代，但部分产品标准仍有引用
2	GB/T 20973—2007	膨润土	该标准最新版为 2020 版，但国内多数产品标准仍采用 2007 版的方法
3	ASTM C837-09(2019)	Standard test method for methylene blue index of clay	

6.6.4 测试仪器

本方法主要采用实验室常用玻璃器皿、滤纸、天平及其他常用化学分析仪器，具体如下。

① 玻璃容量瓶：1000mL，棕色。

② 玻璃滴定管：25mL 或 50mL，棕色。

③ 锥形瓶：250mL、300mL 或 600mL。

④ 烧杯：500mL。

⑤ 滴管。

⑥ 中速定量滤纸：直径 9cm。

⑦ 电子天平：根据不同标准要求，精度为 0.01g、0.001g 或 0.0001g。

⑧ pH 计或 pH 试纸。

⑨ 搅拌器或玻璃搅拌棒。

⑩ 恒温水浴装置，保持（75±2)℃。

⑪ 研钵。

⑫ 标准筛：200 目。

6.6.5 试剂

除非特殊规定，一般采用分析纯试剂。

① 亚甲基蓝。

② 焦磷酸钠。

③ 硫酸。

④ 双氧水。

⑤ 碘化钾。

⑥ 重铬酸钾。

⑦ 硫代硫酸钠。

⑧ 淀粉指示剂。

⑨ 蒸馏水。

6.6.6 状态调节和试验环境

一般情况下，试样无需进行状态调节。试验环境对化学滴定结果没有显著影响，正常化学分析实验室环境可满足试验要求。

6.6.7 试样

根据实际情况选取具有代表性的试样，根据不同标准的要求称取试样质量，一般情况取 2 份试样，见表 6-14。

表 6-14 试样质量

序号	标准号	试样质量/g	备注
1	JC/T 593—1995	0.2000	已作废，由 GB/T 20973 替代，但部分产品标准仍有引用
2	GB/T 20973—2007	0.200±0.001	该标准最新版为 2020 版，但国内多数产品标准仍采用 2007 版的方法
3	ASTM C837-09(2019)	2.00	

6.6.8 试验条件的选择

（1）亚甲基蓝标准溶液的浓度

国内相关标准亚甲基蓝标准溶液浓度为 0.005～0.006mol/L，配制所需的亚甲基蓝溶液，试剂质量约 2g；ASTM 相关标准的浓度则为 0.01mol/L，由于亚甲基蓝与膨润土并非化学反应，因此以摩尔浓度表示给出的信息并不清晰。

理论上分析纯亚甲基蓝的分子式中结晶水含量有 3 个，分子式为 $C_{16}H_{18}ClN_3S \cdot 3H_2O$，分子量为 373.90，但实际上每种亚甲基蓝的产品中还可能掺杂有含量不等的 2、4 或 5 个结晶水，分子量也会稍有差异，因此少数标准规定配制亚甲基蓝滴定液时，需要先将试剂在（93±3)℃下进行烘干处理，烘干后分子式为 $C_{16}H_{18}ClN_3S$，分子量为 319.85。

但近年来多数学者认为高温可能会导致亚甲基蓝变质从而影响试验结果，因此目前主流的标准都是采用不烘干的亚甲基蓝配制标准溶液。

（2）纯亚甲基蓝含量的测定

为相对准确地配制所需浓度的亚甲基蓝标准溶液，需要预先测定亚甲基蓝试剂中纯亚甲基蓝含量。具体方法如下：准确称取 1.000g 分析纯亚甲基蓝，在(93±3)℃下烘干至恒重，去除全部结晶水，并计算其纯亚甲基蓝含量。

例如配制 1000mL 浓度为 0.005mol/L 的溶液需要称取的亚甲基蓝质量按公式(6-5)进行修正：

$$m=\frac{1.60}{m_t} \tag{6-5}$$

式中 m——需要称取的亚甲基蓝试剂质量，g；

1.60——0.005mol 不含结晶水 $C_{16}H_{18}ClN_3S$ 分子量的四舍五入数；

m_t——1.000g 亚甲基蓝试剂烘干后的质量。

以纯度完全符合理想的含有 3 个结晶水的 1.000g 亚甲基蓝为例，烘干至恒重后质量应为 0.855g，代入上式计算得配制 1000mL 浓度为 0.005mol/L 的溶液需要称取的亚甲基蓝质量为 1.87g；对于实际含有不同结晶水的亚甲基蓝来说，通过上述试验步骤可获得相应的 m_t，计算配制所需浓度需要称取的亚甲基蓝质量。

（3）焦磷酸钠添加量

国内标准一般添加 20mL 质量分数为 1%的焦磷酸钠溶液。

ASTM 标准则添加硫酸溶液（0.05mol/L）使试样浆液的 pH 值保持在 2.5～3.8 范围内，此外还有文献报道使用双氧水替代焦磷酸钠，但这些通常只适用于钙基膨润土。

（4）亚甲基蓝标准溶液的滴加量。

不同标准亚甲基蓝的滴加量如表 6-15 所示。

表 6-15 亚甲基蓝标准溶液配制及滴加量

项目	JC/T 593—1995（已作废）	GB/T 20973—2007（已作废）	ASTM C837-09（2019）
亚甲基蓝质量/g	1.5995(烘干后)	2.3380	1mL=0.01mEq/L①
亚甲基蓝溶液配制总量/mL	1000	1000	未规定
亚甲基蓝溶液首次滴加量/mL	未规定	预计总量的 2/3	5
亚甲基蓝溶液滴加步长/mL	未规定，临近终点时为 0.5～1	1～2	1

① mEq/L=mmol/L×原子价。

6.6.9 溶液的配制

按照常规化学分析法配制标准溶液，浓度修约至小数点后 4 位。

（1）亚甲基蓝标准溶液的配制和标定

亚甲基蓝标准溶液的配制。按照常规化学分析法进行配制。推荐按照 6.68（2）的方法，称取一定质量的亚甲基蓝于烧杯中，加入蒸馏水并搅拌使其完全溶解，搅拌过程中可微微加热，但不可沸腾，然后将溶液移至 1000mL 棕色容量瓶中稀释至刻度，摇匀。配制好的亚甲基蓝标准溶液应储存在黑暗环境中备用。

（2）亚甲基蓝标准溶液的标定

配制好的亚甲基蓝标准溶液，可以进一步根据 GB/T 20973—2020 的方法，采用重铬酸钾标准溶液和硫代硫酸钠标准溶液对浓度进行标定。具体是首先按常规化学分析法配制重铬酸钾标准溶液［$c(1/6K_2Cr_2O_7)=0.100mol/L$］和硫代硫酸钠标准溶液［$c(Na_2S_2O_3)=0.100mol/L$］，进行浓度标定时均修约至小数点后 4 位。然后在 500mL 烧杯中加入 50mL 的亚甲基蓝溶液和 25mL 的重铬酸钾溶液，放入（75±2)℃的恒温水浴中，搅拌 30min 后流水冷却。采用滤纸过滤，并用蒸馏水洗涤，将滤液收集在 300mL 锥形瓶中，加（1+8）硫酸溶液 25mL 和 2g 碘化钾，摇匀，用硫代硫酸钠标准溶液进行滴定，滴定至溶液呈淡黄色时加入淀粉指示液（10g/L），滴定至蓝色消失或呈亮绿色作为滴定终点。按相同条件用 50mL 蒸馏水做空白试验。按照公式(6-6）计算亚甲基蓝标准溶液的浓度：

$$\rho=c(V_2-V_1)\times\frac{106.6}{50} \tag{6-6}$$

式中 ρ——亚甲基蓝标准溶液的质量分数，g/L；

c——硫代硫酸钠标准溶液的摩尔浓度，mol/L；

V_2——空白滴定所消耗的硫代硫酸钠标准溶液的体积，mL；

V_1——滴定亚甲基蓝所消耗的硫代硫酸钠标准溶液的体积，mL；

106.6——1/3 亚甲基蓝的摩尔质量，g/mol；

50——吸取亚甲基蓝标准溶液的体积，mL。

6.6.10 操作步骤简述

① 从 GCL 样品中取出膨润土样品，在研钵中研磨后过 200 目标准筛，收集过筛后的膨润土样品烘干，按照表 6-15 称取试样，置于加有 50mL（或其他规定）水的锥形瓶中，摇动使试样充分散开。

② 加入 20mL 配制好的 1%（质量分数）的焦磷酸钠溶液，摇匀，将锥形瓶加热煮沸 5min，取下冷却至室温。也可根据标准或商定加入硫酸（0.1mol/L）或其他化学试剂。

③ 取下分散好的膨润土悬浊液冷却至室温后，一边搅拌一边用滴定管滴加亚甲基蓝标准溶液。可按照表 6-15 的要求滴加亚甲基蓝标准溶液，总体原则是先快后慢，即首先根据预期的滴加量加入总量 2/3～3/4 的亚甲基蓝标准溶液，搅拌 1～2min 使亚甲基蓝被膨润土充分吸附，之后每次滴加 1～2mL，接近终点时可进一步减少滴加步长，如 0.5mL。最后每一次滴加后均应搅拌 1～2min，并用玻璃棒蘸取或滴管吸取一滴浆液至滤纸上，观察在深蓝色圆点的周围有无出现淡蓝绿色的晕环，在滤纸上液滴直径最好为 10～15mm。如未出现，表明膨润土的吸附尚未饱和，继续滴加亚甲基蓝标准溶液，直至滤纸上开始出现晕环，即中心为蓝黑色泥点，周围为蓝绿色晕环，外面是无色的润湿圈。

④ 出现晕环后，搅拌 2min 后再在滤纸上滴一滴浆液，如晕环不消失，表明已达饱和点；否则以每次 0.5～1 mL 的步长继续滴加，直至出现的晕环保持稳定为止。记录消耗的亚甲基蓝标准溶液的体积。

6.6.11 结果计算与表示

吸蓝量按公式(6-7) 进行计算：

$$M=\frac{319.85Vc}{1000m}\times 100 \tag{6-7}$$

式中 M——吸蓝量，g/100g；

c——亚甲基蓝标准溶液的浓度，mol/L；

V——亚甲基蓝标准溶液的滴定体积，mL；

m——膨润土试样质量，g；

319.85——无水亚甲基蓝的分子量，g/mol；

100——每克膨润土吸蓝量换算成 100g 膨润土吸蓝量的系数。

6.6.12 影响因素及注意事项

（1）煮沸时间

煮沸的目的是使膨润土颗粒充分分散，实验表明，亚甲基蓝滴定量随着煮沸时间增加而增多，但煮沸时间延长到 2min 以上滴定量趋于稳定，不再增多，煮沸时间超过 10 min 滴定量有缓慢降低趋势，其原因是试样液量减少。

（2）亚甲基蓝标准溶液浓度

理论上说亚甲基蓝标准溶液的浓度对试验结果无显著影响，但从操作层面上讲，如果浓度过大，使每滴溶液中亚甲基蓝含量过高，可能导致滴定终点延后，从而试验结果偏大，反之每滴溶液中亚甲基蓝含量过低，导致试验周期延长，效率降低。

（3）滴加步长

亚甲基蓝标准溶液的滴加步长的影响与浓度的影响类似，步长过大容易导致滴定终点延后，从而试验结果偏大，反之则试验周期延长，效率降低。

（4）试验注意事项

① 亚甲基蓝见光容易降解，因此定容时的容量瓶和滴定管一定要使用棕色的，并尽量在避光处操作。

② 亚甲基蓝属于有机试剂，滴定管应选择碱式滴定管。

6.7 拉伸性能

拉伸性能是 GCL 的基本力学性能，特别是拉伸强度和伸长率。GCL 在施工和服役过程中均会受到外力的作用，而较高的拉伸强度可以保证其在外力作用下不发生破坏。良好的伸长率则可以保证 GCL 在遇到较大形变如外部环境不均匀沉降时，夹持膨润土的土工织物等土工合成材料可通过自身的形变抵抗外部变化、自身不发生破坏，维持 GCL 防渗能力。

6.7.1 原理

将试样的全部宽度夹持在材料试验机的夹具上，以恒定速率沿试样长度方向对试样进行拉伸直至试样断裂或达到某一规定形变或力值。

由于拉伸过程中，膨润土对试样拉伸性能几乎没有贡献，拉伸试验实质上是针对土工织物或其他与其复合的土工合成材料的，目前实际应用中绝大多数 GCL 是膨润土和土工织物复合而成的，因此 GCL 拉伸强度的原理及相关定义与土工织物是一致的。

6.7.2 定义

GCL 拉伸试验采用的定义和土工织物拉伸试验是一致的，相关定义可参考 3.5 节。

6.7.3 常用测试标准

专门针对 GCL 拉伸试验的标准仅有 ASTM D6768，在日常产品检验过程中，常常采用与土工织物相关的拉伸试验标准（表 6-16）。

表 6-16 GCL 拉伸试验常用标准

序号	标准号	标准名称	备注
1	ASTM D6768/D6768M-20	Standard test method for tensile strength of geosynthetic clay liners	未给出伸长率定义，伸长率由相关方商定
2	GB/T 15788—2017	土工合成材料　宽条拉伸试验	MOD ISO 10319:2015
3	ISO 10319:2015	Geosynthetics-Wide-width tensile test	
4	JG/T 193—2006	钠基膨润土防水毯	

6.7.4 测试仪器

GCL 拉伸试验采用与土工织物拉伸试验相同的材料试验机，夹具可采用与土工织物相同的夹具，也可针对 GCL 拉伸试样宽度设计宽度相对较小的专用夹具（夹持面至少为 25mm×100mm），但需要注意的是，由于部分 GCL 较厚，因此夹具的设计应确保两夹持面间的距离足够大以有利于 GCL 的夹持。无论采用何种夹具，夹具夹持面的设计应能够夹紧 GCL 试样、限制试样的滑移和避免试样受到损伤，必要时可配备引伸计。

6.7.5 试样

（1）试样的规格尺寸

虽然 GCL 拉伸试验与土工织物拉伸试验基本一致，但 GCL 试样尺寸与土工织物宽条拉伸的试样尺寸不同，见表 6-17。

表 6-17 GCL 拉伸试验试样规格尺寸

序号	标准号	试样规格尺寸	备注
1	ASTM D6768/D6768M-20	矩形，(200±1)mm×(100±1)mm	
2	GB/T 15788—2017 ISO 10319:2015	矩形，宽度 200mm，长度足够	
3	JG/T 193—2006	矩形，宽度 200mm，长度足够	

（2）试样数量及取样位置

试样数量至少为 5 个，且仅为 GCL 生产方向（即纵向）。试样的取样位置应距离 GCL 边缘 100mm 以上，国内标准对取样的规定均和 GB/T 13760 一致，即沿宽度方向均匀等间距取样，ASTM D6768/D6768M 则规定为随机选取但代表整个样品。第三方实验室可根据相应标准规定的位置进行取样，但对生产企业实验室，建议根据自身产品特点选取有代表性的位置进行取样同时与其他取样方式进行比对，以降低由于取样方式不同所带来的质量风险。关于取样位置的其余规定可参考第 3 章。

(3) 试样的制备

建议采用冲裁的方法进行试样制备，条件不允许的情况下，也可采用剪刀或裁纸刀进行试样制备。无论采用哪种制备方法，制备时应确保试样不发生显著的歪斜。由于 GCL 拉伸试验结果与膨润土质量无关，因此无需对试样边缘进行水化预处理。

6.7.6 状态调节和试验环境

多数标准对状态调节无具体规定，一般可采用与土工织物相同的实验室的测试条件进行状态调节然后再进行试验，也有标准（如 ASTM D6768/D6768M）规定按照样品接收状态进行试验。

6.7.7 试验条件的选择

(1) 拉伸速度

尽管相关方法标准中规定的试验速度并非固定，但 JG/T 193 和 ASTM D6768/D6768M 都规定了固定的试验速度，即 300mm/min，当没有相关规定时，建议参考这两个标准规定的试验速度。

(2) 标距/隔距

GCL 的拉伸试验的相关标准并没有明确的规定标距，建议采用夹具间距离作为标距，即 100mm。也可根据相关方商定的方法或参照 GB/T 15788 和 ISO 10319 规定的标距采用引伸计进行测定。

6.7.8 操作步骤简述

① 将夹具间隔调整至 100mm±3mm，条件允许的情况下，尽可能降低夹具间距离的偏差。

② 将拉伸速度设置为 300mm/min。

③ 将试样对中地夹持在夹具的夹持面中，使试样的生产方向（纵向）与受力方向一致，并使试样两端超出夹具夹持面至少 25mm。

④ 必要时安装引伸计。

⑤ 启动试验机拉伸试样直至断裂，记录断裂过程中的最大力值及最大负荷对应的伸长量。

⑥ 重复上述操作直至完成所有试样的测试。对以下情况，试验结果应予以剔除，并重新取一个试样进行试验：

a. 试样在夹具中发生显著滑移甚至是滑脱；

b. 试样在距离夹具钳口 5mm 以内发生破坏；

c. 结果明显低于平均值；

d. 存在明显的偶然缺陷；

e. 其他可疑情况。

造成以上这几种情况的原因及解决方法参见 3.5.8 节（5）。

6.7.9 结果计算与表示

（1）拉伸强度

GCL 的拉伸强度按公式(6-8）或（6-9）计算：

$$F=\frac{F_{max}}{W} \tag{6-8}$$

式中 F——拉伸强度，N/m；

F_{max}——拉伸过程中的最大力值，N；

W——试样宽度，m。

$$F_{100}=\frac{F_{max}}{100W} \tag{6-9}$$

式中 F_{100}——拉伸强度，N/100mm；

F_{max}——拉伸过程中的最大力值，N；

W——试样宽度，mm。

当试样宽度尺寸为 100mm 时，F_{max} 数值即为 F_{100}。

（2）最大负荷下伸长率/应变

GCL 最大负荷下伸长率按公式(6-10）或（6-11）进行计算：

$$\varepsilon_{max}=\frac{\Delta L}{L_0}\times 100 \tag{6-10}$$

式中 ε_{max}——最大负荷下应变/伸长率,%；

ΔL——最大负荷下伸长，mm；

L_0——实际标距/隔距长度，mm。

$$\varepsilon_{max}=\frac{\Delta L-L_0'}{L_0+L_0'}\times 100 \tag{6-11}$$

式中 ε_{max}——最大负荷下应变/伸长率,%；

ΔL——最大负荷下伸长，mm；

L_0'——达到预负荷时的伸长，mm；

L_0——实际标距/隔距长度，mm。

（3）结果表示

一般情况下结果以 5 个试样的算术平均值表示，拉伸强度取 3 位有效数字，应变/伸长率保留至整数位。ASTM D6768/D6768M 则先计算 5 个试样 F_{max} 的平均值，然后再按照公式(6-8) 计算拉伸强度。

6.7.10 影响因素及注意事项

（1）预负荷

在计算土工织物等的伸长率时，有时要引入施加预负荷时的伸长量参与计算。这是因为土工织物试样较柔软，在拉伸刚开始的一小段距离内仍呈松弛状态，并没有完全受到拉力的作用，于是我们人为地设定一个预负荷点，当负荷值达到该预负荷点时，才认为拉伸正式开始，而伸长率也要相应地将这一过程中的伸长量计算在内，即在计算试样的实际伸长量时，需要减去达到预负荷时夹具的移动距离，试样的初始长度则应该用夹具间距离加上这段距离。

我们通常选取最大负荷的 1%作为预负荷点，该点对应的伸长量即为预负荷时的伸长量。

图 6-6 为一个 GCL 试样的拉伸曲线示意图。其中横坐标为 GCL 试样的形变量，纵坐标为拉伸过程中的负荷值。

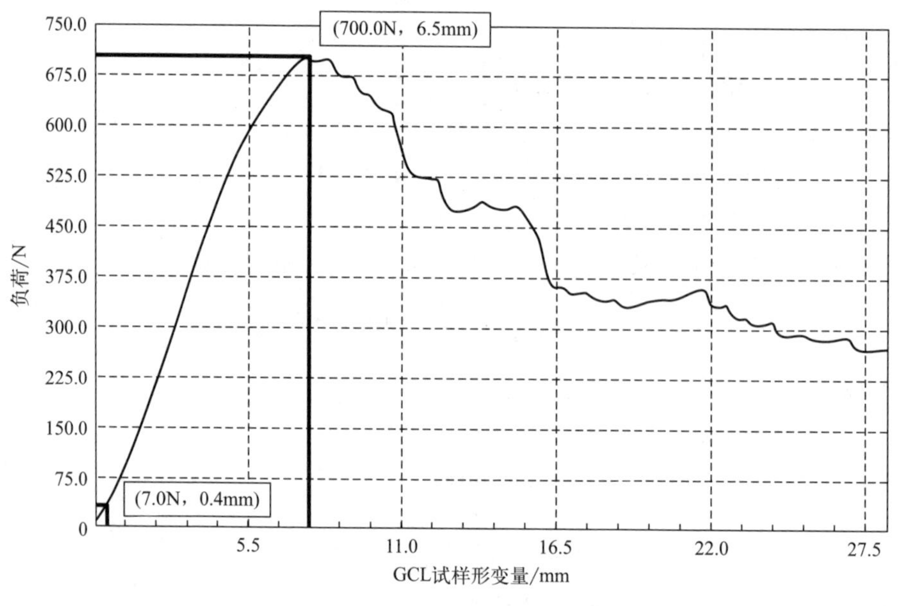

图 6-6　GCL 拉伸曲线示意图

在图 6-6 中，可以看出该试样在拉伸过程中的最大负荷为 700.0N，如果试样宽度为 100.0mm，则该试样的拉伸强度为 700N/100mm；由于最大负荷为 700.0N，根据定义，选取最大负荷 1%的点，即负荷为 7.0N 时的点为预负荷点，该点对应的试样伸长量为 0.4mm，因此该试样的最大负荷对应的伸长率为

(6.5mm－0.4mm)/(100mm＋0.4mm)×100%＝6.1%。

（2）不同试样结构的影响

在GCL的拉伸测试中，通常得到的是如图6-6所示的拉伸曲线，但由于不同种类的GCL具有不同的组成结构，其拉伸曲线也有所不同。如图6-7的（a）和（b）所示，这两种类型的曲线都是由拉伸针刺覆膜法GCL试样得到的。

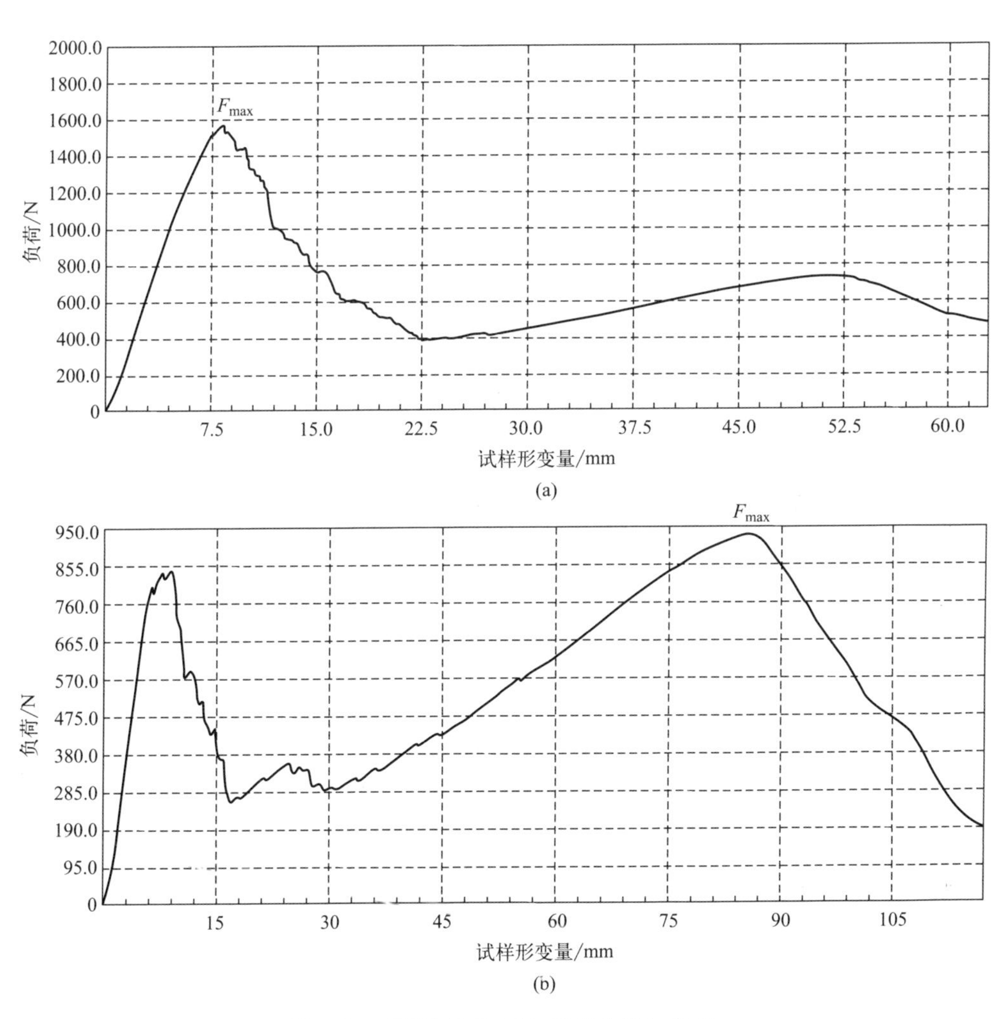

图6-7 不同结构的GCL拉伸曲线示意图

从图6-7的（a）和（b）中可以看出，有时GCL的拉伸曲线中会得到两个峰值。图6-7(a)中第一个峰值来自于伸长率较小而破坏强度较大的土工织物，第二个峰值则来自于伸长率较大而破坏强度相对较小的聚乙烯覆膜。图6-7(b)中第一个峰值同样来自于土工织物，第二个峰值的产生机理还不能确定，笔者认为，可能是聚乙烯覆膜与土工织物之间较强的黏结力以及GCL各部分共同作用的结果。

对图 6-6 中这种仅有单一峰值的曲线，我们很容易确定其拉伸强度。但是对图 6-7 中的情况，则需要根据实际情况进行分析。目前，国内外的标准都没考虑到出现两个及以上峰值的情况，笔者认为，根据 GCL 拉伸强度的定义，无论出现几个峰值，都应该选择最大负荷作为拉伸强度，为此图 6-7 中（a）的拉伸强度为第一个峰值；而（b）的拉伸强度则为第二个峰值，其最大负荷对应伸长率也应该为第二个峰值对应的伸长率，然而需要注意的是，试样在第一个峰值出现时已经被破坏了，因此完全根据定义确定拉伸强度不妥。本书建议对出现两个及以上峰值的情况，记录试样在每个峰值的拉伸强度大小及相应的伸长率，并根据实际情况由相关方商定为宜。

（3）其余影响因素

与土工织物基本一致，可参见 3.5.10 节（1）～（4）。

（4）试验注意事项

GCL 拉伸试验的注意事项与土工织物一致，参见 3.5.10 节（5）。

6.8 剥离强度

剥离强度是衡量构成 GCL 的土工合成材料彼此之间结合强度的性能参数，适当的剥离强度不仅能够保证膨润土稳定地夹持在 GCL 中，又能弥补膨润土膨胀时剪切强度的衰减。

6.8.1 原理

将 GCL 的顶层和底层分别用夹具夹紧，以恒定速度拉伸试样至顶层与底层完全分离或试样断裂，记录拉伸过程中的剥离力（最好是连续记录），以平均剥离力或最大剥离力与试样宽度之比表示剥离强度。

6.8.2 定义

剥离强度（peel strength）：单位宽度 GCL 试样的有效平均剥离力或最大剥离力，以牛顿每米（N/m）为单位。

6.8.3 常用测试标准

GCL 剥离强度常用测试的方法标准如表 6-18 所示。国内没有 GCL 专用剥离强度试验标准，引用了胶黏剂 T 型剥离强度试验标准，ISO 13426 和 SL 235 适用于各种土工复合材料的剥离，ASTM D6496/D6496M 则为 GCL 专用剥离强度试验标准，这几个标准在技术上不完全一致，在试样规格尺寸和试验条件等方面存在较大差异。

表 6-18　GCL 常用剥离强度测试的方法标准

序号	标准号	标准名称	备注
1	GB/T 2791—1995	胶黏剂 T 剥离强度试验方法　挠性材料对挠性材料	JG/T 193 引用标准
2	SL 235—2012	土工合成材料测试规程	19 剥离试验
3	ISO 13426-2:2005	Geotextiles and geotextile-related products-Strength of internal structural junctions-Part 2:Geocomposites	
4	ASTM D6496/D6496M-23a	Standard test method for determining average bonding peel strength between the top and bottom layers of needle-punched geosynthetic clay liners	

6.8.4　测试仪器

剥离强度试验采用与拉伸试验相同的材料试验机，上、下夹具的设计与复合的土工合成材料品种相匹配，其余要求参见第 3 章拉伸试验章节。

由于部分标准的剥离强度试验采用剥离过程中的平均剥离力进行结果计算，因此推荐采用具有自动记录负荷的试验机，采用自动采集和记录试验过程中负荷并搭配自动计算平均剥离力的计算机软件系统的试验机更佳。

6.8.5　试样

(1) 试样的规格尺寸

GCL 剥离试验采用矩形试样，不同标准要求的试样尺寸不同，如表 6-19 所示。

表 6-19　GCL 剥离强度测试各标准条件对比

序号	项目	GB/T 2791—1995 和 JG/T 193—2006	SL 235—2012	ISO 13426-2:2005	ASTM D6496/D6496M-23a
1	试样尺寸/mm	长 200mm，宽(25±0.5)mm	200×50	200×200	200×100
2	试样数量/个	≥5 未规定	≥5 未规定	≥5 横纵两向	≥5 仅纵向
3	预剥离长度/mm	30(JG/T 193—2006)	≥100	100	50±3
4	夹具间距离/mm	未规定	100	100	50±3
5	试验速度/(mm/min)	100±10(GB/T 2791—1995) 300(JG/T 193—2006)	300	100±5	300
6	剥离方向	仅纵向	未规定	横纵两向	仅纵向
7	剥离长度/mm	≥125	未规定	200	200(或夹具间距离达到 250mm)

续表

序号	项目	GB/T 2791—1995 和 JG/T 193—2006	SL 235—2012	ISO 13426-2:2005	ASTM D6496/D6496M-23a
8	结果计算依据	平均剥离力(剥离距离 25mm 到至少 100mm)	最大剥离力	最大剥离力	平均剥离力(夹具间距离 50～250mm)
9	是否记录破坏形式	是	是	是	是
10	备注				

(2) 试样数量及取样位置

试样数量至少为每个方向 5 个，根据标准要求制备纵向或横纵两向试样。剥离试验的取样位置与拉伸试验的取样位置基本相同。

(3) 试样制备

按照各标准要求的试样尺寸、方向和数量，用裁刀或剪刀裁取样品。与拉伸试样一样，试样边缘无需进行水化预处理。

按照各标准要求的预剥离长度，在每个试样的一端用裁刀或刀片小心地将待剥离的两层剥开。不同标准规定的预剥离长度见表 6-19。

剥离试样示意图如图 6-8 所示。

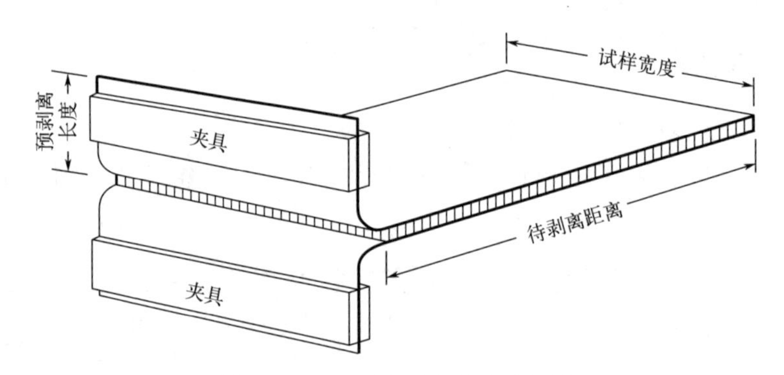

图 6-8　GCL 剥离强度测试示意图

6.8.6 状态调节和试验环境

与 GCL 拉伸试验相同。

6.8.7 试验条件的选择

剥离试验需要选择的试验条件包括：预剥离长度、夹具间距离、试验速度、剥离长度和结果计算依据等，各标准对这些试验条件的规定各不相同，详见表 6-19。

6.8.8 操作步骤简述

① 将试样预剥开的两部分对称地夹在夹具中间，试样的纵向应该与材料试验机夹具的运动方向一致。为确认夹持时试样是否发生滑移并保证试样受力方向始终与试样纵向平行，可以预先在需要夹持的位置画上平行线。

② 按照表 6-19 选择试验速度，启动材料试验机至达到预设的剥离长度或试样被完全剥离/破坏。

③ 记录剥离过程中的最大力值或剥离过程中的剥离曲线，此外还应记录破坏形式。

④ 重复上述操作直至完成所有试样的测试。异常数据的剔除、原因及解决方法同拉伸试验一致。

6.8.9 结果计算与表示

（1）以最大剥离力作为试验结果

可以将剥离过程中的最大力值作为剥离试验结果，以 N 表示，也可表示为试样特定宽度的最大剥离力，以 N/100mm 表示。

（2）以最大剥离力计算的剥离强度

按公式(6-12）计算最大剥离强度：

$$T_{max}=\frac{F_{max}}{W} \tag{6-12}$$

式中 T_{max}——最大剥离强度，N/m；

F_{max}——剥离过程中的最大力值，N；

W——试样宽度，m。

（3）以平均剥离力计算的剥离强度

① 平均剥离力的确定。估算平均剥离力时，可如图 6-9 所示在剥离力曲线上画一条等高线获得平均剥离力，但人为估算的结果误差较大；也可用面积积分法得到平均剥离力，推荐由计算机软件直接计算得到平均剥离力。

但 GCL 的剥离力曲线常常波动较大、形状非常不规则，有时很难判断平均位置、无法准确画出等高线，此时推荐采用如下方法进行估算：如图 6-10 所示，在剥离力曲线上做一条平行于 X 轴的线，使其跟曲线有尽可能多的交点，那么这条线跟 Y 轴交点的值就可以认为是平均剥离力。

② 平均剥离强度的计算。按公式(6-13）计算平均剥离强度：

$$T_{ave}=\frac{F_{ave}}{W} \tag{6-13}$$

式中 T_{ave}——平均剥离强度，N/m；

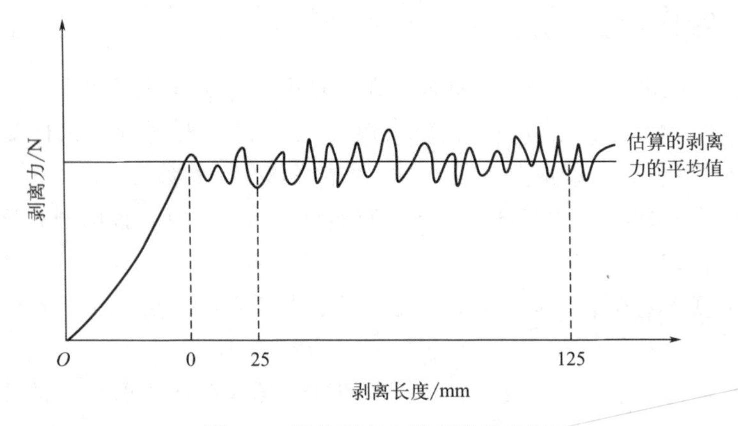

图 6-9　平均剥离力等高线示意图

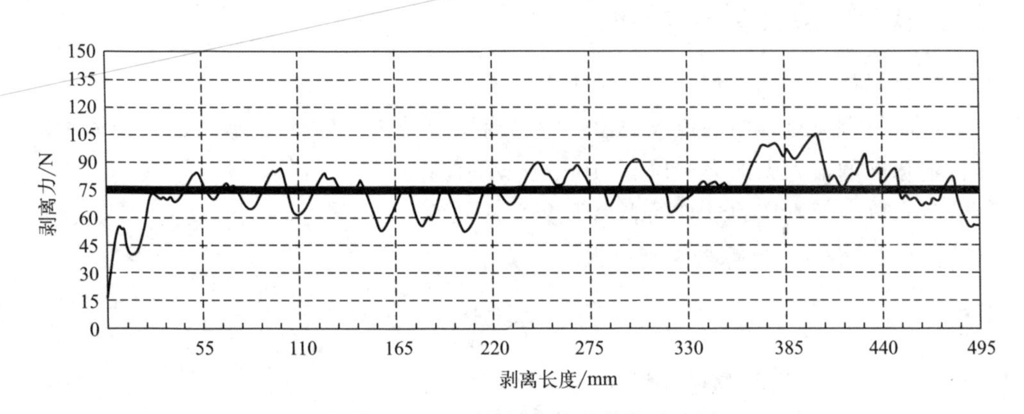

图 6-10　GCL 平均剥离力的估算示意图

F_{ave}——剥离过程中的平均剥离力值，N；

W——试样宽度，m。

（4）结果表示

一般情况下，结果以 5 个试样的算术平均值表示，结果保留 3 位有效数字。

6.8.10　影响因素及注意事项

（1）试验环境

与拉伸试验略有不同，剥离强度的大小主要取决于材料的复合形式和工艺，因此试验温度和相对湿度对剥离强度的影响并不显著。

（2）试样宽度

对均匀试样，宽度的影响并不显著。需要注意的是，以特定宽度剥离力表示的试验结果在进行比对时，在宽度相同的前提下才是可比的。

(3) 试样特性

由于不同复合土工合成材料复合的材料品种、工艺和强度不同，导致剥离试验的剥离曲线形状差异较大，几种常见的剥离曲线如图 6-11 所示，图中 a 点代表最大剥离力。

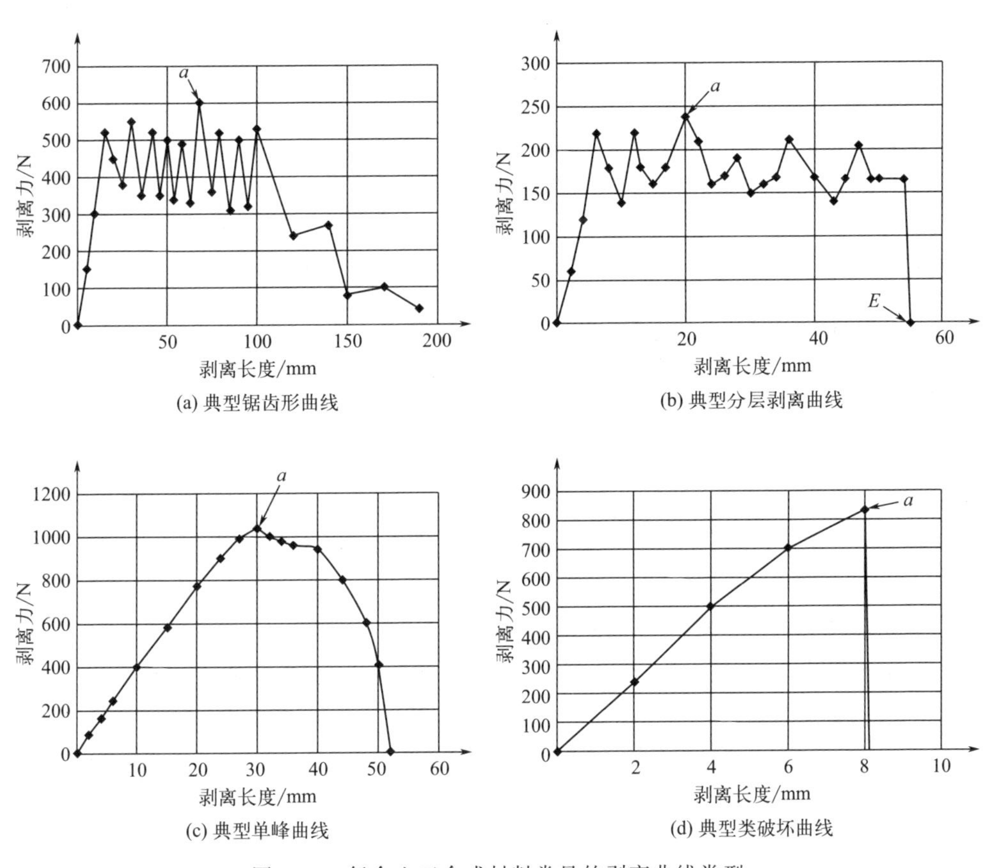

(a) 典型锯齿形曲线

(b) 典型分层剥离曲线

(c) 典型单峰曲线

(d) 典型类破坏曲线

图 6-11 复合土工合成材料常见的剥离曲线类型

曲线（a）和（b）可以较为方便地获得平均剥离力和最大剥离力，但曲线（c）和（d）则无法获得平均剥离力，只能获得最大剥离力，因此在试验过程中必须记录试样的破坏形式。

上述破坏曲线不仅仅适用于 GCL，也适用于其他类的复合土工合成材料，进行其他类材料剥离试验的时候可参照。

(4) 结果计算方式

显然采用最大剥离力计算的试验结果要高于采用平均剥离力计算的试验结果，因此在进行试验结果比对时，应首先分清计算依据后再行比对。

(5) 试验注意事项

相关注意事项与拉伸试验基本一致。

6.9 渗透性能

防渗、防漏是 GCL 的重要功能，因此 GCL 的渗透性能是其关键性能之一。表征 GCL 渗透性能的主要参数包括渗透系数和流率，这两项参数都可以表征液体通过 GCL 的难易程度。GCL 渗透性能试验原理、定义等与土工织物的基本一致，但 GCL 的透水性能要求与土工织物有所不同，由于土工织物属于透水产品，其渗透系数和流率根据实际需求而定，并非越小越好，而 GCL 的渗透系数和流率则是在保证综合性能的前提下尽量小。

6.9.1 原理

GCL 渗透性能试验的基本原理与土工织物基本一致，详见 3.15.1 节。

6.9.2 定义

（1）流率（流量指数，flux index）

完全水化后的 GCL 在上下表面受到一定压差时，会发生微小的渗流，流率就是指层流和一定温度条件下单位时间通过单位面积 GCL 的渗流量，以 $(m^3/m^2)/s$ 为单位。

（2）渗透系数（coefficient of permeability）

一定的温度条件下，单位水力梯度下单位时间内垂直通过单位面积 GCL 的渗流量，以米每秒（m/s）为单位。

6.9.3 常用测试标准

GCL 渗透性能常用的标准如表 6-20 所示，其中 ASTM D6766 是化学试剂或溶液条件下 GCL 的渗透性能，我国暂无相关的研究，在产品标准和实际工程设计中暂无要求，因此暂不涉及。

表 6-20　GCL 渗透性能常用测定标准

序号	标准号	标准名称	备注
1	JG/T 193—2006	钠基膨润土防水毯	（附录 A）钠基膨润土防水毯渗透系数的标定
2	SL 235—2012	土工合成材料测试规程	30 土工合成材料膨润土垫(GCL)渗透试验(不适用于覆膜 GCL)

续表

序号	标准号	标准名称	备注
3	ASTM D 5887/D5887M-23	Standard test method for measurement of index flux through saturated geosynthetic clay liner specimens using a flexible wall permeameter	不适用于覆膜 GCL
4	ASTM D6766-20a	Standard test method for evaluation of hydraulic properties of geosynthetic clay liners permeated with potentially incompatible aqueous solutions	化学试剂条件下 GCL 的渗透性能

除了上述标准，国内少数工程设计图纸中要求参照标准 ASTM D5084 来测定 GCL 的垂直渗透系数，该标准的适用范围是饱和多孔材料，与表 6-20 中的各标准相比明显针对性不强，且对样品的尺寸要求也不适用于 GCL 产品，因此不建议采用该标准进行测试。

6.9.4 测试仪器

GCL 渗透性能测试仪由水力系统、渗流量测量系统、渗透室及加压系统组成（见图 6-12），其要求与土工织物采用的仪器有所不同。

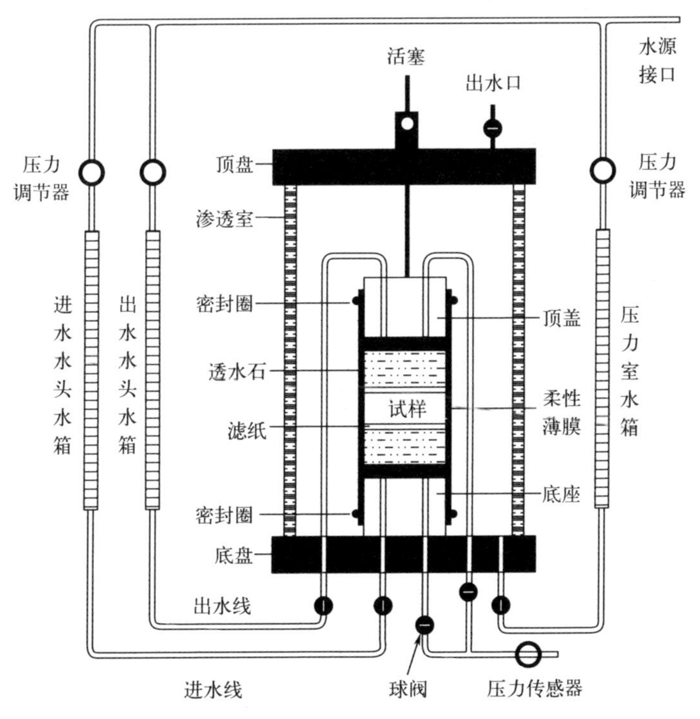

图 6-12 渗透性能测试仪示意图

(1) 水力系统

水力系统包括提供水头的装置、脱气系统和反压系统。

① 提供水头装置。对应不同测试方法的水力系统应分别满足以下要求:

a. 恒水头法。有的标准也称为常水头法。该系统应能保持恒压，压力波动不超过±5%，能够测量水压，测量精度在±5%范围内。此外，通过试样的水头损失也应恒定，波动不超过±5%。

b. 降水头法。该系统应确保试验过程中水头损失的测量精度在±5%之内。系统还应可测量一段时间内的初始水头损失与终了水头损失的比值以确保该值的精度在±5%范围内。降水头可采用恒尾水位法或升尾水位法实现。

c. 恒流率法。该系统能够确保通过试样的恒定流率变化幅度不超过±5%。

② 脱气系统。水力系统应能够快速彻底地排尽管路中的气泡。

③ 反压系统。反压可以通过压缩气体、作用在活塞上的自重或其他适宜方法获得，无论如何获取，系统应能够施加、控制和测量反压，精度在±5%范围内。系统应能够在测量渗透系数的整个过程中都保持反压，使试样充分饱和。

直接向流体施加气体压力可能会使气体溶解在流体中。有多种技术可最大限度地减少反压流体中气体的溶解，包括用带气囊的气相和液相分离装置或频繁使用脱气水代替流体。

(2) 渗流量测量系统

可测量进水和出水的体积。系统一般包括量筒、带刻度的滴管或移液管、带压力传感器的刻度管或其他具有准确刻度的流量测量装置。

管道、阀门、透水石以及滤纸中的水头损失都可能会导致试验误差。为尽量降低此类误差，应在内部没有试样的情况下组装渗透计，然后填充液压系统。当采用恒水头或降水头法试验时，应按试验液压或水头测定流速(测量精度在±5%范围内)，且该流速应至少为放置试样后所得流速的10倍。当采用恒流率法进行试验时，应按试验液压或水头测定水头损失，且无试样时的水头损失应小于有试样时水头损失的0.1。

(3) 渗透室及加压系统

给渗透室施加压力并控制压力达到相关标准规定，精度控制在±5%范围内。加压装置与渗透室相连，由供水池、调压阀、压力量表及压力源等组成。渗透室应能承受规定的压力，渗透室内部包裹在试样上的柔性薄膜应能承受规定的流体压力不渗透。渗透室壁应为透明的，以便于透过室壁观察渗透室内情况。

(4) 顶盖和底座

一般采用不透水的刚性顶盖和底座来支撑试样。顶盖与底座表面应光滑无划痕，与进出水线和进出水线的排气管相连，其尺寸与试样尺寸大小相同，偏差不超过±5%。底座用于承载试样，应防止泄漏、横向运动或倾斜，顶盖有一定自重，可压实试样。底座和顶盖与柔性薄膜接触部位应光滑无划痕，形成密封面。

（5）柔性薄膜

使用前应仔细检查薄膜，应丢弃存在明显缺陷或针孔的薄膜。可以通过将薄膜放置在两端用橡胶O形环密封的模板周围，在内部施加小气压，然后将其浸入水中，来检查薄膜是否存在缺陷。如果薄膜上的任何一点出现气泡，或者观察到任何可见缺陷，则应丢弃该薄膜。

为了最大限度地减少对试样的约束，未拉伸薄膜的直径或宽度应在试样直径的90%至95%之间。薄膜一般与O形密封圈配合使用，以包裹试样防止渗漏。O形圈密封未受力的内径小于底座和盖子直径的90%的范围。也可采用其他适宜的密封方法。

（6）透水石

透水石一般由碳化硅、氧化铝或其他不会受到试样或永久液体侵蚀的材料制成。透水石应具有水平光滑的表面，无裂纹、碎屑和不均匀性，并应定期检查，以确保其未被堵塞。透水石厚度的设计以防止其在试验中被破坏为宜，透水石直径略小于试样直径，但差值不超过2mm。透水石的导水率应远远大于待测试样的，从而避免试验中出现显著的流动阻力。

（7）滤纸

滤纸放置于透水石和试样之间，其作用是防止试样进入多孔片的孔隙从而堵塞透水石。同透水石一样，滤纸的导水率也应远远大于待测试样。

（8）其他

其他常用仪器和工具包括：尺寸测量工具、电子天平、恒温装置（仅针对非恒温实验室）、高温试验箱、真空泵、塑料清洗瓶。

（9）试验用水

试验用水应为经过脱气处理的去离子水，水温略高出室温3～5℃。去离子水除气可采用以下方法之一进行：

① 沸腾；

② 向连有真空源（如真空泵）的容器中喷射细水雾；

③ 在连有真空源（如真空泵）的容器中强力搅拌水。

除气后的水密封保存，不应长时间暴露在空气中。

6.9.5 试样

（1）试样的规格尺寸

试样一般为圆形，直径符合表6-21要求。一般情况下，试样直径不应超过规定尺寸的2mm。

表 6-21　试样及试验条件

序号	项目	JG/T 193—2006	ASTM D5887/D5887M-23	SL 235—2012
1	试样直径/mm	70	100	100
2	饱和压力/kPa	围压 35;反压 15	围压 550;反压 515	围压 550;反压 515
3	渗透压力/kPa	30	530	530
4	饱和时间/h	48	48	48

（2）试样数量及取样位置

试样数量一般不少于 3 个，取样位置选择按照 GCL 拉伸试验进行。

（3）试样制备

① 先裁出一块比所需试样尺寸大的样品，裁取过程中尽量避免膨润土的损失。将该样品放置在平整台面上，再将一个与试样尺寸相同（±1mm）的圆盘放置于该样品的中心位置，用记号笔画出圆盘轮廓。根据上层复合材料的品种，选择锋利的壁纸刀或尖细的电烙铁沿画线切断上层土工织物，并在切断位置喷洒水（一般采用长嘴的塑料清洗瓶以方便定位喷洒），让 GCL 边缘的膨润土充分水化 2～5min。

② 用剪刀或其他适宜的工具沿刻痕线剪下试样，剪裁过程中应特别注意：尽量避免膨润土的损失、检查试样边缘以确认上下层土工织物没有相互缠绕。以避免试验过程中 GCL 试样上下表面可能形成流道，影响试验结果。

可在 GCL 的边缘涂上膨润土膏，以最大限度地避免侧向泄漏，该膨润土膏应由相同的 GCL 样品或生产该 GCL 所用的膨润土加去离子水制备，并在测试报告中注明。膨润土膏只能尽量无压地涂抹在试样边缘，不能涂抹在试样顶面上。上述操作的目的仅仅是确保渗透试验的成功进行，不是对制样过程中处理不当而造成边缘膨润土损失的补偿。

6.9.6　状态调节和试验环境

一般情况下，GCL 渗透性能测定的试样无需进行状态调节，与此同时对试验环境也没有严格的要求。相关标准对此也没有统一、严格的规定（见表 6-22）。由于温度对试验结果有一定影响，因此建议在温度受控条件下放置试样和进行试验。

表 6-22　GCL 渗透性能测定对状态调节和试验环境的要求

序号	标准号	状态调节	试验环境
1	JG/T 193—2006	无相关要求	无相关要求
2	SL 235—2012	温度(20±2)℃,相对湿度(60±10)%,时间 24h	温度(20±2)℃,相对湿度(60±10)%
3	ASTM D5887/D5887M-23	无相关要求	温度(21±2)℃

6.9.7 试验条件的选择

渗透试验可选的试验条件主要包括：饱和压力、渗透压力和饱和时间，详见表 6-21。

6.9.8 操作步骤简述

① 裁取与试样尺寸相同（±2mm）的滤纸若干张。

② 如图 6-12 所示，在底座上依次将透水石、滤纸、GCL 试样、滤纸、透水石和顶盖按顺序整齐码放，用柔性薄膜将其全部裹住后套上 O 形密封圈固定；在顶盖上接入出水管和出水排气管，此时即形成了一个流经 GCL 试样的垂直密闭水路。

③ 在渗透仪的顶盘和底盘上加装侧壁组成渗透室，向渗透室注入脱气水，当水从渗透室顶盘的出水口溢出后，关闭出水口。

④ 打开进出水线的球阀冲洗管线，排除管线内气体后关闭球阀。

⑤ 启动压力源，通过渗透室注水管线缓慢施加初始饱和压力（围压）至规定值。打开进水线和出水线球阀，通过进水线和出水线在试样上下两端缓慢施加反压至饱和压力规定值。打开进出水线排气管排气，约 30s 且当水流均匀无气泡后关闭进出水线排气管球阀，开始进行反压饱和（建议 48h），以保证试样固结、膨胀、饱和和水化。此时与渗透室、进出水线相连的刻度管液面高度应维持不变。建议升压速度采用 70kPa/min。

⑥ 升高进水线压力至渗透压力规定值，使作用在试样上的压力差为（15±0.5)kPa，测量精度在±10%范围内。降水头试验压力差不低于 10kPa，连续 2 次压力读数精度在±20%范围内。开始进行渗透试验，当刻度管中水柱开始非常缓慢流动，表明渗透试验开始。若快速流动说明发生了渗漏，应停止试验。

⑦ 记录初始时间和与进出水线相连刻度管上的读数，间隔 1h 再记录终止时间和相应刻度数，并查看渗透压力是否稳定。渗透时间为 8h，每隔 1h 记录一次。

⑧ 当试验满足以下几个条件时，可终止试验：

a. 8h 内测量的次数不少于 3 次；

b. 最后连续 3 次测量中，流入量和流出量的比值应为 0.75～1.25；

c. 最后连续 3 次测量中，流量值不应有明显的上升或下降的趋势；

d. 最后连续 3 次测得的流量值应为平均流量值的 0.75～1.25。

⑨ 以最后 3 次流量的平均值计算流率。

⑩ 试验结束后，关闭进水线，排出渗透室中的水，把试样从渗透仪中取出，在 30min 内测量黏土层的厚度。

6.9.9 结果计算与表示

(1) 流率

流率按公式(6-14) 进行计算。

$$q_{\mathrm{i}}=\frac{Q}{At} \tag{6-14}$$

式中 q_{i}——流率，$(\mathrm{m}^3/\mathrm{m}^2)/\mathrm{s}$；

Q——流量，按流入量和流出量的平均值计算，m^3；

A——试样的横截面积（直径为100mm的试样横截面积为0.00785m^2），m^2；

t——间隔时间，s。

(2) 渗透系数

20℃下试样的渗透系数按公式(6-15) 进行计算。

$$k_{20}=\frac{Q\delta}{At\Delta h}\times R_T \tag{6-15}$$

式中 k_{20}——20℃下试样的渗透系数，m/s；

Q——流量，按流入量和流出量的平均值计算，m^3；

δ——试样的厚度，m；

A——试样的横截面积，m^2；

t——间隔时间，s；

Δh——水头差，m；

R_T——水温修正系数。

水温修正系数是试验温度与20℃下水的黏度之比，读者可以根据不同水温下水的黏度进行计算，也可以根据相关标准给出的修正系数表进行查询，还可以通过公式(6-16) 进行计算。

$$R_T=\frac{2.2902(0.9842^T)}{T^{0.1702}} \tag{6-16}$$

式中 R_T——水温修正系数；

T——试验过程中的平均温度（精确至0.1℃），℃。

该公式适用于试验温度为5～50℃范围内R_T的计算，温度偏离20℃越大，误差越大，但在一般实验室环境条件下，误差不显著。

(3) 降水头渗透系数

20℃降水头渗透系数按公式(6-17) 进行计算。

$$k_{20}=\frac{a_{\mathrm{in}}a_{\mathrm{out}}\delta}{At(a_{\mathrm{in}}+a_{\mathrm{out}})}\times\ln\left(\frac{h_1}{h_2}\right)\times R_T \tag{6-17}$$

式中　k_{20}——降水头渗透系数，m/s；

a_{in}——进水线的横截面积，m^2；

a_{out}——出水线的横截面积，m^2；

δ——试样的厚度，m；

A——试样的横截面积，m^2；

R_T——水温修正系数；

h_1——t_1 时刻横跨试样的水头差，m；

h_2——t_2 时刻横跨试样的水头差，m；

t——从 t_1 时刻到 t_2 时刻的时间差，s。

当 $a_{in}=a_{out}=a$ 时，公式简化为式(6-18)。

$$k_{20}=\frac{a\delta}{2At}\times\ln\left(\frac{h_1}{h_2}\right)\times R_T \tag{6-18}$$

6.9.10　影响因素及注意事项

（1）试验温度

试验温度主要影响水温从而影响水的黏度，一般情况下，随着温度的升高，水的黏度降低，流动性提高，因此渗透系数和流率增大，反之则降低。为获得较为准确的20℃下的渗透系数，应采用水温修正系数进行修正。目前水温修正系数的获取途径较多，需要注意的是不同标准给出的修正系数存在较小差异，可能会给试验结果带来一定的误差。

（2）饱和条件

试验中的饱和压力和饱和时间影响 GCL 中膨润土的水化程度。提高饱和压力和延长饱和时间有利于膨润土达到饱和。压力较低或时间较短可能导致膨润土未达到饱和状态，从而使试验结果失真偏大。

（3）其他

GCL 的渗透性能的其他影响因素和土工织物渗透性能的影响因素基本一致，参见 3.15.10 节。

（4）试验注意事项

① 虽然部分标准未明确说明本方法的适用范围，但本方法不适用于中间附有土工膜或其他塑料薄膜的 GCL 产品，因为塑料薄膜或土工膜本质上是不透水的材料，在本方法规定的试验条件下，试验结果仅仅是塑料形变产生的误差而已。

② 为计算渗透系数，需测定 GCL 试样中黏土层的厚度。但试验中测量 GCL 黏土层厚度有一定难度，通常在试验结束后才能测量 GCL 黏土层厚度。由于黏土遇水后又与土工织物混合，使其厚度难以准确测量。通常的办法是，试验结束后，把取下的试样沿着直径线切开，沿着切开区域的三个不同点用卡尺对暴露的黏土

层的厚度进行测量。

③ 本方法测定的渗透系数和流率的分散性可能较大，目前各标准都无法给出可接受的偏差范围。建议实验室特别是生产企业实验室不断积累试验经验和试验数据，以不断提高产品质量控制水平。

6.10 耐静水压试验

耐静水压试验体现了 GCL 的承压能力。承压能力过低的 GCL 容易在使用压力下破坏，从而丧失防渗功能。影响 GCL 耐静水压性能的材料因素主要包括膨润土特性和 GCL 中膨润土的质量分数，因此 GCL 耐静水压性能也从一定程度体现了膨润土品质及 GCL 中包含的膨润土质量分数。

6.10.1 原理

在 GCL 一侧逐级缓慢加压直至 GCL 试样破坏，此时试样两侧压差即为 GCL 的耐静水压强度。也可在 GCL 一侧逐级缓慢加压直至试样两侧压差达到某一规定值并保持一段时间，压差的设定值取决于 GCL 的种类，时间一般为 1h，判断试样是否破坏。试样破坏与否的判据是出水口是否有水流出，有水流出则判定试样破坏，否则判定试样未破坏。

6.10.2 常用测试标准

GCL 的耐静水压试验主要按照 JG/T 193—2006 的附录 B 进行。

6.10.3 测试仪器

（1）耐静水压试验装置

一般采用渗透仪作为耐静水压试验装置，示意图如图 6-13 所示。渗透仪应该具有良好的气密性，并可以承受至少 1MPa 的压力。

（2）其他

可控制输出压力的水源、透水石、滤纸、研钵和研棒，其中对透水石和滤纸的要求参见 GCL 渗透试验。

6.10.4 试样

（1）试样规格尺寸

试样一般为圆形，直径约为 55mm。

（2）试样数量及取样位置

试样数量一般不少于 3 个，取样位置选择按照 GCL 拉伸试验进行。

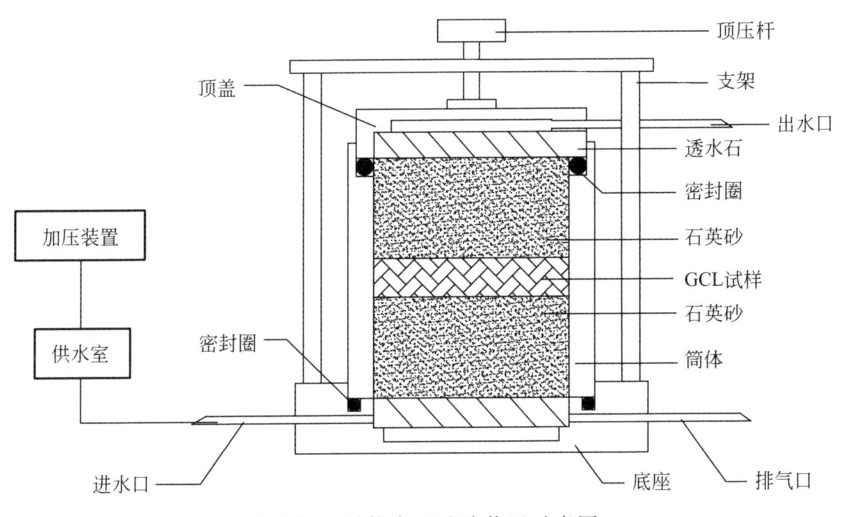

图 6-13 耐静水压试验装置示意图

（3）试样制备

GCL 耐静水压试样制备方法与渗透性能试样制备方法相同。此外从相同的 GCL 样品或生产 GCL 所用的膨润土中取一些膨润土，在研钵中研磨成粉末状待用。

6.10.5 状态调节和试验环境

与渗透性能测试类似，耐静水压试验一般无需进行状态调节。试验环境对耐静水压试验也无显著影响，但建议记录试验过程中的温度。

6.10.6 操作步骤简述

① 将透水石放在渗透仪的底部，在透水石上放置一层滤纸，套上渗透仪筒体，筒体跟底座间需加一个密封圈以增加密封性，然后在滤纸上平铺一层石英砂。

② 将裁好的 GCL 试样放在石英砂上，用前述磨好的膨润土粉末将 GCL 试样与筒体的间隙填满压实。可在试样边缘洒少许去离子水，尽量使 GCL 试样与筒壁无间隙。

③ 在试样上部依次对称地平铺石英砂、滤纸和透水石，加盖渗透仪顶盖，顶盖与筒体间使用密封圈连接密封，拧紧螺帽。

④ 打开排气口，将渗透仪与供水室相连，以适当压力给样品室供水，排出渗透仪内存气体，待排气口排出的水中无明显气泡后迅速用管夹封闭排气口。

⑤ 关闭加压阀门，让试样在不加压的状态下保持至少 30min，以使其充分水化膨胀。之后每隔 1h 打开加压阀门提高 0.1MPa 的水压，直至规定压力或出水口有水流出（试样破坏），记录该压力值下是否有渗漏或开始有水流出的时间。

6.10.7 结果计算与表示

（1）通过法

在规定压差下保持 1h 后无水流出即为无渗漏，否则记录为有渗漏，同时记录渗漏时间。

（2）破坏时间

以试样破坏时的时间作为试验结果，以 h 或 min 为单位。

6.10.8 影响因素

（1）密封性

试验过程中，密封性是影响试验成功与否的最主要因素。很多情况下，水在压力作用下并没有使试样破坏，而是从试样与筒体内壁的间隙通过，造成测试结果低于真实值。因此，裁剪的试样尺寸需尽量与筒体内径匹配。在组装试样时，用膨润土粉末填补间隙时需压紧使其密实，并喷洒少量去离子水使 GCL 试样边缘的膨润土和膨润土粉末充分水化，以减少水从试样边缘透过的可能。

（2）试验用水

相比密封性，试验用水及水温对试验结果的影响不显著。但为尽量降低试验误差，有条件的情况下，建议使用除气去离子水，并在（21±2)℃或其他约定的温度条件下进行试验。

6.11 剪切性能（直剪法）

在施工和使用过程中，GCL 常会受到平行于平面的力的作用，在 GCL 内部界面之间产生剪切力。此外，当 GCL 铺设在斜坡上时，由于不同材料接触面间的相对运动，也会产生平行于界面的剪切力或摩擦力。为了评价抵抗这种剪切力的界面间结合力的大小，引入了剪切强度和摩擦系数等概念。

直接剪切法，简称直剪法，是用来测试界面间剪切和摩擦性能的最常用的一种试验方法，其可以很方便地为用户和设计单位提供一系列测试环境下的剪切和摩擦性能参数。直剪法不仅适用于 GCL，也同样适用于各种土工合成材料与土壤、标准砂以及各种土工合成材料之间的剪切和摩擦性能的测试。本方法虽然设置在 GCL 一章中，但本节将针对所有土工合成材料进行介绍。

6.11.1 原理

将待测试样装在剪切盒内，在试样表面的法向施加一个恒定的载荷，然后以恒定的速度使组成界面的两部分沿平行于界面方向相对运动，直至界面完全破坏或界面间力恒定不变，记录这一运动过程中平行于界面方向的剪切力值及剪切盒位移等参数，从而得到土工合成材料与土壤、标准砂以及各种土工合成材料之间的剪切强度、摩擦系数等性能参数。

剪切性能和摩擦性能等实际上都是评价材料界面间性能的参数，这个界面可以由两种相同材料组成，如均为土工织物；也可以由不同的材料组成，如 GCL 与土壤或者 GCL 与土工膜等其他土工合成材料；或者由读者自行确定界面的组成。因此直接剪切法不仅适用于 GCL，也适用于其他复合型土工合成材料（土工格栅类产品除外）或实际应用中几种土工合成材料一起使用以及各种土工合成材料与土壤、标准砂等界面剪切和摩擦特性的评价。

复合型土工合成材料，如 GCL，其虽然是一个整体产品，但构成这个产品的土工合成材料，如土工织物、土工膜、膨润土等彼此间相互接触产生界面，因此可以利用直剪法评价其内部界面的剪切性能。

剪切强度、摩擦系数、摩擦角等试验结果都是通过在同一系列的直剪试验中测得的参数直接或间接得到的，来自同一种试验条件，更改试验条件，这些结果都可能发生变化。

复合型土工合成材料的剪切性能与剥离强度虽然在一定程度上都体现了其复合强度，但造成试样破坏的力的方向可能不同。

6.11.2 定义

（1）法向力（normal force）

剪切试验中，作用在试样表面且与其垂直的恒定载荷，以千牛（kN）为单位。

（2）法向应力（normal stress）

剪切试验中，单位接触面积的法向力，以千帕（kPa）为单位。

（3）剪切力（shear force）

剪切试验中，在恒定水平移动速率条件下作用在试样表面水平方向的载荷，以千牛（kN）为单位。

（4）剪切应力（shear stress）

剪切试验中，任意时刻破坏平面的单位面积上的剪切力，以兆帕（MPa）为单位。

（5）剪切强度（shear strength）

试验过程中的最大剪切应力。

（6）峰后强度（post-peak strength）

达到剪切强度后一段位移距离内，剪切应力最小值或趋近恒定时的剪切应力。

峰后强度可以等于剪切强度的峰值，也可以小于剪切强度的峰值。

（7）残余强度（residual strength）

在足够大的位移范围内，随着剪切持续进行，剪切强度已经为一基本无变化的常数时的值。

当剪切应力趋于恒定值且小于剪切强度的峰值时，峰后强度与残余强度相等。

(8) 黏附力 (adhesion)

法向应力为 0 时，两材料界面间的剪切强度。

(9) 摩擦角 (friction angle)

将不同法向应力下得到的剪切强度或峰后强度值拟合得到的直线与水平方向的夹角，常用 (°) 表示。

6.11.3 常用测试标准

表 6-23 列出了与直剪法相关的多个标准号、名称及其适用范围。

表 6-23 直剪法常用的方法标准

序号	标准号	标准名称	适用范围	备注
1	SL 235—2012	土工合成材料测试规程	各种土性和状态的土与各类土工织物和土工膜(土工格栅除外)及这些材料间的界面剪切与摩擦特性	31 直剪摩擦试验
2	ISO 12957-1:2018	Geosynthetics-Determination of friction characteristics-Part 1: Direct shear test	各种土工合成材料与标准砂、各种土工合成材料与土或另一种土工合成材料间的界面剪切与摩擦特性	
3	ASTM D6243/D6243M-20	Standard test method for determining the internal and interface shear resistance of geosynthetic clay liner by the direct shear method	GCL 内部及 GCL 与相邻材料间界面剪切与摩擦特性	
4	GRI GCL 4—2013	Standard guide for "gripping of reinforced GCLs to end platens during direct (interface) shear testing"	土工织物复合的 GCL 的界面剪切与摩擦特性	
5	ASTM D5321/D5321M-21	Standard test method for determining the shear strength of soil-geosynthetic and geosynthetic-geosynthetic interfaces by direct shear	各种土工合成材料与土及这些材料间的界面剪切与摩擦特性	

6.11.4 测试仪器

剪切试验主要测试仪器是直剪仪，其一般由剪切盒、法向载荷系统、水平加载系统和测量系统等几部分组成。

（1）剪切盒

一般为正方形或长方形框，框边长不小于 300mm，深度不小于 50mm。剪切盒由上下两个可分离的部分组成，试验时将两种土工合成材料或土工合成材料与土壤/标准砂分别固定在上下剪切盒上。典型的试样放置示意图如图 6-14 和图 6-15 所示。

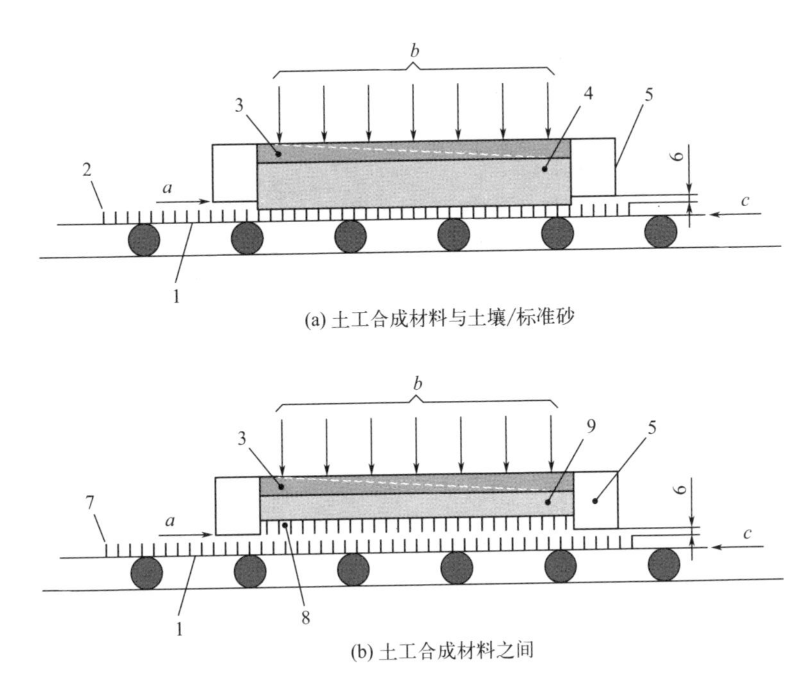

(a) 土工合成材料与土壤/标准砂

(b) 土工合成材料之间

图 6-14　恒面积型试样放置示意图

1—刚性底座；2—土工合成材料试样；3—加载系统；4—土壤/标准砂；5—剪切盒；6—适当的间隙；7—1 号土工合成材料试样；8—2 号土工合成材料试样；9—刚性垫板；*a*—水平接触面；*b*—正应力；*c*—水平力

（2）法向载荷系统

能够向试样提供法向恒定载荷，法向力值精度偏差不超过±2%，法向载荷可由高压气源、液压或配重等方式提供。

（3）水平加载系统

能够以恒定的水平位移速率对试样提供剪切力，位移速率偏差不超过±10%，推荐位移速率范围为 0.005～6.35mm/min，以适应不同标准的要求。

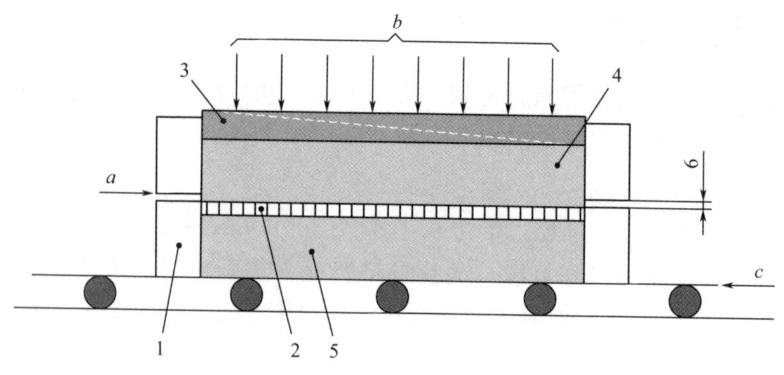

(a) 土工合成材料与土壤/标准砂

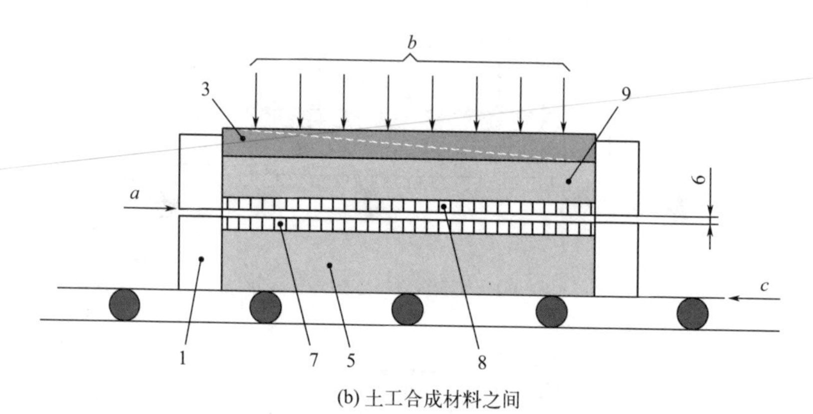

(b) 土工合成材料之间

图 6-15　面积减少型试样放置示意图

1—刚性底座；2—土工合成材料试样；3—加载系统；4—土壤/标准砂；5—下刚性垫板；6—适当的间隙；7—1 号土工合成材料试样；8—2 号土工合成材料试样；9—上刚性垫板；*a*—水平接触面；*b*—正应力；*c*—水平力

（4）测量系统

可测量水平剪切力，测量精度在±2%范围内。

可连续测量和记录水平剪切位移，必要时可测量和记录法向位移。水平位移测量量程至少 75mm，精度为 0.02mm；法向位移测量量程至少 25mm，精度为 0.002mm。

6.11.5 试样

（1）试样规格尺寸

试样为方形或矩形，形状及尺寸由剪切盒的规格决定，以能够牢固夹持在剪切盒上为宜，剪切时以保持表面平整为宜。通常采用纵向试样进行试验，也可由相关方商定是否需要横向试样。试样表面应无明显缺陷。

（2）试样数量及取样位置

至少制备三组试样，取样位置可参考本书相关章节。

（3）试样制备

各种土工合成材料的试样制备方法有所不同，请参考本书相关章节。

6.11.6 状态调节和试验环境

试样的状态调节和试验环境对剪切性能测试结果有很大影响，特别是对含有膨润土的GCL、土工合成材料与土壤之间的测试，因此最好由相关方商定状态调节及试验条件。多数相关标准对此没有详细的规定，一般情况下可采用相关的土工合成材料状态调节和试验环境条件，如表6-24所示。

表6-24 剪切性能测定对状态调节和试验环境的要求

序号	标准号	状态调节	试验环境
1	SL 235—2012	温度(20±2)℃，相对湿度(60±10)%，时间24h	温度(20±2)℃，相对湿度(60±10)%
2	ISO 12957-1:2018	温度(20±2)℃，相对湿度(65±2)%，时间以连续称量试样质量差小于0.25%为准	温度(20±2)℃，相对湿度(65±2)%
3	ASTM D6243/D6243M-20	保持试样接收状态的湿度，或根据GCL产品标准或规范确定	未规定
4	ASTM D5321/D5321M-21	土工合成材料标准试验条件，或根据GCL产品标准或规范确定，一般情况下不控湿，涉及土壤的状态调节由相关方商定	未规定

6.11.7 试验条件的选择

（1）试样的结构

根据需要确定试样1和试样2的组成及结构以及组成剪切面的试样方向。

（2）夹具类型

之所以将夹具类型的选择作为试验条件之一进行论述，是因为不同的土工合成材料剪切试验可能需要配置不同的试验夹具。试验前应根据土工合成材料的特点选择适宜的夹具，夹具不应干扰剪切面，应使试样在剪切时保持平整，且试样在试验过程中不产生非均匀位移，试样不在剪切面外发生拉伸断裂。

（3）土和标准砂

测定土工合成材料与土壤界面性能时，需确定土壤的干燥密度、含水量和压实度。

测定土工合成材料与标准砂界面性能时，需确定标准砂级配，包括粒径及筛余量。推荐的标准砂密度为1750kg/m^3。

对于 GCL 还需要分别确定 GCL 润湿、浸湿/水化和固结的条件和方式。除非另有规定，一般 GCL 应事先充分水化，再转移到剪切盒进行测试。

（4）法向力

可选的法向力为 50kPa、100kPa、150kPa、200kPa，也可根据工程设计或相关方商定选择法向力。

（5）水平位移速率

根据相关标准规定选择水平位移速率（见表 6-25），但由于实际工程应用环境各不相同，因此建议根据工程设计或实际情况确定。

表 6-25　水平位移速率

序号	标准号	水平位移速率	备注
1	SL 235—2012	砂土：0.5mm/min；黏性土：0.5～1.0mm/min	
2	ISO 12957-1：2018	(1.0±0.2)mm/min，当土壤渗透性较低(d_{10}<0.075mm)时，选择远小于 1.0mm/min 的 0.005～1.0 mm/min	
3	ASTM D6243/D6243M-20	由相关方商定，但相对较小以便在失效时不存在显著的多余孔隙压力	
4	ASTM D5321/D5321M-21	由相关方商定，但相对较小以便在失效时不存在显著的多余孔隙压力，无规定时采用最大 5mm/min 的速率	

6.11.8　操作步骤简述

根据测试样品界面的不同，试验步骤有所不同，可分为：复合型土工合成材料内部界面剪切试验、土工合成材料间界面剪切试验和土工合成材料与土壤界面剪切试验。

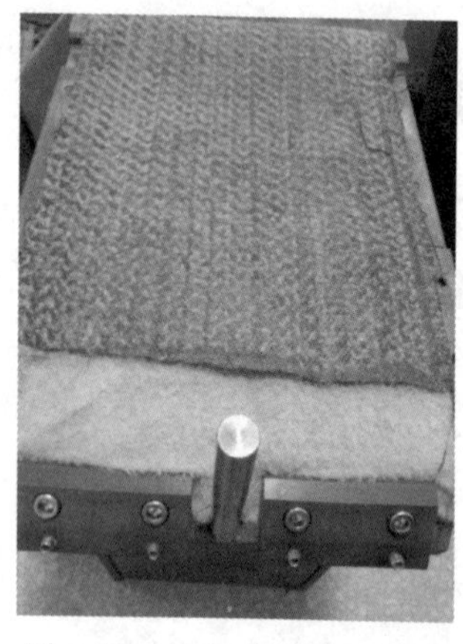

图 6-16　GCL 内部界面剪切试验试样安装示意图

（1）复合型土工合成材料内部界面剪切试验（以 GCL 为例）

① 裁剪 GCL 试样使其宽度与剪切盒宽度一致，长度应长于剪切盒。沿长度方向在 GCL 试样的两端均预剥一段距离。

② 将预剥好的 GCL 试样进行水化处理，充分水化后将其小心转移到剪切盒上。将下层土工织物预剥好的一端固定在剪切盒下半部分，如图 6-16 所示。然后将上层土工织物预剥好的另一端固定在上剪切盒上，GCL 试样必须平整无褶皱，组装好剪切盒，放入直剪仪中。

③ 根据 GCL 厚度调整放置刚性垫板的数量，缓

慢增加法向应力载荷，可在开始时施加一较小的法向应力并保持一段时间，使GCL中的膨润土固结，以免挤出膨润土，然后再继续施加法向应力直至规定值。待达到预设的法向应力值后，观察法向位移表直到试样达到平衡状态。

④ 调整水平位移表的位置并清零，根据6.11.7（5）选择位移速率，施加水平方向的剪切应力使上下剪切盒带动GCL的上下土工合成材料缓慢地以恒定速率相对运动。

⑤ 记录剪切力值和水平位移距离，通常水平位移超过75mm或者达到其他规定距离可停止试验。

⑥ 试验结束后，撤去法向应力，取下试样仔细观察其剪切面，判断破坏类型。试样的破坏类型主要有完全分离和在夹具处发生断裂两种，如果某一试样的破坏类型与其他试样不同，应增加试验次数。

⑦ 从破坏后的GCL试样中心部位取出膨润土，测试其中的含水量。

⑧ 以施加的剪切应力对剪切盒位移作一条曲线，得到水平方向上的剪切强度、峰后强度等参数。

⑨ 根据工程实际应用环境，至少选择另外两个不同的法向应力载荷，重复上述操作步骤。

（2）土工合成材料间界面剪切试验

① 将土工合成材料试样固定在下剪切盒，GCL试样应进行必要的水化，保持试样平整无褶皱。

② 将其他土工合成材料用夹具固定在上剪切盒，如图6-17所示。

图6-17　土工合成材料间界面剪切试验试样安装示意图

③ 组装好剪切盒放入直剪仪中。根据土工合成材料的厚度调整放置刚性垫板的数量，缓慢增加法向应力载荷。可在开始时施加一较小的法向应力并保持一段时间，对GCL试样应使膨润土固结，然后再继续施加法向应力，以免挤出膨润土。待达到预设的法向应力值后，观察法向位移表直到试样达到平衡状态。

④ 调整水平位移表的位置并清零，根据6.11.7（5）选择位移速率，施加水

平方向的剪切应力使上下剪切盒带动两种土工合成材料分别缓慢地以恒定速率相对运动。

⑤ 记录剪切力值和水平位移距离，通常水平位移超过 75mm 或者达到其他规定距离才可停止试验。

⑥ 试验结束后，撤去法向应力，取下试样判断其破坏类型，如果某一试样的破坏类型与其他试样不同，应增加试验次数。

⑦ 对 GCL 试样，应从破坏后的 GCL 试样中心部位取出膨润土，测试其中的含水量。

⑧ 以施加的剪切应力对剪切盒位移作一条曲线，得出水平方向上的剪切强度、峰后强度等参数。

⑨ 根据工程实际应用环境，至少选择另外两个不同的法向应力载荷，重复上述操作步骤。

（3）土工合成材料与土壤界面剪切试验

① 将土工合成材料试样固定在下剪切盒，GCL 试样应进行必要的水化，保持试样平整无褶皱。

② 在上剪切盒中放置试验用土或标准砂。试验用土最好从工程现场实地取样，并按照实际环境压实至规定的密度和含水量，压实过程中注意避免破坏土工合成材料试样。土层厚度取颗粒直径的 5 倍或 25mm 中的高值。

③ 组装好剪切盒放入直剪仪中。根据土工合成材料和土层厚度调整放置刚性垫板的数量，缓慢增加法向应力载荷。可在开始时施加一较小的法向应力并保持一段时间，使土固结，然后再继续施加法向应力，以免土层中的土被挤出。待达到预设的法向应力值后，观察法向位移表直到试样达到平衡状态。

④ 调整水平位移表的位置并清零，根据 6.11.7（5）选择位移速率，施加水平方向的剪切应力使上下剪切盒带动土层和土工合成材料试样分别缓慢地以恒定速率相对运动。

⑤ 记录剪切力值和水平位移距离，通常水平位移超过 75mm 或者达到其他规定距离才可停止试验。

⑥ 试验结束后，撤去法向应力，取下试样判断其破坏类型，如果某一试样的破坏类型与其他试样不同，应增加试验次数。

⑦ 取出土样，测试其含水量。

⑧ 以施加的剪切应力对剪切盒位移作一条曲线，得到水平方向上的剪切强度、峰后强度等参数。

⑨ 根据工程实际应用环境，至少选择另外两个不同的法向应力载荷，重复上述操作步骤。

6.11.9 结果计算与表示

(1) 土壤特性

当测试土壤与土工合成材料剪切性能时，根据需要，计算土样的初始含水率、最终含水率、单位质量等参数。

(2) 表观剪切应力

表观剪切应力按照公式(6-19) 进行计算：

$$\tau = F_s / A_c \tag{6-19}$$

式中 τ——剪切应力，kPa；

F_s——剪切力，kN；

A_c——剪切面积（试样间接触面积），m^2。

(3) 作图法

将剪切强度或峰后强度对法向应力值作图。将在不同法向应力下得到的剪切强度或峰后强度值在坐标图上标出，各点拟合得到一条直线，其斜率即为复合型土工合成材料内部界面或土工合成材料与其他材料接触界面的摩擦角正切值。该直线在 Y 轴的截距即为复合型土工合成材料内部界面或土工合成材料与土壤、标准砂以及各种土工合成材料界面间的结合力。需要注意的是坐标图的横轴（法向应力）和纵轴（剪切应力）应取相同的标尺。

各参数间关系如公式(6-20)：

$$\tau = c + \sigma_n \times \tan\Phi \tag{6-20}$$

式中 τ——剪切强度或峰后强度，kPa；

σ_n——法向应力，kPa；

Φ——摩擦角，(°)；

c——结合力，kPa。

早期版本的 ASTM D5321 曾使用过摩擦系数的概念，其计算方式与摩擦角的正切值相同。目前国内一些标准和工程设计仍常沿用摩擦系数这一概念。然而，根据 SL/T 235—2012，界面摩擦系数应按式(6-21) 计算，

$$\mathrm{f} = \frac{\tau}{\sigma_n} \tag{6-21}$$

式中 f——界面摩擦系数；

τ——对应于 σ_n 的破坏剪切强度，kPa；

σ_n——法向应力，kPa。

由式(6-21) 可知，该摩擦系数的计算并未有将各点拟合直线的过程，实际在每个法向应力下都可计算得到一个摩擦系数。通过实际试验发现，对于某些界面，不同法向应力下得到的摩擦系数差异较大，因此本书不推荐式(6-21) 给出的摩擦

系数计算方式，并提醒读者注意谨慎使用这一概念。

通常，复合型土工合成材料内部界面剪切试验，在得到剪切应力峰值后由于试样的破坏，剪切应力常衰减趋近于一相对较小的值；而GCL与其他土工合成材料间的剪切应力测试，界面间在达到一个极值后会降低至一个常数，即峰后应力值，达到峰后应力值后随着剪切盒水平位移的增加，剪切应力不再发生明显变化。

6.11.10 影响因素及注意事项

（1）法向应力

理论上法向应力的选择不会影响界面间的剪切性能或摩擦性能，但过低的法向应力可能导致土工合成材料在试验过程中不能保持平整，过高的法向应力又可能破坏土工合成材料本身的结构。因此法向应力应选择在一合理的范围内，且不同法向应力的力值间不应相差过小。

（2）水平位移速率

复合型土工合成材料内部界面剪切试验，水平位移速率越大，其剪切强度也越大；而水平位移速率对土工合成材料与其他材料接触界面间的剪切应力也存在一定影响，比较土工合成材料与其他材料接触界面间剪切性能的重要前提是在相同的水平位移速率下。

（3）土工合成材料的接触面

由于生产工艺等原因，一些土工合成材料的两个表面存在差异，甚至同一表面的不同方向也存在差异，例如喷糙工艺生产的土工膜其糙点分布在土工膜的横纵向是有差异的。因此在进行土工合成材料与其他材料接触界面间的剪切测试时，应关注所接触的两个测试面的类型和方向，并在试验记录中注明。

（4）含水量

水的存在会影响土工合成材料或砂土的表面性质，因此土工合成材料或砂土的含水量以及界面间的润湿程度都会影响复合型土工合成材料内部界面或土工合成材料与其他材料接触界面间的剪切性能，但这种影响与组成界面材料的具体种类有关。

（5）试验注意事项

① 直剪法测试得到的结合力、摩擦系数等结果与试验选取的实际条件等参数有关，是施加的法向应力、材料特性、试样尺寸、含水量、水化程度、位移速率、位移距离等参数的函数。

② 直剪法测得的剪切应力是复合型土工合成材料内部或土工合成材料与其他材料界面间的总应力，该应力可能是诸如滑动、滚动、不同部分互锁等产生的合力。

③ 直剪法测试的结果不是两种材料间的本征参数，而是一系列条件下的函

数。这些条件包括使用的土工合成材料的种类和材质，试样的叠加方式和水化程度，施加的法向应力和剪切应力，试样在剪切盒的安装方式，水平位移速率以及其他因素。试验后应该仔细检查剪切面以及界面破坏形式，以确保得到的是需要的真实结果。

④ 多次重复试验或不同实验室间进行结果比对时，由于试样制备、试样表面质量、安装等可能存在差异，即使剪切强度或峰后强度大致相同，也可能出现剪切强度或峰后强度对应的位移距离不同，因此应该注意重复试验或不同实验室比对试验时，规定位移下得到的剪切应力可能会有所不同。

参考文献

[1] 刘宗耀，等．土工合成材料工程应用手册［M］．2版．北京：中国建筑工业出版社，2000.

[2] GRI GCL3—2019. Standard Specification for "Test Methods, Required Properties, and Testing Frequencies of Geosynthetic Clay Liners (GCLs).

[3] JG/T 193—2006. 钠基膨润土防水毯．

[4] CJJ 113—2007. 生活垃圾卫生填埋场防渗系统工程技术规范．

[5] GB/T 20973—2007. 膨润土．

[6] GB/T 20973—2020. 膨润土．

[7] ASTM D5889/D5889M-18 (2022). Standard Practice for Quality Control of Geosynthetic Clay Liners.

[8] ASTM D6495/D6495M-18 (2022). Standard Guide for Acceptance Testing Requirements for Geosynthetic Clay Liners.

[9] SL 235—2012. 土工合成材料测试规程．

[10] JTG E50—2006. 公路工程土工合成材料试验规程．

[11] ASTM D5993—18 (2022). Standard Test Method for Measuring Mass per Unit Area of Geosynthetic Clay Liners.

[12] GB/T 13762—2009. 土工合成材料 土工布及土工布有关产品单位面积质量的测定方法．

[13] ISO 9864: 2005. Geosynthetics-Test Method for the Determination of Mass per Unit Area of Geotextiles and Geotextile-Related Products.

[14] 王继库，张金明，王春莲，等．天然钠基膨润土膨胀性增强研究及其在防水方面的应用［J］．山东化工，2011，40（8）：4-7.

[15] 韩红青，朱岳．膨润土改性及其应用研究［J］．无机盐工业，2011，43（10）：5-8.

[16] 陈洪，李国富．膨润土防水材料的防水机理及基本性能指标的测定［J］．徐州工程学院学报（自然科学版），2009，24（2）：38-40.

[17] GB/T 10590—2006. 高低温/低气压试验箱技术条件．

[18] GB/T 10591—2006. 高温/低气压试验箱技术条件．

[19] GB/T 10592—2023. 高低温试验箱技术条件．

[20] GB/T 11158—2008. 高温试验箱技术条件．

[21] GB/T 29251—2012. 真空干燥箱．

[22] GB/T 30435—2013. 电热干燥箱及电热鼓风干燥箱．

[23] HG/T 5229—2017. 热空气老化箱．

[24] ASTM D5890-19. Standard Test Method for Swell Index of Clay Mineral Component of Geosynthetic Clay Liners.
[25] GB/T 5005—2010. 钻井液材料规范 .
[26] JC/T 593—1995. 膨润土试验方法 .
[27] ASTM D5891/D5891M-19. Standard Test Method for Fluid Loss of Clay Component of Geosynthetic Clay Liners.
[28] ASTM D6141-18（2022）. Standard Guide for Screening Clay Portion and Index Flux of Geosynthetic Clay Liner（GCL）for Chemical Compatibility to Liquids.
[29] 曾涵荟 . 膨润土的吸蓝量测试方法探讨 [J] . 中国非金属矿工业导刊，2022，153（3）：70-73.
[30] ASTM D6768/D6768M-20. Standard Test Method for Tensile Strength of Geosynthetic Clay Liners.
[31] GB/T 15788—2017. 土工合成材料产品宽条拉伸试验 .
[32] ISO 10319：2015. Geosynthetics-Wide-Width Tensile Test.
[33] ASTM D 5887/D5887M-23. Standard Test Method for Measurement of Index Flux Through Saturated Geosynthetic Clay Liner Specimens Using a Flexible Wall Permeameter.
[34] ASTM D6766-20a. Standard Test Method for Evaluation of Hydraulic Properties of Geosynthetic Clay Liners Permeated with Potentially Incompatible Aqueous Solutions.
[35] ISO 12957-1：2018. Geosynthetics-Determination of Friction Characteristics-Part 1：Direct Shear Test.
[36] ASTM D6243/D6243M-20. Standard Test Method for Determining the Internal and Interface Shear Resistance of Geosynthetic Clay Liner by the Direct Shear Method.
[37] ASTM D5321-02 Standard Test Method for Determining the Coefficient of Soil and Geosynthetic or Geosynthetic and Geosynthetic Friction by Direct Shear Method.
[38] GRI GCL 4—2013. Standard Guide for “Gripping of Reinforced GCLs to End Platens During Direct（Interface）Shear Testing”.
[39] ASTM D5321/D5321M-21. Standard Test Method for Determining the Shear Strength of Soil-Geosynthetic and Geosynthetic-Geosynthetic Interfaces by Direct Shear.

第 7 章
土工导排网

在垃圾填埋场、铁路、公路等基础工程建设中，工程的寿命和安全状况与其排水系统的优劣关系密切。土工导排网作为一种新型的土工导排水材料，能够较为迅速地将工程中的积水导排出去，并在高荷载下阻断毛细水，同时还能起到隔离和加固地基的作用，因此目前已经越来越广泛地应用于各类工程的导排水系统中，部分替代传统的砂砾和砾石层。

土工导排网（drainage geonet），也称为土工排水网，是指以高密度聚乙烯等聚烯烃树脂为主要原料，由两层或三层各自平行的肋条以一定的角度交叉而成的三维网状结构材料，是具有并排连续排水通道的导排水材料。

土工导排网极少单独使用，一般都是和其他土工合成材料复合使用，这类产品被称为土工复合导排网（geonet drainage geocomposite）。较为常见的土工复合导排网是导排网与土工织物复合的产品，也称为导排水垫（drainage geonet mat），其中土工织物可以起到过滤防护作用从而避免土工导排网被淤泥、碎石等物体阻塞或被尖锐物品损伤。除此之外土工导排网也可与无纺土工织物和土工膜复合，从而进一步提高材料的防渗效果。

土工导排网（垫）可以根据不同的方法进行分类：

① 土工导排网（垫）按其结构分为两肋导排网（垫）和三肋导排网（垫），之下还可以继续划分为单面复合土工织物的导排网（垫）和双面复合土工织物的导排网（垫）。

② 土工导排网（垫）按其耐候性能的优劣可分为耐候型导排网（垫）和非耐候型导排网（垫）。

③ 土工导排网（垫）按其耐酸碱性能的不同可分为耐酸碱型导排网（垫）和非耐酸碱型导排网（垫）。

目前与土工导排网相关的标准并不多，如表 7-1 所示。

表 7-1　土工导排网相关的产品标准或规范

序号	标准号	标准名称	备注
1	GB/T 19470—2004	土工合成材料 塑料土工网	
2	GB/T 40441—2021	导排水垫	
3	CJ/T 452—2014	垃圾填埋场用土工排水网	
4	ASTM D7273/7273M-08(2020)	Standard guide for acceptance testing requirements for geonets and geonet drainage geocomposites	

土工导排网的性能检测主要包括密度、厚度、炭黑含量及其分散度、氧化诱导时间、灰分和拉伸性能。复合型土工导排网产品性能检测时除分别对导排网和其他土工合成材料进行检测外，还需要对复合产品的拉伸性能、剥离强度、纵向导水率、耐候性能和耐酸碱性能进行检测。

其中，土工导排网的密度和炭黑含量等测试方法与土工膜类似；土工复合导排网的力学性能等测定方法与土工织物、GCL 等相同，可参考本书土工织物和 GCL 的测试部分。本章将只着重介绍土工导排网最重要的性能——纵向导水率。

此外，与土工导排网类似的产品还有土工网（geonet），但其不具有土工导排网的连续排水通道结构，性能测试也较为简单，因此不做介绍。

7.1　纵向导水率

土工导排网的主要作用是按一定方向引导水流并连续排水，因此导水率是其关键性能。导排水性能优异的土工导排网不仅要具有良好的设计结构，而且还需要选择适宜的材料使产品具有一定的持续抗压性能，只有这样才不会使产品在上部压力的作用下导排水通道的截面积显著减小或土工织物显著侵入导排水通道，从而导致导排水效率的降低。纵向导水率试验过程中在垂直于试样平面方向施加了一个法向载荷，因此该试验较好地表征了产品在压力条件下水平方向的导排水性能。其他土工合成材料的水平渗透性能的测试也可参照此方法进行。

7.1.1　原理

纵向导水率试验是模拟土工导排网的实际使用条件而设计的试验，首先在垂直于土工导排网的表面方向施加一个法向载荷，使其受力压缩，再在导排网的两端提供一个水头差，形成一定的水力梯度，使水流以层流状态沿着导排网的连续排水通道通过，测量一定时间内通过试样的水的体积，从而计算单位时间、单位载荷、单位水力梯度下流过土工导排网单位宽度的水的体积。

7.1.2 定义

（1）平面内流动（in-plane flow）

在土工合成材料内部，流体平行于材料平面的流动。

（2）层流（laminar flow）

从字面上讲，层流是指流体在流动过程中，流体的质点运动轨迹（流线）相互平行，呈分层有次序的滑动状况，是流体流动的一种稳定状态。当流体流速较小时，流体保持分层平行流动，各层流之间只做相对滑动，互不混合，流体微团轨迹没有不规则脉动，相邻层间只有分子热运动的动量交换。ASTM 相关标准给出的定义是水头差与流速成比例的流动。

（3）平面水流量（in-plane water flow capacity）

在一定法向载荷和水力梯度下，单位时间内通过单位宽度试样的体积流量，以 L/(m·s) 或 m^2/s 为单位。

（4）纵向导水率（longitudinal transmissivity）

一定法向载荷和水力梯度下，单位时间内通过单位宽度试样的平面内体积流量，以 m^2/s 为单位。

在完全的层流状态下，平面水流量和纵向导水率是相同的，但在实际应用及试验过程中，非层流流动不可避免，因此采用平面水流量更严谨，但在土工合成材料行业特别是导排网应用领域，更习惯采用纵向导水率。

（5）水力梯度（hydraulic gradient）

土工合成材料试样上下两表面测量点间水头差与其距离之比。

7.1.3 常用测试标准

土工导排网纵向导水率常用的测试标准如表 7-2 所示。

表 7-2 土工导排网纵向导水率常用的测试标准

序号	标准号	标准名称	备注
1	GB/T 17633—2019	土工布及其有关产品 平面内水流量的测定	MOD ISO 12958:2010
2	GB/T 40441—2021	导排水垫	附录 B
3	CJ/T 452—2014	垃圾填埋场用土工排水网	附录 A
4	ISO 12958-1:2020	Geotextiles and geotextile-related products-Determination of water flow capacity in their plane-Part 1:Index test	
5	ISO 12958-2:2020	Geotextiles and geotextile-related products-Determination of water flow capacity in their plane-Part 2:Performance test	
6	ASTM D4716/D4716M-22	Standard test method for determing the(in-plane)flow rate per uint width and hydraulic transmissivity of a geosynthetic using a constant head	

国外土工合成材料测试方法通常分为 index test 和 performance test 两种，国内并无对应的称谓。两种试验的原理、定义是一致的，在其他方面也没有本质的差异，一般情况下 index test 是在规定的试验条件下进行试验，可以用于材料的性能对比、验货等，而 performance test 则是针对在实际应用条件下材料的性能试验，可以用来考察材料在实际应用条件下的性能，由此可以将 index test 和 performance test 分别称为规定条件试验和应用条件试验。本节中 ISO 12958-1：2020 为规定条件试验，ISO 12958-2：2020 为应用条件试验，而 ASTM D4716/D4716M-22 既可以进行规定条件试验也可以进行应用条件试验。

7.1.4 测试仪器

纵向导水率测试仪示意图如图 7-1 所示。

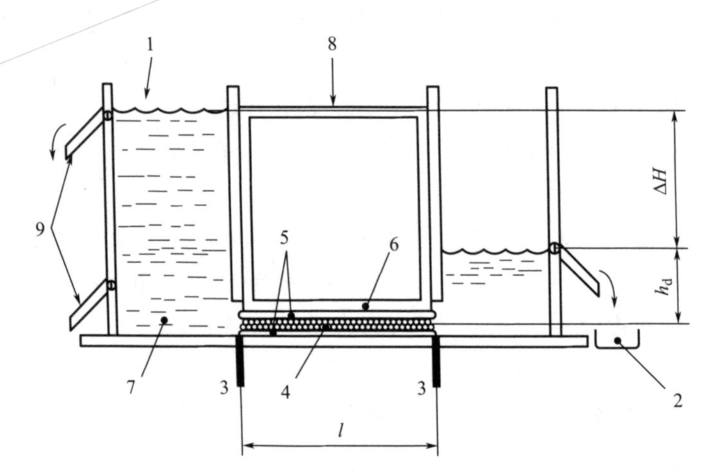

图 7-1 纵向导水率测试仪示意图

1—供水；2—集水装置；3—上下游液位计；4—试样；5—隔膜；6—加载平台；7—储水罐；8—法向载荷；9—溢流装置；l—有效流动长度；ΔH—水头差；h_d—下游水头

（1）供水装置

为整个设备提供稳定的水源，一般配置有储水量较大的储水罐，储水罐高度一般应远高于试样平面，一般情况下不小于试样的长度。供水装置应同时配有进水口、稳定液面高度的溢流堰和出水口。

（2）水头差测量装置

在试样的进水口和出水口分别配置有液位计或其他水位测量装置，以获得试验时试样两端的水头差。

（3）底座和样品室

用于支撑上部试验装置和放置试样。底座材质一般为金属以具有良好的刚性可以承受法向载荷，其底部和侧面光滑平坦，能够容纳足够大面积和厚度的试样。

配置有可上下移动的上平板并与施加法向载荷的装置相连。底部表面和底座侧面之间的所有接缝应不透水，且不阻碍水在平面内流过试样，即只能使水在试样内部水平流动或层流，而不会从其他位置流出。试样包含土工织物时，与试样接触的所有表面覆盖一层较薄的低压缩橡胶材料，以确保密封良好。

（4）法向载荷装置

可施加规定的法向载荷，一般情况下可提供10～500kPa的法向应力以满足规定条件试验和应用条件试验所需的法向应力。精度应满足相关标准要求。

常见的加载方式包括配重、液压活塞或气动波纹管等。不同标准对测试仪器精度的要求如表7-3。

（5）集水装置

经试样流出的水由集水装置收集计量，如集水槽。水流量的测量可通过带刻度的容器（如量杯、量筒）手动收集后再读取并加和水流量，也可以采用自动计量装置自动记录水流量。

（6）橡胶板（可选）

根据实际应用情况，与试样接触的材料可为切割成适宜尺寸的橡胶板。橡胶板可加在试样一侧或两侧，以模拟土工合成材料附近的土壤条件。通过选用不同压缩性能和厚度的橡胶板，可以模拟不同的土壤条件。橡胶板不应允许水流通过，其放置在底座底部整个长度和宽度方向上且不应导致橡胶板周围存在连续的流动通道。橡胶板的厚度应至少为试样厚度的2倍，试验后应对橡胶板进行检查，若厚度减少达到20%及以上或表面出现压痕或损坏，则应及时更换。

（7）温度计

用于水温的测定。

（8）带刻度容器

容量适宜的量杯或量筒，用于手动型仪器水流量的测量。

7.1.5 试验用水

建议采用脱气水或储水罐中的水，水温恒定，如（21±2）℃或18～22℃。储水罐应加盖，以避免灰尘等杂质进入储水罐影响水的黏度、阻碍水的流动，必要时应对水进行过滤处理。

水流量大于0.3L/(m·s)时，可采用自来水，但应考虑水中气泡的影响。

7.1.6 试样

（1）试样规格尺寸

试样宽度一般在300mm左右，为了与仪器尺寸相匹配且无缝隙避免漏流，试样尺寸偏差不应为负，常用标准规定的试样规格尺寸见表7-4。

表 7-3 不同标准对测试仪器精度的要求

序号	标准号	法向载荷			水头测量精度	水力梯度	样品室空间	秒表	温度计
		精度	量程	测量精度					
1	GB/T 17633—2019	±5%	约 200kPa	1%	1mm	0.1～1.0	宽度至少为 0.2m，最小净水力长度应为 0.3m，可放置试样最大厚度为 50mm	0.1s	0.2℃
2	GB/T 40441—2021	±1%	100～2000kPa	未规定	未规定	0.1	未规定	未规定	未规定
3	CJ/T 452—2014	±1%	10～500kPa	未规定	未规定	0.1	未规定	未规定	未规定
4	ISO 12958-1:2020	±5%	约 200kPa	5%	1mm	0.1～1.0	宽度至少为 0.2m，最小净水力长度应为 0.3m，可放置试样最大厚度为 50mm	0.1s	0.5℃
5	ISO 12958-2:2020	±5%	≥20kPa	1%或 1kPa 中的高值	1mm	0.02～1.0	宽度至少为 0.2m，最小净水力长度应为 0.3m，可放置试样最大厚度为 50mm	0.1s	0.5℃
6	ASTM D4716/D4716M-22	±1%	10～500kPa	未规定	1mm	0.05～1.0	305mm×305mm	未规定	0.2℃

（2）试样数量及取样位置

试样数量见表 7-4。应用条件试验试样的数量及取样位置可由相关方商定。

表 7-4 纵向导水率试样规格尺寸、数量及其取样位置

序号	标准号	试样尺寸	试样数量	取样位置
1	GB/T 17633—2019	长度至少 300mm，宽度至少 200mm	横纵或导排水方向各 3 个，单侧导排产品两侧每方向 3 个	未规定
2	GB/T 40441—2021	300mm×350mm	3 个，纵向	未规定
3	CJ/T 452—2014	300mm×350mm	3 个，未明确是否区分纵横向	未规定
4	ISO 12958-1：2020	长度至少 300mm，宽度至少 200mm	横纵或导排水方向各 3 个，单侧导排产品两侧每方向 3 个	沿产品宽度方向等间距取样
5	ISO 12958-2：2020	长度 350_{0}^{+10}，宽度与仪器匹配	横纵或导排水方向各 3 个，单侧导排产品两侧每方向 3 个	沿产品宽度方向等间距取样
6	ASTM D4716/D4716M-22	宽度小于 305mm 产品：实际宽度×350mm 宽度不小于 305mm 产品：300mm×350mm	横纵或导排水方向各 2 个	距边缘 1/3 宽度处；土工织物取样参考垂直渗透性能

（3）试样制备

条件允许情况下，采用冲裁的方式进行试样制备，以使试样尺寸精准，避免漏流。

7.1.7 状态调节和试验环境

由于水温的波动可能导致试验误差，因此试验前对试样的温度进行状态调节并在控温条件下进行试验有利于提高结果的精度。纵向导水率试验一般无需湿度调节和控湿的试验环境，但试验前试样一般在控温条件下的水中浸泡至少 12h，必要时可采用含有润湿剂的水。

7.1.8 试验条件的选择

最常用的条件包括法向应力、水力梯度和试验温度，常用标准的试验条件如表 7-5 所示。

7.1.9 操作步骤简述

① 根据要求或由相关方商定确定是否放置橡胶板。

表 7-5　纵向导水率试验条件

序号	标准号		法向应力/kPa		水力梯度/kPa	集水		水温/℃
			初始	试验		时间	水量	
1	GB/T 17633—2019		2	20	0.1,1.0	至少 5s	至少 0.5L,若 600s 内收集水量仍小于 0.5L,则记录 600s 的水量	18～22
2	GB/T 40441—2021		—	250,500,1000	0.1	5～600s	0.5L	20±2
3	CJ/T 452—2014		—	500	0.1	15min	0.5L	21±2
4	ISO 12958-1:2020		2～10	20	0.1,1.0	至少 5s	至少 0.05L	18～22
5	ISO 12958-2:2020		—	商定	0.02,0.1,0.5,1.0	至少 5s	至少 0.5L,若 600s 内收集水量仍小于 0.5L,则记录 600s 的水量	18～22
6	ASTM D4716/D4716M-22	规定条件	5～10	10，25，50，100，250,500	0.05，0.10，0.25，0.50,1.0	15min(小流速)或30s(较大流速)	0.5L	21±2
		应用条件		根据实际情况，至少 3 个应力水平，其中至少 1 个高于设计压力，1 个低于设计压力	最大 0.1kPa 用于模拟压力流动条件的试验；最大 1.0kPa 用于模拟重力流动条件的试验			

② 将试样平整插入样品室中，确保样品没有任何褶皱。

③ 在样品室上平板上先施加一个较小的应力，使试样固定在样品室中，并与上下平板接触。向储水罐中缓慢注水，使水流通过试样，排出气泡，保持试样处于浸透状态。

④ 检查是否出现边界漏水的情况，如发现漏水应重新施加法向应力或更换试样重新开始试验。

⑤ 缓慢增加法向应力至规定值，保持一段时间。

⑥ 调整试样上游液面高度，使试样两端达到规定的水力梯度，保持一段时间。

⑦ 待试样中出现持续平稳水流以后，在试样下游收集一定时间内流过试样的水，连续测定 3 次，3 次读数的时间间隔至少为 15s，计算平均值。

⑧ 根据标准要求或由相关方商定，提高水力梯度至另一规定值，重复上述操作。

⑨ 重复上述操作直至完成所有试样的测定。

7.1.10 结果计算与表示

（1）单位宽度水流量

按照公式(7-1）计算单位宽度水流量：

$$q_{\mathrm{w}}=\frac{Q_{\mathrm{t}}}{tW} \tag{7-1}$$

式中 q_{w}——单位宽度水流量，m^2/s；

Q_{t}——平均集水量，m^3；

t——收集时间，s；

W——试样宽度，m。

需要时，按照公式(7-2）采用温度修正系数 R_t 对试验结果进行修正。

$$q_{\mathrm{w}}=\frac{Q_{\mathrm{t}}}{tW}R_t \tag{7-2}$$

（2）纵向导水率

按照公式(7-3）计算纵向导水率：

$$\theta=\frac{QL}{WH}R_t \tag{7-3}$$

式中 θ——纵向导水率，m^2/s；

Q——单位时间流量，m^3/s；

L——试样有效长度，m；

W——试样宽度，m；

H——试样两侧水头差，m。

7.1.11 影响因素及注意事项

（1）法向载荷和法向应力

由于标准和产品应用的情景不同，因此施加的法向载荷或法向应力不同。法向载荷或法向应力提高，导排网受压发生的形变增大，通过试样的水流量降低，试验结果降低。不同导排网受法向载荷或法向应力的影响各不相同，设计合理、质量良好的导排网在较大的法向载荷下仍能够形成导水通路，具有良好的导排能力。

另外，法向载荷的施加时间也会影响试验结果。GB/T 40441—2021 中就提出了对试样施加载荷 100h 后纵向导水率保留率的要求，以评价土工导排网（垫）抵抗长时间压缩形变的能力。很明显，恒定载荷条件下，施加载荷时间越长，导水通路截面越容易变小，水流量越低。

（2）水力梯度

与法向载荷类似，水力梯度也需要根据标准和实际应用条件进行选择。水力梯度提高，水的驱动力提高，导水率提高，反之则降低。

无论是水力梯度还是法向应力，其对试验结果都有显著影响，因此纵向导水率试验结果应与水力梯度和法向应力同时给出。不同水力梯度和法向应力下的试验结果不具有可比性。

（3）注意事项

① 计算导水率时应使用试样的有效长度，即试样承受法向载荷发生形变的那部分长度，而不是试样的实际长度，否则会导致试验结果偏大。

② 由于保证系统的密封性是试验成功的关键，因此试验过程中应注意观察是否存在漏水。当样品室密封性不佳时，可以利用塑料或橡胶制成的薄片包裹住试样的四周，保持试样导排方向与水流方向平行。也可以利用灌注橡胶、蜡封等方式来防止试样上层或侧面的渗漏。此外，试样安装后可以用肉眼检测试样边缘是否存在水流捷径，若存在，则需重新摆放或替换试样。为确保系统的密封性，试样制备时应尽量使试样边缘齐整，降低水流从试样两边渗漏的可能性。

③ 在试验过程中，为确保通过试样的水流达到稳定状态，试样会在法向应力和水力梯度作用下保持一段时间。保持时间应适宜，时间过短水流尚未稳定，过长则导致试样形变过大或结构受损。

7.2 其他性能

土工导排网的密度和炭黑含量等测试方法与土工膜类似；土工复合导排网的

力学性能等测定方法与土工织物、GCL 等相同，可参考本书土工织物和 GCL 的测试部分。

参考文献

[1] GB/T 19470—2004. 土工合成材料 塑料土工网.

[2] GB/T 40441—2021. 导排水垫.

[3] CJ/T 452—2014. 垃圾填埋场用土工排水网.

[4] ASTM D7273/7273M-08（2020）. Standard Guide for Acceptance Testing Requirements for Geonets and Geonet Drainage Geocomposites.

[5] GB/T 17633—2019. 土工布及其有关产品 平面内水流量的测定.

[6] ISO 12958-1：2020. Geotextiles and Geotextile-Related Products-Determination of Water Flow Capacity in Their Plane-Part 1：Index Test.

[7] ISO 12958-2：2020. Geotextiles and Geotextile-Related Products-Determination of Water Flow Capacity in Their Plane-Part 2：Performance Test.

[8] ASTM D4716/D4716M-22. Standard Test Method for Determing the（In-plane）Flow Rate per Uint Width and Hydraulic Transmissivity of a Geosynthetic Using a Constant Head.